Springer-Lehrbuch

Manfred Filtz • Heino Henke

Übungsbuch
Elektromagnetische Felder

2., bearbeitete Auflage

 Springer

Dr. Manfred Filtz
Professor Dr.-Ing. Heino Henke
Technische Universität Berlin
Fachgebiet Theoretische Elektrotechnik
Einsteinufer 17
10587 Berlin
manfred.filtz@tu-berlin.de
henke@tu-berlin.de

Extras im Web unter http://www.springer.com/engineering/electronics/book/978-3-642-19741-3

ISSN 0937-7433
ISBN 978-3-642-19741-3   e-ISBN 978-3-642-19742-0
DOI 10.1007/978-3-642-19742-0
Springer Heidelberg Dordrecht London New York

Die Deutsche Nationalbibliothek verzeichnet diese Publikation in der Deutschen Nationalbibliografie;
detaillierte bibliografische Daten sind im Internet über http://dnb.d-nb.de abrufbar.

Einbandentwurf: WMXDesign GmbH, Heidelberg

Gedruckt auf säurefreiem Papier

Springer ist Teil der Fachverlagsgruppe Springer Science+Business Media (www.springer.com)

Vorwort zur zweiten Auflage

Die nun erforderlich gewordene Neuauflage des Übungsbuches Elektromagnetische Felder wurde zum Anlass genommen, neben zehn neuen, komplett durchgerechneten und ausgewerteten Aufgaben auch einen mathematischen Anhang hinzuzufügen. Dieser soll die systematische Vorgehensweise bei der Behandlung zahlreicher Übungsaufgaben, denen die Laplace- bzw. Helmholtzgleichung zugrunde liegt, unterstützen und bietet u.a. eine ausgewählte Zusammenstellung allgemeiner Lösungsansätze der genannten Differentialgleichungen in verschiedenen Koordinatensystemen.

Bei den neu hinzugekommenen Aufgaben wurde wieder besonders darauf geachtet, dass diese einen offensichtlichen Bezug zu praktisch relevanten Problemstellungen aufweisen. Wer z.B. schon einmal den freien Fall eines starken Neodym-Magneten in einem Aluminiumrohr und die dabei auftretende und sehr beeindruckende Bremskraft der induzierten Wirbelströme beobachtet hat, wird sicherlich Interesse an der sich mit diesem Phänomen auseinandersetzenden Übungsaufgabe haben.

Animationen, die von uns im Internet zur Verfügung gestellt und stetig erweitert werden, sollen schließlich dazu dienen, abstrakte mathematische Ergebnisse, die sich in der Elektrodynamik leider nicht immer vermeiden lassen, zu veranschaulichen.

Berlin, im Herbst 2011   *Manfred Filtz*
                                                          Heino Henke

Vorwort

Die vorliegende Aufgabensammlung ist aus den „Übungen zur Theoretischen Elektrotechnik" an der Technischen Universität Berlin hervorgegangen und als Ergänzung zum ebenfalls in diesem Verlag erschienenen Lehrbuch „Elektromagnetische Felder" [Henke] gedacht. Insofern orientieren sich auch die hier verwendeten Symbole und Bezeichnungen an [Henke].

Die Aufgabensammlung richtet sich sowohl an Studierende ingenieur- und naturwissenschaftlicher Studiengänge als Hilfe für die Prüfungsvorbereitung und Wissensvertiefung als auch an Ingenieure, die nach effektiven Lösungswegen für elektromagnetische Problemstellungen suchen. Man findet eine große Anzahl durchgerechneter Aufgaben aus den folgenden Teilgebieten:

E Elektrostatische Felder
S Stationäres Strömungsfeld
M Magnetostatische Felder
Q Langsam veränderliche (**Q**uasistationäre) Felder
W Beliebig zeitveränderliche Felder (**W**ellen)

Jedem dieser Teilgebiete ist eine kurze Zusammenfassung der notwendigen Formeln und Lösungsmethoden ohne Herleitungen vorangestellt. Dabei wird aber vorausgesetzt, dass der Leser bereits mit dem Stoff einigermaßen vertraut ist und sich hier nur noch einmal einen zusammenfassenden Überblick verschafft. Dieser Überblick erhebt außerdem nicht den Anspruch der Vollständigkeit. Die Nummerierung der Übungsaufgaben erfolgt zur besseren Orientierung durch Voranstellen der oben angegebenen Buchstaben für das jeweils behandelte Teilgebiet.

Die ausführlich durchgerechneten Beispiele sollen die grundsätzliche Vorgehensweise bei der Lösung elektromagnetischer Problemstellungen aufzeigen. Der Schwierigkeitsgrad der Aufgaben variiert zum Teil deutlich. Es wurden nämlich absichtlich auch anspruchsvollere Probleme[1] behandelt, um die praktische Bedeutung aufzuzeigen, die das Gebiet der elektromagnetischen Feldtheorie in ganz unterschiedlichen Situationen gewonnen hat. Wir werden uns, um nur einige Beispiele zu nennen, u.a. mit

– der feldreduzierenden Wirkung eines Erdseils,
– elektrostatischen Linsen zur Fokussierung von Teilchenstrahlen,
– der Widerstandsmessung mit Hilfe der Vierspitzenmethode,
– transienten Vorgängen in einem Turbogenerator,
– der Verwendung magnetischer Wanderwellen in einer Wirbelstromkanone,
– der Abschirmung durch Wirbelströme,

---

[1] diese sind mit einem Stern gekennzeichnet

– dem elektrodynamischen Schweben (Levitation),
– einem phased array zur Erzeugung gerichteter Strahlung,
– einer einfachen Anordnung zur Radarabschirmung,
– einem Beispiel für die Entstehung von CERENKOV-Strahlung

befassen, zumindest unter Verwendung einfacher Modelle. Genannt werden soll an dieser Stelle auch noch die besonders für den Elektroingenieur wichtige Berechnung von Kapazitäten und Induktivitäten, wofür es zahlreiche Beispielaufgaben gibt. Dabei stehen natürlich im Rahmen dieses Buches vor allem die konkrete Berechnungsmethode und weniger technische Gesichtspunkte im Vordergrund.

Gerade bei den anspruchsvolleren Aufgabenstellungen wird besonders die Notwendigkeit der Modellbildung deutlich. Der Leser soll erkennen, wie durch sinnvolle Vernachlässigungen ein Problem einer analytischen Lösung zugänglich werden kann, ohne dass dabei die physikalischen Gegebenheiten zu stark verfälscht werden.

Selbstverständlich bedarf es zuvor einiger „Fingerübungen", um sich schlussendlich an mehr praxisorientierte Probleme heranzuwagen. Dies hat zur Folge, dass nicht alle Aufgaben einen sofort ersichtlichen Praxisbezug aufweisen, sondern eher das Ziel verfolgen, eine bestimmte Arbeitsweise an einem einfachen Beispiel einzuüben.

Im Anschluss an die durchgerechneten Beispiele werden dann noch speziell zur Kontrolle des eigenen Lernfortschrittes kurze Ergänzungsaufgaben gestellt, bei denen nur das Resultat angegeben ist.

Im Gegensatz zur Mechanik wird bei Aufgaben zum Elektromagnetismus häufig ein gewisser Mangel an Anschaulichkeit beklagt. Das ist durchaus verständlich, denn wenn man sich auch über die Auswirkungen elektromagnetischer Felder im Klaren ist, so ist das Feld selbst natürlich nur eine auf FARADAY zurückgehende Abstraktion. Dennoch hat man auch hier die Möglichkeit der Veranschaulichung in Form sogenannter *Feldlinien* (FARADAYs lines of force). Daher werden in diesem Übungsbuch auch immer wieder solche Feldlinienbilder gezeigt. Sie illustrieren ein häufig unübersichtliches mathematisches Resultat und geben darüber hinaus die Möglichkeit, Ergebnisse auf ihre Plausibilität hin zu überprüfen. Dazu gehört sicherlich etwas Erfahrung, welche sich aber nach einer gewissen Zeit der Beschäftigung mit den Übungsaufgaben einstellen dürfte.

An dieser Stelle möchten wir den Tutoren des Fachgebietes Theoretische Elektrotechnik Claudia Choi, Joel Alain Tsemo Kamga sowie Abdurrahman Öz unseren besonderen Dank für das Korrekturlesen und Nachrechnen der Aufgaben aussprechen.

Berlin, im Juli 2007   *Manfred Filtz*
                                                               Heino Henke

Inhaltsverzeichnis

1. Elektrostatische Felder

Zusammenfassung wichtiger Formeln

Die Elektrostatik beschäftigt sich mit den Feldern zeitlich konstanter Ladungsverteilungen. Grundlage dafür ist die COULOMB-Kraft auf eine infinitesimale Ladung dQ im elektrischen Feld $\boldsymbol{E}$

$$d\boldsymbol{K} = dQ\,\boldsymbol{E} \ . \tag{1.1}$$

Der Beitrag eines Ladungselementes dQ zur elektrischen Feldstärke $\boldsymbol{E}$ ist

$$d\boldsymbol{E} = \frac{dQ}{4\pi\varepsilon_0}\,\frac{\boldsymbol{R}}{R^3} \quad , \quad \varepsilon_0 = 8.854 \cdot 10^{-12}\,\frac{\text{As}}{\text{Vm}} \ , \tag{1.2}$$

wobei der Vektor $\boldsymbol{R}$ von der Ladung zum betrachteten Aufpunkt weist. Das Gesamtfeld einer beliebigen Ladungsverteilung folgt aus (1.2) durch Summation bzw. Integration (Superpositionsprinzip).

Grundgleichungen im Vakuum

Die Grundgleichungen der Elektrostatik lauten als Spezialfälle der MAXWELL'schen Gleichungen in differentieller bzw. integraler Form

$$\begin{aligned}
\nabla \times \boldsymbol{E} &= 0 \quad , & \oint_S \boldsymbol{E} \cdot d\boldsymbol{s} &= 0 \\
\nabla \cdot \boldsymbol{E} &= \frac{q_V}{\varepsilon_0} \quad , & \varepsilon_0 \oint_F \boldsymbol{E} \cdot d\boldsymbol{F} &= \int_V q_V\,dV = Q_{\text{gesamt}} \ .
\end{aligned} \tag{1.3}$$

q_V ist die räumliche Dichte der Ladungsverteilung. Das Oberflächenintegral in (1.3), das sogenannte GAUSS'sche Gesetz der Elektrostatik, steht für alle möglichen Ladungen in V und kann in einigen hochsymmetrischen Fällen, in denen $\boldsymbol{E}$ unabhängig von den Integrationsvariablen ist, direkt zur Feldberechnung verwendet werden (siehe z.B. Aufg. E5).

Das elektrostatische Feld ist konservativ und somit aus einem skalaren Potential ϕ bestimmbar

$$\boldsymbol{E} = -\nabla\phi \ . \tag{1.4}$$

Elementare Feldquellen

Die Punktladung Q, der Dipol mit dem Dipolmoment p_e und die unendlich lange, gerade Linienladung q_L stellen elementare Quellen des elektrischen Feldes dar, Abb. 1.1.

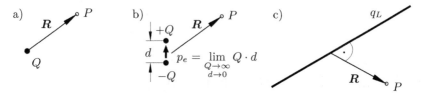

Abb. 1.1. Elementare Feldquellen. **(a)** Punktladung. **(b)** Elektrostatischer Dipol. **(c)** Unendlich lange, gerade Linienladung

Potential und elektrische Feldstärke dieser Elementarquellen lauten in koordinatenunabhängiger Form

Punktladung: $\phi = \dfrac{Q}{4\pi\varepsilon_0 R}$, $E = \dfrac{Q}{4\pi\varepsilon_0}\dfrac{R}{R^3}$ (1.5a)

Dipol: $\phi = \dfrac{1}{4\pi\varepsilon_0}\dfrac{p_e \cdot R}{R^3}$, $E = -\dfrac{1}{4\pi\varepsilon_0}(p_e \cdot \nabla)\dfrac{R}{R^3}$ (1.5b)

Linienladung:[1] $\phi = -\dfrac{q_L}{2\pi\varepsilon_0}\ln\dfrac{R}{R_0}$, $E = \dfrac{q_L}{2\pi\varepsilon_0}\dfrac{R}{R^2}$.   (1.5c)

Analog zum räumlichen Dipol lässt sich auch ein „Liniendipol" als zweidimensionale Elementarquelle einführen (siehe Aufg. E8).

Superposition

Das Feld einer gegebenen Ladungsverteilung lässt sich durch Überlagerung der Beiträge infinitesimal kleiner Ladungselemente bestimmen. Dabei ist es zweckmäßig, neben Raumladungen (Dichte q_V) auch Flächenladungen (Dichte q_F) und Linienladungen (Dichte q_L) zuzulassen, Abb. 1.2. Für das Potential und die Feldstärke einer Raumladung gilt dabei

$$\phi(r) = \frac{1}{4\pi\varepsilon_0}\int_V q_V(r')\frac{1}{R}\,\mathrm{d}V' , \quad E(r) = \frac{1}{4\pi\varepsilon_0}\int_V q_V(r')\frac{R}{R^3}\,\mathrm{d}V' . \quad (1.6)$$

Für den Fall einer Flächenladung bzw. Linienladung ersetzt man $q_V(r')\,\mathrm{d}V'$ durch $q_F(r')\,\mathrm{d}F'$ bzw. $q_L(r')\,\mathrm{d}s'$.

---

[1] Der Abstand R_0 in (1.5c) sorgt für ein dimensionsloses Argument der Logarithmusfunktion und hat keinen Einfluss auf das Feld.

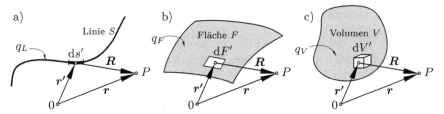

Abb. 1.2. (a) Linienladung. (b) Flächenladung. (c) Raumladung

Materie im elektrischen Feld

Bringt man materielle Körper in ein elektrisches Feld ein, so verändert sich dieses in der Regel. Man unterscheidet grundsätzlich leitende und nichtleitende (polarisierbare) Materie.

Leitende Materie: Im Leiter verschwindet die elektrische Feldstärke und die Leiteroberfläche stellt eine Äquipotentialfläche dar. Die Ladungen sind frei beweglich und nur auf der Oberfläche vorhanden.

Polarisierbare Materie: Der Einfluss eines polarisierbaren Mediums auf das elektrische Feld hat seinen Ursprung in der atomaren Dipolverteilung des Materials, die makroskopisch durch die Polarisation $\boldsymbol{P}$ (Dipolmomentendichte) beschrieben wird. Für polarisierbare Materie wird neben der elektrischen Feldstärke zusätzlich die elektrische Verschiebung $\boldsymbol{D}$ eingeführt und es gilt

$$\nabla \cdot \boldsymbol{D} = q_V \quad , \quad \boldsymbol{D} = \begin{cases} \varepsilon_0 \boldsymbol{E} + \boldsymbol{P} \\ \varepsilon_0 \varepsilon_r \boldsymbol{E} \quad , \quad \text{wenn} \quad \boldsymbol{P} \sim \boldsymbol{E} \, . \end{cases} \tag{1.7}$$

ε_r ist die relative Dielektrizitätskonstante eines linearen Mediums.

Ein polarisierter Körper kann alternativ auch durch äquivalente Polarisationsladungen beschrieben werden

$$q_{Vpol} = -\nabla \cdot \boldsymbol{P} \quad , \quad q_{Fpol} = \boldsymbol{n} \cdot \boldsymbol{P}\big|_{\text{Oberfläche}} \, . \tag{1.8}$$

Dabei ist $\boldsymbol{n}$ die Flächennormale des polarisierten Körpers.

Differentialgleichungen für das Potential

In Gebieten mit konstanter Dielektrizitätskonstanten ε erfüllt das elektrostatische Potential ϕ die POISSON-Gleichung

$$\nabla^2 \phi = -\frac{q_V}{\varepsilon} \tag{1.9}$$

bzw. bei Raumladungsfreiheit die LAPLACE-Gleichung

$$\nabla^2 \phi = 0 \, . \tag{1.10}$$

Diese Differentialgleichungen bilden zusammen mit Rand- und Stetigkeitsbedingungen den Ausgangspunkt einer elektrostatischen Randwertaufgabe.[2]

---

[2] Lösungsansätze für die LAPLACE-Gleichung findet man im Anhang A.1.

Rand- und Stetigkeitsbedingungen

Oberflächen leitender Körper sowie Sprungstellen der Dielektrizitätskonstanten geben Anlass zu Unstetigkeiten der elektrischen Feldverteilung, Abb. 1.3.

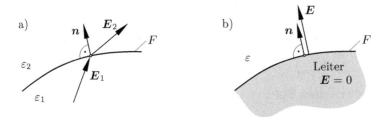

Abb. 1.3. (a) Sprungstelle der Dielektrizitätskonstanten. **(b)** Oberfläche eines leitenden Körpers

Auf der Leiteroberfläche gelten die Randbedingungen

$$\boldsymbol{n} \times \boldsymbol{E}\big|_F = 0 \ , \quad \varepsilon \boldsymbol{n} \cdot \boldsymbol{E}\big|_F = q_F \tag{1.11}$$

und am Übergang $\varepsilon_1/\varepsilon_2$ die Stetigkeitsbedingungen

$$\boldsymbol{n} \times \left(\boldsymbol{E}_2 - \boldsymbol{E}_1\right)_F = 0 \ , \quad \boldsymbol{n} \cdot \left(\boldsymbol{D}_2 - \boldsymbol{D}_1\right)_F = 0 \ . \tag{1.12}$$

Damit ist an der Grenzfläche die Tangentialkomponente der elektrischen Feldstärke stetig und die Normalkomponente unstetig. q_F in (1.11) ist die influenzierte Oberflächenladung des leitenden Körpers in Abb. 1.3b.

Befindet sich auf der Trennfläche in Abb. 1.3a zusätzlich eine freie Flächenladung q_F, so gilt anstelle von (1.12)

$$\boldsymbol{n} \times \left(\boldsymbol{E}_2 - \boldsymbol{E}_1\right)_F = 0 \quad , \quad \boldsymbol{n} \cdot \left(\boldsymbol{D}_2 - \boldsymbol{D}_1\right)_F = q_F \ . \tag{1.13}$$

Elektrische Feldenergie

Im elektrischen Feld ist die Energie W_e gespeichert. Sie lässt sich für verschiedene Anordnungen folgendermaßen berechnen:

$$W_e = \begin{cases} \dfrac{1}{2} \displaystyle\int_V \boldsymbol{E} \cdot \boldsymbol{D} \, \mathrm{d}V & \text{(allgemein)} \\[2ex] \dfrac{1}{2} \displaystyle\int_V q_V \phi \, \mathrm{d}V & \text{(räumliche Ladungsverteilung)} \\[2ex] \dfrac{1}{2} Q\phi & \text{(Leiter mit Ladung } Q \text{ und Potential } \phi) \\[2ex] Q\phi & \text{(potentielle Energie einer Punktladung} \\ & \quad \text{im Potentialfeld } \phi) \end{cases} \tag{1.14}$$

Elektrischer Fluss

Der elektrische Fluss durch eine Fläche F ist als Flächenintegral

$$\psi_e = \int_F \boldsymbol{D} \cdot \mathrm{d}\boldsymbol{F} \qquad (1.15)$$

definiert. Nach dem GAUSS'schen Gesetz ist der von einer Ladungsverteilung ausgehende Gesamtfluss identisch mit der Gesamtladung der Ladungsverteilung.

Der Fluss spielt eine wichtige Rolle bei der Berechnung von Feldlinien, da diese die Bewandung sogenannter Flussröhren bilden. Die prinzipielle Vorgehensweise wird u.a. in den Aufgaben E13* und E23 erläutert. Im Falle rotationssymmetrischer Felder erhält man die Feldlinien im ladungsfreien Gebiet durch Lösung der Gleichung $\psi_e = $const.. Handelt es sich dagegen um ebene, d.h. von einer geradlinigen Koordinate unabhängige Felder, so hält man den Fluss ψ_e' pro Längeneinheit konstant.

Kapazität

Die Kapazität eines Kondensators bestehend aus zwei Elektroden, Abb. 1.4a, ist

$$C = \frac{Q}{\phi_1 - \phi_2} = \frac{Q}{U} = \frac{\psi_e}{U}, \qquad (1.16)$$

wobei Q und ϕ_1 Ladung und Potential der Elektrode 1 darstellen, während die Elektrode 2 die entgegengesetzte Ladung $-Q$ und das Potential ϕ_2 aufweist. ψ_e ist der von der Elektrode 1 ausgehende und in die Elektrode 2 einmündende Gesamtfluss. Bei Mehrleitersystemen, Abb. 1.4b, bestimmt man die Teilkapazitäten C_{ij} aus den Kapazitätskoeffizienten k_{ij}

$$
\begin{aligned}
C_{i\infty} &= \sum_{j=1}^{n} k_{ij} \\
C_{ij} &= -k_{ij}
\end{aligned}
\quad,\quad
\begin{pmatrix} Q_1 \\ Q_2 \\ \vdots \\ Q_n \end{pmatrix}
=
\begin{pmatrix}
k_{11} & k_{12} & \cdots & k_{1n} \\
k_{21} & k_{22} & \cdots & k_{2n} \\
\vdots & \vdots & \ddots & \vdots \\
k_{n1} & k_{n2} & \cdots & k_{nn}
\end{pmatrix}
\cdot
\begin{pmatrix} \phi_1 \\ \phi_2 \\ \vdots \\ \phi_n \end{pmatrix}. \qquad (1.17)
$$

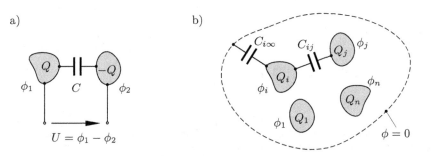

Abb. 1.4. (a) Kondensator. **(b)** Mehrleitersystem

Kräfte im elektrischen Feld

Die Kraft auf vorgegebene Ladungen kann mit (1.1) berechnet werden. Ansonsten kann auch das Prinzip der virtuellen Verrückung verwendet werden

$$K_s = \mp \frac{\delta W_e}{\delta s} \quad \text{bei} \quad \begin{array}{l} \text{konstanter Ladung} \\ \text{konstanter Spannung ,} \end{array} \qquad (1.18)$$

bei der ein Körper um eine virtuelle Strecke δs verschoben und die dabei auftretende Energieänderung δW_e ermittelt wird.

An leitenden Oberflächen bzw. dielektrischen Grenzflächen, Abb. 1.3, gilt für die Flächendichte der Kraft

$$\boldsymbol{K}'' = \boldsymbol{n} \frac{1}{2} \begin{cases} \varepsilon E^2 & \text{(Leiter)} \\ (\varepsilon_1 - \varepsilon_2)(\boldsymbol{E}_1 \cdot \boldsymbol{E}_2) & \text{(Trennfläche } \varepsilon_1/\varepsilon_2 \text{) .} \end{cases} \qquad (1.19)$$

Spiegelungsverfahren

In einigen (leider nur wenigen) Fällen ist es möglich, das sekundäre Feld eines leitenden oder dielektrischen Körpers bei Einwirkung eines primären elektrischen Feldes mit Hilfe von Ersatzladungen, sogenannten Spiegelladungen, zu beschreiben.

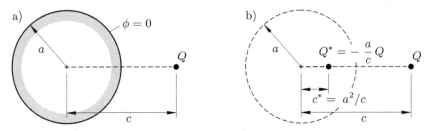

Abb. 1.5. Spiegelung einer Punktladung an einer leitenden, geerdeten Kugel. **(a)** Originalanordnung, **(b)** Ersatzanordnung

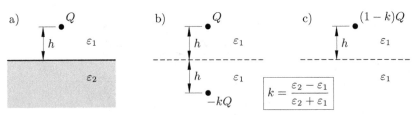

Abb. 1.6. Spiegelung einer Punktladung an einem dielektrischen Halbraum. **(a)** Originalanordnung. **(b)** Ersatzanordnung für das Potential im oberen Halbraum. **(c)** Ersatzanordnung für das Potential im unteren Halbraum

Die Abbildungen 1.5 und 1.6 zeigen dies am Beispiel einer leitenden, geerdeten Kugel und am dielektrischen Halbraum. Abb. 1.6 gilt im Grenzfall $\varepsilon_2 \to \infty$ auch für den leitenden Halbraum. Am dielektrischen Zylinder ist eine Spiegelung ebenfalls möglich, allerdings nur für unendlich lange, ebene Quellen (siehe Aufg. E15).

Aufgaben

E1 Kraftberechnung mit dem Coulomb'schen Gesetz

Bestimme die Gleichgewichtslage zwischen zwei punktförmig anzunehmenden Ladungen Q und q, wobei die Ladung Q fest im Raum angebracht ist, und die Ladung q mit einer starren Verbindung der Länge b beweglich um den Ursprung gelagert sein soll, Abb. 1.7. Auf die Ladung q wirke die Gewichtskraft $\boldsymbol{G}$, die gleich sein soll der Coulomb'schen Anziehungskraft zwischen zwei Ladungen Q und q im gegenseitigen Abstand a.

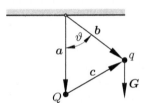

Abb. 1.7. Anordnung der beiden Punktladungen Q (fest) und q (beweglich)

Lösung: Im Gleichgewicht gilt für das Drehmoment $\boldsymbol{b} \times (\boldsymbol{K} + \boldsymbol{G}) = 0$ mit

$$\boldsymbol{K} = \frac{Qq}{4\pi\varepsilon_0} \frac{\boldsymbol{c}}{c^3} = \frac{Qq}{4\pi\varepsilon_0} \frac{\boldsymbol{b} - \boldsymbol{a}}{c^3}$$

nach (1.1) und (1.2). Die Gewichtskraft zeigt in Richtung des Vektors $\boldsymbol{a}$ und kann daher in der Form

$$\boldsymbol{G} = \frac{Qq}{4\pi\varepsilon_0} \frac{\boldsymbol{a}}{a^3}$$

geschrieben werden. Die Gleichgewichtsbedingung lautet jetzt

$$\boldsymbol{b} \times (\boldsymbol{K} + \boldsymbol{G}) = \frac{Qq}{4\pi\varepsilon_0} \boldsymbol{b} \times \left(\frac{\boldsymbol{b} - \boldsymbol{a}}{c^3} + \frac{\boldsymbol{a}}{a^3} \right) = 0 \ .$$

Nach Auflösen des Kreuzproduktes wird daraus

$$\frac{Qq}{4\pi\varepsilon_0} \left(\frac{ab}{c^3} - \frac{ab}{a^3} \right) \sin \vartheta \ \boldsymbol{e}_z = 0$$

mit den Lösungen $\vartheta = 0$, $\vartheta = \pi$ und $c^2 = a^2$.

Mit dem Kosinussatz $c^2 = a^2 + b^2 - 2ab\cos\vartheta$ ergibt sich daraus die stabile Gleichgewichtslage $\vartheta = \arccos(b/2a)$.

E2 Superposition von Ladungen

Welche Kraft wirkt auf eine Punktladung Q am Ort $(x, y, z) = (0, a, 0)$, wenn auf der x-Achse **a)** zwei gleichnamige, homogene, kugelförmige Raumladungen der Dichte q_V oder **b)** zwei ungleichnamige, homogene, kugelförmige Raumladungen der Dichte $\pm q_V$ in den Punkten $x = \pm a$ angeordnet sind? Der Radius der Raumladungen sei r.

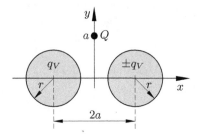

Abb. 1.8. Punktladung im elektrischen Feld zweier kugelförmiger Raumladungen

Lösung: Da das Feld der Raumladungen nur außerhalb benötigt wird, können diese wie Punktladungen betrachtet werden, die jeweils im Kugelmittelpunkt anzuordnen sind und folgenden Betrag aufweisen:

$$Q_k = q_V \frac{4}{3}\pi r^3 \ .$$

Im Fall a) wird sich aus Symmetriegründen nur eine y-Komponente der Kraft ausbilden $\boldsymbol{K}^{(a)} = K_y^{(a)}\,\boldsymbol{e}_y$ und im Fall b) eine x-Komponente $\boldsymbol{K}^{(b)} = K_x^{(b)}\,\boldsymbol{e}_x$. Mit dem Abstandsvektor $\boldsymbol{R} = -a\,\boldsymbol{e}_x + a\,\boldsymbol{e}_y$ vom Mittelpunkt der rechten Raumladung zur Punktladung wird dann nach (1.1) und (1.2)

$$K_y^{(a)} = 2\,\frac{QQ_k}{4\pi\varepsilon_0}\frac{\boldsymbol{e}_y \cdot \boldsymbol{R}}{R^3} = \frac{QQ_k}{4\sqrt{2}\pi\varepsilon_0 a^2} \ , \quad K_x^{(b)} = K_y^{(a)} \ .$$

E3 Unendlich lange, gerade Linienladungen

Zwei unendlich lange, gerade, homogene Linienladungen q_{L1} und q_{L2} stehen sich in allgemeiner Lage gegenüber. Ihre kürzeste Entfernung voneinander sei h und die beiden Ladungen seien um den Winkel $\alpha \neq 0$ aus einer parallelen Ausrichtung heraus verdreht, Abb. 1.9. Bestimme die Kraft zwischen den Ladungen.

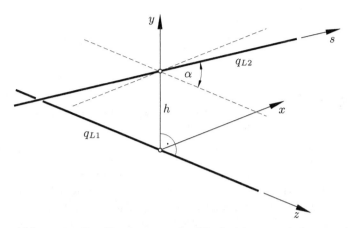

Abb. 1.9. Zur Bestimmung der Kraftwirkung zwischen zwei unendlich langen, geraden Linienladungen

Lösung: Die Linienladung q_{L1} erzeugt nach (1.4), (1.5c) das elektrische Feld

$$\boldsymbol{E}_1 = -\nabla\left(-\frac{q_{L1}}{2\pi\varepsilon_0}\ln\frac{R}{R_0}\right) = \frac{q_{L1}}{2\pi\varepsilon_0}\frac{\boldsymbol{R}}{R^2} = \frac{q_{L1}}{2\pi\varepsilon_0}\frac{x\,\boldsymbol{e}_x + y\,\boldsymbol{e}_y}{x^2 + y^2}\ .$$

Mit $x = s\sin\alpha$ und $y = h$ ergibt sich daraus für die aus Symmetriegründen allein benötigte y-Komponente der Feldstärke am Ort der Linienladung q_{L2}

$$E_{1y}(s) = \frac{q_{L1}}{2\pi\varepsilon_0}\frac{h}{s^2\sin^2\alpha + h^2}\ .$$

Nach dem COULOMB'schen Gesetz (1.1) erhalten wir die Kraft auf die Linienladung q_{L2}, indem die Feldstärke am Ort s mit dem Ladungselement $q_{L2}\mathrm{d}s$ multipliziert und über die gesamte Länge integriert wird, d.h.

$$\boldsymbol{K} = \boldsymbol{e}_y\,q_{L2}\int\limits_{-\infty}^{\infty} E_{1y}(s)\,\mathrm{d}s = \frac{q_{L1}q_{L2}h}{2\pi\varepsilon_0}\int\limits_{-\infty}^{\infty}\frac{\mathrm{d}s}{s^2\sin^2\alpha + h^2} =$$

$$= \boldsymbol{e}_y\,\frac{q_{L1}q_{L2}}{\pi\varepsilon_0\sin\alpha}\lim_{a\to\infty}\arctan\frac{s\sin\alpha}{h}\bigg|_0^a = \frac{q_{L1}q_{L2}}{2\varepsilon_0}\frac{1}{\sin\alpha}\,\boldsymbol{e}_y\ .$$

E4 Kreisförmige Flächenladung

Im kartesischen Koordinatensystem sei die Fläche $x^2 + y^2 \le a^2$ der Ebene $z = 0$ homogen mit der Gesamtladung Q belegt, Abb. 1.10. Zu bestimmen ist die Kraft auf eine Punktladung Q, die im Abstand c von der Flächenladung auf der z-Achse angeordnet ist. Überprüfe das Ergebnis für $c \gg a$.

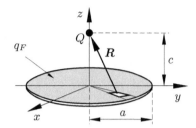

Abb. 1.10. Punktladung über einer kreisförmigen Flächenladung

Lösung: Die Anordnung ist rotationssymmetrisch, so dass die z-Achse naturgemäß eine Feldlinie darstellt und daher nach (1.1) nur eine Kraft in z-Richtung auftreten wird, $\boldsymbol{F} = \boldsymbol{e}_z F_z = \boldsymbol{e}_z Q E_z$. Der elementare Kraftbeitrag am Ort der Punktladung infolge der differentiellen Ladung $\mathrm{d}q = q_F \mathrm{d}F'$ beträgt nach (1.2)

$$\mathrm{d}K_z = Q \frac{q_F \mathrm{d}F'}{4\pi\varepsilon_0} \frac{\boldsymbol{e}_z \cdot \boldsymbol{R}}{R^3} \quad , \quad q_F = \frac{Q}{\pi a^2}$$

mit $\mathrm{d}F' = \varrho' \mathrm{d}\varrho' \mathrm{d}\varphi'$ und $\boldsymbol{R} = \boldsymbol{e}_z c - \boldsymbol{e}_{\varrho'} \varrho'$, so dass man für die resultierende Kraft den Ausdruck

$$K_z = \frac{Q^2}{4\pi\varepsilon_0} \frac{1}{\pi a^2} \int\limits_{\varrho'=0}^{a} \int\limits_{\varphi'=0}^{2\pi} \frac{c}{(c^2 + \varrho'^2)^{3/2}} \varrho' \mathrm{d}\varrho' \mathrm{d}\varphi' =$$

$$= \frac{Q^2}{2\pi\varepsilon_0 a^2} \int\limits_{0}^{a} \frac{c}{(c^2 + \varrho'^2)^{3/2}} \varrho' \mathrm{d}\varrho' = -\frac{Q^2}{2\pi\varepsilon_0 a^2} \frac{c}{\sqrt{c^2 + \varrho'^2}} \bigg|_0^a =$$

$$= \frac{Q^2}{2\pi\varepsilon_0 a^2} \left\{ 1 - \frac{1}{\sqrt{1 + a^2/c^2}} \right\}$$

erhält, welcher wie zu erwarten stets positive Werte liefert.

Für große Entfernungen $c \gg a$ muss die Kraft dem Wert zustreben, der sich ergibt, wenn man die Flächenladung als Punktladung im Ursprung konzentriert annimmt. Entwickelt man also den reziproken Wurzelausdruck in eine TAYLOR-Reihe und bricht nach dem linearen Glied ab

$$\frac{1}{\sqrt{1 + a^2/c^2}} \approx 1 - \frac{1}{2} \frac{a^2}{c^2} \quad \text{für} \quad \frac{a}{c} \ll 1 \quad ,$$

so erhält man schließlich $K_z \approx \dfrac{Q^2}{4\pi\varepsilon_0 c^2}$ für $c \gg a$, q.e.d..

E5 Feldberechnung mit dem Gauß'schen Gesetz

In einer Kugel vom Radius a herrsche eine homogene Raumladungsdichte q_V mit Ausnahme einer hohlkugelförmigen Region vom Radius $b < a$, deren

Mittelpunkt vom Zentrum der Kugel den Abstand d aufweise, Abb. 1.11. Man bestimme die elektrische Feldstärke innerhalb der hohlkugelförmigen Region.

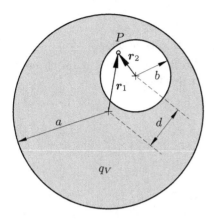

Abb. 1.11. Kugelförmiger Hohlraum in einer Raumladungskugel

Lösung: Nach dem Superpositionsprinzip kann man sich das elektrische Feld im kugelförmigen Hohlraum als die Überlagerung $\boldsymbol{E} = \boldsymbol{E}_1 - \boldsymbol{E}_2$ vorstellen, wobei $\boldsymbol{E}_1$ das Feld einer homogenen Raumladungskugel mit dem Radius a und der Raumladungsdichte q_V ist, während $\boldsymbol{E}_2$ das Feld einer homogenen Raumladungskugel ist, die den Bereich des Hohlraumes ausfüllt und ebenfalls die Raumladungsdichte q_V aufweist. Die Anwendung des GAUSS'schen Gesetzes, d.h. des Oberflächenintegrals in (1.3), für eine Kugeloberfläche mit dem Radius r_1 liefert

$$\varepsilon_0 \int\limits_{0}^{2\pi} \int\limits_{0}^{\pi} E_{r1}(r_1)\, r_1^2 \sin\vartheta \,\mathrm{d}\vartheta\, \mathrm{d}\varphi = q_V \int\limits_{0}^{2\pi} \int\limits_{0}^{\pi} \int\limits_{0}^{r_1} r^2 \sin\vartheta \,\mathrm{d}r\, \mathrm{d}\vartheta\, \mathrm{d}\varphi \ .$$

Daraus folgt

$$4\pi\varepsilon_0 r_1^2 E_{r1}(r_1) = q_V\, \frac{4}{3}\,\pi\, r_1^3 \quad \rightarrow \quad \boldsymbol{E}_1 = \frac{q_V}{3\varepsilon_0}\, \boldsymbol{r}_1\ .$$

Analog lautet das Feld der im Hohlraum angebrachten Raumladung

$$\boldsymbol{E}_2 = \frac{q_V}{3\varepsilon_0}\, \boldsymbol{r}_2$$

und es ergibt sich mit $\boldsymbol{r}_1 - \boldsymbol{r}_2 = \boldsymbol{d}$ das resultierende Feld im Hohlraum

$$\boldsymbol{E} = \boldsymbol{E}_1 - \boldsymbol{E}_2 = \frac{q_V}{3\varepsilon_0}\, \boldsymbol{d}\ .$$

Es ist also homogen und zeigt in Richtung der Verbindungsachse der beiden Kugelmittelpunkte.

E6 Halbkugelförmige Raumladung, Ladungsschwerpunkt

Gegeben ist eine halbkugelförmige, homogene Raumladung mit dem Radius a und der Gesamtladung Q, Abb. 1.12.

a) Wo liegt der Ladungsschwerpunkt der Anordnung?

b) Berechne die elektrische Feldstärke auf der Rotationsachse.

c) Zeige, dass die Raumladung in großen Entfernungen $z \gg a$ durch eine Punktladung im Ladungsschwerpunkt ersetzt werden darf.

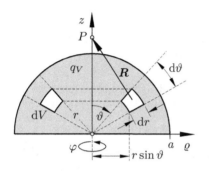

Abb. 1.12. Schnitt durch eine halbkugelförmige, homogene Raumladung. Dargestellt ist außerdem das ringförmige Volumenelement zur Berechnung der elektrischen Feldstärke.

Lösung:

a) Aufgrund der rotationssymmetrischen Ladungsanordnung kann der Schwerpunkt nur auf der Rotationsachse liegen. Seine z-Koordinate wird dabei (ebenso wie der Masseschwerpunkt eines Körpers) in der Form

$$z_S = \boldsymbol{e}_z \cdot \boldsymbol{r}_S = \frac{1}{V} \int_V (\boldsymbol{e}_z \cdot \boldsymbol{r}) \, \mathrm{d}V = \frac{2\pi}{V} \int_0^{\pi/2} \int_0^a (r \cos \vartheta) r^2 \sin \vartheta \, \mathrm{d}r \, \mathrm{d}\vartheta$$

ermittelt. Die Integration über r ergibt $a^4/4$ und mit der Substitution $u = \sin \vartheta$, $\mathrm{d}u/\mathrm{d}\vartheta = \cos \vartheta$ erhält man

$$\int_0^{\pi/2} \cos \vartheta \, \sin \vartheta \, \mathrm{d}\vartheta = \int_0^1 u \, \mathrm{d}u = \frac{1}{2} \quad \rightarrow \quad z_S = \frac{3}{8} a \ .$$

b) Zur Bestimmung des Achsenfeldes wird ein ringförmiges Volumenelement verwendet, Abb. 1.12. Das Feld im betrachteten Aufpunkt lautet dann

$$E_z(P) = \frac{1}{4\pi\varepsilon_0} \frac{Q}{V} \int_V \frac{\boldsymbol{e}_z \cdot \boldsymbol{R}}{R^3} \, \mathrm{d}V \quad , \qquad \begin{array}{l} \mathrm{d}V = 2\pi r^2 \sin \vartheta \, \mathrm{d}r \, \mathrm{d}\vartheta \\ V = \frac{2}{3}\pi a^3 \ . \end{array}$$

Mit den geometrischen Zusammenhängen $z' = r \cos \vartheta$, $\boldsymbol{R} = -\varrho \, \boldsymbol{e}_\varrho + (z - z') \, \boldsymbol{e}_z$ und $R = \sqrt{r^2 + z^2 - 2rz \cos \vartheta}$ wird das Integral zunächst auf die Form

$$\frac{E_z(P)}{E_0} = \frac{3}{a} \int\limits_0^{\pi/2} \int\limits_0^a \frac{(z - r\cos\vartheta)\sin\vartheta}{(r^2 + z^2 - 2rz\cos\vartheta)^{3/2}} r^2 \, dr \, d\vartheta \quad , \quad E_0 = \frac{Q}{4\pi\varepsilon_0 a^2} .$$

gebracht. Substituiert man $u = \cos\vartheta$, so wird daraus

$$\frac{E_z(P)}{E_0} = \frac{3}{a} \int\limits_0^a \int\limits_0^1 \left[\frac{zr^2}{R^3} - \frac{r^3 u}{R^3} \right] du \, dr .$$

Nach Durchführung der Integration[3] über u

$$\frac{E_z(P)}{E_0} = \frac{3}{a} \left\{ \int\limits_0^a r \left[\frac{1}{R}\right]_{u=0}^1 dr - \int\limits_0^a \frac{r}{2z^2} \left[R + \frac{r^2 + z^2}{R} \right]_{u=0}^1 dr \right\} .$$

erhalten wir mit $R(u=0) = \sqrt{r^2 + z^2}$ und $R(u=1) = |r - z|$

$$\frac{E_z(P)}{E_0} = \frac{3}{az^2} \int\limits_0^a \left\{ \frac{r^2(z-r)}{|z-r|} + \frac{r^3}{\sqrt{r^2 + z^2}} \right\} dr .$$

Die Integration des ersten Summanden erfordert eine Fallunterscheidung

$$\int\limits_0^a \frac{r^2(z-r)}{|z-r|} \, dr = \begin{cases} \int\limits_0^z r^2 \, dr - \int\limits_z^a r^2 \, dr & , \quad 0 \leq z \leq a \\[2mm] + \int\limits_0^a r^2 \, dr & , \quad z \geq a \\[2mm] - \int\limits_0^a r^2 \, dr & , \quad z \leq 0 , \end{cases}$$

während die Integration des zweiten Summanden auf das Ergebnis

$$\int \frac{r^3}{\sqrt{r^2 + z^2}} \, dr = \frac{1}{3} \sqrt{r^2 + z^2}^{\,3} - z^2 \sqrt{r^2 + z^2}$$

führt[4]. Schlussendlich erhalten wir damit für das elektrische Feld auf der gesamten Rotationsachse die Darstellung

$$\frac{E_z(z)}{E_0} = \sqrt{1 + \frac{z^2}{a^2}} \left(\frac{a^2}{z^2} - 2 \right) + \begin{cases} 4\dfrac{z}{a} - \dfrac{a^2}{z^2} & , \quad 0 \leq z \leq a \\[3mm] 2\dfrac{z}{a} + \dfrac{a^2}{z^2} & , \quad z \geq a \\[3mm] -2\dfrac{z}{a} - \dfrac{a^2}{z^2} & , \quad z \leq 0 . \end{cases} \qquad (1.20)$$

---

[3] siehe z.B. [Bronstein] Integral Nr. 136
[4] siehe z.B. [Bronstein] Integral Nr. 195

c) Die in (1.20) auftretende Wurzel wird nach TAYLOR in eine Potenzreihe für a/z entwickelt und nach dem 3. Glied abgebrochen

$$\sqrt{1 + \frac{z^2}{a^2}} = \left|\frac{z}{a}\right| \left(1 + \frac{1}{2}\frac{a^2}{z^2} - \frac{1}{8}\frac{a^4}{z^4} + \ldots\right) .$$

Nach Einsetzen und Berücksichtigung von Gliedern bis zur Ordnung a^3/z^3 erhält man die Approximation

$$\frac{E_z(z \gg a)}{E_0} \approx \frac{a^2}{z^2}\left(1 + \frac{6}{8}\frac{a}{z}\right) \approx \frac{a^2}{z^2}\left(1 - \frac{3}{8}\frac{a}{z}\right)^{-2} = \frac{a^2}{(z - z_S)^2} , \qquad (1.21)$$

die dem elektrischen Feld einer im Ladungsschwerpunkt z_S angebrachten Punktladung entspricht.

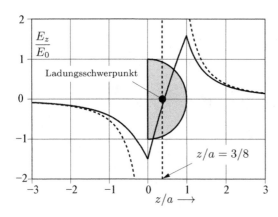

Abb. 1.13. Elektrische Feldstärke auf der z-Achse. Die durchgezogene Kurve gibt den exakten Verlauf wieder, während die gestrichelte Kurve die Approximation durch eine im Ladungsschwerpunkt angebrachte Punktladung zeigt.

Abb. 1.13 zeigt die Näherung (1.21) im Vergleich zur exakten Lösung (1.20).

E7 Lineare Dipolverteilung

Berechne die elektrische Feldstärke einer auf der z-Achse im Bereich $|z| \leq a$ homogen mit der Dichte $\boldsymbol{p}_L = p_L \boldsymbol{e}_z$ verteilten Dipolanordnung, Abb. 1.14. Wie kann man das Ergebnis deuten?

Lösung: Ein Element der Dipolverteilung hat das differentielle Moment $\mathrm{d}\boldsymbol{p}_e = p_L \mathrm{d}z'\,\boldsymbol{e}_z$ und das Potential im Aufpunkt P ist somit nach (1.5b)

$$\phi = \frac{p_L}{4\pi\varepsilon_0} \int\limits_{-a}^{a} \frac{\boldsymbol{e}_z \cdot \boldsymbol{R}}{R^3}\,\mathrm{d}z' .$$

Mit $\boldsymbol{R} = (z - z')\,\boldsymbol{e}_z + \varrho\,\boldsymbol{e}_\varrho$ und $R = \sqrt{(z - z')^2 + \varrho^2}$ wird daraus

$$\phi = \frac{p_L}{4\pi\varepsilon_0} \int\limits_{-a}^{a} \frac{z - z'}{[(z - z')^2 + \varrho^2]^{\frac{3}{2}}}\,\mathrm{d}z'$$

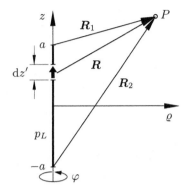

Abb. 1.14. Lineare Dipolverteilung auf der z-Achse und Festlegung eines Elementardipols der Länge dz'

oder nach Substitution $u = (z - z')^2 + \varrho^2$, $du = -2(z - z')dz'$

$$\phi = -\frac{p_L}{8\pi\varepsilon_0} \int\limits_{(z+a)^2+\varrho^2}^{(z-a)^2+\varrho^2} u^{-\frac{3}{2}} \, du = \frac{p_L}{4\pi\varepsilon_0} \left.\frac{1}{\sqrt{u}}\right|_{(z+a)^2+\varrho^2}^{(z-a)^2+\varrho^2}$$

$$\rightarrow \quad \phi = \frac{p_L}{4\pi\varepsilon_0} \left(\frac{1}{R_1} - \frac{1}{R_2} \right) \quad , \quad R_{1,2} = \sqrt{(z \mp a)^2 + \varrho^2} \ .$$

Daraus ergibt sich das elektrische Feld mit $\boldsymbol{E} = -\nabla\phi$ zu

$$\boldsymbol{E} = \frac{p_L}{4\pi\varepsilon_0} \left(\frac{\boldsymbol{R}_1}{R_1^3} - \frac{\boldsymbol{R}_2}{R_2^3} \right) \ .$$

Dies ist aber nichts anderes als das elektrische Feld zweier Punktladungen $\pm Q = \pm p_L$ an den Enden der Dipolverteilung!

E8 Elektrischer Liniendipol

Bestimme das Potential eines sogenannten *Liniendipols*, bestehend aus zwei unendlich langen, homogenen Linienladungen $\pm q_L$, die sich im sehr kleinen Abstand δs parallel gegenüberstehen, Abb. 1.15. Das Produkt $q_L \cdot \delta s$ mit $q_L \rightarrow \infty$, $\delta s \rightarrow 0$ definiert dabei das Dipolmoment p_L des Liniendipols.

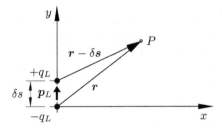

Abb. 1.15. Zwei parallel zur z-Achse verlaufende Linienladungen im kleinen Abstand δs zueinander bilden einen Liniendipol mit dem Dipolmoment

$$p_L = q_L \cdot \delta s.$$

Lösung: Das Potential der Linienladung $-q_L$ ist nach (1.5c)

$$\phi_1(\boldsymbol{r}) = \frac{q_L}{2\pi\varepsilon_0} \ln \frac{r}{R_0} \, .$$

Für das Potential der Linienladung $+q_L$ kann man bei kleinem Abstand δs schreiben

$$\phi_2(\boldsymbol{r}) = -\phi_1(\boldsymbol{r} - \delta\boldsymbol{s}) \approx -\left[\phi_1(\boldsymbol{r}) - \delta\boldsymbol{s} \cdot \nabla\phi_1\right] \, .$$

Daraus folgt im Grenzfall $\delta s \to 0$, $q_L \to \infty$

$$\phi(\boldsymbol{r}) = \phi_1(\boldsymbol{r}) + \phi_2(\boldsymbol{r}) = \frac{q_L}{2\pi\varepsilon_0} \delta\boldsymbol{s} \cdot \nabla\left\{\ln \frac{r}{R_0}\right\} = \frac{1}{2\pi\varepsilon_0} \frac{\boldsymbol{p}_L \cdot \boldsymbol{r}}{r^2} \, . \tag{1.22}$$

Man beachte, dass (1.22) nur vom Ortsvektor abhängt und damit koordinatenunabhängig ist.

E9 Dipolverteilung auf einer Fläche (Doppelschicht)

In der Höhe h über der Erdoberfläche befinde sich eine langgestreckte Gewitterwolke der Breite $2a$. Als Modell nehme man am Ort der Wolke Dipole an, die gemäß Abb. 1.16b mit der Flächendichte $\boldsymbol{p}_F$ homogen verteilt sind. Berechne das elektrische Feld auf der Erdoberfläche für den Fall, dass die Länge der Gewitterwolke sehr viel größer als die Breite $2a$ ist (ebenes Problem).

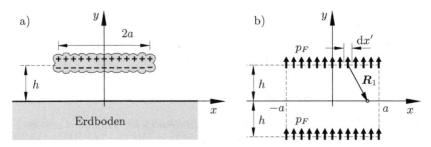

Abb. 1.16. (a) Langgestreckte Gewitterwolke über dem Erdboden. **(b)** Homogene Doppelschichten als Ersatzanordnung

Lösung: Der Einfluss des Erdbodens wird durch Spiegelung der Doppelschicht an der Ebene $y = 0$ erfasst, wodurch diese zur Äquipotentialfläche $\phi = 0$ wird, Abb. 1.16b. Der differentielle Potentialbeitrag eines infinitesimalen Liniendipols des Momentes $\mathrm{d}p_L = p_F \mathrm{d}x'$, der sich am Ort $x = x'$ und $y = h$ befindet, ist dann nach (1.22) mit $\boldsymbol{R} = (y - h)\,\boldsymbol{e}_y + (x - x')\,\boldsymbol{e}_x$

$$\mathrm{d}\phi(x,y) = \frac{\mathrm{d}p_L}{2\pi\varepsilon_0} \frac{\boldsymbol{e}_y \cdot \boldsymbol{R}}{R^2} = \frac{\mathrm{d}p_L}{2\pi\varepsilon_0} \frac{y - h}{(x - x')^2 + (h - y)^2} \, .$$

Das elektrische Feld besitzt auf der Erdoberfläche mit $\boldsymbol{R} = \boldsymbol{R}_1$, siehe Abb. 1.16b, nur eine y-Komponente. Sie ergibt sich durch Differentiation des Potentials nach y

$$
dE_y = -\frac{dp_L}{2\pi\varepsilon_0} \left\{ \frac{1}{(x-x')^2 + (h-y)^2} - 2\frac{(h-y)^2}{[(x-x')^2 + (h-y)^2]^2} \right\} =
$$
$$
= -\frac{dp_L}{2\pi\varepsilon_0} \frac{(x-x')^2 - (h-y)^2}{[(x-x')^2 + (h-y)^2]^2} \ .
$$

Das resultierende Feld der oberen Doppelschicht erhält man durch Integration und die gespiegelte Doppelschicht liefert aus Symmetriegründen denselben Feldbeitrag und damit einen Faktor 2:

$$
E_y(x, y=0) = -\frac{p_F}{\pi\varepsilon_0} \int_{-a}^{a} \frac{(x-x')^2 - h^2}{[(x-x')^2 + h^2]^2} \mathrm{d}x' = -\frac{p_F}{\pi\varepsilon_0} \frac{x-x'}{(x-x')^2 + h^2} \bigg|_{-a}^{a}
$$

$$
\rightarrow \quad E_y(x, y=0) = \frac{p_F}{\pi\varepsilon_0} \left\{ \frac{x+a}{(x+a)^2 + h^2} - \frac{x-a}{(x-a)^2 + h^2} \right\} \ .
$$

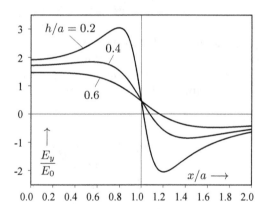

Abb. 1.17. Elektrische Feldstärke auf dem Erdboden. Aus Symmetriegründen wurde nur der Verlauf im Bereich $x > 0$ dargestellt.

Abb. 1.17 zeigt die Feldstärke in der Ebene $y = 0$, während in Abb. 1.18 die Feldlinien dargestellt wurden. Dort gibt es zwei *singuläre Punkte S* auf der Erdoberfläche, in denen die Feldstärke verschwindet und die Feldlinien unter einem Winkel von 45° einmünden. Für die Berechnung der Feldlinien kann man übrigens die Gleichung (3.45) in Aufg. M12 mit $k = 1$ verwenden. Denn die elektrischen Feldlinien einer elektrischen Doppelschicht entsprechen vollkommen den magnetischen Feldlinien einer magnetischen Doppelschicht.

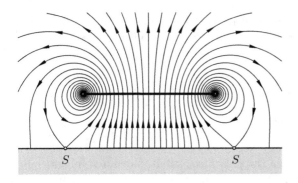

Abb. 1.18. Verlauf der elektrischen Feldlinien

E10 Feldreduzierende Wirkung eines Erdseils

Freileitungen werden im besonderen Maße den hohen elektrischen Feldern vorbeiziehender Gewitter ausgesetzt. Sie müssen also vor Überspannungen geschützt werden. Dies wird erreicht, indem an den Mastspitzen ein allseits gut geerdeter Draht, das sogenannte *Erdseil*, aufgehängt wird.

a) Wie lässt sich qualitativ die feldreduzierende Wirkung eines geerdeten Leiters erklären?

b) Berechne anhand eines idealisierten Modells den Feldverlauf zwischen Gewitterwolke und Erdboden. Das elektrische Feld der Wolke wird dabei als homogen angenommen und das Erdseil mit dem Radius a durch eine unendlich lange, gerade Linienladung im Mittelpunkt des Leiters approximiert, Abb. 1.19.

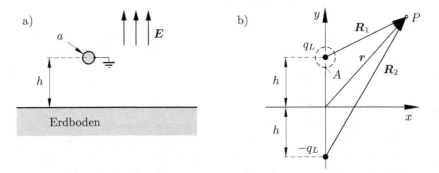

Abb. 1.19. **(a)** Geerdeter Draht im homogenen Feld über einem leitenden Halbraum. **(b)** Spiegelung der Erdseilladung am leitenden Halbraum

Lösung:

a) Wir betrachten zunächst einen *isolierten* Leiter zwischen Wolke und Erde Abb. 1.20a.

a) 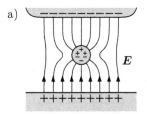   b)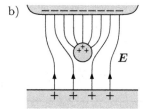

Abb. 1.20. **(a)** Isolierter Leiter zwischen Wolke und Erdboden. **(b)** Geerdeter Leiter zwischen Wolke und Erdboden

Der Leiter konzentriert das Feld in seiner Umgebung und seine Oberflächenladungen werden sich wie im Bild angedeutet polarisieren. Erden wir nun den Leiter, Abb. 1.20b, so fließen negative Ladungen zur Erde ab und es entsteht im unteren Bereich eine Zone verminderter elektrischer Feldstärke.

b) Zuerst wird die Erdseilladung q_L an der Erdoberfläche gespiegelt, so dass die Ersatzanordnung nach Abb. 1.19b entsteht, bei der das Potential, so wie es sein muss, für $y = 0$ verschwindet. Das resultierende Potential im Aufpunkt P lautet

$$\phi(x,y) = -\frac{q_L}{2\pi\varepsilon_0} \ln \frac{R_1}{R_2} - E_0\,y \quad \text{mit} \quad R_{1,2} = \sqrt{x^2 + (y \mp h)^2}\,.$$

Soll das Potential im Punkt A der Oberfläche des Erdseils, Abb. 1.19b, verschwinden, so erhält man daraus die bisher nicht bekannte Erdseilladung

$$0 = -\frac{q_L}{2\pi\varepsilon_0} \ln \frac{a}{2h - a} - E_0(h - a) \quad \rightarrow \quad q_L = 2\pi\varepsilon_0 E_0 \frac{h - a}{\ln(2h/a - 1)}$$

und auf der y-Achse stellt sich das elektrische Feld

$$E_y(0,y) = -\frac{\partial \phi(0,y)}{\partial y} = E_0 \left\{ \frac{h - a}{\ln(2h/a - 1)} \left[\frac{1}{y - h} - \frac{1}{y + h} \right] + 1 \right\}$$

$$\rightarrow \quad \frac{E_y(0,y)}{E_0} = \frac{2}{\ln(2h/a - 1)} \frac{h(h - a)}{y^2 - h^2} + 1$$

ein. In Abb. 1.21 sieht man den Verlauf des Potentials und der elektrischen Feldstärke auf der y-Achse der Anordnung. Deutlich ist die Feldüberhöhung am Ort des Erdseils zu erkennen. Das bedeutet, dass ein Blitz ins Erdseil und *nicht* in die darunter liegenden Leitungen einschlagen wird.

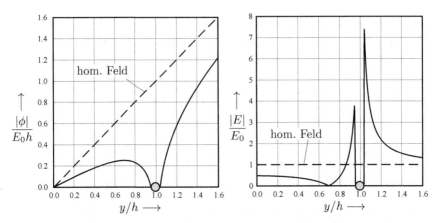

Abb. 1.21. (a) Potential und (b) elektrische Feldstärke entlang der y-Achse bei einem Abmessungsverhältnis $a/h = 0.05$

Genaugenommen wird das Potential nur im Punkt A der Leiteroberfläche verschwinden. Die Äquipotentialfläche $\phi = 0$ um die Linienladung q_L herum hat daher eine etwas andere Form als die Leiteroberfläche. Diese Abweichung fällt aber nur bei dickeren Leitern ins Gewicht, siehe Abb. 1.22.

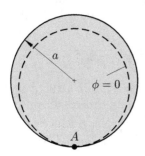

Abb. 1.22. Vergrößerte Darstellung des kreisförmigen Querschnittes des Erdseils und Abweichung der Äquipotentialfläche $\phi = 0$ von der idealen Kreisform für $a/h = 0.05$

E11 Äquipotentialflächen

Im ansonsten homogenen Gesamtraum befinden sich zwei unendlich lange, homogene Linienladungen $\pm q_L$ im Abstand $2a$ parallel zueinander, Abb. 1.23. Zeige, dass die Äquipotentialflächen der Anordnung kreiszylindrische Flächen sind und gib deren Radien und Mittelpunktslagen an.

Lösung: Das Gesamtpotential der Anordnung lautet nach (1.5c)

$$\phi(x,y) = -\frac{q_L}{2\pi\varepsilon_0} \ln \sqrt{\frac{(x-a)^2 + y^2}{(x+a)^2 + y^2}} = \frac{q_L}{2\pi\varepsilon_0} \frac{1}{2} \ln \frac{x^2 + y^2 + a^2 + 2ax}{x^2 + y^2 + a^2 - 2ax} \, .$$

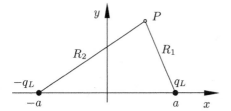

Abb. 1.23. Zur Berechnung des Potentials zweier unendlich langer Linienladungen

Mit der Abkürzung

$$\lambda := \exp\left(\frac{\phi(x,y)}{\phi_0}\right) \quad , \quad \phi_0 = \frac{q_L}{4\pi\varepsilon_0} \tag{1.23}$$

wird daraus die Gleichung der Äquipotentialflächen

$$\lambda = \frac{x^2 + y^2 + a^2 + 2ax}{x^2 + y^2 + a^2 - 2ax} = \text{const.}$$

und schließlich nach Umformen

$$y^2 + x^2 - 2ax\frac{\lambda+1}{\lambda-1} + \underbrace{a^2\left(\frac{\lambda+1}{\lambda-1}\right)^2 - a^2\left(\frac{\lambda+1}{\lambda-1}\right)^2}_{\text{quadratische Ergänzung}} + a^2 = 0$$

$$\rightarrow \quad y^2 + (x - x_m)^2 = R^2 \ . \tag{1.24}$$

Die gesuchten Äquipotentialflächen sind damit Kreiszylinder der Radien und Mittelpunkte

$$R = \frac{2a\sqrt{\lambda}}{|\lambda-1|} \quad , \quad x_m = a\frac{\lambda+1}{\lambda-1} \quad \text{mit} \quad R^2 = x_m^2 - a^2 \ . \tag{1.25}$$

Es handelt sich hier um sogenannte *Apollonische Kreise*.

E12 Kapazität zwischen zylindrischen Leitern

Berechne unter Verwendung des Ergebnisses in Aufgabe E11 den Kapazitätsbelag einer Doppelleitung bestehend aus kreiszylindrischen Leitern der Radien R_1 und R_2 im Abstand $h > R_1 + R_2$, Abb. 1.24.

Lösung: In Aufg. E11 wurde festgestellt, dass zwei parallele, unendlich lange Linienladungen $\pm q_L$ kreiszylindrische Äquipotentialflächen erzeugen. Auch die Oberflächen leitender Körper stellen bekanntlich Äquipotentialflächen dar. Das Feld zweier leitender Kreiszylinder mit den Potentialen ϕ_1 und ϕ_2 lässt sich also ersatzweise mit Hilfe zweier Linienladungen beschreiben, die gemäß Abb. 1.24 auf der x-Achse angeordnet sind und auf den jeweiligen Oberflächen ebenfalls die Potentiale ϕ_1 und ϕ_2 hervorrufen. Die Abb. 1.25

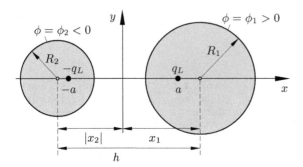

Abb. 1.24. Zwei kreiszylindrische Leiter und deren Ersatzlinienladungen

illustriert den eben dargestellten Sachverhalt noch einmal. Gezeigt werden dort die kreisförmigen Äquipotentialflächen nach (1.24), (1.25), wobei zwei davon durch leitende Zylinder ersetzt wurden.

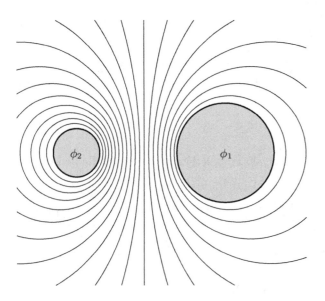

Abb. 1.25. Äquipotentiallinien zweier kreiszylindrischer Leiter mit den Potentialen ϕ_1 und ϕ_2. Alle Linien sind Kreise.

Die Kapazität pro Längeneinheit lautet

$$C' = \frac{q_L}{\phi_1 - \phi_2} = \frac{q_L/\phi_0}{\phi_1/\phi_0 - \phi_2/\phi_0} = \frac{4\pi\varepsilon_0}{\ln(\lambda_1/\lambda_2)} \, , \tag{1.26}$$

wobei die Abkürzung (1.23) verwendet wurde. Hinsichtlich der Vorzeichen gilt dabei

$$\phi_1 > 0 \quad \rightarrow \quad \lambda_1 > 1 \quad \rightarrow \quad x_1 > 0$$
$$\phi_2 < 0 \quad \rightarrow \quad \lambda_2 < 1 \quad \rightarrow \quad x_2 < 0 \, .$$

In der Aufgabenstellung sind jedoch nicht die Größen x_1 und x_2 vorgegeben, sondern nur die Leiterabmessungen h, R_1 und R_2. Aus (1.25) ergeben sich zunächst die Zusammenhänge

$$\left.\begin{array}{r} R_1^2 = x_1^2 - a^2 \\ R_2^2 = x_2^2 - a^2 \end{array}\right\} \quad \rightarrow \quad x_1^2 - x_2^2 = R_1^2 - R_2^2$$

$$x_1 - x_2 = h \quad \rightarrow \quad x_1^2 = x_2^2 + h^2 + 2hx_2 \, ,$$

nach deren Subtraktion x_1 und x_2 durch h, R_1 und R_2 ausgedrückt werden können

$$x_2 = -\frac{1}{2}\left(h + \frac{R_2^2 - R_1^2}{h}\right) \quad , \quad x_1 = h + x_2 \, . \tag{1.27}$$

Mit Hilfe von (1.25) lassen sich schließlich noch die zur Berechnung der Kapazität (1.26) benötigten Werte λ_1 und λ_2 angeben

$$\lambda_{1,2} = \frac{x_{1,2} + a}{x_{1,2} - a} \quad , \quad a = \sqrt{x_{1,2}^2 - R_{1,2}^2} \, ,$$

womit das Problem gelöst wäre.

E13* Polarisierte Platte

a) Eine unendlich ausgedehnte Platte der Dicke $2d$ habe die konstante Polarisierung $\boldsymbol{P}_0$. Wie groß ist die elektrische Feldstärke und die dielektrische Verschiebung innerhalb und außerhalb der Platte?

b) Dieselbe Platte habe nun eine endliche Breite $2a$, sei aber immer noch unendlich lang, Abb. 1.26. Bestimme das resultierende Feld im gesamten Raum.

c) Gib die Gleichung der elektrischen Feldlinien sowie der dielektrischen Verschiebungslinien an und diskutiere die jeweiligen Verläufe.

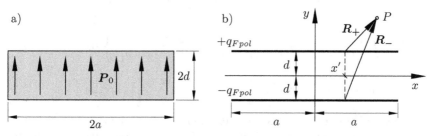

Abb. 1.26. (a) Polarisierte Platte. (b) Ersatz der polarisierten Platte durch Polarisationsflächenladungen $\pm q_{Fpol}$

Lösung:

a) Die polarisierte Platte kann nach (1.8) durch zwei Polarisationsflächenladungen $\pm q_{Fpol} = \pm P_0$ auf der Ober- bzw. Unterseite der Platte ersetzt werden. Da diese Flächenladungen unendlich ausgedehnt sind, heben sich ihre Beiträge zum Feld außerhalb der Platte gerade auf

$$\boldsymbol{E}_a = 0 \quad , \quad \boldsymbol{D}_a = \varepsilon_0 \boldsymbol{E}_a = 0 \, .$$

Das Feld innerhalb der Platte kann man sich mit Hilfe von (1.7) und der Stetigkeitsbedingung (1.12) herleiten

$$\boldsymbol{D}_i = \varepsilon_0 \boldsymbol{E}_i + \boldsymbol{P}_0 = \boldsymbol{D}_a = 0 \quad \rightarrow \quad \boldsymbol{E}_i = -\boldsymbol{P}_0/\varepsilon_0 \, .$$

b) Die Platte wird gemäß Abb. 1.26b durch ihre Polarisationsflächenladungen $\pm q_{Fpol}$ ersetzt. Da die Flächenladungen in z-Richtung unendlich ausgedehnt sind, entspricht ein herausgegriffenes Element der Breite dx' einer Linienladung $dq_L = P_0 \, dx'$. Das Potential dieser Linienladung sowie der entsprechenden negativen Linienladung auf der gegenüberliegenden Seite ist nach (1.5c) und Abb. 1.26b

$$d\phi = -\frac{P_0 \, dx'}{2\pi\varepsilon_0} \ln \frac{R_+}{R_-} \quad , \quad R_\pm = \sqrt{(x-x')^2 + (y \mp d)^2}$$

und damit das resultierende Potential der gesamten Platte

$$\phi(x,y) = \frac{E_0}{2} \int\limits_{-a}^{+a} \ln \frac{(x-x')^2 + (y+d)^2}{(x-x')^2 + (y-d)^2} \, dx' \quad \text{mit} \quad E_0 = \frac{P_0}{2\pi\varepsilon_0} \, .$$

Daraus folgen die Feldstärkekomponenten[5] $E_x = -\partial\phi/\partial x$ und $E_y = -\partial\phi/\partial y$

$$\frac{E_x}{E_0} = \int\limits_{-a}^{+a} \left\{ \frac{x-x'}{(x-x')^2 + (y-d)^2} - \frac{x-x'}{(x-x')^2 + (y+d)^2} \right\} dx' =$$

$$= \frac{1}{2} \ln \left(\frac{(x-a)^2 + (y+d)^2}{(x-a)^2 + (y-d)^2} \cdot \frac{(x+a)^2 + (y-d)^2}{(x+a)^2 + (y+d)^2} \right)$$

$$\frac{E_y}{E_0} = \int\limits_{-a}^{+a} \left\{ \frac{y-d}{(x-x')^2 + (y-d)^2} - \frac{y+d}{(x-x')^2 + (y+d)^2} \right\} dx' =$$

$$= \arctan \frac{x-a}{y+d} - \arctan \frac{x-a}{y-d} - \arctan \frac{x+a}{y+d} + \arctan \frac{x+a}{y-d} \, .$$

c) Die Feldlinien der dielektrischen Verschiebung (D-Linien) lassen sich mit Hilfe des elektrischen Flusses berechnen. In Abb. 1.27a sind zwei benachbarte Feldlinien eines zweidimensionalen elektrischen Feldes angedeutet.

---

[5] siehe z.B. [Bronstein] Integral Nr. 57 und 61

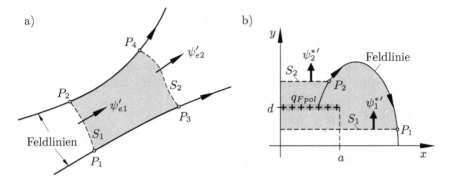

Abb. 1.27. (a) Zur Berechnung der D-Linien ebener, ladungsfreier, elektrischer Felder. (b) Berücksichtigung der Polarisationsladungen bei den E-Linien

Der Fluss pro Längeneinheit ψ'_{e1} durch die Verbindungslinie S_1 zwischen den Punkten P_1 und P_2 ist nach (1.15)

$$\psi'_{e1} = \int_{S_1} \boldsymbol{D} \cdot \boldsymbol{n}\,\mathrm{d}s \quad \text{mit} \quad \boldsymbol{D} = \varepsilon_0 \boldsymbol{E} + \boldsymbol{P},$$

wobei der Einheitsvektor $\boldsymbol{n}$ senkrecht auf S_1 steht. Ist das von den beiden Feldlinien sowie S_1 und S_2 begrenzte Gebiet wie in der vorliegenden Aufgabe ladungsfrei, so ist in Abb. 1.27 $\psi'_{e2} = \psi'_{e1}$ und folglich gilt allgemein

$$\psi'_e = \int_S \boldsymbol{D} \cdot \boldsymbol{n}\,\mathrm{d}s = \text{const.}.$$

Die Berechnung der Feldlinien könnte dann so erfolgen, dass man für S eine Linie wählt, die von einem festen Punkt P_0 ausgeht und in einem variablen Punkt $P(x,y)$ endet. Bei der polarisierten Platte wissen wir, dass aus Symmetriegründen die y-Achse eine Feldlinie darstellt. Es ist daher sinnvoll, eine gerade Linie S parallel zur x-Achse von einem Punkt der zu berechnenden Feldlinie bis hin zur y-Achse zu wählen, so dass bei der Flussberechnung nur über x zu integrieren ist. Beschränken wir uns dabei, wieder aus Symmetriegründen, auf den ersten Quadranten des Rechengebietes, so erhalten wir die Gleichung der D-Linien in der Form

$$\varepsilon_0 \int_0^x E_y\,\mathrm{d}x + \left\{ \begin{array}{ll} P_0\,x & \text{für } y \le d,\ x \le a \\ P_0\,a & \text{für } y \le d,\ x > a \\ 0 & \text{für } y > d \end{array} \right\} = \text{const.} \qquad (1.28)$$

Die Feldlinien der elektrischen Feldstärke (E-Linien) können in ähnlicher Weise ermittelt werden. Jedoch ist hier zu bedenken, dass die elektrische Feldstärke $\boldsymbol{E}$ im Gegensatz zur elektrischen Flussdichte $\boldsymbol{D}$ nicht quellenfrei ist. Wir betrachten dazu die Abb. 1.27b. Die „Flüsse"[6]

---

[6] Für die E-Linien wird eine von (1.15) abweichende Flussdefinition verwendet und durch einen Stern gekennzeichnet.

$$\psi_1^{*\prime} = \varepsilon_0 \int_{S_1} \boldsymbol{E} \cdot \boldsymbol{n}\,\mathrm{d}s \quad , \quad \psi_2^{*\prime} = \varepsilon_0 \int_{S_2} \boldsymbol{E} \cdot \boldsymbol{n}\,\mathrm{d}s$$

unterscheiden sich in diesem Fall, weil in dem markierten Gebiet, das durch S_1, S_2, die y-Achse und die Feldlinie begrenzt wird, die Polarisationsladung umschlossen wird. Folglich lautet die korrekte Gleichung der E-Linien

$$\varepsilon_0 \int_0^x E_y\,\mathrm{d}x + \left\{ \begin{array}{ll} P_0\,a & \text{für } y \le d \\ 0 & \text{für } y > d \end{array} \right\} = \text{const.}\,. \tag{1.29}$$

Wie man sieht, wurde für $y \le d$ der konstante Term $P_0\,a$ hinzugefügt. Er sorgt dafür, dass $\psi_1^{*\prime}$ und $\psi_2^{*\prime}$ für die auf derselben Feldlinie liegenden Punkte P_1 und P_2 identische Werte annehmen.

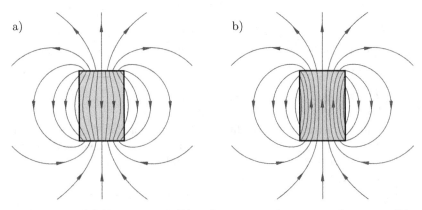

Abb. 1.28. **(a)** E-Linien und **(b)** D-Linien einer homogen polarisierten Platte

Das Integral in (1.28) bzw. (1.29) kann mit Hilfe von [Bronstein] Integral Nr. 498 gelöst werden, auf das Einsetzen wird an dieser Stelle aber verzichtet.

Die Feldbilder Abb. 1.28a+b unterscheiden sich nur im Innenraum. Die D-Linien sind aufgrund der Abwesenheit freier Ladungen stets geschlossen. Die E-Linien starten auf den positiven und enden auf den negativen Polarisationsladungen. Man erkennt deutlich, dass die elektrischen Feldlinien im Gegensatz zu den Verschiebungslinien ohne Knick durch die Seitenflächen der Platte verlaufen. Auf der oberen bzw. unteren Fläche verhält es sich genau umgekehrt.

E14 Stetigkeitsbedingungen am dielektrischen Zylinder

Ein in z-Richtung unendlich ausgedehnter, dielektrischer Kreiszylinder mit Radius a wird einem ebenen, d.h. nur von den Polarkoordinaten ϱ und φ abhängigen, elektrischen Feld mit dem Potential $\phi_e = \phi_e(\varrho, \varphi)$ ausgesetzt. Für das Potential innerhalb bzw. außerhalb des Zylinders lässt sich dann schreiben

$$\phi(\varrho,\varphi) = \begin{cases} \phi_e(\varrho,\varphi) - k\phi_e(a^2/\varrho,\varphi) & \text{für } \varrho > a \\ (1-k)\phi_e(\varrho,\varphi) & \text{für } \varrho < a . \end{cases} \qquad (1.30)$$

Wie muss die Konstante k gewählt werden, damit die Stetigkeitsbedingungen auf der Zylinderoberfläche exakt erfüllt werden?

Lösung: Auf der Oberfläche des Zylinders müssen die Tangentialkomponente der elektrischen Feldstärke E_φ sowie die Normalkomponente der dielektrischen Verschiebung D_ϱ stetig übergehen

$$\left.\frac{\partial\phi}{\partial\varphi}\right|_{\varrho=a+0} = \left.\frac{\partial\phi}{\partial\varphi}\right|_{\varrho=a-0} \quad , \quad \varepsilon_0\left.\frac{\partial\phi}{\partial\varrho}\right|_{\varrho=a+0} = \varepsilon\left.\frac{\partial\phi}{\partial\varrho}\right|_{\varrho=a-0} . \qquad (1.31)$$

Wie man durch Einsetzen von $\varrho = a$ in (1.30) feststellt, verhält sich das Potential $\phi(\varrho,\varphi)$ beim Durchgang durch die Zylinderoberfläche stetig, und da dies für jeden Winkel φ gilt, folgt daraus sofort die Stetigkeit der Tangentialableitung. Aus der Stetigkeit von D_ϱ wird nach Einsetzen von (1.30) in (1.31) und Anwenden der Kettenregel

$$\varepsilon(1-k)\left.\frac{\partial\phi_e(\varrho,\varphi)}{\partial\varrho}\right|_{\varrho=a} = \varepsilon_0\left\{ \frac{\partial\phi_e(\varrho,\varphi)}{\partial\varrho} - k\left(-\frac{a^2}{\varrho^2}\right)\frac{\partial\phi_e(a^2/\varrho,\varphi)}{\partial(a^2/\varrho)} \right\}_{\varrho=a}$$

$$\rightarrow \quad \varepsilon(1-k) = \varepsilon_0(1+k) \quad \rightarrow \quad k = \frac{\varepsilon - \varepsilon_0}{\varepsilon + \varepsilon_0} .$$

E15 Spiegelung am dielektrischen Zylinder

Berechne die Kraft auf den Zylinder in Aufg. E14, wenn sich im Mittelpunktsabstand $c > a$ eine unendlich lange Linienladung q_L parallel vor dem Zylinder befindet, Abb. 1.29.

Hinweis: Bestimme zunächst aus dem allgemeinen Potentialansatz äquivalente Spiegelladungen im Innern des Zylinders.

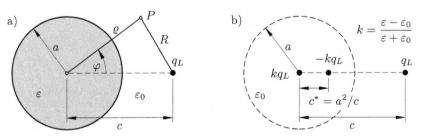

Abb. 1.29. (a) Linienladung vor einem dielektrischen Zylinder. **(b)** Ersatzanordnung für das Potential im Bereich $\varrho > a$

Lösung: Die Linienladung vor dem Zylinder erzeugt nach (1.5c) mit der willkürlichen Festlegung $R_0 = c$ das erregende Potential

$$\phi_e(\varrho, \varphi) = -\frac{q_L}{2\pi\varepsilon_0} \ln \frac{R}{c} = -\frac{q_L}{4\pi\varepsilon_0} \ln \frac{\varrho^2 + c^2 - 2\varrho c \cos\varphi}{c^2} \; . \tag{1.32}$$

Nach Ersetzen von ϱ durch a^2/ϱ wird daraus

$$\phi_e\left(\frac{a^2}{\varrho}, \varphi\right) = -\frac{q_L}{4\pi\varepsilon_0} \ln \left(\frac{a^4}{c^2}\frac{1}{\varrho^2} + 1 - 2\frac{a^2}{c}\frac{1}{\varrho}\cos\varphi\right)$$

oder etwas umgeformt und mit $c^* = a^2/c$

$$\phi_e\left(\frac{a^2}{\varrho}, \varphi\right) = \frac{q_L}{2\pi\varepsilon_0} \ln \frac{\varrho}{c} - \frac{q_L}{4\pi\varepsilon_0} \ln \frac{\varrho^2 + c^{*2} - 2\varrho c^* \cos\varphi}{c^2} \; . \tag{1.33}$$

Der erste Term in (1.33) beschreibt nach (1.5c) das Potential einer Linienladung $-q_L$ auf der Zylinderachse. Vergleicht man den zweiten Term mit (1.32), so erweist sich dieser als das Potential einer Linienladung $+q_L$ in der Entfernung $c^* = a^2/c$ von der Zylinderachse. Es ergibt sich also aus (1.30) die Ersatzanordnung nach Abb. 1.29b.

Die Kraft pro Längeneinheit auf die felderregende Ladung q_L ist dann $\boldsymbol{K}' = q_L \boldsymbol{E}$, wobei $\boldsymbol{E}$ das elektrische Feld der Spiegelladungen $\pm k q_L$ darstellt

$$\boldsymbol{K}' = \boldsymbol{e}_x \frac{k\, q_L^2}{2\pi\varepsilon_0} \left\{\frac{1}{c} - \frac{1}{c - a^2/c}\right\} = -\boldsymbol{e}_x \frac{k q_L^2}{2\pi\varepsilon_0 c} \frac{a^2}{c^2 - a^2} \; .$$

Wie es sein muss, wird die Ladung vom Zylinder angezogen.

Zur Veranschaulichung sind in Abb. 1.30 die D-Linien dargestellt. Sie verlaufen innerhalb des Zylinders geradlinig und ihre Verlängerungen treffen sich alle am Ort der erregenden Linienladung.

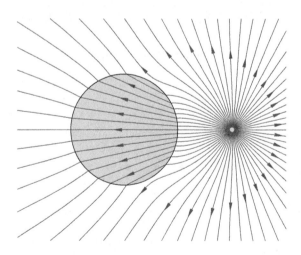

Abb. 1.30. Verlauf der D-Linien einer unendlich langen Linienladung vor einem dielektrischen Zylinder mit $\varepsilon_r = 3$

E16 Linienladung vor einem dielektrischen Halbraum

In der Höhe h über einem dielektrischen Halbraum befindet sich eine unendlich lange Linienladung q_L, Abb. 1.31. Bestimme die Kraft pro Längeneinheit auf den Halbraum.

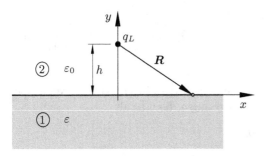

Abb. 1.31. Unendlich lange Linienladung über einem dielektrischen Halbraum

Lösung: Das elektrische Feld lässt sich im unteren Halbraum mit Hilfe des Spiegelungsverfahrens durch eine Linienladung

$$q_L(1-k) \quad , \quad \text{mit} \quad k = \frac{\varepsilon - \varepsilon_0}{\varepsilon + \varepsilon_0}$$

am Ort $x = 0$, $y = h$ im ansonsten homogenen Gesamtraum der Dielektrizitätskonstanten ε_0 bestimmen, vgl. Abb. 1.6c. Auf der Unterseite der Trennfläche $y = -0$ ist dann mit $R = \sqrt{x^2 + h^2}$

$$\boldsymbol{E}_1 = \boldsymbol{E}(x, y = -0) = \frac{q_L(1-k)}{2\pi\varepsilon_0} \left\{ \frac{x}{R^2}\boldsymbol{e}_x - \frac{h}{R^2}\boldsymbol{e}_y \right\} .$$

Aufgrund der Stetigkeitsbedingungen (1.12) gilt für das elektrische Feld auf der Oberseite der Trennfläche

$$\boldsymbol{E}_2 = \boldsymbol{E}(x, y = +0) = \frac{q_L(1-k)}{2\pi\varepsilon_0} \left\{ \frac{x}{R^2}\boldsymbol{e}_x - \frac{\varepsilon}{\varepsilon_0}\frac{h}{R^2}\boldsymbol{e}_y \right\} .$$

Die Flächendichte der auf das Dielektrikum wirkenden Kraft folgt aus (1.19)

$$\boldsymbol{K}'' = \frac{1}{2}(\varepsilon - \varepsilon_0)(\boldsymbol{E}_1 \cdot \boldsymbol{E}_2)\boldsymbol{e}_y = \left(\frac{q_L}{2\pi}\right)^2 \frac{k(1-k)}{\varepsilon_0} \left\{ \frac{x^2}{R^4} + \frac{\varepsilon}{\varepsilon_0}\frac{h^2}{R^4} \right\}\boldsymbol{e}_y$$

und daraus die Kraft pro Längeneinheit

$$K'_y = \int_{-\infty}^{+\infty} K''_y \, \mathrm{d}x = \left(\frac{q_L}{2\pi}\right)^2 \frac{k(1-k)}{\varepsilon_0} \int_{-\infty}^{+\infty} \frac{x^2 + (\varepsilon/\varepsilon_0)h^2}{(x^2 + h^2)^2} \, \mathrm{d}x . \quad (1.34)$$

Das uneigentliche Integral kann mit dem Residuensatz gelöst werden, indem die reelle Variable x durch eine komplexe $z = \xi + \mathrm{j}\,\eta$ ersetzt und der Integrationspfad wie in Abb. 1.32 in der oberen Halbebene ($\eta > 0$) mit unendlichem

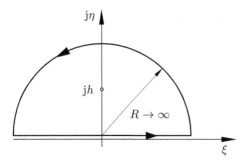

Abb. 1.32. Zur Berechnung des uneigentlichen Integrals in (1.34)

Radius geschlossen wird. An der Stelle $z = \mathrm{j}h$ tritt in (1.34) ein zweifacher Pol auf, so dass das Residuum des Integranden die Gestalt

$$\lim_{z \to \mathrm{j}h} \frac{\mathrm{d}}{\mathrm{d}z} \left\{ (z - \mathrm{j}h)^2 \frac{z^2 + (\varepsilon/\varepsilon_0)h^2}{(z^2 + h^2)^2} \right\} = \frac{1}{2\mathrm{j}h} \cdot \frac{1}{1-k}$$

annimmt. Da das Integral nach dem Residuensatz das $2\pi\mathrm{j}$-fache dieses Wertes ist, ergibt sich daraus

$$K'_y = \frac{k\,q_L^2}{4\pi\varepsilon_0 h}\;.$$

Zum selben Resultat gelangt man natürlich auch, wenn man die COULOMB-Kraft pro Längeneinheit zwischen der Linienladung q_L und ihrer Spiegelladung im unteren Halbraum, siehe Abb. 1.6b, berechnet.

E17 Energie einer kugelförmigen Raumladung

Berechne die elektrostatische Feldenergie einer homogenen, kugelförmigen Raumladungswolke mit der Dichte q_{V0} und dem Radius a

a) mit Hilfe der elektrischen Feldstärke

b) mit Hilfe des Potentials.

Lösung:

a) Das radialsymmetrische Feld der kugelförmigen Raumladungsverteilung berechnen wir zunächst in gewohnter Weise mit Hilfe des GAUSS'schen Gesetzes der Elektrostatik

$$\varepsilon_0 \oint_F \boldsymbol{E} \cdot \mathrm{d}\boldsymbol{F} = 4\pi r^2 \varepsilon_0 E_r = \int_V q_V \mathrm{d}V = q_{V0}\frac{4}{3}\pi \begin{cases} r^3 & \text{für } r \leq a \\ a^3 & \text{für } r \geq a \end{cases}$$

$$\to \quad E_r = \frac{q_{V0}}{3\varepsilon_0} \begin{cases} r & \text{für } r \leq a \\ a^3/r^2 & \text{für } r \geq a\;. \end{cases}$$

Aus (1.14) folgt dann die Feldenergie

$$W_e = \frac{1}{2}\,\varepsilon_0 \int_V E_r^2\,\mathrm{d}V = \frac{1}{2}\,\varepsilon_0 \left(\frac{q_{V0}}{3\varepsilon_0}\right)^2 4\pi \left\{ \int_0^a r^4\,\mathrm{d}r + \int_a^\infty \frac{a^6}{r^2}\,\mathrm{d}r \right\} =$$

$$= \frac{4\pi}{15\varepsilon_0}\,q_{V0}^2 a^5 . \tag{1.35}$$

b) Das Potential ist nach (1.4) das Integral über die Feldstärke

$$\phi = -\int E_r\,\mathrm{d}r + C = \frac{q_{V0}}{3\varepsilon_0} \begin{cases} -r^2/2 + C & \text{für } r \le a \\ a^3/r & \text{für } r \ge a . \end{cases}$$

Die Konstante C wählt man so, dass ϕ für $r = a$ stetig ist und erhält

$$\phi = \frac{q_{V0}}{3\varepsilon_0} \begin{cases} (3a^2 - r^2)/2 & \text{für } r \le a \\ a^3/r & \text{für } r \ge a . \end{cases}$$

Die Energie kann nun nach (1.14) durch Integration über das raumladungs-behaftete Volumen ermittelt werden

$$W_e = \frac{1}{2} \int_V q_{V0}\,\phi\,\mathrm{d}V = \frac{1}{2}\frac{q_{V0}^2}{3\varepsilon_0} 4\pi \int_0^a \frac{3a^2 - r^2}{2} r^2\,\mathrm{d}r = \frac{4\pi}{15\varepsilon_0}\,q_{V0}^2 a^5 . \tag{1.36}$$

Die Resultate (1.35) und (1.36) stimmen also überein.

E18 Teilkapazitäten

Über dem Erdboden befinden sich in der Höhe h_1 bzw. h_2 zwei unendlich lan-ge, parallele Leiter mit der gegenseitigen Entfernung a, Abb. 1.33. Die Radien r_1 bzw. r_2 der Leiter seien sehr viel kleiner als die übrigen Abmessungen. Zu bestimmen sind die Teilkapazitäten der Anordnung sowie die Betriebskapa-zität, wenn beide Leiter den gleichen Radius und die gleiche Höhe über der Erde aufweisen und im Gegentakt betrieben werden.

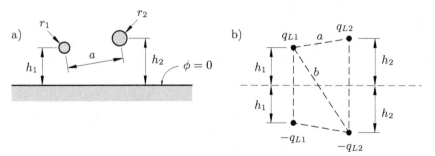

Abb. 1.33. (a) Zwei dünne Leiter über dem Erdboden. (b) Ersatzanordnung

Lösung: Zunächst können die beiden Leitungen aufgrund ihrer kleinen Radien durch unendlich lange Linienladungen in ihren Mittelpunkten ersetzt werden. Den Einfluss des Erdbodens erfassen wir wie üblich durch Spiegelung. Es entsteht dann die Ersatzanordnung in Abb. 1.33b, aus der man auch den diagonalen Abstand

$$b = \sqrt{a^2 + 4h_1 h_2}$$

ablesen kann. Ausgangspunkt bei der Berechnung der Teilkapazitäten eines Systems von n Leitern ist ein Gleichungssystem, das die Ladung auf den Leitern mit den Leiterpotentialen verknüpft. Dieses Gleichungssystem hat in unserem Fall analog zu (1.17) die Gestalt

$$\begin{pmatrix} q_{L1} \\ q_{L2} \end{pmatrix} = \begin{pmatrix} k'_{11} & k'_{12} \\ k'_{21} & k'_{22} \end{pmatrix} \cdot \begin{pmatrix} \phi_1 \\ \phi_2 \end{pmatrix} \quad \text{oder} \quad \begin{pmatrix} \phi_1 \\ \phi_2 \end{pmatrix} = \begin{pmatrix} p_{11} & p_{12} \\ p_{21} & p_{22} \end{pmatrix} \cdot \begin{pmatrix} q_{L1} \\ q_{L2} \end{pmatrix} \quad (1.37)$$

mit den *Kapazitätskoeffizienten* k'_{ik}, aus denen nachher die gesuchten Teilkapazitäten bestimmt werden, und den *Potentialkoeffizienten* p_{ik}. Zuerst werden die Potentialkoeffizienten berechnet. Dabei ist zu beachten, dass auf jeder Leiteroberfläche die Beiträge aller vier Linienladungen zu superponieren sind. Nach (1.5c) erhält man dann

$$\phi_1 = -\frac{1}{2\pi\varepsilon_0} \left(q_{L1} \ln \frac{r_1}{R_0} - q_{L1} \ln \frac{2h_1}{R_0} + q_{L2} \ln \frac{a}{R_0} - q_{L2} \ln \frac{b}{R_0} \right)$$

$$\phi_2 = -\frac{1}{2\pi\varepsilon_0} \left(q_{L2} \ln \frac{r_2}{R_0} - q_{L2} \ln \frac{2h_2}{R_0} + q_{L1} \ln \frac{a}{R_0} - q_{L1} \ln \frac{b}{R_0} \right)$$

und durch Vergleich mit (1.37) folgt

$$p_{11,22} = \frac{1}{2\pi\varepsilon_0} \ln \frac{2h_{1,2}}{r_{1,2}} \quad , \quad p_{12} = p_{21} = \frac{1}{2\pi\varepsilon_0} \ln \frac{b}{a} .$$

Nach Inversion der Matrix der Potentialkoeffizienten in (1.37)

$$\begin{pmatrix} q_{L1} \\ q_{L2} \end{pmatrix} = \frac{1}{p_{11}p_{22} - p_{12}^2} \begin{pmatrix} p_{22} & -p_{12} \\ -p_{12} & p_{11} \end{pmatrix} \cdot \begin{pmatrix} \phi_1 \\ \phi_2 \end{pmatrix}$$

lauten die Kapazitätskoeffizienten

$$k'_{11,22} = \frac{2\pi\varepsilon_0}{\Delta} \ln \frac{2h_{2,1}}{r_{2,1}} \quad , \quad k'_{12} = k'_{21} = -\frac{\pi\varepsilon_0}{\Delta} \ln \left(1 + \frac{4h_1 h_2}{a^2} \right) ,$$

mit der Abkürzung

$$\Delta = (2\pi\varepsilon_0)^2 (p_{11}p_{22} - p_{12}^2) = \ln \frac{2h_1}{r_1} \ln \frac{2h_2}{r_2} - \left(\ln \sqrt{1 + \frac{4h_1 h_2}{a^2}} \right)^2 .$$

Die Teilkapazitäten pro Längeneinheit, Abb. 1.34, folgen schließlich aus (1.17)

$$C'_{12} = -k'_{12} \quad , \quad C'_{1\infty} = k'_{11} + k'_{12} \quad , \quad C'_{2\infty} = k'_{22} + k'_{12} . \quad (1.38)$$

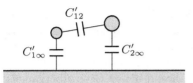

Abb. 1.34. Teilkapazitäten pro Längeneinheit einer Doppelleitung über dem Erdboden

Wir kommen nun zur Berechnung der gesuchten Betriebskapazität. Bei symmetrischer Anordnung der Leiter wird aus den Potentialkoeffizienten

$$\left. \begin{array}{l} r_1 = r_2 = r \\ h_1 = h_2 = h \end{array} \right\} \to p_{11} = p_{22} = p \; .$$

Außerdem ist im Gegentaktbetrieb

$$q_{L1} = -q_{L2} = q_L \quad , \quad \phi_1 = -\phi_2 = (p - p_{12})q_L$$

und es ergibt sich als Betriebskapazität pro Längeneinheit der Ausdruck

$$C_B' = \frac{q_L}{\phi_1 - \phi_2} = \pi\varepsilon_0 \left/ \ln\left(2\frac{h}{r}\sqrt{\frac{1}{1 + 4h^2/a^2}}\right) \right. \; . \tag{1.39}$$

Hier bietet sich eine schöne Kontrolle der zuvor ermittelten Teilkapazitäten
an. Die Betriebskapazität ist nämlich nach Abb. 1.34 nichts anderes als die
Parallelschaltung der Kapazität C_{12}' mit den in Reihe geschalteten Kapazitäten $C_{1\infty}'$ und $C_{2\infty}'$, d.h.

$$C_B' = C_{12}' + \frac{C_{1\infty}' C_{2\infty}'}{C_{1\infty}' + C_{2\infty}'} = C_{12}' + \frac{C_{1\infty}'}{2} \; .$$

Nach Einsetzen von (1.38) ergibt sich wieder das Resultat (1.39).

E19 Kräfte an metallischen Oberflächen

Eine leitende, dünnwandige Kugelschale mit Radius a bestehend aus zwei
sich berührenden Hemisphären befinde sich in einem ursprünglich homogenen
elektrischen Feld der Stärke E_0, welches senkrecht auf der Trennebene der
beiden Hälften steht. Bestimme die erforderliche Kraft, um die Hemisphären
zusammenzuhalten.

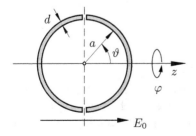

Abb. 1.35. Leitende, in der Mitte durch-
trennte Hohlkugel im homogenen elektrischen
Feld

Lösung: Zunächst erhebt sich die Frage, wie der Einfluss der leitenden Kugel auf das resultierende Feld erfasst werden kann. Es ist leicht vorstellbar, dass ein homogenes Feld dadurch erzeugt werden kann, dass man zwei entgegengesetzte Punktladungen immer weiter voneinander entfernt und dabei betragsmäßig größer werden lässt, so dass während dieses Grenzüberganges das Feld in einem *endlichen* Bereich zwischen den beiden Ladungen zunehmend homogener wird. Bei Anwesenheit der leitenden Kugel erhalten die beiden Ladungen ihre entsprechenden Spiegelbilder innerhalb der Kugel. Diese Spiegelladungen wandern im Zuge des erwähnten Grenzprozesses nach den Spiegelungsgesetzen (siehe Abb. 1.5b) aufeinander zu und werden dabei ebenfalls immer größer. Mit anderen Worten: Es entsteht ein Dipol im Kugelmittelpunkt, der die Wirkung der Influenzladung auf der Kugeloberfläche beschreibt und wir machen daher mit (1.5b) den Potentialansatz

$$\phi = -E_0 z + \frac{1}{4\pi\varepsilon_0} \frac{\boldsymbol{p}_e \cdot \boldsymbol{r}}{r^3} \quad , \quad \boldsymbol{p}_e = p_0 \boldsymbol{e}_z \ .$$

Das Moment des Ersatzdipols bestimmen wir so, dass sich auf der Kugeloberfläche das Potential $\phi = 0$ einstellt. Wegen $\boldsymbol{p}_e \cdot \boldsymbol{r} = p_0 z = p_0 r \cos\vartheta$ folgt

$$\phi(r = a) = 0 \quad \to \quad -E_0 a + \frac{p_0}{4\pi\varepsilon_0 a^2} = 0 \quad \to \quad p_0 = 4\pi\varepsilon_0 E_0 a^3 \ .$$

Damit lautet das resultierende Potential eines durch eine leitende Kugel gestörten homogenen elektrischen Feldes

$$\phi(r, \vartheta) = E_0 \left\{ \frac{a^3}{r^2} - r \right\} \cos\vartheta \ .$$

Die Radialkomponente der elektrischen Feldstärke auf der Kugeloberfläche folgt durch Differentiation

$$E_r(r = a, \vartheta) = -\left. \frac{\partial\phi}{\partial r} \right|_{r=a} = 3\, E_0 \cos\vartheta \ . \tag{1.40}$$

Diese gibt nach (1.19) Anlass zu einer mechanischen Spannung, deren Integration[7] über die rechte Halbkugelfläche eine aus Symmetriegründen allein z-gerichtete Kraft liefert

$$K_z = \frac{1}{2}\, 2\pi a^2 \varepsilon_0 \int\limits_0^{\pi/2} E_r^2(a, \vartheta)\, \underbrace{(\boldsymbol{e}_z \cdot \boldsymbol{e}_r)}_{\cos\vartheta} \sin\vartheta\, \mathrm{d}\vartheta = \frac{9}{4}\, \pi\, \varepsilon_0 a^2 E_0^2 \ .$$

E20 Elektrischer Dipol vor einer leitenden Kugel

Vor einer ungeladenen, leitenden Kugel mit dem Radius a befinde sich im Abstand c vom Mittelpunkt der Kugel ein elektrostatischer Dipol mit dem Moment $\boldsymbol{p}_e$, Abb. 1.36a. Gesucht ist die auf den Dipol ausgeübte Kraft.

---

[7] Man verwendet hierbei die Substitution $u = \cos\vartheta$, $\mathrm{d}u = -\sin\vartheta\, \mathrm{d}\vartheta$.

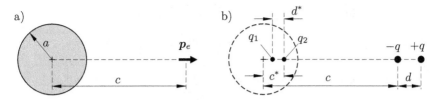

Abb. 1.36. (a) Elektrischer Dipol vor einer leitenden, ungeladenen Kugel. (b) Spiegelung der Dipolladungen an der Kugel

Lösung: Wir nehmen zunächst an, die Kugel sei geerdet und ersetzen den Dipol durch zwei Punktladungen $\pm q$ im Abstand d, Abb. 1.36b. Spiegelt man diese Ladungen entsprechend dem Gesetz in Abb. 1.5b an der Kugel, so entstehen die Spiegelladungen q_1 und q_2 mit den Abständen $c^* - d^*$ bzw. c^*

$$q_1 = -\frac{a}{c+d}\, q \quad , \quad q_2 = \frac{a}{c}\, q$$

$$c \cdot c^* = a^2 \quad , \quad (c+d) \cdot (c^* - d^*) = a^2 \quad \rightarrow \quad d^* = \frac{a^2 d}{c(c+d)} \ . \tag{1.41}$$

Im Grenzfall $d \to 0$, $q \to \infty$, mit $q \cdot d = p_e$, bildet sich daher ein Dipol mit dem Moment

$$\boldsymbol{p}_e^* = \frac{\boldsymbol{p}_e}{p_e} \lim_{\substack{q \to \infty \\ d \to 0}} q_2 \cdot d^* = \frac{\boldsymbol{p}_e}{p_e} \lim_{\substack{q \to \infty \\ d \to 0}} \frac{a^3}{c^2(c+d)}\, q\, d = \boldsymbol{p}_e\, \frac{a^3}{c^3} \ . \tag{1.42}$$

Summiert man die Ladungen q_1 und q_2 in (1.41)

$$q_1 + q_2 = \left(\frac{a}{c} - \frac{a}{c+d} \right) q = \frac{a}{c(c+d)}\, qd \ ,$$

so stellt sich im Grenzfall $d \to 0$, $q \to \infty$, mit $q \cdot d = p_e$, eine nicht verschwindende Gesamtladung

$$Q^* = \frac{p_e a}{c^2} \tag{1.43}$$

am Ort $c^* = a^2/c$ ein. Da die Kugel aber ungeladen sein soll, müssen wir in ihrem Mittelpunkt eine weitere Punktladung

$$Q_M = -Q^* \tag{1.44}$$

anbringen, um die Ladungsfreiheit sicherzustellen. Damit lautet das äußere elektrische Feld aller Spiegelquellen (1.42), (1.43), (1.44) im Abstand z vom Mittelpunkt der Kugel zu einem beliebigen Punkt auf der Verbindungsachse zwischen Dipol und Kugelmittelpunkt

$$\boldsymbol{E}(z) = \frac{Q^*}{4\pi\varepsilon_0(z-c^*)^2}\, \frac{\boldsymbol{p}_e}{p_e} + \frac{Q_M}{4\pi\varepsilon_0 z^2}\, \frac{\boldsymbol{p}_e}{p_e} + \frac{1}{2\pi\varepsilon_0}\, \frac{\boldsymbol{p}_e^*}{(z-c^*)^3} \ .$$

Die gesuchte Kraft auf den Dipol lässt sich durch den Grenzübergang

$$K = \lim_{\substack{q \to \infty \\ d \to 0}} \left\{ - q\,\boldsymbol{E}(z = c) + q\,\boldsymbol{E}(z = c + d) \right\} = p_e \left. \frac{\mathrm{d}\boldsymbol{E}}{\mathrm{d}z} \right|_{z=c}$$

berechnen und nach Einsetzen und Differenzieren ergibt sich daraus

$$K = \frac{p_e\,\boldsymbol{p}_e}{2\pi\varepsilon_0 a^4} \left\{ \frac{a^5}{c^5} - \frac{a^5 c}{(c^2 - a^2)^3} - \frac{3a^7 c}{(c^2 - a^2)^4} \right\}.$$

E21 Kapazität einer Stabantenne

Senkrecht über einem leitenden Halbraum befinde sich eine homogene Linienladung q_L mit der Länge $2a$. Ihr Mittelpunkt habe die Entfernung c zum Halbraum, Abb. 1.37a.

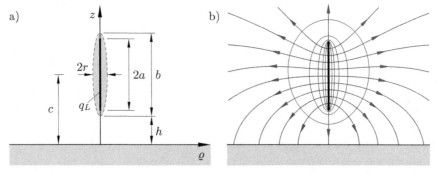

Abb. 1.37. (a) Linienladung über einem leitenden Halbraum. (b) Elektrische Feldlinien und einige Äquipotentialflächen der Linienladung

Berechne zunächst die Äquipotentialflächen der Anordnung und bestimme dann die Kapazität einer dünnen Stabantenne, die senkrecht über dem Erdboden angeordnet ist. Die Antenne habe die Länge b, den Durchmesser $2r$ und die Entfernung h zur Erdoberfläche.

Hinweis Die Kapazitätsberechnung soll näherungsweise erfolgen, indem man sich die leitende Oberfläche der Antenne als Äquipotentialfläche in unmittelbarer Umgebung der Linienladung vorstellt (gestrichelte Linie in Abb. 1.37a).

Lösung: Mit $R = \sqrt{\varrho^2 + (z - z')^2}$ erhält man nach (1.6) zunächst das primäre Potential der Linienladung bei Abwesenheit des leitenden Halbraumes[8]

$$\phi^{(p)} = \frac{q_L}{4\pi\varepsilon_0} \int\limits_{c-a}^{c+a} \frac{\mathrm{d}z'}{R} = \frac{q_L}{4\pi\varepsilon_0} \ln \left| \frac{z - c + a + \sqrt{\varrho^2 + (z - c + a)^2}}{z - c - a + \sqrt{\varrho^2 + (z - c - a)^2}} \right|. \quad (1.45)$$

---

[8] siehe z.B. [Bronstein] Integral Nr. 192

Den Einfluss des leitenden Halbraumes erfassen wir nun mit Hilfe des Spie-
gelungsprinzips, d.h. wir nehmen eine negative Linienladung $-q_L$ im unteren
Halbraum an. Deren Potentialbeitrag erhält man, wenn man in (1.45) z durch
$z + 2c$ ersetzt. Das resultierende Potential ist also

$$\phi(\varrho, z) = \phi^{(p)}(\varrho, z) - \phi^{(p)}(\varrho, z + 2c) . \tag{1.46}$$

Wie man dem Feldbild 1.37b entnehmen kann, bilden die Äquipotentialflächen in unmittelbarer Umgebung der Linienladung langgestreckte Rotationskörper. Die Oberfläche einer Linearantenne wird im Folgenden näherungsweise als ein solcher Rotationskörper angesehen. Die Antenne sei gegenüber
der Erde auf das Potential ϕ_A angehoben und trage die Gesamtladung Q.
Die Kapazität zwischen Antenne und Erdboden ist dann

$$C = Q/\phi_A \quad , \quad Q = q_L 2a , \tag{1.47}$$

wobei das Antennenpotential ϕ_A durch Wahl des Aufpunktes $\varrho = r$, $z = c$ in
(1.45) und (1.46) ermittelt wird

$$\phi_A = \frac{Q}{8\pi\varepsilon_0 a} \ln \left(\frac{\sqrt{r^2 + a^2} + a}{\sqrt{r^2 + a^2} - a} \cdot \frac{\sqrt{r^2 + (2c - a)^2} + 2c - a}{\sqrt{r^2 + (2c + a)^2} + 2c + a} \right) .$$

Bei einer langgestreckten Antenne gilt $r \ll a$ und $r \ll (2c \pm a)$ und wir kön-
nen die Wurzeln wegen $\sqrt{1 + x} \approx 1 + x/2$ für $|x| \ll 1$ annähern

$$\sqrt{r^2 + a^2} \approx a + \frac{1}{2}\frac{r^2}{a} \ , \ \sqrt{r^2 + (2c \pm a)^2} \approx (2c \pm a) + \frac{1}{2}\frac{r^2}{(2c \pm a)} .$$

Das Potential lässt sich damit auf die vereinfachte Form

$$\phi_A \approx \frac{Q}{8\pi\varepsilon_0 a} \ln \left\{ \left(\frac{2a}{r} \right)^2 \frac{2c - a}{2c + a} \right\}$$

bringen und mit $2a \approx b$ und $c = h + b/2$ folgt aus (1.47) die Kapazität

$$C \approx 2\pi\varepsilon_0 b \left\{ \ln \left(\frac{b}{r} \sqrt{\frac{4h + b}{4h + 3b}} \right) \right\}^{-1} .$$

E22 Kapazität zwischen zwei Kugeln

Gegeben sind zwei gleich große, leitende Kugeln mit dem Radius a und dem
Mittelpunktsabstand c, Abb. 1.38a. Gesucht ist die Kapazität zwischen den
Kugeln.

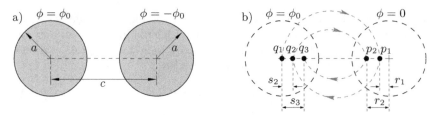

Abb. 1.38. (a) Zwei leitende Kugeln mit entgegengesetztem Potential. (b) Spiegelungsprozess für das Teilproblem A

Lösung: Wir betrachten zweckmäßigerweise zwei Teilprobleme:

Teilproblem A: Die linke Kugel hat das Potential $+\phi_0$ und die rechte ist geerdet.

Teilproblem B: Die rechte Kugel hat das Potential $-\phi_0$ und die linke ist geerdet.

Die Überlagerung beider Teilprobleme ergibt eine Anordnung, bei der die linke Kugel das Potential $+\phi_0$ und die rechte das Potential $-\phi_0$ aufweist. Damit kann man dann die Kapazität in der Form

$$C = \frac{Q}{U} = \frac{Q_l^{(A)} + Q_l^{(B)}}{2\phi_0} \tag{1.48}$$

berechnen, wobei $Q_l^{(A)}$ bzw. $Q_l^{(B)}$ die Gesamtladung der linken Kugel für das Teilproblem A bzw. B ist.

Um eine Ersatzanordnung von Spiegelladungen zu finden, siehe Abb. 1.38b, beginnt man mit einer Ladung

$$q_1 = 4\pi\varepsilon_0 a\phi_0 \tag{1.49}$$

im Mittelpunkt der linken Kugel. Diese erzeugt auf der Oberfläche der linken Kugel das Potential ϕ_0. Man spiegelt q_1 an der geerdeten rechten Kugel und erhält die Spiegelladung p_1 im Abstand r_1, wobei nach dem Spiegelungsgesetz gilt (siehe Abb. 1.5)

$$p_1 = -\frac{r_1}{a} q_1 \quad , \quad r_1 = \frac{a^2}{c} \ . \tag{1.50}$$

Auf der rechten Kugel herrscht nun das Potential $\phi = 0$, aber die hinzugekommene Ladung p_1 verändert das Potential auf der linken Kugel. Um diesen Fehler zu kompensieren, wird p_1 an der linken Kugel gespiegelt. Die neu hinzugekommene Ladung q_2 und ihr Mittelpunktsabstand s_2 lauten

$$q_2 = -\frac{s_2}{a} p_1 \quad , \quad s_2 = \frac{a^2}{c - r_1} \ . \tag{1.51}$$

Damit ist aber das Potential auf der rechten Kugel nicht mehr null und man muss daher q_2 wieder an der rechten Kugel spiegeln, d.h. es entsteht eine weitere Ladung

$$p_2 = -\frac{r_2}{a} q_2 \quad , \quad r_2 = \frac{a^2}{c - s_2} \; . \tag{1.52}$$

Der Spiegelungsprozess wird in diesem Sinne weiter fortgeführt und man erkennt aus (1.50), (1.51) und (1.52) bereits das allgemeine Bildungsgesetz

$$r_n = \frac{a^2}{c - s_n} \; , \quad p_n = -q_n \frac{r_n}{a} \; , \quad s_{n+1} = \frac{a^2}{c - r_n} \; , \quad q_{n+1} = -p_n \frac{s_{n+1}}{a} \; , \tag{1.53}$$

aus dem mit den Startwerten $q_1 = 4\pi\varepsilon_0 a\phi_0$ und $s_1 = 0$ die Spiegelladungen und ihre Abstände rekursiv bestimmt werden können. Bezieht man noch die Ladungen auf den Startwert q_1 und die Abstände auf den Kugelradius

$$p_n' = \frac{p_n}{q_1} \quad , \quad q_n' = \frac{q_n}{q_1} \quad , \quad r_n' = \frac{r_n}{a} \quad , \quad s_n' = \frac{s_n}{a} \; ,$$

dann lautet die Rekursion

$$r_n' = \frac{1}{c/a - s_n'} \; , \quad p_n' = -q_n' r_n' \; , \quad s_{n+1}' = \frac{1}{c/a - r_n'} \; , \quad q_{n+1}' = -p_n' s_{n+1}' \tag{1.54}$$

mit den normierten Startwerten $s_1' = 0$ und $q_1' = 1$. Die Gesamtladungen der linken und rechten Kugel beim Teilproblem A sind

$$Q_l^{(A)} = \sum_n q_n \quad , \quad Q_r^{(A)} = \sum_n p_n \; .$$

Aus Symmetriegründen braucht man die Gesamtladung der linken Kugel im Teilproblem B nicht neu zu berechnen, denn es gilt $Q_l^{(B)} = -Q_r^{(A)}$ und aus der Kapazität (1.48) wird

$$C = \frac{1}{2\phi_0} \sum_n (q_n - p_n) = 2\pi\varepsilon_0 a \sum_n (q_n' - p_n') \; . \tag{1.55}$$

Die Beziehungen (1.55) und (1.54) lassen sich sehr einfach in einem kleinen Computerprogramm implementieren. Die Anzahl der zu berücksichtigenden Spiegelladungen hängt dabei vom Verhältnis c/a ab. Bei dicht benachbarten Kugeln ist die Konvergenz des Verfahrens naturgemäß schlechter und man wird eine größere Anzahl von Rekursionen benötigen, bis sich das Ergebnis stabilisiert hat.

Bei kleinen Kugeln mit $a \ll c$ gilt die Näherungsformel

$$C \approx 2\pi\varepsilon_0 a \frac{c}{c - a} \; , \tag{1.56}$$

die man sehr einfach herleiten kann, indem man die Kugeln durch Punktladungen $\pm Q$ in ihrem Mittelpunkt ersetzt. Dies zu zeigen, sei dem Leser zur Übung überlassen. Abb. 1.39 macht deutlich, wie groß der Fehler speziell bei dicht beieinander liegenden Kugeln wird.

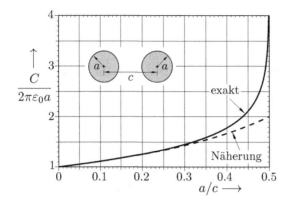

Abb. 1.39. Kapazität zwischen zwei Kugeln im Vergleich zur Näherungsformel für kleine Kugeln (1.56)

E23 Randwertproblem in kartesischen Koordinaten

Im kartesischen Koordinatensystem sind die Ebenen $x = 0$, $x = a$ und $y = 0$ als leitende geerdete Beläge ausgeführt, während in der Ebene $y = b$ das Potential den Verlauf **a)** $\phi_0 \cos(\pi x/a)$ bzw. **b)** $\phi_0 \sin(\pi x/a)$ haben soll. Gesucht ist das Potential $\phi(x, y)$ im Innenraum des Rechteckzylinders sowie die Gleichung der elektrischen Feldlinien.

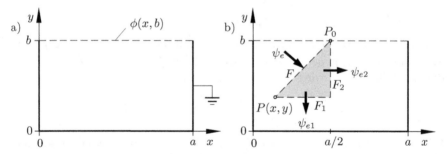

Abb. 1.40. (a) Rechteckzylinder mit drei geerdeten Wänden und Potentialvorgabe auf einer Wand **(a)** Zerlegung des Flusses zur Berechnung der elektrischen Feldlinien

Lösung: Es liegt ein hinsichtlich der Koordinate z ebenes Randwertproblem erster Art in kartesischen Koordinaten vor. Das Potential erfüllt die zweidimensionale LAPLACE-Gleichung (A.1) mit dem allgemeinen Lösungsansatz (A.2). Bei der Bestimmung der unbekannten Konstanten in (A.2) beginnt man am besten mit den homogenen Randbedingungen, um den allgemeinen Lösungsansatz soweit wie möglich zu reduzieren

$$\phi(0, y) = 0 \rightarrow A_0 = A_p = 0$$

$$\phi(a, y) = 0 , \ B_0 = 0 , \ \sin pa = 0 \rightarrow p = p_n = \frac{n\pi}{a} , \ n = 1, 2, 3, \ldots$$

$$\phi(x,0) = 0 \quad \rightarrow \quad C_p = 0 \;.$$

Kürzt man noch das Produkt der übriggebliebenen Konstanten mit E_n ab, so lautet der auf das Problem zugeschnittene reduzierte Lösungsansatz

$$\phi(x,y) = \sum_{n=1}^{\infty} E_n \sinh p_n y \, \sin p_n x \;. \tag{1.57}$$

a) Potentialvorgabe $\phi(x,b) = \phi_0 \cos(\pi x/a)$

Einsetzen der Potentialvorgabe in (1.57) liefert

$$\sum_{n=1}^{\infty} E_n \sinh p_n b \, \sin p_n x = \phi_0 \cos \frac{\pi x}{a} \;. \tag{1.58}$$

Zur Bestimmung der Konstanten E_n werden beide Seiten von (1.58) mit $\sin p_m x$ multipliziert und anschließend über den Bereich $0 \le x \le a$ integriert (Orthogonalentwicklung)

$$\phi_0 \int_0^a \cos \frac{\pi x}{a} \sin p_m x \, \mathrm{d}x = \sum_{n=1}^{\infty} E_n \sinh p_n b \underbrace{\int_0^a \sin p_n x \, \sin p_m x \, \mathrm{d}x}_{\delta_m^n \, a/2} \;.$$

Durch das Auftreten des KRONECKER-Symbols δ_m^n verbleibt lediglich das Glied $m = n$ in der Summe. Da der Index m jede beliebige natürliche Zahl sein kann, liefert die beschriebene Prozedur alle unbekannten Konstanten E_n. Die Integration auf der linken Seite ergibt[9]

$$\int_0^a \cos \frac{\pi x}{a} \sin p_m x \, \mathrm{d}x = \frac{a}{2\pi} \left[\frac{1 - \cos[(m+1)\pi]}{m+1} + \frac{1 - \cos[(m-1)\pi]}{m-1} \right]$$

und mit $\cos[(m+1)\pi] = \cos[(m-1)\pi] = (-1)^{m+1}$ wird aus (1.57)

$$\frac{\phi(x,y)}{\phi_0} = \frac{4}{\pi} \sum_{n=2,4,6}^{\infty} \frac{n}{n^2 - 1} \frac{\sinh p_n y}{\sinh p_n b} \sin p_n x \;.$$

Die elektrischen Feldlinien erhält man durch Konstanthalten des elektrischen Flusses (1.15), wobei aus Symmetriegründen die Betrachtung des Bereiches $0 \le x \le a/2$ genügt. Der Fluss durch die Fläche F in Abb. 1.40b verändert sich nicht, wenn man den variablen Punkt $P(x,y)$ entlang einer Feldlinie verschiebt. Da das in Abb. 1.40b markierte Gebiet ladungsfrei ist, gilt für den Fluss pro Längeneinheit $\psi_e' = \psi_{e1}' + \psi_{e2}'$ mit

$$\psi_{e1}' = \varepsilon_0 \int_x^{a/2} \frac{\partial \phi}{\partial y} \, \mathrm{d}x \quad , \quad \psi_{e2}' = -\varepsilon_0 \int_y^b \left. \frac{\partial \phi}{\partial x} \right|_{x=a/2} \mathrm{d}y \;.$$

Die gesuchte Feldliniengleichung nimmt dann die Gestalt

---

[9] siehe z.B. [Bronstein] Integral Nr. 408

$$\frac{\psi'_e(x,y)}{\psi'_0} = \sum_{n=2,4,6}^{\infty} \frac{n}{n^2-1} \left[\frac{\cosh p_n y}{\sinh p_n b} \cos p_n x - (-1)^{\frac{n}{2}} \coth p_n b \right] = \text{const.}$$

mit $\psi'_0 = 4\varepsilon_0 \phi_0/\pi$ an. In Abb. 1.41 ist das Feldbild dargestellt.

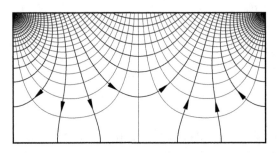

Abb. 1.41. Äquipotentiallinien und Feldlinien bei kosinusförmiger Potentialvorgabe

Bemerkenswert ist dabei die Wirbelbildung des elektrischen Feldes in den oberen Ecken des Zylinders. Tatsächlich sieht es dort eher wie das magnetische Feld eines Linienstromes aus. Denkt man sich nun in der linken oberen Ecke den Ursprung eines lokalen Polarkoordinatensystems (ϱ, φ), dann kann man näherungsweise schreiben

$$\boldsymbol{E} \approx \boldsymbol{e}_\varphi C \frac{1}{\varrho} \quad, \quad \int_0^{\pi/2} E_\varphi(\varrho)\, \varrho \, d\varphi = \phi_0 \quad \rightarrow \quad E_\varphi = \frac{2\phi_0}{\pi} \frac{1}{\varrho} \, . \qquad (1.59)$$

Wie der Abb. 1.42 entnommen werden kann, wird das Feld in der Ecke durch (1.59) gut approximiert.[10]

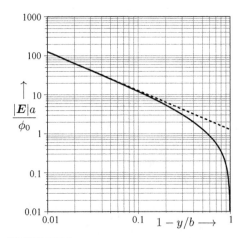

Abb. 1.42. Elektrisches Feld entlang der y-Achse. Der gestrichelte Verlauf zeigt die Approximation durch (1.59).

---

[10] (1.59) ist das korrekte Feld von zwei unendlich ausgedehnten, rechtwinklig und isoliert aufeinander treffenden, leitenden Platten mit den Potentialen $\phi = 0$ und $\phi = \phi_0$. Hiervon kann sich der Leser sehr leicht durch Lösung der LAPLACE-Gleichung in Polarkoordinaten überzeugen.

b) Potentialvorgabe $\phi(x,b) = \phi_0 \sin(\pi x/a)$

In diesem Fall ist die Vorgabe in Form der ersten Eigenfunktion gegeben und man braucht in der allgemeinen Lösungssumme nur das Glied $n = 1$ zu berücksichtigen. Es stellt sich daher die Potentialverteilung

$$\frac{\phi(x,y)}{\phi_0} = \frac{\sinh(\pi y/a)}{\sinh(\pi b/a)} \sin\frac{\pi x}{a}$$

ein. Bei der Flussberechnung ist zu beachten, dass die Linie $x = a/2$ zur Feldlinie wird, so dass ψ_{e2} in Abb. 1.40b verschwindet. Damit lautet die Gleichung der Feldlinien

$$\psi_e'(x,y) = \varepsilon_0 \phi_0 \frac{\cosh(\pi y/a)}{\sinh(\pi b/a)} \cos\frac{\pi x}{a} = \text{const.}\,.$$

Die Äquipotential- und Feldlinien sind in Abb. 1.43 dargestellt.

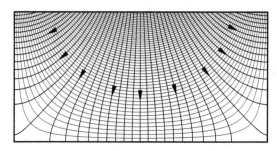

Abb. 1.43. Äquipotentiallinien und Feldlinien bei sinusförmiger Potentialvorgabe

E24 Elektrostatische Linse (periodischer Fall)

Koaxiale Strukturen, bestehend aus leitenden Ringen mit unterschiedlichen Potentialen, Abb. 1.44a, treten in der Praxis bei Teilchenbeschleunigern und Fokussierungseinrichtungen auf.

Gegeben ist eine periodische Anordnung solcher Ringe, an die alternierend die Potentiale $\pm\phi_0$ angelegt sind, Abb. 1.44b. Der Radius aller Ringe sei a, ihre Breite h und der gegenseitige Abstand $d \ll a, h$. Bestimme das Potential im Raum $\varrho < a$ unter der Annahme, dass das Potential sich im Spalt zwischen den Ringen in erster Näherung linear mit der Koordinate z ändert.

Lösung: Es liegt ein rotationssymmetrisches Randwertproblem erster Art in Zylinderkoordinaten vor. Das Potential erfüllt die LAPLACE-Gleichung (A.5). Die Periodizität der Anordnung erfordert hier einen periodischen Lösungsansatz in z-Richtung, also wählen wir (A.6). Aufgrund ihres singulären Verhaltens auf der Achse $\varrho = 0$ scheiden der natürliche Logarithmus sowie die

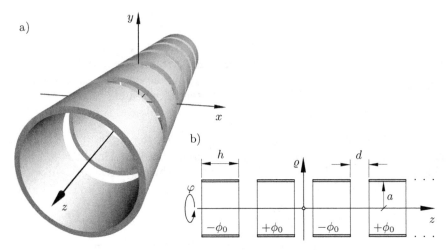

Abb. 1.44. **(a)** Periodische Anordnung leitender Ringe. **(b)** Betrachtung der Anordnung in Zylinderkoordinaten und Festlegung der Potentiale

modifizierte BESSEL-Funktion zweiter Art dabei aus. Ein linearer Term in z-Richtung ist aufgrund der Periodizität der Anordnung ebenfalls nicht möglich. Der zur Ebene $z = 0$ schiefsymmetrische Potentialverlauf lässt weiterhin nur Sinusfunktionen im Ansatz zu. Zur Ebene $z = (h + d)/2$ dagegen wird sich das Potential symmetrisch ausbilden, so dass damit auch die Separationskonstanten p in der Form

$$p = p_n = \frac{n\pi}{L} \quad , \quad L = h + d \quad , \quad n = 1, 3, 5\ldots$$

vorliegen und wir erhalten den reduzierten Potentialansatz

$$\phi(\varrho, z) = \sum_{n=1,3,5}^{\infty} A_n I_0(p_n \varrho) \sin p_n z \, .$$

Auf der Fläche $\varrho = a$ hat das Potential den Verlauf

$$\sum_{n=1,3,5}^{\infty} A_n I_0(p_n a) \sin p_n z = -\phi_0 \begin{cases} 2z/d & \text{für } 0 \leq z \leq d/2 \\ 1 & \text{für } d/2 \leq z \leq L/2 \, . \end{cases} \quad (1.60)$$

Dabei wurde nur ein Viertel der gesamten Periodenlänge betrachtet. Dies ist aus Symmetriegründen auch vollkommen ausreichend, da die Funktionen $\sin p_n z$ alle Symmetrieanforderungen erfüllen. Zwecks Auffindung der noch unbekannten Konstanten A_n wird (1.60) im Zuge einer FOURIER-Analyse auf beiden Seiten mit $\sin p_m z$ multipliziert und über den Orthogonalitätsbereich $0 \leq z \leq L/2$ integriert

$$\sum_{n=1,3,5}^{\infty} A_n I_0(p_n a) \underbrace{\int\limits_0^{L/2} \sin p_n z \, \sin p_m z \, \mathrm{d}z}_{\delta_m^n \, L/4} =$$

$$= -\frac{2}{d}\phi_0 \underbrace{\int\limits_0^{d/2} z \sin p_m z \, \mathrm{d}z}_{\mathcal{I}_{1m}} -\phi_0 \underbrace{\int\limits_{d/2}^{L/2} \sin p_m z \, \mathrm{d}z}_{\mathcal{I}_{2m}} \ .$$

Mit den Integralen[11]

$$\mathcal{I}_{1m} = \left[\frac{\sin p_m z}{p_m^2} - \frac{z \cos p_m z}{p_m}\right]_0^{d/2} , \ \mathcal{I}_{2m} = -\left[\frac{\cos p_m z}{p_m}\right]_{d/2}^{L/2}$$

$$\rightarrow \quad \frac{2}{d}\mathcal{I}_{1m} + \mathcal{I}_{2m} = \frac{2}{d}\frac{\sin(p_m d/2)}{p_m^2}$$

und der Spaltfunktion $\mathrm{si}(x) = \dfrac{\sin x}{x}$ ergibt sich schließlich das Resultat

$$\frac{\phi(\varrho,z)}{\phi_0} = -\frac{4}{\pi}\sum_{n=1,3,5}^{\infty}\frac{1}{n}\,\mathrm{si}(p_n d/2)\,\frac{I_0(p_n \varrho)}{I_0(p_n a)}\,\sin p_n z \ . \tag{1.61}$$

Damit kann auch das elektrische Feld $\boldsymbol{E} = -\nabla\phi$ und daraus die Bahnkurve eines geladenen Teilchens mit der Ladung q und der Masse m in dem periodischen Potentialfeld berechnet werden. Dafür sind die NEWTON'schen Bewegungsgleichungen

$$K_\varrho = qE_\varrho = m\frac{\mathrm{d}v_\varrho}{\mathrm{d}t} = m\frac{\mathrm{d}^2\varrho}{\mathrm{d}t^2} \quad , \quad K_z = qE_z = m\frac{\mathrm{d}v_z}{\mathrm{d}t} = m\frac{\mathrm{d}^2 z}{\mathrm{d}t^2}$$

zu lösen. Für ein kleines Zeitintervall $t_0 \leq t \leq t_0 + \Delta t$, in welchem angenommen werden kann, dass sich die elektrische Feldstärke nur unwesentlich ändert, liefert die Integration der Bewegungsgleichung zunächst die Geschwindigkeit in ϱ-Richtung

$$v_\varrho(t_0 + \Delta t) = v_\varrho(t_0) + \frac{q}{m}\int\limits_{t_0}^{t_0+\Delta t} E_\varrho(t)\,\mathrm{d}t \approx \frac{q}{m}\,E_\varrho(t_0)\,\Delta t$$

und nach nochmaliger Integration den Ort

$$\varrho(t_0 + \Delta t) \approx \varrho(t_0) + v_\varrho(t_0)\Delta t + \frac{q}{2m}\,E_\varrho(t_0)\,(\Delta t)^2 \ .$$

Wenn also die Zeitspanne Δt klein genug gewählt wird, ist es auf diesem Wege möglich die Bahnkurve auf iterative Weise zu erhalten, indem die aus

---

[11] siehe z.B. [Bronstein] Integral Nr. 279

den Anfangswerten $\varrho(t_0)$ und $v_\varrho(t_0)$ berechneten aktuellen Werte ϱ und v_ϱ als neue Startwerte verwendet werden, u.s.w.. Zur Normierung führen wir noch die Geschwindigkeit v_0 ein, die dem kinetischen Energiezuwachs der Ladung q nach Durchqueren der Potentialdifferenz $\Delta\phi = \phi_0$ entspricht

$$\frac{1}{2}\,m\,v_0^2 = \pm q\phi_0 \quad \text{für} \quad q \gtrless 0$$

und erhalten den iterativen Algorithmus

$$\frac{\varrho_{i+1}}{a} = \frac{\varrho_i}{a} + 2\delta\,\frac{v_{\varrho,i}}{v_0} \pm \delta^2\,\frac{E_\varrho(\varrho_i, z_i)}{\phi_0/a}$$
$$\frac{v_{\varrho,i+1}}{v_0} = \frac{v_{\varrho,i}}{v_0} \pm \delta\,\frac{E_\varrho(\varrho_i, z_i)}{\phi_0/a} \qquad \text{für } q \gtrless 0\,. \tag{1.62}$$

Völlig analog lassen sich die entsprechenden Gleichungen für die longitudinale Position z und Geschwindigkeit v_z herleiten.

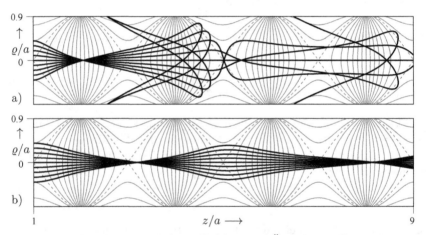

Abb. 1.45. Bahnkurven geladener Teilchen und Äquipotentiallinien des periodischen Potentialfeldes der Anordnung in Abb. 1.44b für $h = 2a$ und $v_\varrho(z = h/2) = 0$. **(a)** $v_z(z = h/2)/v_0 = 0.2$. **(b)** $v_z(z = h/2)/v_0 = 0.4$

Zur Abkürzung wurde in (1.62) die normierte Zeitschrittweite

$$\delta = \frac{1}{2}\,\frac{v_0\Delta t}{a}$$

eingeführt. Diese muss klein genug sein und sollte der am jeweiligen Ort herrschenden Feldstärke angepaßt werden, damit der Algorithmus stabile Ergebnisse liefert. In Abb. 1.45 wurden neun radial versetzte Teilchen betrachtet, die in der Ebene $z = h/2$ mit $v_\varrho = 0$ und $v_z/v_0 = 0.2$ bzw. $v_z/v_0 = 0.4$ starten. Im Falle der geringeren Anfangsgeschwindigkeit werden die Ladungen zunächst fokussiert, aber die kinetische Energie der äußeren Teilchen reicht offenbar nicht aus, um die nächste Potentialbarriere zu überwinden. Die COULOMB'sche Abstoßungskraft der Ladungen untereinander blieb bei der Berechnung unberücksichtigt.

E25* Elektrostatische Linse (aperiodischer Fall)

Anstelle der periodischen Anordnung in Aufg. E24 soll nun der aperiodische Fall, d.h. zwei auf die Potentiale $+\phi_0$ bzw. $-\phi_0$ angehobene und einseitig ins Unendliche laufende, leitende Zylinder betrachtet werden, Abb. 1.46. Dabei darf der Abstand d diesmal als vernachlässigbar klein angesehen werden.

a) Berechne das Potential sowie die elektrischen Feldlinien.

b) Leite das Potential zur Kontrolle aus dem periodischen Resultat (1.61) der Aufg. E24 mit $L \to \infty$ (unendliche Periodenlänge) her.

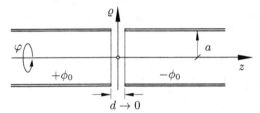

Abb. 1.46. Zwei Hälften eines in der Mitte durchtrennten Rohres mit den Potentialen $\pm\phi_0$

Lösung:

a) Bei dieser aperiodischen Anordnung wählen wir den Lösungsansatz (A.7). Aufgrund ihres singulären Verhaltens auf der Achse $\varrho = 0$ scheiden der natürliche Logarithmus sowie die NEUMANN-Funktion aus. Ein linearer Term in z-Richtung ist ebenfalls nicht möglich, da er für $z \to \infty$ zu einem unendlichen Potential führen würde. Dasselbe gilt auch für die Hyperbelfunktionen, so dass wir stattdessen Exponentialfunktionen verwenden. Unter Beachtung der Symmetrie zur Ebene $z = 0$ kann man also den Ansatz

$$\phi(\varrho, z) = \text{sign}(z) \left\{ -\phi_0 + \sum_{n=1}^{\infty} A_n J_0(j_{0n}\varrho/a)\, e^{-j_{0n}|z|/a} \right\} \tag{1.63}$$

aufstellen. Als Separationskonstante wurde $p = j_{0n}/a$ gesetzt, wobei j_{0n} die Nullstellen der BESSEL-Funktion J_0 sind. Damit verschwindet die Summe in (1.63) für $\varrho = a$ und die Randbedingung auf dem leitenden Rohr ist bereits erfüllt. Weiterhin ist die Ebene $z = 0$ natürlich identisch mit der Äquipotentialfläche $\phi = 0$, d.h.

$$\phi(\varrho, z = 0) = 0 \quad \to \quad \phi_0 = \sum_{n=1}^{\infty} A_n J_0(j_{0n}\varrho/a) . \tag{1.64}$$

Im Zuge der folgenden FOURIER-BESSEL-Entwicklung werden beide Seiten von (1.64) mit $\varrho\,J_0\,(j_{0m}\varrho/a)$ multipliziert und über den orthogonalen Bereich $0 \le \varrho \le a$ integriert

$$\phi_0 \underbrace{\int\limits_0^a J_0\left(j_{0m}\frac{\varrho}{a}\right)\varrho\,\mathrm{d}\varrho}_{J_1(j_{0m})\,a^2/j_{0m}\ \text{nach (A.27)}} = \sum_{n=1}^{\infty} A_n \underbrace{\int\limits_0^a J_0(j_{0n}\varrho/a)J_0\left(j_{0m}\frac{\varrho}{a}\right)\varrho\,\mathrm{d}\varrho}_{\delta_m^n\,J_1^2(j_{0m})\,a^2/2\ \text{nach (A.29)}} .$$

In der Summe verbleibt dabei nur das Glied $n = m$ und mit den dadurch bekannten Konstanten A_m lautet das resultierende Potential

$$\frac{\phi(\varrho,z)}{\phi_0} = \mathrm{sign}(z)\left\{-1 + 2\sum_{n=1}^{\infty}\frac{J_0\left(j_{0n}\varrho/a\right)}{j_{0n}\,J_1(j_{0n})}\,\mathrm{e}^{-j_{0n}|z|/a}\right\} . \tag{1.65}$$

Zur Veranschaulichung der Feldausbildung wurden in Abb. 1.47 sowohl die Äquipotentiallinien als auch die elektrischen Feldlinien dargestellt. Dabei erhält man die Feldlinien durch Konstanthalten des elektrischen Flusses (1.15) durch eine kreisförmige Fläche mit variablem Radius. Für $z > 0$ gilt dann mit (A.27)

$$\psi_e = -2\pi\varepsilon_0\int\limits_0^\varrho\frac{\partial\phi}{\partial z}\,\varrho\,\mathrm{d}\varrho = 4\pi\varepsilon_0 a\phi_0\sum_{n=1}^{\infty}\frac{\varrho}{a}\frac{J_1\left(j_{0n}\varrho/a\right)}{j_{0n}\,J_1\left(j_{0n}\right)}\,\mathrm{e}^{-j_{0n}z/a} = \text{const.}.$$

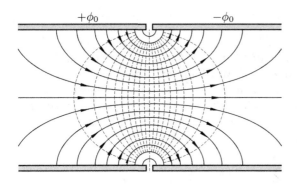

$+\phi_0$ $-\phi_0$

Abb. 1.47. Äquipotential- und Feldlinien am Übergang zweier leitender Rohrhälften mit den Potentialen $\pm\phi_0$

b) Mit $d \to 0$ und $L \to \infty$ wird zunächst aus (1.61)

$$\frac{\phi(\varrho,z)}{\phi_0} = -\frac{4}{\pi}\lim_{L\to\infty}\sum_{n=1,3,5}^{\infty}\frac{1}{n}\frac{I_0(p_n\varrho)}{I_0(p_n a)}\,\sin p_n z .$$

Die Differenz zweier benachbarter Eigenwerte $p_n = n\pi/L$ wird für $L \to \infty$ infinitesimal klein und die Summe geht in ein Integral über

$$p_{n+1} - p_n = \frac{2\pi}{L} \to \mathrm{d}p \quad , \quad \frac{1}{n} = \frac{1}{2}\frac{L}{n\pi}\frac{2\pi}{L} \to \frac{1}{2}\frac{\mathrm{d}p}{p}$$

$$\to \quad \frac{\phi(\varrho, z)}{\phi_0} = -\frac{2}{\pi} \int\limits_0^\infty \frac{I_0(p\varrho)}{I_0(pa)} \frac{\sin pz}{p} \, \mathrm{d}p \; .$$

Solche uneigentlichen Integrale lassen sich mit dem Residuensatz lösen. Dabei nutzen wir aus, dass der Integrand eine gerade Funktion von p ist und setzen $\sin pz = (\mathrm{e}^{\mathrm{j}pz} - \mathrm{e}^{-\mathrm{j}pz})/2\mathrm{j}$

$$2\pi\mathrm{j} \, \frac{\phi(\varrho, z)}{\phi_0} = \underbrace{\int\limits_{-\infty}^\infty \frac{I_0(p\varrho)}{p\,I_0(pa)} \, \mathrm{e}^{-\mathrm{j}pz} \, \mathrm{d}p}_{-\text{Int.}} - \underbrace{\int\limits_{-\infty}^\infty \frac{I_0(p\varrho)}{p\,I_0(pa)} \, \mathrm{e}^{\mathrm{j}pz} \, \mathrm{d}p}_{\text{Int.}} \; . \tag{1.66}$$

Wir fassen nun p als komplexe Variable auf und schließen den Integrationspfad über einen Halbkreisbogen mit unendlichem Radius in der oberen komplexen Halbebene, Abb. 1.48. Für $z > 0$ liefert dieser Halbkreisbogen keinen zusätzlichen Beitrag.[12]

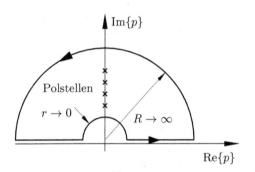

Abb. 1.48. Zur Lösung des uneigentlichen Integrals (1.66)

Für modifizierte BESSEL-Funktionen mit imaginärem Argument gilt

$$I_0(\mathrm{j}x) = J_0(x) \quad , \quad I_1(\mathrm{j}x) = \mathrm{j}\, J_1(x) \; , \tag{1.67}$$

so dass die Polstellen des Integranden auf der imaginären Achse liegen und in der Form

$$pa = \mathrm{j} \cdot j_{0n}$$

durch die Nullstellen von J_0 gegeben sind. Eine weitere Polstelle liegt im Ursprung der komplexen Ebene $p = 0$. Sie wird in Abb. 1.48 von einem Halbkreis mit Radius $r \to 0$ umfahren. Nach dem Residuensatz wird dann aus dem Integral in (1.66)

$$\text{Int.} = \oint f(p)\, \mathrm{e}^{\mathrm{j}pz} \mathrm{d}p = 2\pi\mathrm{j} \, \text{Res} \left\{ f(p); p = \frac{\mathrm{j} \cdot j_{0n}}{a} \right\} \mathrm{e}^{-j_{0n} z/a} + \tag{1.68}$$

$$+ \pi\mathrm{j} \, \text{Res} \left\{ f(p); p = 0 \right\}$$

---

[12] Für $z < 0$ würde man das Integral in der unteren komplexen Halbebene schließen. Aus Symmetriegründen genügt es jedoch, sich auf $z > 0$ zu beschränken.

mit den Residuen

$$\text{Res}\left\{f(p); \, p = \frac{\mathrm{j} \cdot j_{0n}}{a}\right\} = \lim_{pa \to \mathrm{j} \cdot j_{0n}} \frac{pa - \mathrm{j} \cdot j_{0n}}{I_0(pa)} \cdot \frac{I_0(p\varrho)}{pa} = -\frac{J_0\left(j_{0n}\varrho/a\right)}{j_{0n}\,J_1(j_{0n})}$$

$$\text{Res}\left\{f(p); \, p = 0\right\} = \lim_{p \to 0} \frac{p - 0}{p} \frac{I_0(p\varrho)}{I_0(pa)} = 1 \; . \tag{1.69}$$

Bei der Grenzwertberechnung wurde die Regel von L'HOSPITAL, (1.67) und (A.26) verwendet. Nach Einsetzen der Residuen (1.69) in (1.68) und danach von (1.68) in (1.66) ergibt sich in Übereinstimmung mit (1.65)

$$\frac{\phi(\varrho, z > 0)}{\phi_0} = -1 + 2\sum_{n=1}^{\infty} \frac{J_0\left(j_{0n}\varrho/a\right)}{j_{0n}\,J_1(j_{0n})} \, \mathrm{e}^{-j_{0n}z/a} \; .$$

E26 Homogen polarisierter Zylinder

Gegeben ist ein sehr langer, in x-Richtung homogen polarisierter Zylinder vom Radius a, Abb. 1.49. Die Polarisation sei $\boldsymbol{P} = P_0\,\boldsymbol{e}_x$. Berechne das Feld im Innen- und Außenraum des Zylinders.

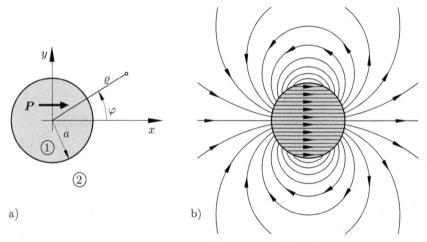

Abb. 1.49. **(a)** Homogen polarisierter Zylinder. **(b)** Feldlinien der dielektrischen Verschiebung (D-Linien)

Lösung: Es liegt ein ebenes Randwertproblem in Polarkoordinaten vor. Wegen $\nabla \cdot \boldsymbol{P} = \partial P/\partial x = 0$ gilt für $\varrho \neq a$ die LAPLACE-Gleichung (A.3) mit dem allgemeinen Lösungsansatz (A.4). Auf der Oberfläche des Zylinders $\varrho = a$ befindet sich nach (1.8) die Polarisationsflächenladung

$$q_{Fpol} = \boldsymbol{n} \cdot \boldsymbol{P} = \boldsymbol{e}_\varrho \cdot \boldsymbol{e}_x P_0 = P_0 \cos\varphi \qquad (1.70)$$

und es gelten die Stetigkeitsbedingungen (1.12). Die Stetigkeit der Tangentialkomponente von $\boldsymbol{E}$ wird durch ein stetiges Potential gewährleistet. Mit $\boldsymbol{D} = \varepsilon_0 \boldsymbol{E} + \boldsymbol{P} = -\varepsilon_0 \nabla\phi + \boldsymbol{P}$ nach (1.4) und (1.7) lauten damit die entsprechenden Bedingungen für das Potential

$$\phi_1(\varrho = a, \varphi) = \phi_2(\varrho = a, \varphi) \quad , \quad \left(\frac{\partial\phi_1}{\partial\varrho} - \frac{\partial\phi_2}{\partial\varrho}\right)_{\varrho=a} = \frac{P_0 \cos\varphi}{\varepsilon_0} . \qquad (1.71)$$

Das Potential muss für $\varrho \to \infty$ abklingen, für $\varrho = 0$ endlich bleiben und die gleiche φ-Abhängigkeit wie die Polarisationsflächenladung (1.70) aufweisen, so dass man den allgemeinen Ansatz (A.4) in den Teilbereichen 1 und 2 auf die reduzierte Form

$$\phi_1 = A \frac{\varrho}{a} \cos\varphi \quad , \quad \phi_2 = B \frac{a}{\varrho} \cos\varphi$$

bringen kann. Einsetzen in (1.71) liefert

$$A = B \quad , \quad A \left(\frac{1}{a} + \frac{a}{\varrho^2}\right)\Bigg|_{\varrho=a} = \frac{P_0}{\varepsilon_0} \quad \to \quad A = \frac{aP_0}{2\varepsilon_0}$$

und schließlich mit $\varrho \cos\varphi = x$ und $\varrho^2 = x^2 + y^2$

$$\phi_1 = \frac{aP_0}{2\varepsilon_0} \frac{x}{a} \quad , \quad \phi_2 = \frac{aP_0}{2\varepsilon_0} \frac{xa}{x^2 + y^2} .$$

Das Potential steigt also im Innenraum linear mit der Koordinate x an und hat damit ein homogenes elektrisches Feld $\boldsymbol{E} = -\boldsymbol{e}_x P_0/(2\varepsilon_0)$ zur Folge. Das Feld im Außenraum entspricht dem Feld eines x-gerichteten Liniendipols, vgl. (1.22) in Aufg. E8. In Abb. 1.49b wurden die D-Linien dargestellt. Man beachte, dass die elektrische Flussdichte $\boldsymbol{D}$ im Innenraum wegen $\boldsymbol{D} = \varepsilon_0 \boldsymbol{E} + \boldsymbol{P}$ entgegengesetzt zur elektrischen Feldstärke, also in positive x-Richtung zeigt.

E27 Sphärische Entwicklung des Potentials einer Ringladung

In der Höhe h über dem leitenden Halbraum $z < 0$ befinde sich eine ringförmige Linienladung q_L mit dem Radius b und dem Mittelpunkt auf der z-Achse. Ferner sei der halbkugelförmige Bereich $r \leq a$, $0 \leq \vartheta \leq \pi/2$ mit homogener, dielektrischer Materie gefüllt, Abb. 1.50a. Zu bestimmen ist das elektrostatische Potential im gesamten Raum. Außerdem soll das Ergebnis für den Spezialfall $\varepsilon \to \infty$ überprüft werden.

Lösung: Wir bestimmen zunächst das Potential $\phi^{(q)}$ der Ringladung im freien Raum und beschreiben diese mit Hilfe der DIRAC'schen Deltafunktion $\delta(\vartheta - \vartheta')$ als Flächenladung $q_F(\vartheta)$ auf einer Kugelschale mit dem Radius c. Aus Abb. 1.50b ergeben sich die geometrischen Zusammenhänge

$$c = \sqrt{b^2 + h^2} \quad , \quad \cos\vartheta' = \frac{h}{c} =: u' \quad , \quad \sin\vartheta' = \frac{b}{c} .$$

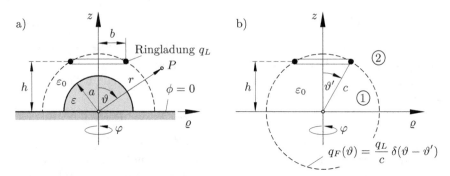

Abb. 1.50. (a) Ringladung über einem leitenden Halbraum mit dielektrischer Halbkugel. (b) Zur Berechnung des erregenden Potentials der Ringladung

Die so eingeführte Flächenladung trennt den Gesamtraum in die beiden Teilräume 1 und 2, in denen jeweils die LAPLACE-Gleichung in Kugelkoordinaten (A.11) mit dem allgemeinen Lösungsansatz (A.12) gilt. Weil im vorliegenden Fall die Rotationsachse Teil des Rechenvolumens ist, müssen die Funktionen zweiter Art von der Lösung ausgeschlossen werden, d.h. $D_p = 0$ und die Separationskonstante p ist ganzzahlig. Da das Potential außerdem im Ursprung $r = 0$ nicht unendlich werden darf und für $r \to \infty$ gegen null gehen muss, lassen sich in den beiden Teilräumen die reduzierten Ansätze

$$\phi^{(q)}(r,\vartheta) = \begin{cases} \displaystyle\sum_{n=0}^{\infty} A_n P_n(u) \left(\frac{r}{c}\right)^n & \text{für } r \leq c \\[4mm] \displaystyle\sum_{n=0}^{\infty} B_n P_n(u) \left(\frac{c}{r}\right)^{n+1} & \text{für } r \geq c \end{cases} \quad \text{mit} \quad u = \cos\vartheta$$

aufstellen.[13] Die erforderliche Stetigkeit des Potentials für $r = c$ wird daher durch die Gleichheit der Konstanten A_n und B_n erreicht

$$\phi^{(q)}(c+0,\vartheta) = \phi^{(q)}(c-0,\vartheta) \quad \to \quad A_n = B_n \, .$$

Zur Bestimmung der verbleibenden Konstanten A_n wird das sprungartige Verhalten der Normalkomponente der dielektrischen Verschiebung beim Durchgang durch eine Flächenladung (1.13) herangezogen

$$E_r^{(q)}(c+0,\vartheta) - E_r^{(q)}(c-0,\vartheta) = \left.\frac{\partial\phi^{(q)}}{\partial r}\right|_{r=c-0} - \left.\frac{\partial\phi^{(q)}}{\partial r}\right|_{r=c+0} = \frac{q_F(\vartheta)}{\varepsilon_0}$$

$$\to \quad \sum_{n=0}^{\infty} (2n+1) A_n P_n(u) = \frac{q_L}{\varepsilon_0} \delta(\vartheta - \vartheta') \, . \tag{1.72}$$

---

[13] Man beachte, dass die willkürlich vorgenommene Normierung des Abstandes r auf den Kugelschalenradius c keine Beschränkung der Allgemeingültigkeit darstellt. Solche Normierungen wirken sich hingegen günstig auf die Erfüllung der Stetigkeitsbedingungen aus.

Um nun nach den Konstanten auflösen zu können, verwenden wir die Orthogonalitätseigenschaft (A.46) der LEGENDRE-Polynome und multiplizieren beide Seiten von (1.72) mit $P_m(u)$ und integrieren über u im Bereich $-1 \leq u \leq +1$

$$\sum_{n=0}^{\infty}(2n+1)A_n \underbrace{\int_{-1}^{+1} P_n(u)P_m(u)\,du}_{\delta_m^n\,2/(2n+1)} = \frac{q_L}{\varepsilon_0}\underbrace{\int_{-1}^{+1}\delta(\vartheta-\vartheta')P_m(u)\,du}_{\sin\vartheta'\,P_m(u')} . \qquad (1.73)$$

Dabei wurde von der Ausblendeigenschaft der DIRAC'schen Deltafunktion

$$\int_0^{\pi} f(\vartheta)\,\delta(\vartheta-\vartheta')\,d\vartheta = f(\vartheta')$$

sowie von $du = -\sin\vartheta\,d\vartheta$ Gebrauch gemacht. Die Konstanten A_n in (1.73) lassen sich nun eliminieren und das Potential der Ringladung lautet

$$\phi^{(q)}(r,\vartheta) = \frac{q_L}{2\varepsilon_0}\frac{b}{c}\begin{cases}\displaystyle\sum_{n=0}^{\infty} P_n(u')\,P_n(u)\left(\frac{r}{c}\right)^n & \text{für } r \leq c \\[2mm] \displaystyle\sum_{n=0}^{\infty} P_n(u')\,P_n(u)\left(\frac{c}{r}\right)^{n+1} & \text{für } r \geq c .\end{cases}$$

Es gilt nun, den Einfluss der Inhomogenitäten, d.h. des leitenden Halbraumes und der dielektrischen Halbkugel zu erfassen. Der Einfluss des leitenden Halbraumes lässt sich durch eine negative aber ansonsten gleichartige Ringladung in der Ebene $z = -h$ simulieren. Wegen

$$P_n(u') - P_n(-u') = \begin{cases}0 & \text{für gerade } n \\[2mm] 2P_n(u') & \text{für ungerade } n\end{cases}$$

ergibt sich für das Potential einer Ringladung vor einem leitenden Halbraum, im Folgenden primäres Potential $\phi^{(p)}$ genannt,

$$\phi^{(p)}(r,\vartheta) = \frac{q_L}{\varepsilon_0}\frac{b}{c}\begin{cases}\displaystyle\sum_{n=1,3,5}^{\infty} P_n(u')\,P_n(u)\left(\frac{r}{c}\right)^n & \text{für } r \leq c \\[2mm] \displaystyle\sum_{n=1,3,5}^{\infty} P_n(u')\,P_n(u)\left(\frac{c}{r}\right)^{n+1} & \text{für } r \geq c .\end{cases} \qquad (1.74)$$

Die sich in der dielektrischen Halbkugel als Folge des Potentials $\phi^{(p)}$ einstellende Polarisation wird durch ein sekundäres Potential $\phi^{(s)}$ in der Form

$$\phi^{(s)}(r,\vartheta) = \frac{q_L}{\varepsilon_0}\frac{b}{c}\begin{cases}\displaystyle\sum_{n=1,3,5}^{\infty} C_n P_n(u)\left(\frac{r}{a}\right)^n & \text{für } r \leq a \\[2mm] \displaystyle\sum_{n=1,3,5}^{\infty} C_n P_n(u)\left(\frac{a}{r}\right)^{n+1} & \text{für } r \geq a\end{cases}$$

mit den noch unbekannten Konstanten C_n erfasst. Wie man sofort sieht, garantiert der Ansatz für $\phi^{(s)}$ ein stetiges Potential an der Trennfläche $r = a$. Dort muss auch die Normalkomponente der elektrischen Flussdichte $\boldsymbol{D}$ stetig sein, d.h.

$$\varepsilon_0 \left. \frac{\partial \left(\phi^{(s)} + \phi^{(p)} \right)}{\partial r} \right|_{r=a+0} = \varepsilon \left. \frac{\partial \left(\phi^{(s)} + \phi^{(p)} \right)}{\partial r} \right|_{r=a-0}$$

$$\rightarrow \quad \varepsilon_0 \left\{ \frac{n}{a} \left(\frac{a}{c} \right)^n P_n \left(u' \right) - \frac{n+1}{a} C_n \right\} = \varepsilon \left\{ \frac{n}{a} \left(\frac{a}{c} \right)^n P_n \left(u' \right) + \frac{n}{a} C_n \right\} \, ,$$

woraus die Konstanten C_n folgen

$$C_n = - \left(\frac{a}{c} \right)^n P_n \left(u' \right) \frac{n(\varepsilon_r - 1)}{n(\varepsilon_r + 1) + 1} \quad , \quad \varepsilon_r = \frac{\varepsilon}{\varepsilon_0} \, .$$

Das sekundäre Potential der polarisierten Halbkugel ist damit

$$\phi^{(s)}(r, \vartheta) = - \frac{q_L}{\varepsilon_0} \frac{b}{c} \begin{cases} \displaystyle\sum_{n=1,3,5}^{\infty} \xi_n P_n \left(u' \right) P_n (u) \left(\frac{r}{c} \right)^n & \text{für } r \le a \\[2mm] \displaystyle\frac{a}{r} \sum_{n=1,3,5}^{\infty} \xi_n P_n \left(u' \right) P_n (u) \left(\frac{r^*}{c} \right)^n & \text{für } r \ge a \end{cases}$$

mit den Abkürzungen

$$r^* = \frac{a^2}{r} \quad , \quad \xi_n = \frac{n(\varepsilon_r - 1)}{n(\varepsilon_r + 1) + 1} \, .$$

Abb. 1.51 zeigt zur Veranschaulichung des Feldes die Äquipotentiallinien für zwei verschiedene Dielektrizitätskonstanten.

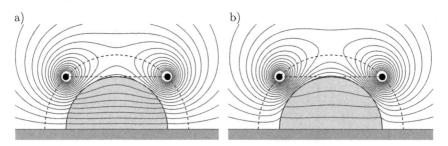

Abb. 1.51. Äquipotentiallinien der betrachteten Randwertaufgabe in Kugelkoordinaten für $a = h = b$. **(a)** $\varepsilon_r = 3$. **(b)** $\varepsilon_r = 10$

Für den Spezialfall $\varepsilon_r \to \infty$. wird $\xi_n = 1$ und wir erhalten durch Vergleich mit (1.74) den einfachen Zusammenhang

$$\phi^{(s)}(r, \vartheta) = - \frac{a}{r} \phi^{(p)}(r^*, \vartheta) \quad \text{für} \quad r > a \, .$$

Dies ist aber nichts anderes als die Bestätigung des Spiegelungsgesetzes an der leitenden Kugel. Denn ein Körper mit unendlicher Permittivität verhält sich im Außenraum wie ein leitender Körper. In beiden Fällen steht das elektrische Feld senkrecht auf der Oberfläche.

E28* Lösung einer Poisson-Gleichung

In den Aufgaben E23 bis E27 haben wir uns mit Randwertaufgaben beschäftigt, denen die LAPLACE-Gleichung zugrunde lag. Wie wir gesehen haben, kann man Punkt-, Linien- und Flächenladungen durch eine entsprechende Raumaufteilung und über die Stetigkeitsbedingungen berücksichtigen, ohne direkt die POISSON-Gleichung lösen zu müssen. Bei räumlichen Ladungsverteilungen könnte man das Potential eines infinitesimalen Elementes bestimmen und dann das Ergebnis über das ladungsbehaftete Volumen integrieren. Oftmals ist aber der direkte Weg über die POISSON-Gleichung einfacher. Die folgende Aufgabe zeigt die prinzipielle Vorgehensweise.

Es soll das Potential eines endlich langen, homogen geladenen Hohlzylinders mit dem Innenradius a, dem Außenradius b und der Länge $2l$ als Lösung der POISSON-Gleichung in Zylinderkoordinaten berechnet werden, Abb. 1.52a. Da die Anordnung weder in z- noch in ϱ-Richtung begrenzt ist, lässt sich das Potential zunächst nicht mit Hilfe unendlicher Reihen darstellen. Um dies dennoch zu ermöglichen, wird gemäß Abb. 1.52b eine künstliche Begrenzung in Form eines leitenden, geerdeten Zylinders eingeführt. Bei genügend großem Radius c ist der Einfluss dieses Zylinders vernachlässigbar.

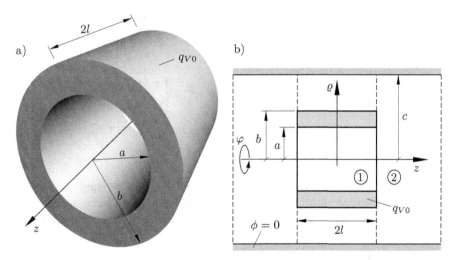

Abb. 1.52. (a) Homogen geladener Hohlzylinder. (b) Die Raumladung wird für die Feldberechnung konzentrisch mit einem leitenden, geerdeten Zylinder umgeben.

Lösung: Für das rotationssymmetrische Potential $\phi(\varrho, z)$ lautet die POISSON-Gleichung (1.9) in Zylinderkoordinaten

$$\frac{\partial^2 \phi}{\partial \varrho^2} + \frac{1}{\varrho} \frac{\partial \phi}{\partial \varrho} + \frac{\partial^2 \phi}{\partial z^2} = -\frac{q_{V0}}{\varepsilon_0} \begin{cases} 1 & \text{für } a \leq \varrho \leq b, \ |z| \leq l \\ 0 & \text{sonst.} \ . \end{cases} \tag{1.75}$$

Wir nehmen zunächst eine Aufteilung des Rechengebietes in den Teilraum 1 ($|z| < l$) und in den ladungsfreien Bereich 2 ($|z| > l$) vor. Dann kann im Raum 2 der Lösungsansatz (A.7) verwendet werden. Dabei wird die NEUMANN-Funktion aufgrund ihres singulären Verhaltens ausgeschlossen und anstelle der Hyperbelfunktionen werden abklingende Exponentialfunktionen verwendet. Da außerdem das Potential auf dem Zylinder $\varrho = c$ verschwinden muss, liegen auch die Separationskonstanten als $p = j_{0n}/c$ mit den Nullstellen j_{0n} der BESSEL-Funktion J_0 bereits fest und man kann den reduzierten Ansatz

$$\phi^{(2)}(\varrho, z) = \sum_{n=1}^{\infty} B_n \, J_0 \left(j_{0n} \frac{\varrho}{c} \right) \exp \left(-j_{0n} \frac{|z - l|}{c} \right)$$

aufstellen. Im Bereich 1 ist der Lösungsansatz (A.7) wegen der vorhandenen Raumladung jedoch nicht mehr gültig. Wenn wir dort ebenfalls BESSEL-Funktionen wählen, was im Hinblick auf die in der Ebene $z = l$ zu erfüllenden Stetigkeitsbedingungen sinnvoll ist, dann müssen in z-Richtung zunächst noch unbekannte Funktionen $Z_n(z)$ angesetzt werden

$$\phi^{(1)}(\varrho, z) = \sum_{n=1}^{\infty} J_0 \left(j_{0n} \frac{\varrho}{c} \right) Z_n(z) \, . \tag{1.76}$$

Zur Bestimmung der Funktionen Z_n wird (1.76) in (1.75) eingesetzt

$$\sum_{n=1}^{\infty} \left\{ Z_n \left(\frac{\mathrm{d}^2}{\mathrm{d}\varrho^2} + \frac{1}{\varrho} \frac{\mathrm{d}}{\mathrm{d}\varrho} \right) J_0 \left(j_{0n} \frac{\varrho}{c} \right) + \frac{\mathrm{d}^2 Z_n}{\mathrm{d}z^2} J_0 \left(j_{0n} \frac{\varrho}{c} \right) \right\} =$$

$$= \sum_{n=1}^{\infty} \left\{ \frac{\mathrm{d}^2 Z_n}{\mathrm{d}z^2} - \frac{j_{0n}^2}{c^2} Z_n \right\} J_0 \left(j_{0n} \frac{\varrho}{c} \right) = -\frac{q_{V0}}{\varepsilon_0} \begin{cases} 1 & \text{für } a \leq \varrho \leq b \\ 0 & \text{sonst.} \end{cases} \tag{1.77}$$

Dabei wurde die BESSEL'sche Differentialgleichung nullter Ordnung

$$f''(x) + \frac{1}{x} f'(x) + f(x) = 0$$

angewendet. Ferner kann die Orthogonalitätsrelation (A.29) ausgenutzt werden. Multiplikation von (1.77) mit $\varrho \, J_0(j_{0n}\varrho/c)$ und Integration im Bereich $0 \leq \varrho \leq c$ liefert dann unter Verwendung von (A.27) die inhomogene Differentialgleichung

$$\frac{\mathrm{d}^2 Z_n}{\mathrm{d}z^2} - \frac{j_{0n}^2}{c^2} Z_n = K_n \tag{1.78}$$

$$\text{mit} \quad K_n = -\frac{q_{V0}}{\varepsilon_0} \frac{2}{j_{0n}} \frac{1}{J_1^2(j_{0n})} \left\{ \frac{b}{c} J_1 \left(j_{0n} \frac{b}{c} \right) - \frac{a}{c} J_1 \left(j_{0n} \frac{a}{c} \right) \right\} \, .$$

Die Lösung von (1.78) setzt man wie üblich aus einem homogenen und einem partikulären Anteil zusammen

$$Z_n(z) = A_n \cosh\left(j_{0n}\frac{z}{c}\right) - K_n \frac{c^2}{j_{0n}^2}$$

und das Potential nimmt somit im gesamten Bereich $\varrho < c$ die Form

$$\phi(\varrho, z) = \sum_{n=1}^{\infty} J_0\left(j_{0m}\frac{\varrho}{c}\right) \begin{cases} A_n \cosh\left(j_{0n}\frac{z}{c}\right) - K_n \dfrac{c^2}{j_{0n}^2} & \text{für } |z| \leq l \\[2mm] B_n \exp\left(-j_{0n}\dfrac{|z-l|}{c}\right) & \text{für } |z| \geq l \end{cases}$$

mit den noch zu bestimmenden Koeffizienten A_n und B_n an. Nun gibt es am Übergang $z = l$ zwischen den Teilbereichen keinen Anlass zu Unstetigkeiten, weder für das Potential noch für die elektrische Feldstärke, d.h. es gilt

$$\phi(\varrho, l-0) = \phi(\varrho, l+0) \quad \rightarrow \quad A_n \cosh\left(j_{0n}\frac{l}{c}\right) - K_n \frac{c^2}{j_{0n}^2} = B_n$$

$$\left.\frac{\partial\phi}{\partial z}\right|_{z=l-0} = \left.\frac{\partial\phi}{\partial z}\right|_{z=l+0} \quad \rightarrow \quad A_n \sinh\left(j_{0n}\frac{l}{c}\right) = -B_n .$$

Nach Auflösen sind die Konstanten und damit das gesuchte Potential vollständig bekannt und man erhält für $z \geq 0$ die Darstellung

$$\phi(\varrho, z) = -\frac{q_{V0}c}{\varepsilon_0} \sum_{n=1}^{\infty} J_0\left(j_{0n}\frac{\varrho}{c}\right) \frac{b\, J_1\left(j_{0n}\frac{b}{c}\right) - a\, J_1\left(j_{0n}\frac{a}{c}\right)}{j_{0n}^3 J_1^2(j_{0n})} \times \qquad (1.79)$$

$$\times \begin{cases} \exp\left(+j_{0n}\dfrac{z-l}{c}\right) + \exp\left(-j_{0n}\dfrac{z+l}{c}\right) - 2 & \text{für } 0 \leq z \leq l \\[2mm] \exp\left(-j_{0n}\dfrac{z+l}{c}\right) - \exp\left(-j_{0n}\dfrac{z-l}{c}\right) & \text{für } z \geq l . \end{cases}$$

Das Resultat soll nun anhand von Spezialfällen, für die einfachere Lösungen existieren, überprüft werden. Dabei wird von einem Vollzylinder mit $a = 0$ ausgegangen.

Man kann z.B. das elektrische Feld auf der Rotationsachse[14] $\varrho = 0$ ohne weiteres mit Hilfe des COULOMB-Integrals (1.6) berechnen. Der Leser möge sich zur Übung selbst davon überzeugen, dass auf der Stirnseite der Raumladung die elektrische Feldstärke

$$E_z(\varrho = 0, z = l) = \frac{q_{V0}l}{\varepsilon_0}\left(1 + \frac{b}{2l} - \sqrt{1 + \frac{1}{4}\frac{b^2}{l^2}}\right) \qquad (1.80)$$

herrscht. Für $c \to \infty$ muss (1.79) mit $E_z = -\partial\phi/\partial z$ numerisch denselben Wert liefern. Abbildung 1.53a zeigt die relative Abweichung vom exakten Ergebnis (1.80) in Abhängigkeit vom Radius der geerdeten Hülle. Für das

---

[14] Außerhalb der Achse ist es nicht möglich, einen geschlossenen Ausdruck für die Feldstärke anzugeben und es wäre eine numerische Integration erforderlich.

gewählte Beispiel liegt der Fehler schon bei einem Radienverhältnis $c/b = 3$ unter 1%. Dabei ist zu bedenken, dass der Rechenaufwand mit größerem Radius c ansteigt, da die Konvergenz der unendlichen Reihe in (1.79) erst später einsetzt. Ein Hinweis darauf ist die leichte Welligkeit in der Fehlerkurve bei größeren Radien. Bei der numerischen Auswertung wurden konstant 200 Summenglieder berücksichtigt.

Eine weitere gute Kontrolle lässt sich durch Betrachtung der elektrischen Feldstärke auf der Mantelfläche der Raumladung durchführen, wenn es sich um einen sehr langen Zylinder, $l \gg b$, handelt. Dann nämlich können die Randeffekte vernachlässigt werden und das Feld lässt sich mit dem GAUSS'schen Gesetz ermitteln. Auch hier überlassen wir es dem Leser zu zeigen, dass das Feld den Grenzwert

$$E_0 = \lim_{l \to \infty} E_\varrho(\varrho = b) = \frac{q_{V0}b}{2\varepsilon_0}$$

annimmt. In Abb. 1.53b wird deutlich, wie das aus (1.79) mit $E_\varrho = -\partial\phi/\partial\varrho$ numerisch gewonnene Feld bei zunehmender Zylinderlänge dem Wert E_0 zustrebt.

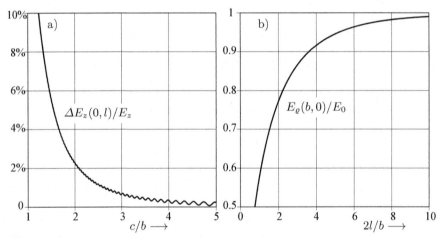

Abb. 1.53. (a) Relativer Fehler der elektrischen Feldstärke am Ort $\varrho = 0$, $z = l$ für $a = 0$ und $2l = b$. (b) Elektrische Feldstärke am Ort $\varrho = b$, $z = 0$ bezogen auf das elektrische Feld auf der Oberfläche eines unendlich langen Zylinders für $a = 0$ und $c = 3b$

Abschließend sind in Abb. 1.54 die Äquipotentiallinien eines geladenen Hohlzylinders dargestellt. Im Mittelpunkt stellt sich dabei ein singulärer Punkt S mit verschwindender Feldstärke ein. Es lässt sich zeigen, dass in unmittelbarer Umgebung dieses singulären Punktes die durch S verlaufende Äquipotentialfläche durch einen Kreiskegel mit dem Öffnungswinkel $\alpha = 2\arctan\sqrt{2} \approx 109°$ angenähert werden kann.

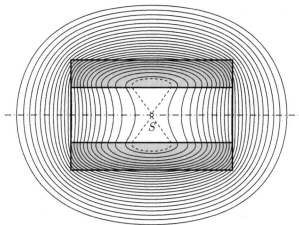

Abb. 1.54. Äquipotentiallinien eines homogen geladenen Hohlzylinders

---

Ergänzungsaufgaben

Aufgabe E29: Im Luftzwischenraum eines ebenen Plattenkondensators (Plattenfläche F, Abstand d und Randeffekte vernachlässigbar) befinde sich isoliert eine weitere dünne Platte gleicher Fläche, welche die gleichmäßig verteilte Gesamtladung Q trägt.

a) Wie groß ist das elektrische Feld, wenn zwischen den Platten die Spannung U_0 liegt?

b) Welche Kraft wirkt auf die innere Platte?

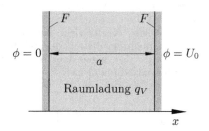

Lösung: **a)** $E_1 = -\dfrac{U_0}{d} - \dfrac{b}{d}\dfrac{Q}{\varepsilon_0 F}$, $E_2 = -\dfrac{U_0}{d} + \dfrac{a}{d}\dfrac{Q}{\varepsilon_0 F}$

   b) $\boldsymbol{K} = \dfrac{Q}{2}\,(E_1 + E_2)\,\boldsymbol{e}_x$

Aufgabe E30: Der Bereich zwischen zwei parallel angeordneten Elektroden mit der Fläche F und dem Abstand a sei homogen mit einer Raumladung der Dichte q_V gefüllt. Die linke Elektrode ist geerdet und die rechte hat das Potential $\phi = U_0$.

a) Bestimme das Potential im Raumladungsbereich unter der Voraussetzung, dass es nur von der Koordinate x abhängig ist.

b) Welche Ladung befindet sich auf der rechten Elektrode?

Lösung: **a)** $\phi = U_0 \dfrac{x}{a} + \dfrac{q_V a^2}{2\varepsilon_0}\left(\dfrac{x}{a} - \dfrac{x^2}{a^2}\right)$, **b)** $Q = \left(\dfrac{\varepsilon_0 U_0}{a} - \dfrac{q_V a}{2}\right) F$

Aufgabe E31: Gegeben ist eine kreisförmige, dünne Scheibe vom Radius a, die homogen mit der Gesamtladung Q belegt ist. Mit welcher Kraft senkrecht zur Scheibe wird eine Punktladung Q abgestoßen, die sich auf dieser Scheibe befindet?

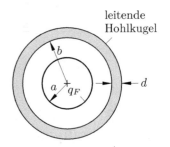

Gesamtladung Q

Lösung: $K_n = \dfrac{Q^2}{2\pi\varepsilon_0 a^2}$

Aufgabe E32: Gegeben ist eine kugelförmige, homogene Flächenladung q_F mit Radius a.
a) Wie groß ist die elektrostatische Feldenergie der Anordnung?
b) Wie groß ist die Feldenergie wenn die Flächenladung konzentrisch von einer leitenden, ungeladenen Hohlkugel mit dem Innenradius $b > a$ und der Wandstärke d umhüllt wird?

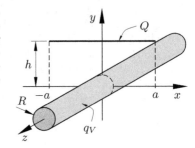

leitende Hohlkugel

Lösung: **a)** $W_e = q_F^2 \dfrac{2\pi a^3}{\varepsilon_0}$, **b)** $W_e = q_F^2 \dfrac{2\pi a^4}{\varepsilon_0}\left(\dfrac{1}{a} - \dfrac{1}{b} + \dfrac{1}{b+d}\right)$

Aufgabe E33: Eine Raumladung ist homogen mit der Dichte q_V in einem unendlich langen Zylinder vom Radius R verteilt. In der Höhe h darüber wird rechtwinklig zur Zylinderachse ein gleichmäßig mit der Gesamtladung Q geladener Stab der Länge $2a$ angeordnet. Berechne die Kraft auf den Stab.

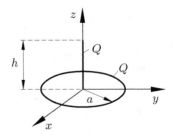

Lösung: $\boldsymbol{K} = \dfrac{Q q_V}{2\varepsilon_0}\dfrac{R^2}{a}\arctan\dfrac{a}{h}\,\boldsymbol{e}_y$

Aufgabe E34: Auf einem Ring mit dem Radius a ist die Gesamtladung Q homogen verteilt. Welche Kraft wirkt auf eine homogene Linienladung, die auf der z-Achse im Bereich $0 \le z \le h$ angeordnet ist und ebenfalls die Gesamtladung Q hat?

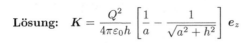

Lösung: $\boldsymbol{K} = \dfrac{Q^2}{4\pi\varepsilon_0 h}\left[\dfrac{1}{a} - \dfrac{1}{\sqrt{a^2 + h^2}}\right]\boldsymbol{e}_z$

Aufgabe E35: In der Ebene $z = 0$ befindet sich eine kreisförmige Linienladung mit der Gesamtladung Q und dem Radius a. Man berechne das elektrische Feld auf der z-Achse, wenn sich eine leitende, geerdete Kugel mit dem Radius $b < a$ im Koordinatenursprung befindet.

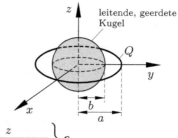

Lösung: $E = \dfrac{Q}{4\pi\varepsilon}\left\{\dfrac{z}{(a^2 + z^2)^{3/2}} - \dfrac{b}{a}\,\dfrac{z}{(b^4/a^2 + z^2)^{3/2}}\right\}\,\boldsymbol{e}_z$

Aufgabe E36: Eine Punktladung (Masse m, Ladung q) bewege sich geradlinig auf der z-Achse. Konzentrisch um die z-Achse ist am Ort $z = 0$ ein homogen geladener Ring mit dem Radius R und der Gesamtladung Q angeordnet. Beide Ladungen haben das gleiche Vorzeichen. Welche Mindestgeschwindigkeit v_0 benötigt die Punktladung im Punkt $z = -a$, um durch den Ring hindurchzufliegen?

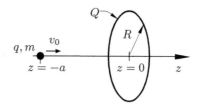

Lösung: $v_0 > \sqrt{\dfrac{qQ}{2\pi\varepsilon_0 m}\left\{\dfrac{1}{R} - \dfrac{1}{\sqrt{R^2 + a^2}}\right\}}$

Aufgabe E37: Eine Punktladung (Ladung q, Masse m) befinde sich im Abstand a vor einer unendlich ausgedehnten, perfekt leitenden, geerdeten Platte. Welche Anfangsgeschwindigkeit benötigt die Punktladung, um ins Unendliche befördert zu werden?

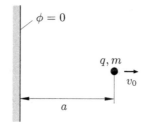

Lösung: $v_0 \geq \dfrac{q}{4}\sqrt{\dfrac{2}{\pi\varepsilon_0 m a}}$

Aufgabe E38: Gegeben sind drei homogene, kugelförmige Raumladungen, die durch Punktladungen Q, bzw. $-2Q$ in ihren Mittelpunkten ersetzt werden können. Die Ladungen Q haben jeweils den Abstand a zur Ladung $-2Q$ und die beiden Achsen zwischen den positiven Ladungen und der negativen Ladung bilden wie im Bild angegeben den Winkel α. Bestimme das äquivalente Dipolmoment der Anordnung.

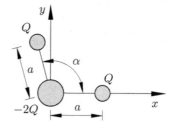

Lösung: $p_e = 2Qa \cos\dfrac{\alpha}{2}$

Aufgabe E39: Auf der z-Achse befindet sich mit Ausnahme des Ortes $z = 0$ eine unendlich lange Dipolkette. Die Dipole haben das Moment $\boldsymbol{p}_e$ und den gegenseitigen Abstand a voneinander. Bestimme das elektrische Feld im Koordinatenursprung.

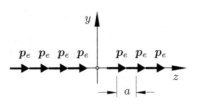

Lösung: $\boldsymbol{E} = \dfrac{\boldsymbol{p}_e}{\pi\varepsilon_0 a^3} \displaystyle\sum_{i=1}^{\infty} \dfrac{1}{i^3} \approx 1.202\,\dfrac{\boldsymbol{p}_e}{\pi\varepsilon_0 a^3}$

Aufgabe E40: Bestimme die Ladungsverteilung $q_F(\vartheta)$ auf einer leitenden Kugel, die in ein ursprünglich homogenes elektrisches Feld der Stärke E_0 eingebracht wird.

Hinweis: Das Störfeld der Kugel kann proportional zu einem Dipolfeld angesetzt werden.

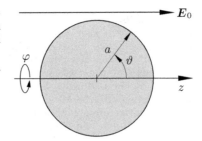

Lösung: $q_F(\vartheta) = 3\varepsilon_0 E_0 \cos\vartheta$

Aufgabe E41: Gegeben ist ein homogen polarisierter Stab mit der Höhe $2h$ und dem Radius a. Die Polarisation sei $\boldsymbol{P} = P_0\,\boldsymbol{e}_z$. Berechne die elektrische Flussdichte $\boldsymbol{D}$ auf der z-Achse.

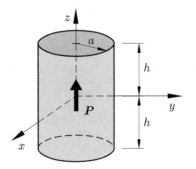

Lösung: $D_z = \dfrac{P_0}{2}\left[f(z+h) - f(z-h)\right]$

$$\text{mit } f(\zeta) = \zeta/\sqrt{a^2 + \zeta^2}$$

Aufgabe E42: Man bestimme die Kapazität C' pro Längeneinheit eines unendlich langen, dünnen, leitenden Drahtes vom Radius a, der in der Höhe h über dem Erdboden verläuft.

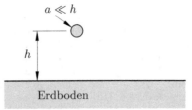

Lösung: $C' = \dfrac{2\pi\varepsilon_0}{\ln(2h/a)}$

Aufgabe E43: Vor einem leitenden, geerdeten Winkel befinde sich gemäß Abbildung eine kleine, leitende Kugel mit dem Radius $a \ll h$. Berechne die Kapazität der Anordnung.

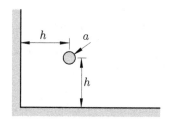

Lösung: $\quad C = 4\pi\varepsilon_0 \left(\dfrac{1}{a} - \dfrac{1}{h} + \dfrac{1}{2\sqrt{2}h} \right)^{-1}$

Aufgabe E44: Bestimme die Kapazität pro Längeneinheit eines unendlich langen Zylinderkondensators mit Innenradius a und Außenradius b, der zur Hälfte mit Dielektrikum $\varepsilon \neq \varepsilon_0$ gefüllt ist.

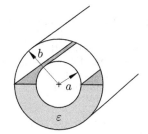

Lösung: $\quad C' = \pi(\varepsilon_0 + \varepsilon)\left\{ \ln\dfrac{b}{a} \right\}^{-1}$

Aufgabe E45: Ein Kugelleiter (Radius a, Ladung Q_a) werde konzentrisch von einer leitenden Hohlkugel (Radius b, Ladung Q_b) umschlossen. Der Bereich $a \leq r \leq b$, $0 \leq \varphi \leq 2\pi$ und $0 \leq \vartheta \leq \alpha$ ist mit Dielektrikum gefüllt. Berechne die Energieänderung des elektrischen Feldes ΔW_e, wenn beide Elektroden leitend miteinander verbunden werden.

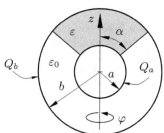

Lösung: $\quad \Delta W_e = -\dfrac{Q_a^2}{4\pi}\,\dfrac{b-a}{ab}\,\dfrac{1}{\varepsilon(1-\cos\alpha) + \varepsilon_0(1+\cos\alpha)}$

Aufgabe E46: Gegeben ist eine sehr kleine metallische Kugel mit Radius r_1 und eine große mit Radius r_2. Der Abstand zwischen den Kugelmittelpunkten sei d. Die Kugeln tragen entgegengesetzt gleiche Ladungen $\pm Q$. Man bestimme die Kapazität der Anordnung.

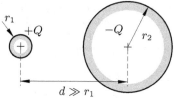

Lösung: $\quad C = \dfrac{4\pi\varepsilon_0}{\dfrac{1}{r_1} + \dfrac{r_2 - d}{d^2} - \dfrac{r_2}{d^2 - r_2^2} + \dfrac{1}{r_2} - \dfrac{1}{d}}$

Aufgabe E47: Die Ebenen $x = 0$ und $x = a$ sowie $y = 0$ und $y = b$ bilden eine leitende geerdete Bewandung. Der Bereich $0 < x < a$, $0 < y < c$ sei in y-Richtung polarisiert:

$$P = e_y P_0 \sin \frac{\pi x}{a}$$

Bestimme das Potential im Bereich 2.

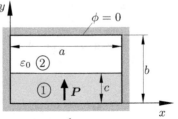

Lösung: $\phi_2 = \dfrac{aP_0}{\pi \varepsilon_0} \sin \dfrac{\pi x}{a} \sinh \dfrac{\pi(b-y)}{a} \sinh \dfrac{\pi c}{a} \Big/ \sinh \dfrac{\pi b}{a}$

Aufgabe E48: Ein leitender Halbzylinder befindet sich isoliert in sehr kleinem Abstand über einem leitenden Halbraum. Der Halbzylinder habe das Potential ϕ_0, der Halbraum das Potential $\phi = 0$. Berechne das Potential $\phi(\varrho, \varphi)$ der Anordnung.

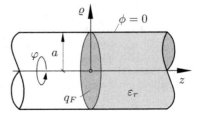

Lösung: $\phi(\varrho, \varphi) = \phi_0 \dfrac{4}{\pi} \displaystyle\sum_{n=1}^{\infty} \left(\dfrac{a}{\varrho}\right)^{2n-1} \dfrac{\sin(2n-1)\varphi}{2n-1}$

Aufgabe E49: Gegeben ist ein unendlich langes, geerdetes Metallrohr vom Radius a. Das Rohr ist für $z > 0$ mit Dielektrikum $\varepsilon_r \neq 1$ gefüllt. In der Ebene $z = 0$ befinde sich die Flächenladung $q_F = q_{F0} J_0(j_{01} \varrho/a)$, wobei j_{01} die erste Nullstelle der BESSEL-Funktion J_0 sein soll. Bestimme das Potential innerhalb des Rohres.

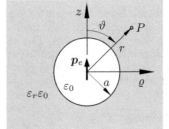

Lösung: $\phi(\varrho, z) = \dfrac{q_{F0} a}{j_{01}} \dfrac{1}{\varepsilon_0(1 + \varepsilon_r)} J_0\left(j_{01} \dfrac{\varrho}{a}\right) e^{-j_{01}|z|/a}$

Aufgabe E50: Gegeben ist ein dielektrisches Medium (ε_r) mit einem kugelförmigen Hohlraum vom Radius a. Im Mittelpunkt des Hohlraumes befinde sich ein elektrostatischer Dipol mit dem Moment

$$p_e = e_z p_0 \,.$$

Bestimme das Potential im Hohlraum.

Lösung: $\phi(r \leq a, \vartheta) = \dfrac{p_0}{4\pi \varepsilon_0 a^2} \left\{ \dfrac{a^2}{r^2} + 2 \dfrac{r}{a} \dfrac{1 - \varepsilon_r}{1 + 2\varepsilon_r} \right\} \cos \vartheta$

2. Stationäres Strömungsfeld

Zusammenfassung wichtiger Formeln

Unter einem stationären Strömungsfeld versteht man ein Feld mit zeitlich konstanten Feldgrößen, in welchem eine Strömung von Ladungen mit konstanter Geschwindigkeit vorliegt.

Es gilt der Erfahrungssatz von der Invarianz der Ladung, nach dem die zeitliche Abnahme der Gesamtladung Q in einem Volumen mit dem Fließen eines Stromes I durch die Oberfläche dieses Volumens verbunden ist

$$I = -\frac{\mathrm{d}Q}{\mathrm{d}t} \, . \tag{2.1}$$

Diese integrale Gesetzmäßigkeit hat ihre differentielle Entsprechung in der Kontinuitätsgleichung

$$\nabla \cdot \boldsymbol{J} = -\frac{\partial q_V}{\partial t} \, , \tag{2.2}$$

wobei $\boldsymbol{J}$ die ortsabhängige Stromdichte im Volumen ist.

Grundgleichungen

Im stationären Strömungsfeld mit $\partial q_V / \partial t = 0$ gelten die Grundgleichungen in differentieller bzw. integraler Form

$$\nabla \times \boldsymbol{E} = 0 \quad , \quad \oint_S \boldsymbol{E} \cdot \mathrm{d}\boldsymbol{s} = 0$$

$$\nabla \cdot \boldsymbol{J} = 0 \quad , \quad \oint_F \boldsymbol{J} \cdot \mathrm{d}\boldsymbol{F} = 0 \tag{2.3}$$

sowie das OHM'sche Gesetz als Materialgleichung

$$\boldsymbol{J} = \kappa \, \boldsymbol{E} \tag{2.4}$$

mit der Leitfähigkeit κ des stromführenden Mediums.

Das stationäre Strömungsfeld verhält sich analog zum elektrostatischen Feld in ladungsfreien Gebieten und kann wie dieses durch ein skalares Potential ϕ, Gl. (1.4), beschrieben werden. Das Potential erfüllt in Gebieten mit konstanter Leitfähigkeit κ die LAPLACE-Gleichung[1]

$$\nabla^2 \phi = 0 \quad , \quad \boldsymbol{E} = -\nabla \phi \ . \tag{2.5}$$

Elementare Stromquellen

In Analogie zur Elektrostatik stellt die punktförmige Stromquelle die einfachste Elementarquelle des stationären Strömungsfeldes dar. Deren Potential und Stromdichte ist

$$\phi = \frac{I}{4\pi\kappa R} \quad , \quad \boldsymbol{J} = \frac{I}{4\pi} \frac{\boldsymbol{R}}{R^3} \ , \tag{2.6}$$

wobei $\boldsymbol{R}$ der vektorielle Abstand von der Punktquelle zum betrachteten Aufpunkt ist. Punktförmige Stromquellen treten z.B. als tief im Erdreich vergrabene, gut leitende, kleine Kugelerder mit isolierter Zuleitung auf (siehe z.B. Aufg. S1).

Elementarquelle eines zweidimensionalen Strömungsfeldes ist eine Linienquelle, aus welcher der Strom I' pro Längeneinheit radial in die leitende Umgebung austritt. Das Potential im Abstand R von dieser Linienquelle ist analog zu (1.5c)

$$\phi = -\frac{I'}{2\pi\kappa} \ln \frac{R}{R_0} \ . \tag{2.7}$$

In Aufg. S2* werden wir eine solche Linienquelle verwenden.

Rand- und Stetigkeitsbedingungen

Sprungstellen der Leitfähigkeit κ geben Anlass zu Unstetigkeiten der elektrischen Feldverteilung, Abb. 2.1a.

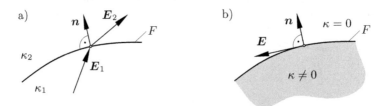

Abb. 2.1. (a) Sprungstelle der Leitfähigkeit. **(b)** Grenzfläche zwischen einem leitenden und einem nichtleitenden Gebiet

Die Stetigkeitsbedingungen lauten:

---

[1] Lösungsansätze für die LAPLACE-Gleichung findet man im Anhang A.1.

$$n \times \left(E_2 - E_1\right)_F = 0 \quad , \quad n \cdot \left(J_2 - J_1\right)_F = 0 \, . \tag{2.8}$$

Auf der Oberfläche eines Leiters verschwindet dagegen die Normalkomponente der elektrischen Feldstärke, wenn der umgebende Raum nichtleitend ist, Abb. 2.1b

$$n \cdot E\big|_F = 0 \, . \tag{2.9}$$

Stromwärmeverluste und Widerstand

Zwischen den Feldgrößen eines Strömungsfeldes E und J und der im stromdurchflossenen Volumen V entstehenden Verlustleistung P_V besteht der Zusammenhang

$$P_V = \int_V E \cdot J \, dV = \int_V \frac{1}{\kappa} J^2 \, dV = I^2 R \, , \tag{2.10}$$

wobei R der OHM'sche Widerstand des leitenden Volumens ist und I der Gesamtstrom.

Spiegelungsverfahren

Aufgrund der schon erwähnten Analogie zum elektrostatischen Feld gibt es auch im stationären Strömungsfeld die Möglichkeit der Spiegelung. Als Beispiel sei der zur Abb. 1.6 analoge Fall zweier aneinander grenzender, leitender Halbräume mit einer punktförmigen Stromquelle betrachtet, Abb. 2.2.

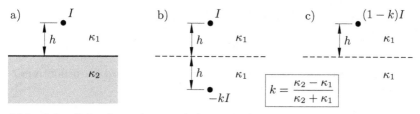

Abb. 2.2. Spiegelung einer punktförmigen Stromquelle an der Trennfläche zwischen zwei leitenden Halbräumen. **(a)** Originalanordnung. **(b)** Ersatzanordnung für das Potential im oberen Halbraum. **(c)** Ersatzanordnung für das Potential im unteren Halbraum

Die angegebene Spiegelung gilt bei Verwendung des Potentials bzw. der elektrischen Feldstärke E. Zur Ermittlung der jeweiligen Stromdichten muss mit den entsprechenden Materialkonstanten κ_1 bzw. κ_2 multipliziert werden.

Bei Hinzunahme einer weiteren Trennebene (Dreischichtenproblem) wird ein unendlicher Spiegelungsprozess erforderlich (vgl. Aufg. S2*).

Aufgaben

S1 Kugelerder, Schrittspannung

Um die Rückleitung vom Verbraucher zum Kraftwerk einzusparen, kann der Rückstrom über einen Kugelerder ins Erdreich geleitet werden. Die *Schrittspannung* darf dabei einen vorgegebenen Maximalwert nicht überschreiten, damit Menschen und Tiere an der Erdoberfläche nicht gefährdet werden.

Ein sehr kleiner Kugelerder mit dem Radius a ist in der Tiefe $T \gg a$ im Erdreich vergraben und wird mit dem Strom I versorgt, Abb. 2.3. Berechne die Schrittspannung im Abstand ϱ. Gib ferner den Ort $\varrho = \varrho_m$ maximaler Schrittspannung für den Fall an, dass die Schrittweite wesentlich kleiner als die Tiefe des vergrabenen Erders ist. Wie groß ist schließlich der Übergangswiderstand, d.h. der Quotient aus dem Potential auf der Oberfläche des Erders und dem Strom I?

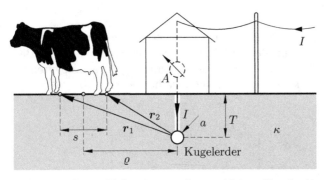

Abb. 2.3. Ein im Erdreich vergrabener, kleiner Kugelerder wird mit dem Strom I gespeist.

Lösung: Nimmt man an, dass der Radius des Kugelerders sehr klein ist, so stellt er eine punktförmige Stromquelle dar, die in einem homogenen, leitfähigen Gesamtraum nach (2.6) das primäre Potential

$$\phi^{(p)}(r) = \frac{I}{4\pi\kappa r}$$

hervorrufen würde, wobei r der Abstand zum Erder ist. Dieses radialhomogene Feld wird natürlich durch die Erdoberfläche beeinflusst, da die Stromlinien diese nicht durchdringen können, Abb. 2.4. Ein Blick auf das dargestellte Strömungsfeld in Abb. 2.4 und ein Vergleich mit den elektrischen Feldlinien zweier gleichnamiger Punktladungen zeigt, dass der Einfluss der Erdoberfläche durch eine fiktive, punktförmige Stromquelle I im oberen Halbraum erfasst werden kann, die ebenfalls die Entfernung T vom Erdboden hat.

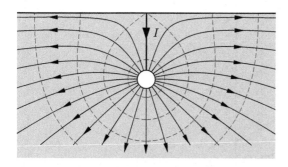

Abb. 2.4. Äquipotentiallinien und Stromlinien bei Speisung eines Kugelerders mit dem Strom I. An der Erdoberfläche existiert keine Normalkomponente der Stromdichte.

Die gespiegelte Stromquelle erzeugt auf der Erdoberfläche dasselbe Potential wie die Quelle im unteren Halbraum, so dass nur ein Faktor 2 hinzukommt. Das resultierende Potential auf der Erdoberfläche ist daher

$$\phi(\varrho) = \frac{I}{2\pi\kappa} \frac{1}{\sqrt{\varrho^2 + T^2}} \ . \tag{2.11}$$

Daraus folgt die gesuchte Schrittspannung als Potentialdifferenz

$$U = \phi(\varrho - s/2) - \phi(\varrho + s/2) = \tag{2.12}$$

$$= U_0 \left[\frac{T}{\sqrt{T^2 + (\varrho - s/2)^2}} - \frac{T}{\sqrt{T^2 + (\varrho + s/2)^2}} \right] \quad , \quad U_0 = \frac{I}{2\pi\kappa T} \ .$$

Der Ort maximaler Schrittspannung entspricht näherungsweise dem Ort maximaler Feldstärke, denn bei kleinen Schrittweiten gilt $U \approx E \cdot s$. Anstatt also das von der Schrittweite s abhängige Maximum von (2.12) zu ermitteln, suchen wir besser das Maximum der elektrischen Feldstärke auf der Erdoberfläche. Dort ist aber $E_\varrho = -\mathrm{d}\phi/\mathrm{d}\varrho$ und folglich muss am Ort maximaler Feldstärke die Bedingung

$$\left. \frac{\mathrm{d}^2\phi}{\mathrm{d}\varrho^2} \right|_{\varrho=\varrho_m} = 0$$

eingehalten werden. Zweimaliges Differenzieren von (2.11) liefert dann den gesuchten Ort auf der Erdoberfläche

$$\frac{1}{\sqrt{\varrho_m^2 + T^2}^3} - 3\frac{\varrho_m^2}{\sqrt{\varrho_m^2 + T^2}^5} = 0 \quad \rightarrow \quad \varrho_m = \frac{T}{\sqrt{2}} \ .$$

Wie man in Abb. 2.5 erkennt, stimmt dieser Wert recht gut. Die Leitfähigkeit des Erdbodens schwankt im Bereich 10^{-4} bis 10^{-2} $(\Omega\mathrm{m})^{-1}$. Wir wählen als Beispiel einen mittleren Wert $\kappa = 10^{-3}$ $(\Omega\mathrm{m})^{-1}$. Dann ergibt sich für

$I = 10\,\mathrm{A}$, $T = 2\,\mathrm{m}$ und $s = 1\,\mathrm{m}$ eine maximale Schrittspannung von etwa $150\,\mathrm{V}$, was ein durchaus schon bedenklicher Wert ist.

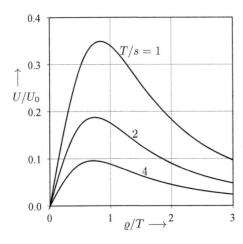

Abb. 2.5. Schrittspannung auf der Erdoberfläche nach Gl. (2.12) in Abhängigkeit vom Abstand ϱ und für verschiedene Tiefen T

Zur Berechnung des Übergangswiderstandes benötigen wir das Potential auf der Oberfläche des Kugelerders. Es setzt sich zusammen aus dem Beiträgen der punktförmigen Stromquelle im Erdboden sowie der gespiegelten Stromquelle im oberen Halbraum. Daraus folgt

$$R_{\mathrm{Erder}} = \frac{\phi_{\mathrm{Erder}}}{I} \approx \frac{1}{4\pi\kappa a}\left(1 + \frac{a}{2T}\right) \quad \text{für} \quad a \ll T\,.$$

Mit denselben Parametern wie oben und einem Kugelradius von $20\,\mathrm{cm}$ ergibt sich ein Übergangswiderstand von etwa $400\,\Omega$.

S2* Vierspitzenmethode

Zur Messung des spezifischen Widerstandes eines Materials wird gerne die *Vierspitzenmethode* verwendet. Auf die ebene Oberfläche der Probe werden dabei vier Spitzen entlang einer geraden Linie mit den definierten Abständen s_1, s_2 und s_3 aufgesetzt, Abb. 2.6. An die äußeren Spitzen wird eine Spannung angelegt, so dass ein Strom I durch das Material fließt. Über die mittleren Spitzen wird die Messspannung abgegriffen. Aus dieser soll die Leitfähigkeit des Materials bestimmt werden.

a) Berechne unter der Annahme eines sehr dicken Materials $(d \to \infty)$ die Leitfähigkeit κ der Probe aus den gemessenen Strom- und Spannungswerten. Außerdem ist von einer unendlich ausgedehnten Oberfläche auszugehen.

b) Wie lautet das Ergebnis für den Fall $d \ll s$, d.h. einer sehr dünnen, unendlich ausgedehnten Platte?

c) Berücksichtige nun die endliche Dicke der Platte mit Hilfe des Spiegelungsverfahrens.

Hinweis: Die Spitzen sind als punktförmige Stromquellen aufzufassen.

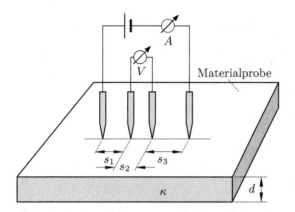

Abb. 2.6. Anordnung der vier Spitzen auf der Oberfläche eines leitenden Materials

Lösung:

a) Den Einfluss der Oberfläche der Materialprobe kann man sehr einfach dadurch erfassen, dass man mit dem doppelten Strom rechnet, der dann aber im Gesamtraum mit der Leitfähigkeit $\kappa \neq 0$ fließt, Abb. 2.7.

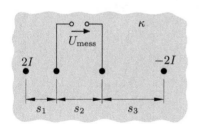

Abb. 2.7. Ersatzanordnung für den Fall eines leitenden Halbraumes als Materialprobe

Aus dem Potential einer punktförmigen Stromquelle (2.6) ergibt sich nach dem Superpositionsprinzip die Messspannung als Potentialdifferenz an den inneren Spitzen

$$U_{\text{mess}} = \frac{I}{2\pi\kappa} \left\{ \frac{1}{s_1} - \frac{1}{s_1 + s_2} - \frac{1}{s_2 + s_3} + \frac{1}{s_3} \right\} \, .$$

Die gesuchte Leitfähigkeit ist also

$$\kappa = \frac{I}{U_{\text{mess}}} \frac{1}{2\pi} \left\{ \frac{1}{s_1} - \frac{1}{s_1 + s_2} - \frac{1}{s_2 + s_3} + \frac{1}{s_3} \right\}$$

oder für den praktisch wichtigen Fall gleicher Spitzenabstände

$$\kappa = \frac{I}{U_{\text{mess}}} \frac{1}{2\pi s} \quad \text{für} \quad s_1 = s_2 = s_3 = s \, . \tag{2.13}$$

b) Im Falle einer sehr dünnen Materialprobe verläuft die Strömung im wesentlichen tangential zur Oberfläche. Da es sich damit um ein zweidimensionales Feld handelt, verwenden wir diesmal das logarithmische Potential (2.7) mit $I' = \pm I/d$ und erhalten durch Superposition die Messspannung

$$U_{\text{mess}} = -\frac{I}{2\pi\kappa d} \left\{ \ln \frac{s_1}{R_0} - \ln \frac{s_1 + s_2}{R_0} - \ln \frac{s_2 + s_3}{R_0} + \ln \frac{s_3}{R_0} \right\}$$

und daraus die gesuchte Leitfähigkeit zu

$$\kappa = -\frac{I}{U_{\text{mess}}} \frac{1}{2\pi d} \ln \frac{s_1 s_3}{(s_1 + s_2)(s_2 + s_3)}$$

oder wieder bei gleichen Spitzenabständen

$$\kappa = \frac{I}{U_{\text{mess}}} \frac{\ln 2}{\pi d} \quad \text{für} \quad s_1 = s_2 = s_3 = s \, . \tag{2.14}$$

c) Soll die endliche Dicke des Materials berücksichtigt werden, so kann man durch einen unendlichen Spiegelungsprozess der Stromquellen an den Oberflächen die dort erforderlichen Randbedingungen erfüllen, Abb. 2.8.

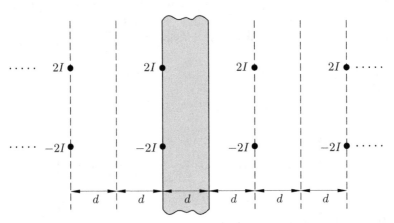

Abb. 2.8. Spiegelung der punktförmigen Stromquellen an den beiden Oberflächen einer leitenden Platte endlicher Dicke

Bei gleichen Spitzenabständen lautet dann die Messspannung

$$U_{\text{mess}} = \frac{I}{\pi\kappa} \sum_{n=-\infty}^{\infty} \left\{ \frac{1}{\sqrt{s^2 + (2nd)^2}} - \frac{1}{\sqrt{(2s)^2 + (2nd)^2}} \right\} \, .$$

Nach Zusammenfassen der positiven und negativen Indices in der Summe lässt sich daraus die Leitfähigkeit in der Form

$$\kappa = \frac{I}{U_{\text{mess}}} \frac{1}{2\pi d} F\left(\frac{d}{s}\right) \tag{2.15}$$

mit dem von der Plattendicke abhängigen Faktor

$$F(\zeta) = \zeta \left[1 + 2 \sum_{n=1}^{\infty} \left\{ \frac{1}{\sqrt{0.25 + (n\zeta)^2}} - \frac{1}{\sqrt{1 + (n\zeta)^2}} \right\} \right] \qquad (2.16)$$

angeben. Wie immer bei etwas komplexeren Berechnungen erhebt sich an dieser Stelle natürlich die Frage, ob das alles richtig ist. Wir unterziehen daher das Ergebnis einer strengen Kontrolle. Es muss sich nämlich im Grenzfall $d/s \to 0$ das Resultat (2.14) der dünnen Platte einstellen. Bei diesem Grenzübergang wird ζ zu einer differentiell kleinen Größe, die wir dx nennen wollen. Die Summe wird also zu einem Integral, wobei das Produkt $n\zeta$ als Integrationsvariable x aufgefasst werden kann

$$\left. \begin{array}{c} \zeta \to dx \\ n\zeta \to x \end{array} \right\} \to F(\zeta \to 0) = 2 \int\limits_0^{\infty} \left(\frac{1}{\sqrt{0.25 + x^2}} - \frac{1}{\sqrt{1 + x^2}} \right) dx \, .$$

Die Lösung des Integrals ist[2]

$$F(\zeta \to 0) = 2 \, \ln \frac{x + \sqrt{0.25 + x^2}}{x + \sqrt{1 + x^2}} \Bigg|_0^{\infty} = 2 \ln 2 \, .$$

Nach Einsetzen in (2.15) erhält man so das für die dünne Platte gültige Ergebnis (2.14).

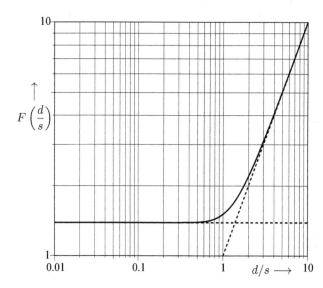

Abb. 2.9. Geometriefaktor $F(d/s)$ in (2.15)

Abb. 2.9 gibt Aufschluss über den Verlauf der Funktion $F(d/s)$. In der doppelt logarithmischen Darstellung erkennt man sehr schön den Gültigkeitsbe-

---

[2] siehe z.B. [Bronstein] Integral Nr. 192

reich der in den Aufgabenteilen a) und b) gefundenen Resultate (2.13) und (2.14). Sie stellen die gestrichelt eingezeichneten Asymptoten dar. Bis zu einem Abmessungsverhältnis $d/s = 0.1$ ist die Annahme einer sehr dünnen Platte durchaus berechtigt, während man ab einem Abmessungsverhältnis $d/s > 4$ schon von einer unendlich dicken Probe ausgehen kann.

S3 Elektrolytischer Trog

Aufgrund der Äquivalenz zwischen den Verschiebungslinien einer Elektrodenanordnung in einem Dielektrikum und den Stromlinien derselben Elektrodenanordnung in einem Elektrolyten ist es möglich, Potentialfelder in einem sogenannten elektrolytischen Trog auszumessen. Ein Trog aus isolierendem Material wird zu diesem Zweck mit einem Elektrolyten gefüllt, in welchen die auszumessende Feldanordnung eingebracht wird. Mit Hilfe einer bis auf die Spitze isolierten Sonde können dann die Potentialwerte in irgendeinem Punkt aufgenommen werden. Die Trogwände stellen bei dieser Methode eine willkürliche Begrenzung dar und erzwingen ursprünglich nicht vorhandene Randbedingungen für das elektrische Feld. Um den daraus resultierenden Messfehler klein zu halten, sind die Trogabmessungen möglichst groß zu wählen.

Als Beispiel soll hier als auszumessende Feldanordnung eine sehr lange Doppelleitung, deren Stränge die gegenseitige Entfernung $2c$ und den Radius $a \ll c$ aufweisen, betrachtet werden. Sie wird mittig in einen elektrolytischen Trog mit quadratischem Querschnitt der Kantenlänge $2b$ eingeführt, Abb. 2.10. Zu bestimmen ist die Potentialverteilung im Trog, wenn an die Leitung eine Gleichspannung U angelegt wird und der Elektrolyt die Leitfähigkeit κ besitzt.

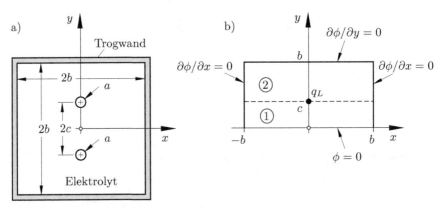

Abb. 2.10. **(a)** Elektrolytischer Trog mit Doppelleitung. **(b)** Analoges elektrostatisches Randwertproblem und Raumaufteilung

Hinweis: Randeffekte aufgrund der endlichen Länge der Leitung sind zu vernachlässigen (zweidimensionales Potentialproblem).

Lösung: Die sich nach Anlegen einer Spannung ausbildenden Stromlinien können die Trogwände nicht durchstoßen. Damit verschwindet dort die Normalableitung des Potentials, $\partial\phi/\partial n = 0$, und es liegt folglich ein Randwertproblem zweiter Art des stationären Strömungsfeldes vor. Außerhalb der Stromquellen gilt die LAPLACE-Gleichung (A.1) mit dem allgemeinen Lösungsansatz (A.2). Die kleinen Radien der Leitungen erlauben es nun, sie durch linienförmige Stromquellen in ihren Mittelpunkten zu ersetzen. Diese stellen aber Feldsingularitäten dar, da das Potential nach (2.7) einen logarithmischen Pol aufweist. Im Folgenden wollen wir von der schon in der Einleitung erwähnten Analogie zum elektrostatischen Feld Gebrauch machen und anstelle der Stromquellen im Elektrolyt Linienladungen $\pm q_L$ im dielektrischen Medium ε_0 annehmen. Da am Ort der Linienladungen aber eine unendlich große Raumladungsdichte vorliegt, gilt dort die LAPLACE-Gleichung nicht mehr. In einem solchen Fall behelfen wir uns damit, dass eine die Linienladung enthaltende Trennfläche das Gebiet in Teilbereiche unterteilt, in denen die LAPLACE-Gleichung gültig ist, Abb. 2.10b. Der Linienladung wird mit Hilfe der DIRAC'schen Deltafunktion eine Flächenladungdichte q_F zugeordnet, für welche die Stetigkeitsbedingungen (1.13) erfüllt werden müssen. Aus Symmetriegründen genügt die Betrachtung des oberen Halbraumes und es werden im Lösungsansatz nur die Kosinusfunktionen und das konstante Glied in x-Richtung auftreten. Aufgrund der homogenen Randbedingungen zweiter Art auf den Flächen $x = \pm b$ ergeben sich die Eigenwerte p zu

$$\sin pb = 0 \quad \rightarrow \quad p = p_n = \frac{n\pi}{b} \quad , \quad n = 1, 2, 3, \ldots .$$

In den Teilbereichen 1 und 2 lassen sich jetzt die reduzierten Potentialansätze

$$\phi^{(1)}(x,y) = D_0\, y + \sum_{n=1}^{\infty} D_n \cos p_n x \, \sinh p_n y$$

$$\phi^{(2)}(x,y) = E_0 + \sum_{n=1}^{\infty} E_n \cos p_n x \, \cosh p_n (y - b)$$

(2.17)

aufstellen. Sie garantieren, dass die Randbedingungen in den Ebenen $y = 0$ und $y = b$ erfüllt sind. Man beachte in diesem Zusammenhang die Argumentverschiebung in der Hyperbelfunktion.

In der Trennfläche $y = c$ gelten die Stetigkeitsbedingungen (1.13). Die Stetigkeit der Tangentialkomponente von $\boldsymbol{E}$ wird dabei durch ein stetiges Potential gewährleistet

$$\phi^{(1)}(x,c) = \phi^{(2)}(x,c) \quad \rightarrow \quad \begin{array}{l} D_0 c = E_0 \\[4pt] D_n \sinh p_n c = E_n \cosh p_n (c - b) \, . \end{array}$$

(2.18)

Die Normalkomponente der dielektrischen Verschiebung erleidet dagegen einen Sprung von der Größe

$$D_y^{(2)} - D_y^{(1)} = q_F(x) \quad \rightarrow \quad \left.\frac{\partial\phi^{(1)}}{\partial y}\right|_{y=c} - \left.\frac{\partial\phi^{(2)}}{\partial y}\right|_{y=c} = \frac{q_L}{\varepsilon_0}\,\delta(x)$$

mit der DIRAC'sche Deltafunktion $\delta(x)$. Nach Einsetzen von (2.17) und Differenzieren wird daraus

$$D_0 + \sum_{n=1}^{\infty} F_n \cos p_n x = \frac{q_L}{\varepsilon_0} \delta(x) \qquad (2.19)$$

mit der Abkürzung

$$F_n = p_n \{D_n \cosh p_n c - E_n \sinh p_n (c - b)\} . \qquad (2.20)$$

Im Verlauf der nun erforderlichen Orthogonalentwicklung werden beide Seiten von (2.19) mit $\cos p_m x$ multipliziert und anschließend über den Bereich $-b \leq x \leq b$ integriert

$$D_0 \underbrace{\int_{-b}^{b} \cos p_m x \, \mathrm{d}x}_{2b \, \delta_m^0} + \sum_{n=1}^{\infty} F_n \underbrace{\int_{-b}^{b} \cos p_n x \cos p_m x \, \mathrm{d}x}_{(1 - \delta_m^0) \, \delta_m^n \, b} = \frac{q_L}{\varepsilon_0} \underbrace{\int_{-b}^{b} \delta(x) \cos p_m x \, \mathrm{d}x}_{1}$$

$$\rightarrow \quad D_0 = \frac{q_L}{2\varepsilon_0 b} \quad , \quad F_n = \frac{q_L}{\varepsilon_0 b} . \qquad (2.21)$$

Aus (2.18), (2.20) und (2.21) lassen sich nun die unbekannten Konstanten ermitteln. Nach kurzer Zwischenrechnung unter Zuhilfenahme der Additionstheoreme der Hyperbelfunktionen ergibt sich

$$E_0 = \frac{q_L c}{2\varepsilon_0 b} , \quad D_n = \frac{q_L}{\varepsilon_0} \frac{\cosh p_n (c - b)}{n\pi \cosh n\pi} , \quad E_n = \frac{q_L}{\varepsilon_0} \frac{\sinh p_n c}{n\pi \cosh n\pi}$$

und das Problem kann als gelöst betrachtet werden. Der Vollständigkeit halber sei noch auf die Bestimmung der ersatzweise in den Leitermittelpunkten angebrachten Linienladungen $\pm q_L$ eingegangen. Sie folgen aus der Bedingung $\phi^{(1)}(x = 0, y = c - a) = U/2$, d.h.

$$U = \frac{q_L}{\varepsilon_0} \left\{ \frac{c - a}{b} + 2 \sum_{n=1}^{\infty} \frac{\cosh p_n (c - b) \sinh p_n (c - a)}{n\pi \cosh n\pi} \right\} .$$

Damit liegt auch die Kapazität pro Längeneinheit vor, die für unendlich weit entfernte Trogwände auf das bekannte Resultat

$$C' = \frac{q_L}{U} \rightarrow \pi\varepsilon_0 \left\{ \ln \frac{2c - a}{a} \right\}^{-1} \quad \text{für} \quad b \rightarrow \infty$$

führen muss. Hier bietet sich die Möglichkeit einer Kontrolle der Rechnung sowie einer Abschätzung des mittleren Messfehlers infolge der isolierenden Bewandung. Tabelle 2.1 gibt Auskunft über das Verhalten der Kapazität in Abhängigkeit von der Dimension des Troges und über den relativen Fehler im Vergleich zur Anordnung der Doppelleitung im freien Raum ($b \rightarrow \infty$). Abbildung 2.11 zeigt schließlich den Verlauf der Äquipotentiallinien. Es wurde die Situation mit und ohne Einfluss der Bewandung untersucht.

Tabelle 2.1. Messergebnisse für die Kapazität einer Doppelleitung in Abhängigkeit der Größe des Troges und relativer Messfehler für $a/c = 0.1$

Abmessung b/c	Kapazität C'/ε_0	relativer Fehler
2	0.945	11.4%
4	1.033	3.2%
6	1.052	1.4%
8	1.058	0.81%
10	1.061	0.51%
12	1.065	0.33%
14	1.066	0.20%
∞	1.067	0%

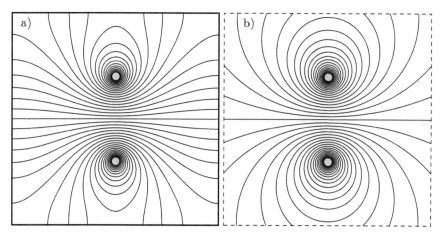

Abb. 2.11. (a) Äquipotentiallinien einer Doppelleitung in einem elektrolytischen Trog. (b) Äquipotentiallinien ohne Beeinflussung durch die Trogwände

Deutlich ist die Verzerrung der Äquipotentiallinien an den Trogwänden zu erkennen, wo sie ja senkrecht einmünden müssen. Da das elektrische Feld aber offensichtlich in diesem Bereich im Vergleich zum mittleren Gebiet recht schwach ist, ergibt sich für dieses Abmessungsverhältnis ein immer noch mäßiger Fehler in der Kapazität von etwa 10%. Man kann also aufgrund dieser Ergebnisse allgemein den Schluss ziehen, dass zum Erreichen genauerer Messergebnisse ganz erhebliche Trogabmessungen erforderlich sind. Daher ist es sinnvoll sich zu überlegen, ob andere Maßnahmen zu einer Verbesserung der Genauigkeit führen können. Das ist immer dann der Fall, wenn man die natürlichen Symmetrieebenen einer gegebenen Anordnung ausnutzt und die Trogwände genau dort hinein legt. In unserem Fall existieren zwei Symmetrieebenen. Damit lässt sich also die Genauigkeit eines viermal größeren

Troges erreichen, wenn man eine Wand auf die y-Achse und eine andere auf die x-Achse legt und letztere mit einer geerdeten metallischen Beschichtung versieht.

S4 Widerstand einer leitenden Kreisscheibe

Über zwei sich diametral gegenüberstehende Elektroden wird einer Kreisscheibe mit dem Radius a, der Dicke d und der Leitfähigkeit κ ein Gleichstrom I_0 zu- bzw. abgeführt. Zu bestimmen sind die Stromlinien sowie der elektrische Widerstand der Kreisscheibe.

Hinweis: Es darf vorausgesetzt werden, dass der Strom sich über die Dicke d der Kreisscheibe nicht verändert. Desweiteren soll angenommen werden, dass die Radialkomponente der Stromdichte über die Bereiche $\varrho = a$, $|\varphi| \leq \gamma$ und $\varrho = a$, $\pi - \gamma \leq \varphi \leq \pi + \gamma$ der Einspeisung örtlich konstant verläuft.

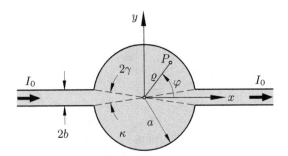

Abb. 2.12. Leitende Kreisscheibe mit Zuleitungen

Lösung: Es liegt ein zweidimensionales Randwertproblem zweiter Art des stationären Strömungsfeldes in Polarkoordinaten vor, so dass zur Lösung der allgemeine Ansatz (A.4) verwendet wird. Zur Bestimmung der unbekannten Konstanten ist es zunächst sinnvoll, Symmetrie- und Regularitätsüberlegungen anzustellen, weil sich dadurch der umfangreiche Ansatz stark reduzieren lässt. Da nämlich am Ort $\varrho = 0$ kein unendliches Potential auftreten darf, können der Logarithmus sowie die reziproken Potenzen vom Abstand ϱ sofort ausgeschlossen werden. Außerdem ist das Potential symmetrisch zur Ebene $\varphi = 0$ und verschwindet in der Ebene $\varphi = \pi/2$. Folglich sind in φ-Richtung nur die Funktionen $\cos n\varphi$ mit ungeradem Laufindex n möglich. Es verbleibt damit der reduzierte Ansatz

$$\phi(\varrho, \varphi) = \sum_{n=1,3,5}^{\infty} A_n \left(\frac{\varrho}{a}\right)^n \cos n\varphi . \qquad (2.22)$$

Von jetzt ab können wir uns auf den ersten Quadranten $0 \leq \varphi \leq \pi/2$ des Rechengebietes beschränken, denn durch den Ansatz (2.22) wird automatisch das richtige Potential in den übrigen Quadranten garantiert. Da kein

Strom in den nichtleitenden Außenraum austreten kann, verschwindet die Normalkomponente der Stromdichte überall auf dem Rand der Kreisscheibe mit Ausnahme der Einspeisestellen. Somit lautet die Randbedingung

$$J_\varrho(a,\varphi) = -\kappa \left.\frac{\partial \phi}{\partial \varrho}\right|_{\varrho=a} = \frac{I_0}{2a\gamma d} \begin{cases} 1 & \text{für } 0 \leq \varphi \leq \gamma \\ 0 & \text{für } \gamma < \varphi \leq \pi/2 \,. \end{cases} \tag{2.23}$$

Dabei wurde die in der Aufgabenstellung gemachte Voraussetzung einer konstanten Radialkomponente der Stromdichte am Einspeiseort berücksichtigt. Für die nun erforderliche FOURIER-Entwicklung wird (2.23) mit $\cos m\varphi$, $m = 1, 3, 5\ldots$, multipliziert und über den Bereich $0 \leq \varphi \leq \pi/2$ integriert

$$-\frac{\kappa}{a} \sum_{n=1,3,5}^{\infty} A_n n \underbrace{\int_0^{\pi/2} \cos n\varphi \cos m\varphi \, \mathrm{d}\varphi}_{\delta_m^n \, \pi/4} = \frac{I_0}{2a\gamma d} \int_0^{\gamma} \cos m\varphi \, \mathrm{d}\varphi$$

$$\rightarrow \quad A_n = -\frac{2I_0}{\gamma d\pi\kappa} \frac{\sin n\gamma}{n^2} \,. \tag{2.24}$$

Nach Einsetzen der Konstanten A_n in (2.22) folgt die resultierende Potentialverteilung in der leitenden Kreisscheibe

$$\phi(\varrho,\varphi) = -\frac{2I_0}{\pi\kappa\gamma d} \sum_{n=1,3,5}^{\infty} \left(\frac{\varrho}{a}\right)^n \frac{\sin n\gamma}{n^2} \cos n\varphi \,. \tag{2.25}$$

Um daraus den Verlauf der Stromlinien zu ermitteln, berechnet man die Strommenge pro Längeneinheit, die einen Kreisbogen mit dem Radius ϱ im Bereich $0 \leq \varphi' \leq \varphi$ durchsetzt, und hält diesen Wert konstant

$$I'(\varrho,\varphi') = -\kappa \int_0^{\varphi} \frac{\partial \phi(\varrho,\varphi')}{\partial \varrho} \varrho \, \mathrm{d}\varphi' = \text{const.} \,.$$

Nach Einsetzen von (2.25) ergibt sich daraus die Stromliniengleichung

$$\sum_{n=1,3,5}^{\infty} \left(\frac{\varrho}{a}\right)^n \frac{\sin n\gamma}{n^2} \sin n\varphi = \text{const.} \,.$$

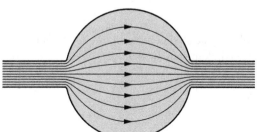

Abb. 2.13. Verlauf der Stromlinien in der Kreisscheibe

Trotz der in Abb. 2.13 gewählten relativ breiten Zuleitungen fällt auf, dass die Stromlinien einigermaßen glatt am Einspeiseort verlaufen. Das geringfügige Abknicken ist auf die in der Aufgabenstellung vorausgesetzte konstante Radialkomponente der Stromdichte zurückzuführen, was nur näherungsweise der Fall ist.

Aus der Potentialverteilung (2.25) kann jetzt auch der gesuchte Widerstand berechnet werden

$$R = \frac{U}{I_0} = \frac{2\phi(a,\pi)}{I_0} \quad \rightarrow \quad R = R_0 \, \frac{4}{\pi} \sum_{n=1,3,5}^{\infty} \frac{\sin n\gamma}{n^2} \; . \qquad (2.26)$$

Zur Abkürzung wurde der Widerstand

$$R_0 = \frac{1}{\kappa\gamma d} \approx \frac{1}{\kappa d \sin\gamma} = \frac{1}{\kappa}\frac{a}{bd} \quad \text{für} \quad \gamma \ll 1$$

eingeführt, der in der angegebenen Form für kleine Winkel γ den Widerstand eines Quaders der Länge $2a$ und des Querschnittes $2bd$ beschreibt.

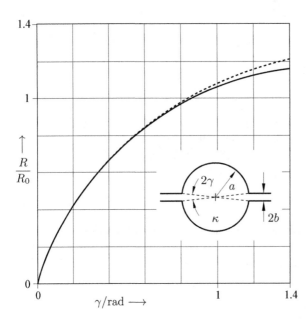

Abb. 2.14. Widerstand der leitenden Kreisscheibe als Funktion des Öffnungswinkels γ und normiert auf $R_0 \approx a/(\kappa bd)$. Der gestrichelte Verlauf zeigt die Näherung nach (2.27).

Für kleine Werte des Öffnungswinkels γ lässt sich außerdem eine Näherungsrechnung durchführen. Mit Hilfe der bekannten Beziehung[3]

$$\sum_{n=1,3,5}^{\infty} \frac{\cos n\gamma}{n} = \frac{1}{2} \ln \cot \frac{\gamma}{2}$$

---

[3] siehe z.B. [Gradshteyn] 1.442

sowie durch gliedweises Integrieren

$$\int \sum_{n=1,3,5}^{\infty} \frac{\cos n\gamma}{n}\,\mathrm{d}\gamma = \sum_{n=1,3,5}^{\infty} \frac{\sin n\gamma}{n^2}$$

kann man die Summe in (2.26) für kleine Winkel γ geschlossen darstellen[4]

$$\frac{R}{R_0} = \frac{2}{\pi} \int \ln \cot \frac{\gamma}{2}\,\mathrm{d}\gamma \approx \frac{2}{\pi} \int \ln \frac{2}{\gamma}\,\mathrm{d}\gamma = \frac{2\gamma}{\pi}\left(1 - \ln \frac{\gamma}{2}\right). \qquad (2.27)$$

Die Integrationskonstante verschwindet, da $R/R_0 \to 0$ für $\gamma \to 0$. Abb. 2.14 zeigt die Güte der gefundenen Näherung im Vergleich zur exakten Lösung. Sichtbare Abweichungen treten erst bei großen Winkeln auf. Dann aber ist auch die Voraussetzung einer konstanten Radialkomponente der Stromdichte an den Einspeiseorten sicherlich nicht mehr sinnvoll.

S5 Luftblase im leitenden Volumen

Gegeben ist ein leitendes Medium mit einer homogenen elektrischen Strömung der Dichte $\boldsymbol{J} = J_0\,\boldsymbol{e}_z$. Es wird nun ein kugelförmiges Stück Materie mit dem Radius a aus dem leitenden Volumen herausgeschnitten, Abb. 2.15a. Bestimme die Verteilung der Verlustleistungsdichte auf der Oberfläche des isolierenden Einschlusses.

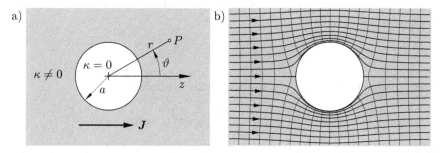

Abb. 2.15. (a) Kugelförmige Luftblase in einem leitenden, stromführenden Medium. (b) Verlauf der Äquipotential- und Stromlinien

Lösung: Das vorliegende rotationssymmetrische Randwertproblem zweiter Art in Kugelkoordinaten wird mit dem allgemeinen Lösungsansatz (A.12) analysiert. Da die Rotationsachse im betrachteten Volumen eingeschlossen ist, werden nur die LEGENDRE-Polynome $P_n(u)$, mit $u = \cos\vartheta$, angesetzt. Zweckmäßigerweise spalten wir das gesamte Potential in einen primären Anteil $\phi^{(p)}$ infolge des ungestörten, homogenen Strömungsfeldes sowie in einen

---

[4] siehe z.B. [Bronstein] Integral Nr. 465

sekundären Anteil $\phi^{(s)}$ auf, der die Verzerrung der Stromlinien aufgrund des isolierenden Einschlusses wiedergeben soll. Das primäre Potential

$$\phi^{(p)}(r,\vartheta) = -\frac{1}{\kappa} J_0 z = -\frac{J_0}{\kappa} r \cos\vartheta = -\frac{J_0}{\kappa} r^1 P_1(\cos\vartheta)$$

enthält nur das Glied $n = 1$ der allgemeinen Lösungssumme. Folglich darf mit Blick auf die zu erfüllende Randbedingung auf der Oberfläche des isolierenden Einschlusses erwartet werden, dass auch das sekundäre Potential nur das Glied $n = 1$ aufweisen wird. Weiterhin müssen wir sicherstellen, dass die Wirkung des nicht leitenden, kugelförmigen Bereiches mit zunehmender Entfernung $r > a$ abnimmt, so dass man zu dem reduzierten Ansatz

$$\phi^{(s)}(r,\vartheta) = A \frac{1}{r^2} \cos\vartheta$$

für das sekundäre Potential gelangt. Zur Bestimmung der noch unbekannten Konstanten A wird nun gefordert, dass die Normalkomponente der Stromdichte auf der Kugeloberfläche $r = a$ verschwindet

$$J_r(a,\vartheta) = -\kappa \left.\frac{\partial(\phi^{(p)} + \phi^{(s)})}{\partial r}\right|_{r=a} = 0 \quad \rightarrow \quad J_0 + 2\kappa A \frac{1}{a^3} = 0 \;.$$

Damit lautet das resultierende Potential der Anordnung

$$\phi(r,\vartheta) = -\frac{J_0 a}{\kappa} \left\{ \frac{r}{a} + \frac{1}{2}\frac{a^2}{r^2} \right\} \cos\vartheta \;. \tag{2.28}$$

Die pro Volumeneinheit in einem leitenden Medium umgesetzten Verluste erhält man nach (2.10) zu

$$p_V = \kappa \left|\boldsymbol{E}\right|^2 = \frac{\kappa}{a^2} \left(\frac{\partial\phi(a,\vartheta)}{\partial\vartheta}\right)^2 \;.$$

Nach Einsetzen der Potentialverteilung (2.28) wird daraus

$$p_V = \frac{J_0^2 a^2}{\kappa^2}\frac{\kappa}{a^2} \sin^2\vartheta \left(1 + \frac{1}{2}\right)^2 = \frac{9}{4} p_{V0} \sin^2\vartheta \quad \text{mit} \quad p_{V0} = \frac{J_0^2}{\kappa} \;.$$

Am Ort $\vartheta = \pi/2$ sind die Verluste mehr als doppelt so hoch wie im ungestörten Fall der homogenen Stromverteilung. Dies wird auch in Abb. 2.15 deutlich, wo zur Veranschaulichung des Feldes die Äquipotential- und Stromlinien dargestellt wurden.

S6* Strömungsfeld in einer Kugel

a) Zu bestimmen ist das Potential in einer Kugel mit dem Radius a und der Leitfähigkeit κ, welcher über zwei diametral gegenüberliegende Punkte der Strom I zu- bzw. abgeführt wird, Abb. 2.16a.

b) Wie lässt sich das Problem unter Verwendung des Superpositionsprinzips prinzipiell für den allgemeinen Fall *beliebig* angeordneter Zuleitungen, Abb. 2.16b, mit Hilfe rotationssymmetrischer Potentialsansätze lösen?

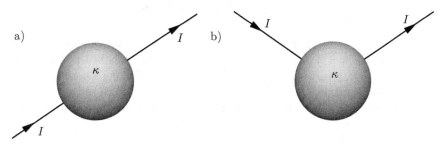

Abb. 2.16. Leitende Kugel mit **(a)** diametral gegenüberliegenden und **(b)** beliebig angeordneten Zuleitungen

Lösung:

a) Als erstes betrachten wir das primäre Potential einer Stromquelle I am Ort $r = a$, $\vartheta = 0$ und einer Stromsenke $-I$ am Ort $r = a$, $\vartheta = \pi$, wobei der gesamte Raum die Leitfähigkeit κ haben soll, Abb. 2.17.

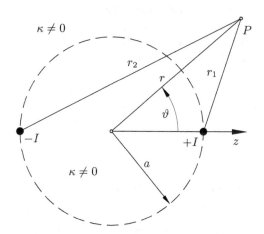

Abb. 2.17. Punktförmige Stromquelle und -senke im homogenen Gesamtraum der Leitfähigkeit κ

Das Potential ist Lösung der LAPLACE-Gleichung in Kugelkoordinaten (A.11) mit dem allgemeinen Lösungsansatz (A.12). Es sind außerdem keine Singularitäten (außer natürlich direkt auf den punktförmigen Stromquellen) zu erwarten, so dass man sofort den reduzierten Ansatz

$$\phi^{(p)}(r,\vartheta) = \begin{cases} \displaystyle\sum_{n=1,3,5}^{\infty} A_n \left(\frac{r}{a}\right)^n P_n(u) & \text{für } r \leq a \\ \displaystyle\sum_{n=1,3,5}^{\infty} A_n \left(\frac{a}{r}\right)^{n+1} P_n(u) & \text{für } r \geq a \end{cases} \tag{2.29}$$

mit $u = \cos\vartheta$ aufstellen kann, der bereits einen stetigen Übergang des Potentials auf der Fläche $r = a$ garantiert. Es werden nur die LEGENDRE-Polynome ungerader Ordnung verwendet, da das Potential bezüglich der Ebene $\vartheta = \pi/2$ eine ungerade Funktion ist. Nun stellen wir uns die punktförmigen Stromquellen als Grenzfall einer flächenhaften Stromquellenverteilung[5] $i_F(\vartheta)$ vor, für die gilt

$$2\pi a^2 \int_0^{\pi/2} i_F(\vartheta) \sin\vartheta \, d\vartheta = I \quad \text{und} \quad i_F(\vartheta) = 0 \quad \text{für} \quad \vartheta \neq 0, \pi. \tag{2.30}$$

Diese verhält sich analog zu einer Flächenladung in der Elektrostatik und aufgrund der Analogie des stationären Strömungsfeldes zur Elektrostatik ist dann auf der Fläche $r = a$ die Stetigkeitsbedingung[6]

$$-\left.\frac{\partial\phi}{\partial r}\right|_{r=a+0} + \left.\frac{\partial\phi}{\partial r}\right|_{r=a-0} = \frac{i_F(\vartheta)}{\kappa} \tag{2.31}$$

einzuhalten. Daraus lassen sich die noch unbekannten Koeffizienten A_n durch Ausnutzen der Orthogonalitätsrelation (A.46) bestimmen. Nach Einsetzen von (2.29) in (2.31) werden beide Seiten von (2.31) mit $2\pi a^2 P_m(u)$, $m = 1, 3, 5\ldots$, multipliziert und über den Bereich $0 \leq u \leq 1$ integriert

$$\kappa 2\pi a^2 \frac{1}{a} \sum_{1,3,5}^{\infty} A_n \big(n + [n+1]\big) \underbrace{\int_0^1 P_n(u) P_m(u) \, du}_{\delta_m^n/(2n+1) \quad \text{nach (A.46)}} =$$

$$= 2\pi a^2 \int_0^1 i_F(\vartheta) P_m(u) \, du = 2\pi a^2 \int_0^{\pi/2} i_F(\vartheta) P_m(\cos\vartheta) \sin\vartheta \, d\vartheta = I \, .$$

Beim letzten Integral wurde berücksichtigt, dass der Integrand wegen (2.30) nur für $\vartheta = 0$, d.h. $u = 1$ von null verschieden ist, so dass der Wert $P_m(1) = 1$ als Konstante vor das Integral gezogen werden kann. In der Summe verbleibt lediglich das Glied $n = m$ und die gesuchten Koeffizienten sind

$$A_n = \frac{I}{2\pi\kappa a} \, .$$

---

[5] nicht zu verwechseln mit einer Flächenstromdichte J_F
[6] vgl. (1.13) nach Ersetzen von $\boldsymbol{D}$ durch $\boldsymbol{J}$ und von q_F durch i_F

Bisher haben wir angenommen, dass der *gesamte* Raum die Leitfähigkeit κ aufweist. Um zu berücksichtigen, dass der Außenraum $r > a$ nicht leitend ist, überlagern wir innerhalb der Kugel ein sekundäres Potential

$$\phi^{(s)}(r,\vartheta) = \frac{I}{2\pi\kappa a} \sum_{n=1,3,5}^{\infty} B_n \left(\frac{r}{a}\right)^n P_n(u) \, .$$

Die Koeffizienten B_n sind so zu wählen, dass der vom primären Feld herrührende Stromfluss aus der Kugel heraus, also $J_r^{(p)}(r = a + 0)$, vom sekundären Feld kompensiert wird, d.h. es muss gelten[7]

$$\left. \frac{\partial}{\partial r} \phi^{(s)}(r,\vartheta) \right|_{r=a} \stackrel{!}{=} -\left. \frac{\partial}{\partial r} \phi^{(p)}(r,\vartheta) \right|_{r=a+0} \, .$$

Einsetzen liefert

$$\frac{1}{a}\left(-[n+1] + nB_n \right) = 0 \quad \rightarrow \quad B_n = \frac{n+1}{n}$$

und das gesuchte Potential innerhalb der Kugel ist schließlich

$$\phi(r,\vartheta) = \frac{I}{2\pi\kappa a} \sum_{n=1,3,5}^{\infty} \frac{2n+1}{n} \left(\frac{r}{a}\right)^n P_n(u) \, .$$

Manchmal gelingt es, solche unendlichen Summen durch einfache Funktionen auszudrücken. Das Ergebnis lässt sich nämlich in zwei Terme aufspalten

$$\phi(r,\vartheta) = 2\phi^{(p)}(r,\vartheta) + \frac{I}{2\pi\kappa a} \sum_{n=1,3,5}^{\infty} \frac{1}{n} \left(\frac{r}{a}\right)^n P_n(u) \, ,$$

wobei aufgrund des Faktors $1/n$ der zweite Term durch Integration des primären Potentials (2.29) für $r \leq a$ darstellbar ist

$$\frac{I}{2\pi\kappa a} \sum_{n=1,3,5}^{\infty} \frac{1}{n} \left(\frac{r}{a}\right)^n P_n(u) = \int_0^{r/a} \frac{a}{r} \phi^{(p)}(r,\vartheta) \, \mathrm{d}\left(\frac{r}{a}\right) \, .$$

Der Vorteil, $\phi(r,\vartheta)$ durch $\phi^{(p)}(r,\vartheta)$ ausdrücken zu können, liegt darin, dass man das primäre Potential nach (2.6) und Abb. 2.17 auch in der einfachen Form

$$\phi^{(p)}(r,\vartheta) = \frac{I}{4\pi\kappa a} \left(\frac{a}{r_1} - \frac{a}{r_2}\right) \quad \text{mit} \quad \frac{r_{1,2}}{a} = \sqrt{\frac{r^2}{a^2} + 1 \mp 2\frac{r}{a}\cos\vartheta}$$

ohne Verwendung von LEGENDRE-Polynomen berechnen kann. Mit dem Integral[8]

---

[7] Zum besseren Verständnis der Bedingung ist es zweckmäßig, zunächst einen etwas größeren Kugelradius $a + \varepsilon$ bei unverändertem Einspeiseort anzunehmen und dann ε gegen null gehen zu lassen.

[8] siehe z.B. [Bronstein] Integral Nr. 258

$$\int \frac{a}{r} \frac{a}{r_{1,2}} \, \mathrm{d} \left(\frac{r}{a} \right) = - \ln \left(2 \frac{r_{1,2}}{r} + 2 \frac{a}{r} \mp 2 \cos \vartheta \right)$$

erhalten wir schließlich den geschlossenen Ausdruck

$$\frac{\phi(r, \vartheta)}{\phi_0} = \frac{a}{r_1} - \frac{a}{r_2} - \frac{1}{2} \ln \frac{r_1 + a - r \cos \vartheta}{r_2 + a + r \cos \vartheta} \quad , \quad \phi_0 = \frac{I}{2 \pi \kappa a} \qquad (2.32)$$

zur Berechnung der Äquipotentiallinien in der leitenden Kugel, Abb. 2.18a.

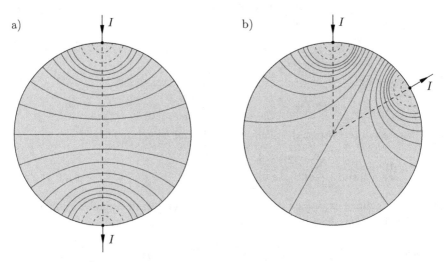

Abb. 2.18. Äquipotentiallinien $\phi/\phi_0 = 0, \pm 1, \pm 2, \ldots \pm 7$ (durchgezogen) und $\phi/\phi_0 = \pm 10, \pm 20$ (gestrichelt). **(a)** Diametral gegenüber liegende Zuleitungen. **(b)** Die Einspeisepunkte liegen nicht mehr auf einer gemeinsamen durch den Kugelmittelpunkt verlaufenden Achse.

Das Resultat (2.32) ist übrigens nicht uninteressant. Man hätte ja vermuten können, dass analog zur Elektrostatik eine Spiegelung möglich ist. Bei einer punktförmigen Stromquelle vor einem nichtleitenden Halbraum kann man z.B. mit einer gespiegelten Punktquelle gleichen Vorzeichens rechnen. Im Falle einer Kugel geht das offensichtlich nicht mehr, wie man am dritten Term des Ergebnisses (2.32) unschwer erkennt.

b) Den allgemeinen Fall beliebig auf der Kugeloberfläche angebrachter Zuleitungen kann man sich als Überlagerung von zwei rotationssymmetrischen Anordnungen vorstellen, Abb. 2.19. In diesen wurde jeweils eine punktförmige Stromquelle mit isoliert nach außen geführten Zuleitungen in den Mittelpunkt der Kugel verlegt. Nach erfolgter Überlagerung heben sich die Mittelpunktsquellen gegenseitig auf. In der ersten Teilanordnung der Abb. 2.19 herrscht dann das Potential

$$\phi(r, \vartheta) = \frac{I}{4 \pi \kappa a} \left(2 \frac{a}{r_1} - \frac{a}{r} - \ln \frac{r_1 + a - r \cos \vartheta}{a} \right) + C \qquad (2.33)$$

mit $r_1^2 = r^2 + a^2 - 2ar\cos\vartheta$. Da die Herleitung dafür vollkommen analog zum beschriebenen Lösungsgang erfolgen kann, überlassen wir sie dem Leser als zusätzliche Übung. Die additive Konstante C in (2.33) ist nicht eindeutig bestimmbar, da es sich um ein Randwertproblem zweiter Art handelt. Sie hat aber keinen Einfluss auf das Strömungsfeld. Abb. 2.18b zeigt die Äquipotentiallinien im nicht rotationssymmetrischen Fall.

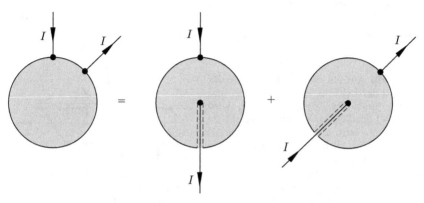

Abb. 2.19. Superposition zweier rotationssymmetrischer Anordnungen zur Berechnung des Strömungsfeldes bei beliebiger Lage der Zuleitungen

Ergänzungsaufgaben

Aufgabe S7: Ein Hochspannungsmast sei mit einem halbkugelförmigen Erder mit dem Radius r geerdet. Die Leitfähigkeit des Erders kann als unendlich angesehen werden. Durch Berührung eines Leiters mit dem Mast fließe ein Strom I in den Erdboden mit der Leitfähigkeit κ, siehe Skizze.

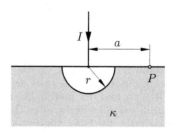

a) Wie groß ist die Schrittspannung U_S im Punkt P, der sich in einer Entfernung a von der Einspeisestelle befindet? Dabei sollen die Punkte zur Spannungsberechnung jeweils eine halbe Schrittlänge $s/2$ links bzw. rechts des Punktes gewählt werden.

b) Wie groß ist der Übergangswiderstand R zwischen dem Erder und einem unendlich weit entfernten Punkt?

Lösung: a) $\quad U_S = \dfrac{I}{2\pi\kappa}\left(\dfrac{1}{a-s/2} - \dfrac{1}{a+s/2}\right)$,   **b)** $\quad R = \dfrac{1}{2\pi\kappa r}$

Aufgabe S8: Über zwei kleine, halbkugelförmige Erder mit dem Radius r wird an der Erdoberfläche der Gleichstrom I zu- bzw. abgeführt, siehe Skizze. Die Leitfähigkeit der Erder kann als unendlich angesehen werden. Der Erdboden habe die Leitfähigkeit κ. Außerdem sei $a \gg r$. Bestimme die Stromdichte $\boldsymbol{J}$ in der Symmetrieebene zwischen den Erdern.

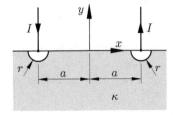

Lösung: $\quad \boldsymbol{J} = \boldsymbol{e}_x \dfrac{Ia}{\pi \sqrt{a^2 + y^2 + z^2}^{\,3}}$

Aufgabe S9: Auf ein dünnes Blech mit der Dicke d und der Leitfähigkeit κ, das in x- und y-Richtung unendlich ausgedehnt ist, wird durch zwei Leitungen mit dem Abstand $2a$ der Strom I zu- bzw. abgeführt. Berechne die Stromdichte $\boldsymbol{J}$ im Blech. Es darf zur Vereinfachung angenommen werden, dass $a \gg d$ ist.

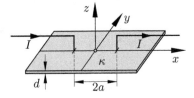

Lösung: $\quad \boldsymbol{J} = \dfrac{I}{2\pi d} \left\{ \dfrac{(x+a)\,\boldsymbol{e}_x + y\,\boldsymbol{e}_y}{(x+a)^2 + y^2} - \dfrac{(x-a)\,\boldsymbol{e}_x + y\,\boldsymbol{e}_y}{(x-a)^2 + y^2} \right\}$

Aufgabe S10: Gegeben ist eine dünne quadratische Probe der Leitfähigkeit κ (Kantenlänge $2a$, Dicke d). An zwei sich gegenüberstehenden Kanten wird ein Gleichstrom I homogen und symmetrisch eingespeist bzw. abgeführt. Man berechne das Potential in der Probe.

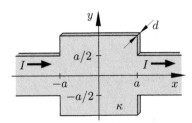

Lösung: $\quad \phi(x,y) = \dfrac{-I}{2\kappa ad} \left\{ x + 4a \displaystyle\sum_{n=1}^{\infty} \dfrac{\sin(n\pi/2)}{(n\pi)^2 \cosh(n\pi)} \sinh\left(\dfrac{n\pi x}{a}\right) \cos\left(\dfrac{n\pi y}{a}\right) \right\}$

Aufgabe S11: Gesucht ist das Potential in einem leitenden Zylinder mit dem Radius a, der Höhe h und der Leitfähigkeit κ, dem im Zentrum der Stirnflächen der Gleichstrom I punktförmig zu- bzw. abgeführt wird, siehe Bild. Der Koordinatenursprung liege im Mittelpunkt des Zylinders.

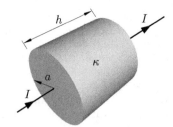

Lösung: $\quad \phi(\varrho, z) = -\dfrac{I}{\pi \kappa a} \left\{ \dfrac{z}{a} + \displaystyle\sum_{n=1}^{\infty} \dfrac{J_0(j_{1n}\varrho/a)}{j_{1n} J_0^2(j_{1n})} \dfrac{\sinh(j_{1n}z/a)}{\cosh(j_{1n}h/2a)} \right\}$

3. Magnetostatische Felder

Zusammenfassung wichtiger Formeln

Magnetostatische Felder werden von konstanten Strömen oder Permanentmagneten hervorgerufen. Das grundlegende physikalische Gesetz ist die LORENTZkraft auf eine mit der Geschwindigkeit v im äußeren Feld der magnetischen Induktion B bewegte Punktladung Q

$$K = Q(v \times B) \,. \tag{3.1}$$

Bei einem Stromelement I der Länge ds wird aus der LORENTZ-Kraft das AMPÈRE'sche Gesetz

$$dK = I ds \times B \,, \tag{3.2}$$

das zur Kraftberechnung auf stromdurchflossene Leiter verwendet werden kann (siehe z.B. Aufg. M1). Der Beitrag eines Stromelementes $I ds$ zur magnetischen Induktion ist

$$dB = \frac{\mu_0}{4\pi} \frac{I ds \times R}{R^3} \quad , \quad \mu_0 = 4\pi \cdot 10^{-7} \frac{\text{Vs}}{\text{Am}} \,, \tag{3.3}$$

wobei der Vektor R vom Stromelement zum betrachteten Aufpunkt weist. Das Gesamtfeld einer beliebigen Stromverteilung folgt aus (3.3) durch Integration.

Grundgleichungen im Vakuum

Die Grundgleichungen der Magnetostatik lauten als Spezialfälle der MAXWELL'schen Gleichungen in differentieller bzw. integraler Form

$$\nabla \times B = \mu_0 J \quad , \quad \oint_S B \cdot ds = \mu_0 \int_F J \cdot dF = \mu_0 I_{\text{gesamt}}$$

$$\nabla \cdot B = 0 \qquad , \quad \oint_F B \cdot dF = 0 \,. \tag{3.4}$$

Das Umlaufintegral in (3.4), der sogenannte Durchflutungssatz, steht für alle möglichen Ströme, die von der Kontur S umschlossen werden und kann in einigen hochsymmetrischen Fällen, in denen B unabhängig von den Integrationsvariablen ist, direkt zur Feldberechnung verwendet werden.

Die quellenfreie magnetische Induktion B lässt sich durch die Wirbel eines magnetischen Vektorpotentials A bestimmen

$$B = \nabla \times A \ . \tag{3.5}$$

Elementare Feldquellen

Die einfachsten Grundelemente zum Aufbau räumlicher bzw. zweidimensionaler Magnetfelder sind der magnetische Dipol, bzw. der unendlich lange, gerade Stromfaden, Abb. 3.1.

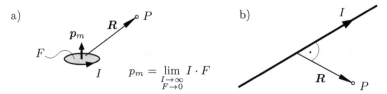

Abb. 3.1. Elementare Feldquellen. **(a)** Magnetischer Dipol. **(b)** Unendlich langer, gerader Stromfaden

Vektorpotential und magnetische Induktion dieser Elementarquellen lauten in koordinatenunabhängiger Form

Dipol: $\qquad A = \dfrac{\mu_0}{4\pi} \dfrac{p_m \times R}{R^3} \ , \quad B = -\dfrac{\mu_0}{4\pi}(p_m \cdot \nabla)\dfrac{R}{R^3}$ $\qquad$ (3.6a)

Linienstrom:[1] $\quad A = -\dfrac{\mu_0 I}{2\pi} \ln \dfrac{R}{R_0} \ , \quad B = \dfrac{\mu_0}{2\pi} \dfrac{I \times R}{R^2} \ .$ $\qquad$ (3.6b)

Magnetfeld verteilter Ströme

Man unterscheidet hier zwischen dünnen Leiterschleifen mit dem Strom I, Stromverteilungen auf einer Fläche (Flächenstromdichte J_F) sowie räumlichen Stromverteilungen (Stromdichte J), Abb. 3.2. Vektorpotential und magnetische Induktion einer räumlichen Stromverteilung ergeben sich aus dem Gesetz von BIOT-SAVART in der Form

$$A(r) = \frac{\mu_0}{4\pi} \int_V \frac{J(r')}{R} \, \mathrm{d}V' \quad , \quad B(r) = \frac{\mu_0}{4\pi} \int_V \frac{J(r') \times R}{R^3} \, \mathrm{d}V' \ . \tag{3.7}$$

---

[1] Der Abstand R_0 in (3.6b) sorgt für ein dimensionsloses Argument der Logarithmusfunktion und hat keinen Einfluss auf das Feld.

Für den Fall einer flächenhaften Stromverteilung ist $\boldsymbol{J}(\boldsymbol{r}')\mathrm{d}V'$ durch $\boldsymbol{J}_F(\boldsymbol{r}')\mathrm{d}F'$ und bei dünnen Leiterschleifen durch $I\,\mathrm{d}\boldsymbol{s}'$ zu ersetzen.

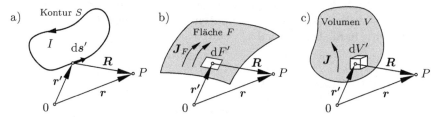

Abb. 3.2. (a) Linienstrom. (b) Flächenstrom. (c) Räumliche Stromverteilung

Materie im magnetischen Feld

Bringt man materielle Körper in ein magnetisches Feld ein, so erzeugt der Körper in der Regel ein sekundäres Magnetfeld. Ursache dafür ist die Ausrichtung atomarer Dipolmomente, welche makroskopisch durch die Magnetisierung $\boldsymbol{M}$ (Dipolmomentendichte) beschrieben wird. Für magnetisierbare Materie wird neben der magnetischen Induktion $\boldsymbol{B}$ zusätzlich die magnetische Feldstärke $\boldsymbol{H}$ eingeführt und es gilt

$$\nabla \times \boldsymbol{H} = \boldsymbol{J} \quad , \quad \boldsymbol{H} = \begin{cases} \dfrac{1}{\mu_0}\boldsymbol{B} - \boldsymbol{M} \\ \dfrac{1}{\mu_0\mu_r}\boldsymbol{B} \quad , \quad \text{wenn} \quad \boldsymbol{M} \sim \boldsymbol{B} \,. \end{cases} \tag{3.8}$$

μ_r ist die relative Permeabilitätskonstante eines linearen Mediums.

Ein magnetisierter Körper kann alternativ auch durch sogenannte Magnetisierungsströme und Magnetisierungsflächenströme beschrieben werden

$$\boldsymbol{J}_{mag} = \nabla \times \boldsymbol{M} \quad , \quad \boldsymbol{J}_{Fmag} = \boldsymbol{M} \times \boldsymbol{n}\big|_{\text{Oberfläche}} \,. \tag{3.9}$$

Dabei ist $\boldsymbol{n}$ die Flächennormale des magnetisierten Körpers.

Differentialgleichungen für das Potential

In Gebieten mit konstanter Permeabilität μ erfüllt das Vektorpotential $\boldsymbol{A}$ die vektorielle POISSON-Gleichung

$$\nabla^2 \boldsymbol{A} = -\mu \boldsymbol{J} \tag{3.10}$$

bzw. in stromfreien Gebieten die vektorielle LAPLACE-Gleichung

$$\nabla^2 \boldsymbol{A} = 0 \,. \tag{3.11}$$

Diese partiellen Differentialgleichungen bilden in Verbindung mit Rand- und Stetigkeitsbedingungen den Ausgangspunkt einer magnetostatischen Randwertaufgabe.[2]

Bei ebenen Feldern mit geradlinigen Strömen ergeben sich wie in der Elektrostatik skalare Differentialgleichungen. In stromfreien Gebieten ist es auch möglich, ein Skalarpotential ϕ_m mit

$$\nabla^2 \phi_m = 0 \quad , \quad \boldsymbol{H} = -\nabla \phi_m \tag{3.12}$$

zu verwenden (siehe z.B. Aufg. M16).

Rand- und Stetigkeitsbedingungen

Sprungstellen der Permeabilitätskonstanten geben Anlass zu Unstetigkeiten der magnetischen Feldverteilung, Abb. 3.3.

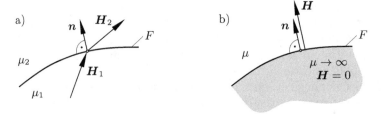

Abb. 3.3. **(a)** Sprungstelle der Permeabilitätskonstanten. **(b)** Oberfläche eines hochpermeablen Körpers

Am Übergang μ_1/μ_2 gelten die Stetigkeitsbedingungen

$$\boldsymbol{n} \times \left(\boldsymbol{H}_2 - \boldsymbol{H}_1\right)_F = 0 \quad , \quad \boldsymbol{n} \cdot \left(\boldsymbol{B}_2 - \boldsymbol{B}_1\right)_F = 0 \,. \tag{3.13}$$

Im Grenzfall eines hochpermeablen Körpers, Abb. 3.3b, erhält man auf dessen Oberfläche die Randbedingung

$$\boldsymbol{n} \times \boldsymbol{H}\big|_F = 0 \,. \tag{3.14}$$

Befindet sich auf der Trennfläche in Abb. 3.3a zusätzlich ein freier Flächenstrom $\boldsymbol{J}_F$, so gilt anstelle von (3.13)

$$\boldsymbol{n} \times \left(\boldsymbol{H}_2 - \boldsymbol{H}_1\right)_F = \boldsymbol{J}_F \quad , \quad \boldsymbol{n} \cdot \left(\boldsymbol{B}_2 - \boldsymbol{B}_1\right)_F = 0 \,. \tag{3.15}$$

Magnetischer Fluss

Der magnetische Fluss ψ_m, der eine Fläche F mit der Randkontur S durchsetzt, kann mittels Flächen- bzw. Konturintegration bestimmt werden

---

[2] Lösungsansätze für die LAPLACE-Gleichung findet man im Anhang A.1.

$$\psi_m = \int_F \boldsymbol{B} \cdot \mathrm{d}\boldsymbol{F} = \oint_S \boldsymbol{A} \cdot \mathrm{d}\boldsymbol{s} \ . \tag{3.16}$$

Im Falle rotationssymmetrischer Felder erhält man den Verlauf der magnetischen Feldlinien durch Konstanthalten des magnetischen Flusses ψ_m =const.. Handelt es sich um ebene, von geradlinigen Strömen hervorgerufene Magnetfelder, so hält man den Fluss ψ'_m pro Längeneinheit zur Bestimmung der Feldlinien konstant. Nach (3.16) sind damit die Feldlinien ebener Magnetfelder identisch mit den Äquipotentiallinien $A_z(x, y)$ =const., wenn man annimmt, dass die Ströme in z-Richtung fließen.

Magnetische Feldenergie und Induktivität

Setzt man ein lineares Medium voraus, so ist im magnetischen Feld die Energie

$$W_m = \frac{1}{2} \int_V \boldsymbol{B} \cdot \boldsymbol{H} \,\mathrm{d}V = \frac{1}{2} \int_V \boldsymbol{A} \cdot \boldsymbol{J} \,\mathrm{d}V \tag{3.17}$$

gespeichert. Bei einem System von N Leitern lässt sich die Energie auch in der Form

$$W_m = \frac{1}{2} \sum_{i=1}^{N} \sum_{k=1}^{N} L_{ik} I_i I_k \tag{3.18}$$

schreiben, wobei die Koeffizienten L_{ik} für $i \neq k$ Gegeninduktivitäten bzw. für $i = k$ Selbstinduktivitäten heißen. Aus (3.17) erhält man damit durch Vergleich mit (3.18) die Induktivitäten eines Systems über eine Feldberechnung (siehe als Beispiel Aufg. M13*).

Bei dünnen Leiterschleifen ermittelt man die Induktivitäten mit Hilfe des magnetischen Flusses. Die Gegeninduktivität zwischen den Schleifen i und k ist dann

$$L_{ik} = \frac{\psi_{m,ik}}{I_k} = L_{ki} = \frac{\psi_{m,ki}}{I_i} \ . \tag{3.19}$$

$\psi_{m,ik}$ sei dabei der Fluss durch Schleife i infolge des Stromes I_k in Schleife k. Die Selbstinduktivität einer dünnen Leiterschleife zerlegt man üblicherweise in zwei Anteile

$$L = \frac{\psi_m^*}{I} + L_i \quad , \quad L_i = \frac{\mu l}{8\pi} \ , \tag{3.20}$$

wobei ψ_m^* der Fluss ist, der die von der Leiterschleife nach innen begrenzte Fläche durchsetzt und L_i den Beitrag der im Leiter mit der Gesamtlänge l gespeicherten Feldenergie berücksichtigt (innere Selbstinduktivität). Die angegebene Beziehung für L_i gilt dabei für Leiter mit kreisrundem Querschnitt bei Vernachlässigung der Krümmung der Leiterachse und bei Annahme einer gleichmäßigen Stromverteilung über den Leiterquerschnitt. Infolge der bei höheren Frequenzen einsetzenden Stromverdrängung ist die innere Selbstinduktivität frequenzabhängig.

Kräfte im magnetischen Feld

Die Kraft auf stromführende Leiter kann mit (3.1) berechnet werden. Ansonsten kann auch das Prinzip der virtuellen Verrückung verwendet werden

$$K_s = \pm \frac{\delta W_m}{\delta s} \quad \text{bei} \quad \begin{array}{l} \text{konstantem Strom} \\ \text{konstantem Fluss} \end{array}, \tag{3.21}$$

bei der ein Körper um eine virtuelle Strecke δs verschoben und die dabei auftretende Energieänderung δW_m ermittelt wird.

An Oberflächen hochpermeabler Körper bzw. permeablen Grenzflächen, Abb. 3.3, gilt für die Flächendichte der Kraft

$$\boldsymbol{K}'' = \boldsymbol{n} \frac{1}{2} \begin{cases} \mu H^2 & \text{(hochpermeabler Körper)} \\ (\mu_1 - \mu_2)(\boldsymbol{H}_1 \cdot \boldsymbol{H}_2) & \text{(Trennfläche } \mu_1/\mu_2) . \end{cases} \tag{3.22}$$

Spiegelungsverfahren

Auch in der Magnetostatik ist es möglich, das sekundäre Feld permeabler Materie mit einfacher Geometrie (z.B. Halbraum, Zylinder) durch Ersatzquellen zu erfassen. Abb. 3.4 zeigt dies am Beispiel eines Linienstromes über einem permeablen Halbraum.

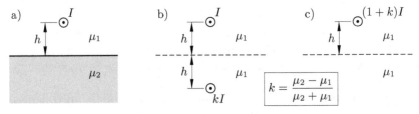

Abb. 3.4. Spiegelung eines Linienstromes an einem permeablen Halbraum. **(a)** Originalanordnung. **(b)** Ersatzanordnung für das Vektorpotential im oberen Halbraum. **(c)** Ersatzanordnung für das Vektorpotential im unteren Halbraum

Die Ersatzanordnungen gelten für die Berechnung von $\boldsymbol{A}$ oder $\boldsymbol{B}$. Bei der Bestimmung der magnetischen Feldstärke $\boldsymbol{H}$ muss die jeweilige Permeabilität μ_1 bzw. μ_2 des betrachteten Halbraumes berücksichtigt werden.

Aufgaben

M1 Kraftberechnung mit dem Ampère'schen Gesetz

Eine dünne, vom Strom I_2 durchflossene Leiterschleife umschließt in der Ebene $z = 0$ einen z-gerichteten, unendlich langen Stromfaden I_1. Die Leiterschleife besteht aus geraden Leitersegmenten und einem Halbkreisbogen,

Abb. 3.5. Berechne das Drehmoment auf die Leiterschleife, wenn diese drehbar um die y-Achse gelagert ist.

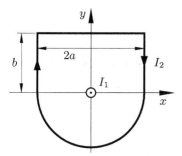

Abb. 3.5. Drehbar um die y-Achse gelagerte Leiterschleife im Magnetfeld eines unendlich langen Stromfadens auf der z-Achse

Lösung: Zunächst kann festgestellt werden, dass auf den Kreisbogen keine Kraft wirkt, da sich dieser direkt auf einer Feldlinie des magnetischen Feldes $\boldsymbol{B}$ des Stromfadens I_1 befindet und folglich das Kreuzprodukt in (3.2) verschwindet.

Das äußere Magnetfeld des Stromfadens lautet in kartesischen Koordinaten nach (3.6b) und mit $\boldsymbol{R} = x\,\boldsymbol{e}_x + y\,\boldsymbol{e}_y$

$$\boldsymbol{B} = \frac{\mu_0 I_1}{2\pi} \frac{\boldsymbol{e}_z \times \boldsymbol{R}}{R^2} = \frac{\mu_0 I_1}{2\pi} \frac{x\,\boldsymbol{e}_y - y\,\boldsymbol{e}_x}{x^2 + y^2} \ .$$

Der differentielle Kraftbeitrag auf ein Element $\mathrm{d}x$ des oberen Leiterstücks ist also mit (3.2) und nach Ausführen des Kreuzproduktes

$$\mathrm{d}\boldsymbol{K} = \frac{\mu_0 I_1 I_2}{2\pi} \frac{x}{x^2 + b^2}\,\boldsymbol{e}_z\,\mathrm{d}x \ .$$

Somit wirkt auf das betrachtete Element ein differentielles Drehmoment

$$\mathrm{d}\boldsymbol{T}_1 = (x\,\boldsymbol{e}_x) \times \mathrm{d}\boldsymbol{K} = -\frac{\mu_0 I_1 I_2}{2\pi} \frac{x^2}{x^2 + b^2}\,\boldsymbol{e}_y\,\mathrm{d}x$$

und das gesamte Drehmoment auf das obere Leiterstück folgt durch Integration[3]

$$T_{y1} = -\frac{\mu_0 I_1 I_2}{\pi} \int\limits_0^a \frac{x^2\,\mathrm{d}x}{x^2 + b^2} = -\frac{\mu_0 I_1 I_2}{\pi} \left(a - b \arctan \frac{a}{b} \right) \ .$$

Aus Symmetriegründen liefern beide Seitenstücke den gleichen Beitrag zum Drehmoment. Wir betrachten daher nur das linke am Ort $x = -a$. Der differentielle Kraftbeitrag auf ein Element $\mathrm{d}y$ dieses Seitenstücks ist mit (3.2) nach Ausführen des Kreuzproduktes

---

[3] siehe z.B. [Bronstein] Integral Nr. 65

$$\mathrm{d}\boldsymbol{K} = \frac{\mu_0 I_1 I_2}{2\pi} \frac{y}{y^2 + a^2} \boldsymbol{e}_z \, \mathrm{d}y \,.$$

und das differentielle Drehmoment wird zu

$$\mathrm{d}\boldsymbol{T}_2 = (-a\,\boldsymbol{e}_x) \times \mathrm{d}\boldsymbol{K} = \frac{\mu_0 I_1 I_2}{2\pi} \frac{ya}{y^2 + a^2} \boldsymbol{e}_y \, \mathrm{d}y \,.$$

Das gesamte Drehmoment auf das linke Seitenstück folgt wieder durch Integration[4]

$$T_{y2} = \frac{\mu_0 I_1 I_2}{2\pi} a \int_0^b \frac{y \, \mathrm{d}y}{y^2 + a^2} = \frac{\mu_0 I_1 I_2}{2\pi} \frac{a}{2} \ln\left(1 + \frac{b^2}{a^2}\right) \,.$$

Die Superposition der einzelnen Drehmomentbeiträge $T_y = T_{y1} + 2 \cdot T_{y2}$ ergibt das Resultat

$$T_y = T_0 \left\{ \frac{1}{2} \ln\left(1 + \frac{b^2}{a^2}\right) - 1 + \frac{b}{a} \arctan\frac{a}{b} \right\} \,,$$

wobei zur Normierung $T_0 = \mu_0 I_1 I_2 a / \pi$ gesetzt wurde.

M2 Leiterschleife im Feld einer Doppelleitung

Im kartesischen Koordinatensystem verlaufen an den Orten $(x = \pm a,\, y = 0)$ parallel zur z-Achse zwei vom Gleichstrom I_1 entgegengesetzt durchflossene, unendlich lange Linienleiter, Abb. 3.6.

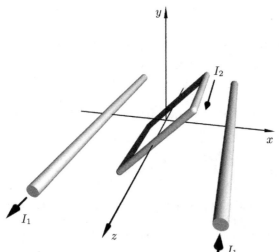

Abb. 3.6. Drehbar um die z-Achse gelagerte, quadratische Leiterschleife im Magnetfeld einer stromdurchflossenen Doppelleitung

---

[4] siehe z.B. [Bronstein] Integral Nr. 61

Welches Drehmoment wirkt auf eine um die z-Achse drehbar gelagerte quadratische Leiterschleife mit der Seitenlänge $2b$, wenn diese vom Gleichstrom
I_2 durchflossen wird? Man vereinfache und interpretiere das Ergebnis für
kleine Leiterschleifen ($b \ll a$).

Lösung: Das äußere Magnetfeld der Linienleiter weist keine z-Komponente
auf. Aus dem AMPÈRE'schen Gesetz (3.2) folgt, dass nur die zur z-Achse parallelen Leiterstücke der quadratischen Leiterschleife zum Drehmoment beitragen werden. Wir können daher die Anordnung in der Ebene $z = 0$ betrachten,
Abb. 3.7.

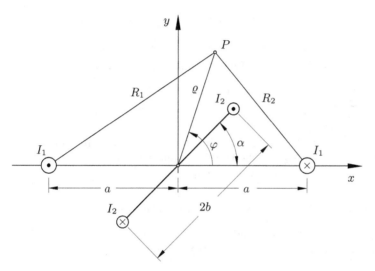

Abb. 3.7. Querschnitt der Anordnung in Abb. 3.6 in der Ebene $z = 0$

Das Drehmoment ist das Kreuzprodukt aus dem Hebelarm $b\,e_\varrho$ und der Kraft
(3.2)

$$\boldsymbol{T} = 2b\,\boldsymbol{e}_\varrho \times [2b\,I_2\,\boldsymbol{e}_z \times \boldsymbol{B}(\varrho = b, \varphi = \alpha)] \ .$$

Der Faktor 2 berücksichtigt das Leitersegment am Ort $\varrho = b$, $\varphi = \alpha + \pi$, auf
welches selbstverständlich dasselbe Drehmoment wirkt. $\boldsymbol{B}$ ist das Magnetfeld der äußeren Linienleiter, welches nach (3.5) aus einem Vektorpotential
$\boldsymbol{A} = A_z\,\boldsymbol{e}_z$ bestimmt werden kann. Da sich die Schleife nur um die z-Achse
drehen kann, wird nur die z-Komponente des Drehmomentes benötigt

$$T_z = 2\,b\,\boldsymbol{e}_z \cdot \left(\boldsymbol{e}_\varrho \times \left[2b\,I_2\,\boldsymbol{e}_z \times \nabla \times \boldsymbol{A}\big|_{(\varrho=b,\varphi=\alpha)} \right] \right) =$$

$$= 2b\,(\boldsymbol{e}_z \times \boldsymbol{e}_\varrho) \cdot \left[2b\,I_2\,\boldsymbol{e}_z \times \nabla \times \boldsymbol{A}\big|_{(\varrho=b,\varphi=\alpha)} \right] =$$

$$= 4\,b^2\,I_2\,\boldsymbol{e}_\varphi \cdot \nabla A_z\big|_{(\varrho=b,\varphi=\alpha)} \ . \tag{3.23}$$

Hier wurde einmal zyklisch vertauscht und dann die Regel

$$a \times (b \times c) = b(a \cdot c) - c(a \cdot b)$$

verwendet. Das Vektorpotential der Linienleiter ist nach (3.6b) und Abb. 3.7

$$A = -e_z \frac{\mu_0 I_1}{2\pi} \ln \frac{R_1}{R_2} \quad , \quad \begin{aligned} R_1^2 &= \varrho^2 + a^2 + 2a\varrho \cos\varphi \\ R_2^2 &= \varrho^2 + a^2 - 2a\varrho \cos\varphi \end{aligned}$$

und damit die φ-Komponente des Gradienten

$$e_\varphi \cdot \nabla A_z = -\frac{\mu_0 I_1}{4\pi\varrho} \frac{\partial}{\partial\varphi} \ln \frac{R_1^2}{R_2^2} \ .$$

Nach Differenzieren und Einsetzen in (3.23) ergibt sich schließlich das Drehmoment

$$\frac{T_z}{T_0} = 2\sin\alpha \left(\frac{a^2}{a^2 + b^2 + 2ab\cos\alpha} + \frac{a^2}{a^2 + b^2 - 2ab\cos\alpha} \right)$$

mit $T_0 = \mu_0 I_1 I_2 b^2/(\pi a)$. Für kleine Leiterschleifen, $b \ll a$, wird daraus

$$T_z \approx \underbrace{\frac{\mu_0 I_1}{\pi a}}_{B} \cdot \underbrace{I_2\, 4b^2}_{p_m} \cdot \sin\alpha = |p_m \times B| \ .$$

Hier ist B das Magnetfeld infolge der äußeren Linienleiter im Koordinatenursprung und p_m das magnetische Dipolmoment der Leiterschleife. Kleine Leiterschleifen verhalten sich also wie ein magnetischer Dipol.

M3 Zylindrischer Leiter mit exzentrischer Bohrung

Ein sehr langer Leiter mit kreiszylindrischem Querschnitt weist eine exzentrische Bohrung auf und wird vom Gleichstrom I durchflossen, Abb 3.8a.

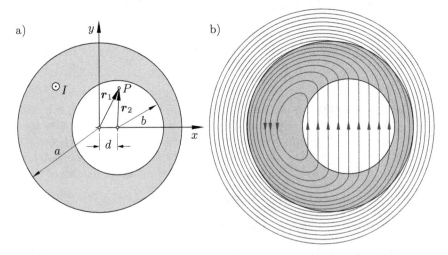

Abb. 3.8. (a) Zylindrischer Leiter mit exzentrischer Bohrung. (b) Verlauf der magnetischen Feldlinien

Bestimme mit Hilfe des Durchflutungssatzes die magnetische Feldstärke im gesamten Raum.

Lösung: Das resultierende Magnetfeld kann durch die Überlagerung der Felder von zwei stromdurchflossenen Rundleitern bestimmt werden. Fließt allgemein in einem Rundleiter mit dem Radius R der Strom I_0, dann lautet sein Magnetfeld im Abstand r von der Achse in koordinatenunabhängiger Form

$$\boldsymbol{H}_0 = \frac{\boldsymbol{I}_0 \times \boldsymbol{r}}{2\pi} \begin{cases} r^{-2} & \text{für } r \geq R \\ R^{-2} & \text{für } r \leq R. \end{cases}$$

Das folgt direkt aus dem Durchflutungssatz. Es sei nun J die Stromdichte im Leiter, d.h.

$$J = \frac{I}{\pi(a^2 - b^2)}$$

und r_1, r_2 seien die Abstände von der z-Achse bzw. von der Achse der Bohrung. Dann ergibt sich nach dem Superpositionsprinzip das Magnetfeld in der Form

$$\boldsymbol{H} = \frac{J}{2\pi} \begin{cases} \pi a^2 \dfrac{\boldsymbol{e}_z \times \boldsymbol{r}_1}{a^2} - \pi b^2 \dfrac{\boldsymbol{e}_z \times \boldsymbol{r}_2}{b^2} & \text{in der Bohrung} \\[2ex] \pi a^2 \dfrac{\boldsymbol{e}_z \times \boldsymbol{r}_1}{a^2} - \pi b^2 \dfrac{\boldsymbol{e}_z \times \boldsymbol{r}_2}{r_2^2} & \text{im Leiter} \\[2ex] \pi a^2 \dfrac{\boldsymbol{e}_z \times \boldsymbol{r}_1}{r_1^2} - \pi b^2 \dfrac{\boldsymbol{e}_z \times \boldsymbol{r}_2}{r_2^2} & \text{im Außenraum.} \end{cases}$$

Mit $\boldsymbol{r}_1 = x\,\boldsymbol{e}_x + y\,\boldsymbol{e}_y$ und $\boldsymbol{r}_2 = \boldsymbol{r}_1 - d\,\boldsymbol{e}_x$ wird daraus

$$\boldsymbol{H} = \frac{J}{2} \begin{cases} d\,\boldsymbol{e}_y & \text{in der Bohrung} \\[2ex] \left[\dfrac{b^2}{r_2^2} - 1\right] y\,\boldsymbol{e}_x + \left[1 - \dfrac{x-d}{x}\dfrac{b^2}{r_2^2}\right] x\,\boldsymbol{e}_y & \text{im Leiter} \\[2ex] \left[\dfrac{b^2}{r_2^2} - \dfrac{a^2}{r_1^2}\right] y\,\boldsymbol{e}_x + \left[\dfrac{a^2}{r_1^2} - \dfrac{x-d}{x}\dfrac{b^2}{r_2^2}\right] x\,\boldsymbol{e}_y & \text{im Außenraum.} \end{cases}$$

In der Bohrung herrscht also ein homogenes Magnetfeld, siehe Abb. 3.8b, das für $d = 0$ verschwindet.

M4 Feldberechnung mit dem Biot-Savart'schen Gesetz

Gegeben sei eine in der Ebene $x = 0$ liegende, halbkreisförmige Leiterschleife mit dem Radius a, Abb. 3.9. Durch die Schleife fließe der Strom I.

a) Berechne die magnetische Feldstärke auf der x-Achse.

b) Überlege, wie man mit Hilfe des Superpositionsprinzips die x-Komponente der magnetischen Feldstärke auf der x-Achse einfacher aus dem Achsenfeld einer vollständigen Kreisschleife berechnen kann.

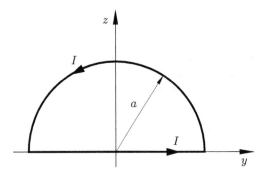

Abb. 3.9. Stromdurchflossene, halbkreisförmige Leiterschleife in der Ebene $x = 0$

Lösung:

a) Die Berechnung erfolgt mit dem Gesetz von BIOT-SAVART (3.7), welches im vorliegenden Fall einer dünnen Leiterschleife die Form

$$\boldsymbol{H}(\boldsymbol{r}) = \frac{I}{4\pi} \oint_S \frac{\mathrm{d}\boldsymbol{s}' \times (\boldsymbol{r} - \boldsymbol{r}')}{|\boldsymbol{r} - \boldsymbol{r}'|^3} \quad \text{mit} \quad \boldsymbol{r} = \begin{pmatrix} x \\ 0 \\ 0 \end{pmatrix}$$

annimmt. Die gesamte Kontur wird dabei in zwei Wege S_1 und S_2 zerlegt

$$\boldsymbol{H}(\boldsymbol{r}) = \int_{S_1} \mathrm{d}\boldsymbol{H}_1 + \int_{S_2} \mathrm{d}\boldsymbol{H}_2 \,,$$

wobei S_1 der Halbkreis und S_2 das Geradenstück sei. Grundsätzlich ließe sich diese Aufgabe unter Zuhilfenahme von Zylinderkoordinaten lösen. Einen allgemeineren Weg stellt aber die Parametrisierung der Leiterschleife dar. Wir werden sie an diesem einfachen Beispiel anwenden und beginnen mit dem Halbkreis. Aus der Parametrisierung

$$\boldsymbol{r}'(u) = \begin{pmatrix} 0 \\ a \cos u \\ a \sin u \end{pmatrix} \quad , \quad u \in [0, \pi]$$

folgt zunächst

$$\boldsymbol{r} - \boldsymbol{r}'(u) = \begin{pmatrix} x \\ -a \cos u \\ -a \sin u \end{pmatrix} \quad , \quad \mathrm{d}\boldsymbol{s}' = \frac{\mathrm{d}\boldsymbol{r}'}{\mathrm{d}u} \, \mathrm{d}u = \begin{pmatrix} 0 \\ -a \sin u \\ a \cos u \end{pmatrix} \mathrm{d}u$$

$$|\boldsymbol{r} - \boldsymbol{r}'(u)|^3 = \sqrt{x^2 + a^2(\cos^2 u + \sin^2 u)}^{\,3} = \sqrt{x^2 + a^2}^{\,3}$$

$$\mathrm{d}\boldsymbol{s}' \times (\boldsymbol{r} - \boldsymbol{r}') = \begin{vmatrix} \boldsymbol{e}_x & \boldsymbol{e}_y & \boldsymbol{e}_z \\ 0 & -a \sin u & a \cos u \\ x & -a \cos u & -a \sin u \end{vmatrix} \mathrm{d}u = \begin{pmatrix} a \\ x \cos u \\ x \sin u \end{pmatrix} a \, \mathrm{d}u \,.$$

Daraus ergibt sich für die gesuchte magnetische Feldstärke das Integral

$$H_1(x,0,0) = \frac{Ia}{4\pi\sqrt{x^2+a^2}^3} \int\limits_0^\pi \begin{pmatrix} a \\ x\cos u \\ x\sin u \end{pmatrix} du$$

und nach Durchführung der elementaren Integration

$$H_1(x,0,0) = \frac{I}{4\pi\sqrt{x^2+a^2}^3}\left(\pi a^2\, e_x + 2xa\, e_z\right)\ . \tag{3.24}$$

Das gerade Leiterstück parametrisiert man in der Form

$$r'(u) = \begin{pmatrix} 0 \\ u \\ 0 \end{pmatrix}\quad,\quad u\in[-a,a]$$

$$r - r'(u) = \begin{pmatrix} x \\ -u \\ 0 \end{pmatrix}\quad,\quad ds' = \begin{pmatrix} 0 \\ 1 \\ 0 \end{pmatrix} du\quad,\quad |r - r'(u)|^3 = \sqrt{x^2+u^2}^3$$

$$ds' \times (r - r') = \begin{vmatrix} e_x & e_y & e_z \\ 0 & 1 & 0 \\ x & -u & 0 \end{vmatrix} du = \begin{pmatrix} 0 \\ 0 \\ -x \end{pmatrix} du$$

und es ergibt sich das Integral[5]

$$H_2(x,0,0) = -e_z\,\frac{Ix}{4\pi} \int\limits_{-a}^a \frac{du}{\sqrt{x^2+u^2}^3} = -\frac{I}{2\pi x}\,\frac{a}{\sqrt{x^2+a^2}}\, e_z\ .$$

b) Wir können uns das Feld der halbkreisförmigen Schleife aus dem Feld zweier gleich- bzw. gegensinnig vom Strom $I/2$ durchflossenen Schleifen zusammengesetzt denken, Abb. 3.10.

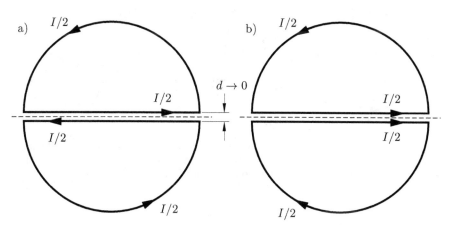

Abb. 3.10. Die Überlagerung der beiden Anordnungen **(a)** und **(b)** ergibt die Leiterschleife in Abb. 3.9.

---

[5] siehe z.B. [Bronstein] Integral Nr. 206

Die geraden Leiterstücke in Abb. 3.10a heben sich in ihrer Wirkung auf, während die geraden Leiterstücke in Abb. 3.10b nur zu einer z-Komponente der magnetischen Feldstärke auf der x-Achse Anlass geben. Auch die halbkreisförmigen Leiterstücke in Abb. 3.10b liefern auf der x-Achse nur einen Beitrag zur z-Komponente, so dass lediglich die halbkreisförmigen Leiterstücke in Abb. 3.10a resultierend für die x-Komponente verantwortlich sind. Das Achsenfeld einer kreisförmigen Leiterschleife mit dem Strom $I/2$ ist aber

$$H_x = \frac{Ia^2}{4\sqrt{x^2 + a^2}^3} \; ,$$

was natürlich vollständig mit der x-Komponente in (3.24) übereinstimmt.

M5 Magnetischer Dipol vor einer Spule

Eine halbunendliche Spule mit dem Radius a, der Wicklungsdicke $d \to 0$ und N' Windungen pro Längeneinheit wird vom Strom I durchflossen, Abb. 3.11a.

a) Bestimme das magnetische Feld auf der z-Achse.

b) Gib eine Näherungslösung in großen Entfernungen $z \gg a$ an. Welche elektrostatische Anordung hat dasselbe Abstandsverhalten?

c) Betrachte das kleine scheibenförmige Volumen V in Abb. 3.11b mit der Dicke Δz und dem Radius $\varrho \ll a$ und leite aus dem Hüllenintegral von $\boldsymbol{B}$ über die Oberfläche des Volumens eine Approximation für die Radialkomponente B_ϱ in Achsennähe her.

d) Berechne die Kraft auf einen magnetischen Dipol, der auf der Achse im Abstand c vor der Spule angeordnet ist.

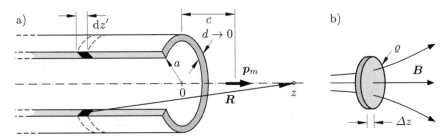

Abb. 3.11. (a) Magnetischer Dipol vor einer halbunendlichen Spule und Elementarwindung der Breite dz' zur Berechnung des Achsenfeldes. (b) Zur Herleitung der Approximation für die Radialkomponente der Induktion in Achsennähe

Lösung:

a) Wegen $(d \to 0)$ rechnen wir mit einer Flächenstromdichte

$$\boldsymbol{J}_F = N'I\,\boldsymbol{e}_\varphi$$

auf der Fläche $\varrho = a$. Das Feld hat auf der Rotationsachse nur eine z-Komponente, die wir nach dem Gesetz von BIOT-SAVART (3.7)

$$B_z = \frac{\mu_0 N' I}{4\pi} \int\limits_{-\infty}^{0} \int\limits_{0}^{2\pi} \frac{e_z \cdot (e_\varphi \times R)}{R^3}\, a\, d\varphi'\, dz'$$

mit $R = -a\, e_\varrho + (z - z')\, e_z$ ermitteln. Nach Auflösen des Spatproduktes $e_z \cdot (e_\varphi \times R) = a$ verbleibt das Integral

$$B_z = \frac{\mu_0 N' I a^2}{2} \int\limits_{-\infty}^{0} \frac{dz'}{\sqrt{a^2 + (z - z')^2}^3} \, .$$

Zur Lösung verwenden wir die Substitution

$$z - z' = a \tan \alpha \quad \rightarrow \quad dz' = -a\, \frac{1}{\cos^2 \alpha}\, d\alpha \, .$$

$$\int \ldots dz' \quad \rightarrow \quad -\frac{1}{a^2} \int \cos \alpha\, d\alpha = -\frac{1}{a^2} \sin \alpha = -\frac{1}{a^2} \frac{\tan \alpha}{\sqrt{1 + \tan^2 \alpha}}$$

und nach Rückkehr zur ursprünglichen Integrationsvariablen z' lautet das Feld auf der Achse

$$B_z = -\frac{\mu_0 N' I}{2} \frac{z - z'}{\sqrt{a^2 + (z - z')^2}}\Bigg|_{-\infty}^{0} = \frac{\mu_0 N' I}{2} \left\{ 1 - \frac{z}{\sqrt{a^2 + z^2}} \right\} \, . \quad (3.25)$$

b) In großen Entfernungen $z \gg a$ gilt

$$B_z = \frac{\mu_0 N' I}{2} \left\{ 1 - \frac{z}{\sqrt{a^2 + z^2}} \right\} \approx \frac{\mu_0 N' I}{2} \left\{ \frac{\sqrt{a^2 + z^2} - z}{z} \right\} \approx$$

$$\approx \frac{\mu_0 N' I}{2} \left\{ \frac{z(1 + a^2/[2z^2]) - z}{z} \right\} = \frac{\mu_0 N' I}{4} \frac{a^2}{z^2} \sim \frac{1}{z^2} \, .$$

Das Feld nimmt also mit dem Quadrat des Abstandes ab, so dass sich die halbunendliche Spule in großen Entfernungen wie eine Punktladung am Spulenende verhält.

c) Aufgrund der Quellenfreiheit der magnetischen Induktion $\nabla \cdot B = 0$ verschwinden sämtliche Oberflächenintegrale. Für das scheibenförmige Volumen in Abb. 3.11b gilt dann

$$B_z(\varrho = 0, z + \Delta z)\, \pi \varrho^2 - B_z(\varrho = 0, z)\, \pi \varrho^2 + B_\varrho(\varrho, z)\, 2\pi \varrho\, \Delta z = 0 \, .$$

Da die Scheibe klein sein soll, konnte hier angenommen werden, dass B_z konstant ist. Im Grenzfall $\Delta z \to 0$ erhält man daher

$$\lim_{\Delta z \to 0} \frac{B_z(\varrho = 0, z + \Delta z) - B_z(\varrho = 0, z)}{\Delta z} = \frac{\partial B_z}{\partial z}\bigg|_{\varrho = 0} = -\frac{2}{\varrho} B_\varrho$$

und damit die Möglichkeit die Radialkomponente der Induktion aus dem Achsenfeld (3.25) zu berechnen

$$B_\varrho \approx -\frac{\varrho}{2} \left.\frac{\partial B_z}{\partial z}\right|_{\varrho=0} . \tag{3.26}$$

d) Zur Kraftberechnung stellen wir uns den magnetischen Dipol als kleine kreisförmige Leiterschleife mit dem Radius r vor, die vom Strom I_1 durchflossen werde. Die Kraft ist dann nach (3.2)

$$\boldsymbol{K} = I_1 \oint \mathrm{d}\boldsymbol{s} \times \boldsymbol{B}$$

und die allein zu erwartende z-Komponente ergibt sich mit Hilfe von (3.26)

$$K_z = I_1 \int_0^{2\pi} \boldsymbol{e}_z \cdot (\boldsymbol{e}_\varphi \times \boldsymbol{B})\, r\, \mathrm{d}\varphi = -I_1 \int_0^{2\pi} B_\varrho\, r\, \mathrm{d}\varphi =$$

$$= -2\pi r I_1 B_\varrho(\varrho = r, z = c) = p_m \left.\frac{\partial B_z}{\partial z}\right|_{z=c} \quad \text{mit} \quad p_m = I_1\, \pi r^2 .$$

Wie man sieht, liefert nur der Feldgradient in Richtung des Dipols einen Kraftbeitrag. Einsetzen von (3.25) und Differenzieren ergibt schließlich

$$K_z = -\frac{\mu_0 N' I p_m}{2} \frac{a^2}{\sqrt{a^2 + c^2}^3} .$$

Wie es sein muss, wird der Dipol von der Spule, in der ein Strom in positive φ-Richtung angenommen wurde, angezogen.

M6* Permanentmagnet

Gegeben ist ein in axialer Richtung homogen magnetisierter, zylindrischer Stabmagnet mit dem Radius a und der Höhe $2h$, Abb. 3.12.

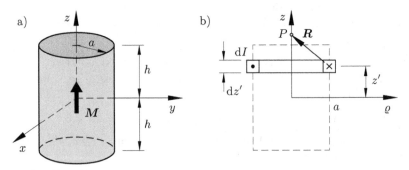

Abb. 3.12. (a) Homogen magnetisierter Zylinder. (b) Zur Berechnung des Achsenfeldes durch Integration über die äquivalenten Magnetisierungsströme auf der Mantelfläche

a) Bestimme mit Hilfe der äquivalenten Magnetisierungsströme die magnetische Induktion sowie die magnetische Feldstärke auf der Rotationsachse.

b) Ausgehend vom Vektorpotential eines elementaren magnetischen Dipols ist das Feld auf der Achse durch Volumenintegration zu berechnen.

c) Diskutiere die Unterschiede zum analogen elektrostatischen Fall eines polarisierten Stabes.

Lösung:

a) Ein magnetisiertes Volumen lässt sich nach (3.9) durch seine Magnetisierungsstromdichte $\boldsymbol{J}_{mag}$ und Magnetisierungsflächenstromdichte $\boldsymbol{J}_{Fmag}$ beschreiben. Da ein homogen magnetisierter Körper vorliegt, verschwindet die Magnetisierungsstromdichte $\boldsymbol{J}_{mag}$, und es verbleibt nur eine φ-gerichtete Flächenstromdichte $\boldsymbol{J}_{Fmag} = M_0 \, \boldsymbol{e}_{\varphi}$. Der Magnet verhält sich also wie eine dicht bewickelte Spule auf der Mantelfläche. Wir greifen zunächst eine in der Höhe z' befindliche Elementarwindung mit dem differentiellen Strom $\mathrm{d}I = M_0 \, \mathrm{d}z'$ heraus, Abb. 3.12b, und berechnen mit Hilfe des BIOT-SAVART'schen Gesetzes (3.7) den elementaren Feldbeitrag auf der Rotationsachse, der selbstverständlich nur eine z-Komponente aufweist. Mit $\boldsymbol{R} = -a \, \boldsymbol{e}_{\varrho} + (z - z') \, \boldsymbol{e}_z$ und $\mathrm{d}\boldsymbol{s}' = a \, \mathrm{d}\varphi' \, \boldsymbol{e}_{\varphi'}$ ist dann

$$\mathrm{d}B_z = \frac{\mu_0 \mathrm{d}I}{4\pi} \oint \frac{\boldsymbol{e}_z \cdot (\mathrm{d}\boldsymbol{s}' \times \boldsymbol{R})}{R^3} = \frac{\mu_0 M_0}{2} \frac{a^2}{\sqrt{(z - z')^2 + a^2}^3} \, \mathrm{d}z'$$

und die Integration über den Bereich $-h \leq z' \leq h$ liefert[6]

$$B_z = \frac{\mu_0 M_0}{2} \left\{ \frac{z + h}{\sqrt{(z + h)^2 + a^2}} - \frac{z - h}{\sqrt{(z - h)^2 + a^2}} \right\} . \tag{3.27}$$

Dieses Resultat gilt auf der gesamten z-Achse, also auch im Innern des Magneten. Bei der Berechnung der magnetischen Feldstärke ist dagegen die Magnetisierung zu berücksichtigen

$$\mu_0 H_z = \begin{cases} B_z & \text{für} \quad |z| > h \\ B_z - \mu_0 M_0 & \text{für} \quad |z| < h . \end{cases}$$

b) Ein elementarer magnetischer Dipol $\mathrm{d}\boldsymbol{p}_m$ am Ort $\boldsymbol{r}'$ ruft nach (3.6a) das Vektorpotential

$$\mathrm{d}\boldsymbol{A} = \frac{\mu_0}{4\pi} \frac{\mathrm{d}\boldsymbol{p}_m \times (\boldsymbol{r} - \boldsymbol{r}')}{|\boldsymbol{r} - \boldsymbol{r}'|^3} \quad , \quad \mathrm{d}\boldsymbol{p}_m = \boldsymbol{e}_z \, M_0 \, \mathrm{d}V' \tag{3.28}$$

und mit (3.5) die Induktion

$$\mathrm{d}B_z = \frac{\mu_0 M_0}{4\pi} \boldsymbol{e}_z \cdot \left\{ \nabla \times \left(\boldsymbol{e}_z \times \frac{\boldsymbol{r} - \boldsymbol{r}'}{|\boldsymbol{r} - \boldsymbol{r}'|^3} \right) \right\} \mathrm{d}V'$$

hervor. Das mehrfache Vektorprodukt lässt sich umformen

---

[6] siehe z.B. Aufg. M5 oder [Bronstein] Integral Nr. 206

$$\boldsymbol{e}_z \cdot \left\{ \nabla \times \left(\boldsymbol{e}_z \times \frac{\boldsymbol{r} - \boldsymbol{r}'}{|\boldsymbol{r} - \boldsymbol{r}'|^3} \right) \right\} = \nabla \cdot \left\{ \left(\boldsymbol{e}_z \times \frac{\boldsymbol{r} - \boldsymbol{r}'}{|\boldsymbol{r} - \boldsymbol{r}'|^3} \right) \times \boldsymbol{e}_z \right\}$$

$$= \nabla \cdot \left(\frac{\boldsymbol{r} - \boldsymbol{r}'}{|\boldsymbol{r} - \boldsymbol{r}'|^3} \right) - \frac{\partial}{\partial z} \left(\frac{\boldsymbol{e}_z \cdot (\boldsymbol{r} - \boldsymbol{r}')}{|\boldsymbol{r} - \boldsymbol{r}'|^3} \right)$$

und nach Einsetzen der bekannten Beziehung[7]

$$\nabla \cdot \left(\frac{\boldsymbol{r} - \boldsymbol{r}'}{|\boldsymbol{r} - \boldsymbol{r}'|^3} \right) = 4\pi \, \delta(\boldsymbol{r} - \boldsymbol{r}') \quad , \quad \int_V \delta(\boldsymbol{r} - \boldsymbol{r}') \, \mathrm{d}V' = 1$$

lautet die z-Komponente der Induktion

$$B_z = -\frac{\mu_0 M_0}{4\pi} \frac{\partial}{\partial z} \int_V \frac{\boldsymbol{e}_z \cdot (\boldsymbol{r} - \boldsymbol{r}')}{|\boldsymbol{r} - \boldsymbol{r}'|^3} \, \mathrm{d}V' + \begin{cases} \mu_0 M_0 & \text{für } |z| < h \\ 0 & \text{für } |z| > h \, . \end{cases}$$

Es sei dem Leser zur Übung überlassen, sich davon zu überzeugen, dass das Ergebnis der Integration wieder auf (3.27) führt. Auch empfiehlt es sich, in diesem Zusammenhang die Aufg. E41 zu lösen, da hier dasselbe Integral auftaucht.

Es bietet sich aber noch eine alternative Vorgehensweise bei der Berechnung der magnetischen Induktion durch Volumenintegration an, die im Folgenden dargestellt werden soll. Auch wenn die Induktion nur auf der Achse gesucht ist, genügt es wegen

$$B_z = \boldsymbol{e}_z \cdot \nabla \times \boldsymbol{A} = \frac{1}{\varrho} \frac{\partial(\varrho A_\varphi)}{\partial \varrho}$$

nicht, das Vektorpotential nur auf der Achse zu kennen.[8] Um es nach ϱ differenzieren zu können, benötigen wir das Vektorpotential also auch außerhalb der Achse. Seine φ-Komponente ergibt sich aus dem Integral

$$A_\varphi = \frac{\mu_0}{4\pi} \, \boldsymbol{e}_\varphi \cdot \int_V \frac{\boldsymbol{M} \times \boldsymbol{R}}{R^3} \, \mathrm{d}V' =$$

$$= \frac{\mu_0 M_0}{4\pi} \int_V \frac{\boldsymbol{e}_\varphi \cdot (\boldsymbol{e}_z \times \boldsymbol{R})}{R^3} \, \mathrm{d}V' = \frac{\mu_0 M_0}{4\pi} \int_V \boldsymbol{e}_\varrho \cdot \frac{\boldsymbol{R}}{R^3} \, \mathrm{d}V'$$

mit $\boldsymbol{R} = \varrho \, \boldsymbol{e}_\varrho - \varrho' \, \boldsymbol{e}_{\varrho'} + (z - z') \, \boldsymbol{e}_z$. Wichtig ist, zwischen den Einheitsvektoren $\boldsymbol{e}_\varrho$ und $\boldsymbol{e}_{\varrho'}$ zu unterscheiden. Der Betrag des Abstandsvektors $\boldsymbol{R}$ wird zu

$$R = \sqrt{\boldsymbol{R} \cdot \boldsymbol{R}} = \sqrt{\varrho^2 + \varrho'^2 - 2\varrho\varrho' \cos(\varphi - \varphi') + (z - z')^2} \tag{3.29}$$

und wir haben das Integral

---

[7] Diesen Zusammenhang kann man sich sofort klar machen, indem man einer Punktladung Q am Ort $\boldsymbol{r}$ mit Hilfe der DIRAC'schen Deltafunktion die Raumladungsdichte $q_V = Q \, \delta(\boldsymbol{r} - \boldsymbol{r}')$ zuordnet. Aus der Grundgleichung $\nabla \cdot \boldsymbol{E} = q_V / \varepsilon_0$ und dem elektrischen Feld einer Punktladung (1.2) mit $\boldsymbol{R} = \boldsymbol{r} - \boldsymbol{r}'$ folgt dann die angegebene Differentialgleichung.

[8] Die Rotationsachse ist naturgemäß eine Feldlinie, auf der das Vektorpotential verschwindet.

$$A_\varphi = \frac{\mu_0 M_0}{4\pi} \int\limits_{-h}^{h} \int\limits_{0}^{2\pi} \int\limits_{0}^{a} \frac{\varrho - \varrho' \cos(\varphi - \varphi')}{R^3} \, \varrho' \, \mathrm{d}\varrho' \, \mathrm{d}\varphi' \, \mathrm{d}z'$$

zu lösen. Dies führt im Allgemeinen auf elliptische Integrale. Da wir später aber sowieso den Aufpunkt auf die Achse legen werden, ist es zweckmäßig, eine TAYLOR-Reihe für das Vektorpotential anzusetzen

$$A_\varphi = f_0 + \varrho\, f_1 + \varrho^2\, f_2 + \ldots \;\to\; B_z(\varrho = 0, z) = \frac{1}{\varrho} \left. \frac{\partial(\varrho A_\varphi)}{\partial \varrho} \right|_{\varrho=0} = 2\, f_1$$

mit $f_0 = 0$ und $f_1 = \partial A_\varphi / \partial \varrho \big|_{\varrho=0}$, d.h.

$$f_1 = \frac{\mu_0 M_0}{4\pi} \int\limits_{-h}^{h} \int\limits_{0}^{2\pi} \int\limits_{0}^{a} \left\{ \frac{1}{R^3} - \varrho' \cos(\varphi - \varphi') \frac{\partial}{\partial \varrho} \frac{1}{R^3} \right\}_{\varrho=0} \varrho' \, \mathrm{d}\varrho' \, \mathrm{d}\varphi' \, \mathrm{d}z' \;.$$

Nach Differentiation und Integration über φ' wird daraus

$$f_1 = \frac{\mu_0 M_0}{4} \int\limits_{0}^{a} \int\limits_{-h}^{h} \left(2\, \frac{\varrho'}{R^3\big|_{\varrho=0}} - 3\, \frac{\varrho'^3}{R^5\big|_{\varrho=0}} \right) \mathrm{d}\varrho' \, \mathrm{d}z' =$$

$$= \frac{\mu_0 M_0}{4} \int\limits_{0}^{a} \int\limits_{-h}^{h} \left(2\, \frac{\varrho'}{R^3\big|_{\varrho=0}} + \varrho'^2 \frac{\partial}{\partial \varrho'} \frac{1}{R^3\big|_{\varrho=0}} \right) \mathrm{d}\varrho' \, \mathrm{d}z' \;.$$

Der zweite Term im Integranden lässt sich partiell integrieren

$$f_1 = \frac{\mu_0 M_0}{4} \left\{ 2 \int\limits_{0}^{a} \int\limits_{-h}^{h} \frac{\varrho'}{R^3\big|_{\varrho=0}} \, \mathrm{d}\varrho' \, \mathrm{d}z' + \right.$$

$$\left. + \int\limits_{-h}^{h} \left[\varrho'^2 \frac{1}{R^3\big|_{\varrho=0}} \right]_{0}^{a} \mathrm{d}z' - 2 \int\limits_{0}^{a} \int\limits_{-h}^{h} \frac{\varrho'}{R^3\big|_{\varrho=0}} \, \mathrm{d}\varrho' \, \mathrm{d}z' \right\}$$

und wir erhalten nach Einsetzen von (3.29) die Induktion

$$\frac{2B_z}{\mu_0 M_0} = \int\limits_{-h}^{h} \frac{a^2}{\sqrt{a^2 + (z - z')^2}^3} \, \mathrm{d}z' = \frac{z + h}{\sqrt{a^2 + (z + h)^2}} - \frac{z - h}{\sqrt{a^2 + (z - h)^2}}$$

also wieder (3.27). Zusammenfassend erweist sich also die Feldberechnung mit Hilfe der Magnetisierungsflächenstromdichte auf dem Mantel als die optimale Vorgehensweise. Andererseits gibt der aufwendigere Weg über die Volumenintegration einen tieferen Einblick in die mathematischen und physikalischen Zusammenhänge und kontrolliert obendrein das Ergebnis.

c) Der wesentliche Unterschied zwischen dem magnetischen Feld $\boldsymbol{B}$ eines

Stabmagneten und dem elektrischen Feld E eines polarisierten Stabes besteht darin, dass aufgrund des Fehlens magnetischer Ladungen die B-Linien stets geschlossen sind, während die elektrische Feldstärke an Orten unkompensierter Polarisationsladungen Quellen aufweist.

M7 Gegeninduktivität zwischen einer Kreisschleife und einer Doppelleitung

In der Ebene $y = 0$ sind an den Stellen $x = 0$ und $x = c$ die Stränge einer Doppelleitung angeordnet. In der Mittelpunktsentfernung m von der z-Achse befindet sich zusätzlich eine Kreiswindung mit Radius $a < c - m$, deren eingeschlossene Fläche mit der Ebene $y = 0$ den Winkel φ bildet, Abb. 3.13. Bestimme die Gegeninduktivität M der beiden Leiterschleifen für die Winkellagen $\varphi = 0$, $\varphi = \pi$ und $\varphi = \arccos(m/c)$.

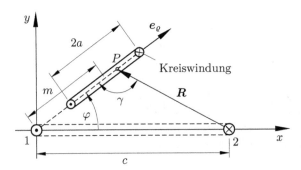

Abb. 3.13. Anordnung der Doppelleitung und der Kreiswindung im Koordinatensystem

Lösung: Der mit der Kreiswindung verkettete Fluss besteht aus einem vom Leiter 1 herrührenden Anteil $\psi_m^{(1)}$ und einer Komponente $\psi_m^{(2)}$, die vom Leiter 2 hervorgerufen wird. Wie unmittelbar einleuchten dürfte, wird nur der zuletzt genannte Beitrag vom Winkel φ abhängig sein. Wir beginnen mit seiner Bestimmung. Die φ-Komponente[9] des magnetischen Feldes am Ort der Kreisschleife infolge des Leiters 2, welcher in der in Abb. 3.13 angedeuteten Richtung vom Strom I durchflossen wird, ist nach (3.6b)

$$H_\varphi^{(2)} = e_\varphi \cdot \frac{I\,(R \times e_z)}{2\pi R^2} = R \cdot \frac{I\,(e_z \times e_\varphi)}{2\pi R^2} = -\frac{I\,(e_\varrho \cdot R)}{2\pi R^2} = -\frac{I\cos\gamma}{2\pi R},$$

wobei γ den Winkel zwischen den Vektoren e_ϱ und R darstellt. Nach dem Kosinussatz ist

$$
\begin{aligned}
c^2 &= \varrho^2 + R^2 - 2\varrho R \cos\gamma \\
R^2 &= \varrho^2 + c^2 - 2\varrho c \cos\varphi
\end{aligned}
\quad \rightarrow \quad
\cos\gamma = \frac{\varrho^2 + R^2 - c^2}{2\varrho R} = \frac{\varrho - c\cos\varphi}{R}
$$

und folglich

---

[9] nur diese ist für die Flussberechnung erforderlich

$$H_\varphi^{(2)} = -\frac{I}{2\pi}\,\frac{\varrho - c\cos\varphi}{\varrho^2 + c^2 - 2\varrho c\cos\varphi}$$

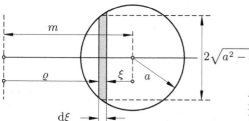

Abb. 3.14. Zur Bestimmung des magnetischen Flusses durch die Kreiswindung

Wir berechnen jetzt den Fluss durch die in Abb. 3.14 eingezeichnete Elementarfläche der Kreiswindung

$$d\psi_m^{(2)} = \mu_0 H_\varphi^{(2)}(\varrho = m - \xi, \varphi)\,2\sqrt{a^2 - \xi^2}\,d\xi =$$

$$= -\frac{\mu_0 I}{\pi}\,\frac{(m - \xi) - c\cos\varphi}{(m - \xi)^2 + c^2 - 2(m - \xi)c\cos\varphi}\,\sqrt{a^2 - \xi^2}\,d\xi\,. \qquad (3.30)$$

Der Beziehung entnimmt man, dass für $\varphi = \arccos(m/c)$ eine ungerade Funktion in ξ vorliegt, deren Integration von $-a$ bis a den Wert null liefert[10]

$$\psi_m^{(2)}\left(\varphi = \arccos[m/c]\right) = 0\,.$$

Für die Winkel $\varphi = 0$ und $\varphi = \pi$ wird aus (3.30)

$$\psi_m^{(2)}\binom{0}{\pi} = \frac{\mu_0 I}{\pi}\int\limits_{-a}^{a}\frac{\sqrt{a^2 - \xi^2}}{\xi - (m \mp c)}\,d\xi\,. \qquad (3.31)$$

Mit den Integralen[11]

$$\int\frac{\sqrt{a^2 - x^2}}{x - b}\,dx = \sqrt{a^2 - x^2} - b\int\frac{dx}{\sqrt{a^2 - x^2}} + (a^2 - b^2)\int\frac{dx}{(x - b)\sqrt{a^2 - x^2}}$$

$$\int\frac{dx}{\sqrt{a^2 - x^2}} = \arcsin\frac{x}{a}\,,\quad \int\frac{dx}{(x - b)\sqrt{a^2 - x^2}} = \frac{1}{\sqrt{b^2 - a^2}}\arcsin\frac{a^2 - bx}{a|x - b|}$$

lässt sich das Integral in (3.31) lösen

$$\int\limits_{-a}^{a}\frac{\sqrt{a^2 - \xi^2}}{\xi - b}\,d\xi = \sqrt{b^2 - a^2}\left\{\arcsin\frac{a + b}{|a + b|} - \arcsin\frac{a - b}{|a - b|}\right\} - b\pi\,.$$

---

[10] Dies ist auch ohne Rechnung klar, da die Kreiswindung in Abb. 3.14 für $\cos\varphi = m/c$ gerade eine symmetrische Lage zum Leiter 2 einnimmt.

[11] siehe z.B. [Gröbner] 231.6+10 sowie [Bronstein] Integral Nr. 164

Das Auftreten der Beträge $|a \pm b|$ macht für die beiden Winkellagen eine Fallunterscheidung erforderlich

$$\varphi = 0 \quad \rightarrow \quad b = -\underbrace{(c-m)}_{>a} \quad \rightarrow \quad \begin{array}{l} a - b > 0 \\ a + b < 0 \end{array}$$

$$\varphi = \pi \quad \rightarrow \quad b = c + m \quad \rightarrow \quad \begin{array}{l} a - b < 0 \\ a + b > 0 \end{array}$$

und die resultierenden Flüsse lauten

$$\psi_m^{(2)} \begin{pmatrix} 0 \\ \pi \end{pmatrix} = \mu_0 I \left\{ (\pm c - m) \mp \sqrt{(c \mp m)^2 - a^2} \right\} . \tag{3.32}$$

Bei der Bestimmung des Flusses $\psi_m^{(1)}$ nutzen wir die schon erwähnte Unabhängigkeit vom Winkel φ aus und verwenden $\psi_m^{(2)}(0)$. Da Leiter 2 für $\varphi = 0$ den Abstand $c - m$ vom Mittelpunkt der Kreisschleife hat und Leiter 1 den Abstand m, brauchen wir in (3.32) nur $c - m$ durch m zu ersetzen und erhalten

$$\psi_m^{(1)} = \mu_0 I \left(m - \sqrt{m^2 - a^2} \right) .$$

Da die Flussverkettungen jetzt bekannt sind, kann schließlich auch die gesuchte Gegeninduktivität angegeben werden

$$M(\varphi) = \frac{1}{I} \left\{ \psi_m^{(1)} + \psi_m^{(2)}(\varphi) \right\} .$$

M8 Achsenfeld einer Spule

Gegeben ist eine rotationssymmetrische Spule der Länge $2h$, Abb. 3.15.

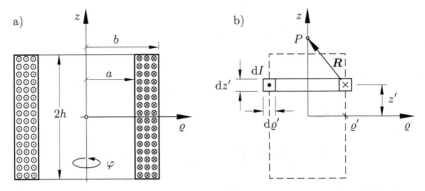

Abb. 3.15. (a) Dicht bewickelte Spule. (b) Zur Ermittlung des Feldbeitrages einer Elementarwindung

Die Spule besteht im Bereich $a \leq \varrho \leq b$ aus N Windungen und M Windungslagen und wird mit dem Strom I gespeist. Die Wicklungsdichte sei so groß, dass mit einer homogenen φ-gerichteten Stromdichte gerechnet werden kann. Bestimme die magnetische Induktion auf der z-Achse.

Lösung: Die hohe Wicklungsdichte erlaubt es uns, eine kontinuierliche Stromdichteverteilung

$$\boldsymbol{J}_0 = \frac{NMI}{2h(b-a)}\,\boldsymbol{e}_\varphi$$

anzunehmen. Anstatt also die Feldbeiträge diskreter Windungen zu summieren, kann man eine elementare Kreiswindung mit differentiellem Querschnitt am Ort (ϱ', z') betrachten, Abb. 3.15b. Diese führt dann den differentiellen Strom

$$\mathrm{d}I = J_0\,\mathrm{d}\varrho'\mathrm{d}z' \tag{3.33}$$

und liefert nach dem Gesetz von BIOT-SAVART (3.7) auf der z-Achse den aus Symmetriegründen allein z-gerichteten Beitrag zum Magnetfeld

$$\mathrm{d}B_z = \frac{\mu_0\mathrm{d}I}{4\pi}\int\limits_0^{2\pi}\frac{(\boldsymbol{e}_\varphi \times \boldsymbol{R})\cdot\boldsymbol{e}_z}{R^3}\,\varrho'\,\mathrm{d}\varphi' \quad , \quad \boldsymbol{R} = (z-z')\,\boldsymbol{e}_z - \varrho'\,\boldsymbol{e}_\varrho \,.$$

Mit dem Spatprodukt $(\boldsymbol{e}_\varphi \times \boldsymbol{R})\cdot\boldsymbol{e}_z = \varrho'\,\mathrm{d}\varphi'$ und dem Stromelement (3.33) folgt für das Gesamtfeld der Spule auf der Achse das Doppelintegral

$$B_z = \frac{\mu_0 J_0}{2}\int\limits_{-h}^{h}\int\limits_{a}^{b}\frac{\varrho'^2}{\sqrt{\varrho'^2 + (z-z')^2}^3}\,\mathrm{d}\varrho'\,\mathrm{d}z' \,.$$

Die Integration über z' ergibt[12]

$$B_z = -\frac{\mu_0 J_0}{2}\int\limits_{a}^{b}\left(\frac{z-h}{\sqrt{\varrho'^2 + (z-h)^2}} - \frac{z+h}{\sqrt{\varrho'^2 + (z+h)^2}}\right)\mathrm{d}\varrho'$$

und nach Integration über ϱ' erhalten wir schließlich das Resultat[13]

$$2\frac{B_z}{B_0} = \frac{z+h}{b-a}\left(\mathrm{arsinh}\frac{b}{|z+h|} - \mathrm{arsinh}\frac{a}{|z+h|}\right)$$
$$- \frac{z-h}{b-a}\left(\mathrm{arsinh}\frac{b}{|z-h|} - \mathrm{arsinh}\frac{a}{|z-h|}\right) \,.$$

Zur Normierung wurde das Feld einer unendlich langen Spule B_0 eingeführt, das sich in einfacher Form aus dem Durchflutungsgesetz berechnen lässt

$$\oint \boldsymbol{B}_0 \cdot \mathrm{d}\boldsymbol{s} = B_0\,2h = \mu_0 J_0\,2h\,(b-a) \quad \to \quad B_0 = \mu_0 J_0\,(b-a) \,.$$

---

[12] siehe z.B. [Bronstein] Integral Nr. 206 oder Aufg. M5
[13] siehe z.B. [Bronstein] Integral Nr. 192

Abb. 3.16 zeigt deutlich, wie das Achsenfeld mit steigender Spulenlänge im mittleren Bereich immer flacher wird und dem Wert der unendlich langen Spule zustrebt.

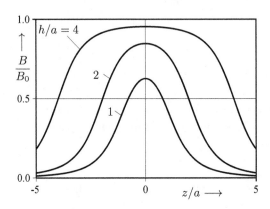

Abb. 3.16. Magnetische Induktion auf der Spulenachse bezogen auf die Induktion einer unendlich langen Spule für verschiedene Spulenlängen

M9 Selbstinduktivität einer Spule

Es ist die Selbstinduktivität der Spule in Aufg. M8 unter der Voraussetzung $2h \gg (b+a)/2$ (Streufeld vernachlässigbar) zu bestimmen.

Lösung: Bei merklicher Wicklungshöhe ist für die Induktivitätsberechnung das magnetische Feld im Wickelbereich zu berücksichtigen. Wir zerlegen daher die Selbstinduktivität L analog zu (3.20) in einen inneren Anteil L_i infolge der im Wickelbereich gespeicherten Energie und in einen äußeren Anteil gegeben durch den verketteten Fluss innerhalb der Spule. Versteht man also unter V das von der Wicklung eingenommene Volumen und unter F den Querschnitt der Spule im Luftbereich, so kann man mit (3.16), (3.17) und (3.18) die Gesamtinduktivität als

$$L = \frac{w\psi_m^*}{I} + L_i , \quad L_i = \frac{\mu_0}{I^2} \int_V \boldsymbol{H}^2 \, \mathrm{d}V , \quad \psi_m^* = \mu_0 \int_F \boldsymbol{H} \cdot \mathrm{d}\boldsymbol{F} \qquad (3.34)$$

schreiben, wobei zur Abkürzung $w = N \cdot M$ gesetzt wurde. Das aufgrund der großen Länge der Spule in axialer Richtung homogen anzunehmende Feld wird mit Hilfe des Durchflutungsgesetzes bestimmt

$$\oint \boldsymbol{H} \cdot \mathrm{d}\boldsymbol{s} = I_{\text{gesamt}} \quad \rightarrow \quad H(\varrho) = \frac{wI}{2h} \begin{cases} 1 & \text{für } \varrho \leq a \\ \dfrac{b-\varrho}{b-a} & \text{für } a \leq \varrho \leq b . \end{cases}$$

Daraus folgt sofort der Fluss ψ_m^*

$$\psi_m^* = \pi a^2 \mu_0 \frac{wI}{2h} . \qquad (3.35)$$

Zur Bestimmung der inneren Selbstinduktivität muss das Integral

$$L_i = \frac{\mu_0 h \, 4\pi}{I^2} \int\limits_a^b H^2(\varrho) \, \varrho \, d\varrho = \frac{1}{h} \frac{\mu_0 \pi w^2}{(b-a)^2} \int\limits_a^b \left(b^2 \varrho - 2b\varrho^2 + \varrho^3\right) d\varrho \qquad (3.36)$$

gelöst werden. Nach Integration und Einsetzen von (3.35) und (3.36) in (3.34) liegt die gesuchte Induktivität der Spule dann in der Form

$$L = \frac{\mu_0 \pi \, w^2}{12h} \frac{b^4 + 3a^4 - 4ba^3}{(b-a)^2}$$

vor, die man so auch in elektrotechnischen Tabellenwerken wiederfindet.[14]

M10 Stromdurchflossene Bandleitung

Gegeben sind zwei unendlich lange Flachkupferschienen der Breite $2a$, die sich in der Entfernung b parallel und symmetrisch gegenüberstehen, Abb. 3.17. Die Dicke der Flachkupferschienen sei $d \ll a$. Die beiden Bandleiter werden mit entgegengesetzt fließenden Strömen $\pm I$ gespeist.

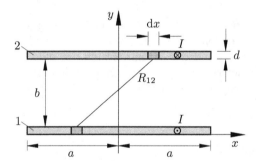

Abb. 3.17. Zwei entgegengesetzt stromdurchflossene Bandleiter

a) Berechne für den Fall $a \gg b$ unter Vernachlässigung der Randeffekte die Selbstinduktivität pro Längeneinheit der Anordnung.

b) Berechne für den Fall $a \gg b$ unter Vernachlässigung der Randeffekte die Kraft pro Längeneinheit zwischen den Bandleitern.

c) Die Selbstinduktivität pro Längeneinheit ist nun mit Hilfe des Vektorpotentials ohne Vernachlässigung der Randeffekte zu bestimmen.

d) Verwende die in c) berechnete Selbstinduktivität, um mit Hilfe des Prinzips der virtuellen Verrückung zur Kraft pro Längeneinheit zwischen den Bandleitern ohne Vernachlässigung der Randeffekte zu gelangen.

e) Prüfe, ob im Falle $a \gg b$ die Ergebnisse der Aufgabenteile c) und d) in die Resultate der Aufgabenteile a) und b) übergehen.

---

[14] siehe z.B. [Philippow] Tafel 1.12

Lösung:

a) Bei Vernachlässigung der Randeffekte stellt sich zwischen den Bandleitern ein homogenes magnetisches Feld ein, welches direkt mit dem Durchflutungssatz bestimmt werden kann und aus dem nach (3.17) die pro Längeneinheit gespeicherte Feldenergie folgt

$$\boldsymbol{H} = -\frac{I}{2a}\,\boldsymbol{e}_x \quad \rightarrow \quad W_m' = \mu_0|\boldsymbol{H}|^2 ab = \frac{1}{4}\frac{b}{a}\,\mu_0 I^2 = \frac{1}{2}\,L' I^2 \ .$$

Die gesuchte Selbstinduktivität pro Längeneinheit ist dann

$$L' = \mu_0\,\frac{b}{2a} \ . \tag{3.37}$$

b) Die Kraft pro Längeneinheit auf den oberen Bandleiter bestimmt man mit dem AMPÈREschen Gesetz (3.2)

$$\boldsymbol{K}' = \frac{\mu_0}{2}\,\boldsymbol{I} \times \boldsymbol{H} = \frac{\mu_0 I^2}{4a}\,\boldsymbol{e}_y \ . \tag{3.38}$$

Man beachte den Faktor $1/2$, denn es ist das *äußere* Feld des unteren Bandleiters zu verwenden, das aus Symmetriegründen dem halben Gesamtfeld entspricht. Wie es sein muss, stoßen sich die beiden entgegengesetzt stromdurchflossenen Leiter ab.

c) Um nun die Selbstinduktivität pro Längeneinheit ohne Vernachlässigung der Randeffekte zu bestimmen, verwenden wir zur Energieberechnung das Vektorpotential $\boldsymbol{A} = A\,\boldsymbol{e}_z$, welches aufgrund der Stromrichtung nur eine z-Komponente aufweist. Beide Leiter liefern aus Symmetriegründen denselben Beitrag zur Gesamtenergie und folglich ist nach (3.17)

$$W_m' = \frac{1}{2}\,L' I^2 = \int_{F_1} J_1(A_1 + A_2)\,\mathrm{d}F \ .$$

Dabei ist J_1 die Stromdichte im Leiter 1

$$J_1 = \frac{I}{2ad} = -J_2$$

und A_1 bzw. A_2 sind die von den Stromdichten J_1 bzw. J_2 nach (3.6b) hervorgerufenen Vektorpotentiale

$$A_1 = -\frac{\mu_0 I}{4\pi ad}\int_{F_1}\ln\frac{R_{11}}{R_0}\,\mathrm{d}F \quad , \quad A_2 = \frac{\mu_0 I}{4\pi ad}\int_{F_2}\ln\frac{R_{12}}{R_0}\,\mathrm{d}F \ . \tag{3.39}$$

Mit R_{12} ist der Abstand zwischen einem Flächenelement des Leiters 1 zu einem Flächenelement des Leiters 2 gemeint, Abb. 3.17, während R_{11} den Abstand zweier Flächenelemente in Leiter 1 bezeichnet. R_0 ist ein beliebig wählbarer Referenzabstand. Da die Bandleiter sehr dünn sein sollen, kann man $\mathrm{d}F = d\,\mathrm{d}x$ setzen, so dass schließlich der Ausdruck

$$L' = \frac{\mu_0}{4\pi a^2}\int_{-a}^{a}\int_{-a}^{a}\left\{\ln\frac{\sqrt{(x-x')^2+b^2}}{R_0} - \ln\frac{|x-x'|}{R_0}\right\}\,\mathrm{d}x\,\mathrm{d}x' \tag{3.40}$$

übrig bleibt. Die Integration des ersten Terms in (3.40) liefert[15]

$$\int\limits_{-a}^{a} \int\limits_{-a}^{a} \ln \sqrt{(x - x')^2 + b^2}\, dx\, dx' =$$

$$= 2a^2 \left[\ln(4a^2 + b^2) - 1 \right] - \frac{b^2}{2} \ln \left(\frac{4a^2}{b^2} + 1 \right) + 4ab \arctan \frac{2a}{b} \, . \tag{3.41}$$

Führt man in (3.41) den Grenzübergang $b \to 0$ durch, ergibt sich

$$\int\limits_{-a}^{a} \int\limits_{-a}^{a} \ln |x - x'|\, dx\, dx' = 2a^2 \left[\ln(4a^2) - 1 \right]$$

und die gesuchte Selbstinduktivität pro Längeneinheit wird

$$L' = \frac{\mu_0}{2\pi} \left[\ln \left(1 + \frac{b^2}{4a^2} \right) - \frac{b^2}{4a^2} \ln \left(1 + \frac{4a^2}{b^2} \right) + 2 \frac{b}{a} \arctan \frac{2a}{b} \right] \, . \tag{3.42}$$

d) Die aus Symmetriegründen nur in y-Richtung wirkende Kraft pro Längeneinheit erhält man mit Hilfe des Prinzips der virtuellen Verrückung (3.21) bei konstant gehaltenen Strömen

$$K'_y = \frac{\delta W'_m}{\delta s} = \frac{1}{2} I^2 \frac{\partial L'}{\partial b} \, .$$

Die Differentiation führt zunächst auf den Ausdruck

$$K'_y = \frac{\mu_0 I^2}{4\pi} \left\{ \frac{4a^2}{4a^2 + b^2} \frac{2b}{4a^2} - \frac{b^2}{4a^2} \frac{b^2}{4a^2 + b^2} \left(-2 \frac{4a^2}{b^3} \right) - \right.$$

$$\left. - \frac{b}{2a^2} \ln \left(\frac{4a^2}{b^2} + 1 \right) + \frac{2}{a} \arctan \frac{2a}{b} + 2 \frac{b}{a} \frac{b^2}{4a^2 + b^2} \left(-\frac{2a}{b^2} \right) \right\}$$

und nach Vereinfachung

$$K'_y = \frac{\mu_0 I^2}{2\pi a} \left\{ \arctan \frac{2a}{b} + \frac{b}{2a} \ln \frac{b}{\sqrt{4a^2 + b^2}} \right\} \, . \tag{3.43}$$

e) Im Falle $a \gg b$ können wir in (3.42) wegen

$$\lim_{x \to 0} \left\{ x \cdot \ln \left(1 + x^{-1} \right) \right\} = - \lim_{x \to 0} \left\{ x \cdot \ln x \right\} = 0$$

die logarithmischen Terme vernachlässigen. Außerdem ist $\arctan \infty = \pi/2$ und aus der Selbstinduktivität wird

$$L'(a \gg b) \approx \mu_0 \frac{b}{2a} \, ,$$

was vollständig mit (3.37) übereinstimmt. Ersetzt man auch in (3.43) den arctan durch $\pi/2$ und vernachlässigt den logarithmischen Term, so erhält man wie in (3.38)

$$K'_y(a \gg b) \approx \frac{\mu_0 I^2}{4a} \, .$$

---

[15] siehe z.B. [Gradshteyn] 2.733,1 und 2.733,2 sowie [Bronstein] Integral Nr. 498

M11 Strombedarf einer Railgun

Für eine sogenannte *Railgun*, Abb. 3.18a, soll der Strombedarf abgeschätzt werden, um ein leitendes Projektil auf Fluchtgeschwindigkeit zu bringen.

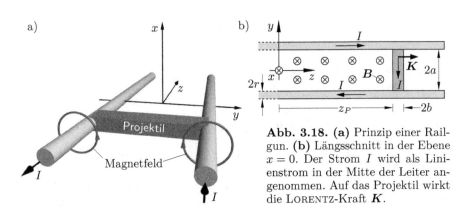

Abb. 3.18. (a) Prinzip einer Railgun. **(b)** Längsschnitt in der Ebene $x = 0$. Der Strom I wird als Linienstrom in der Mitte der Leiter angenommen. Auf das Projektil wirkt die LORENTZ-Kraft $\boldsymbol{K}$.

Das Projektil gleitet zwischen zwei leitenden Schienen und wird von diesen mit dem Strom I versorgt. Die antreibende Kraft ist die LORENTZ-Kraft. Zu bestimmen ist der erforderliche Strom I, um ein 100 g schweres Geschoss mit der Breite $2a = 10$ cm und der Dicke $2b = 2$ cm auf unendlich langen Schienen mit dem Radius $r = 1$ cm auf einer Strecke $s = 10$ m bis zur Fluchtgeschwindigkeit von etwa 11 km/s reibungslos zu beschleunigen.

Zur Vereinfachung der Berechnung soll angenommen werden, dass der Leiterradius r sowie die Dicke $2d$ des Projektils deutlich geringer als a sind und die innere Selbstinduktivität der Leiter vernachlässigbar ist.

Lösung: Der linke Rand des Projektils befinde sich am Ort $z = z_P$, siehe Abb. 3.18b. Führt man nun eine *virtuelle Verschiebung* des Projektils um eine Strecke δs durch, dann kann man die gesuchte Schubkraft aus der Änderung der äußeren Selbstinduktivität bestimmen

$$K_z = \frac{\delta W_m}{\delta s} = \frac{1}{2} I^2 \frac{\delta L_a}{\delta s} = \frac{I}{2} \frac{\delta \psi_m}{\delta s} \quad \text{mit} \quad \psi_m = \oint_C \boldsymbol{A} \cdot \mathrm{d}\boldsymbol{s} \,. \qquad (3.44)$$

Die in der Aufgabenstellung gemachten Voraussetzungen gestatten es, von linienförmigen Strömen in der Mitte der jeweiligen Leiter auszugehen. Die Kontur C für die Flussberechnung verläuft jedoch entlang des inneren Randes der Schienen und des Projektils. Mit $\boldsymbol{A} = \boldsymbol{e}_x\, A_x(x,y,z) + \boldsymbol{e}_y\, A_y(x,y,z)$ ist die Änderung des Flusses

$$\delta\psi_m = \delta \int\limits_{-\infty}^{z_P} \left[A_z(0,a,z) - A_z(0,-a,z) \right] \mathrm{d}z - \int\limits_{-a}^{+a} \delta A_y(0,y,z_P)\, \mathrm{d}y \,.$$

Da nur das Projektil einen Beitrag zu A_y liefert, ist $\delta A_y(0, y, z_P) = 0$. Außerdem gilt allgemein

$$\frac{\mathrm{d}}{\mathrm{d}y} \int_c^y f(x)\,\mathrm{d}x = f(y)$$

und aus (3.44) wird mit Berücksichtigung der Symmetrie

$$K_z = \frac{I}{2}\frac{\delta\psi_m}{\delta s} = \frac{I}{2}\frac{\partial\psi_m}{\partial z_P} = IA_z(0, a, z_P) .$$

Wir müssen also nur noch das Vektorpotential am Ort $(0, a, z_P)$ berechnen und tun dies mit Hilfe des BIOT-SAVART'schen Gesetzes (3.7). Da der Integrationspfad jetzt in der Mitte der Leiter verläuft, folgt mit den Abständen

$$R_1 = \sqrt{r^2 + (z_P - z')^2} \quad , \quad R_2 = \sqrt{(2a + r)^2 + (z_P - z')^2}$$

und mit [Bronstein] Integral Nr. 192

$$A_z(0, a, z_P) = \frac{\mu_0 I}{4\pi} \int\limits_{-\infty}^{z_P+b} \left\{\frac{1}{R_1} - \frac{1}{R_2}\right\}\,\mathrm{d}z' = \frac{\mu_0 I}{4\pi} \ln \frac{z_P - z' + R_2}{z_P - z' + R_1}\bigg|_{-\infty}^{z_P+b} .$$

Daraus ergibt sich schließlich die antreibende Kraft

$$K_z = \frac{\mu_0 I^2}{4\pi} \ln \frac{b - \sqrt{(2a + r)^2 + b^2}}{b - \sqrt{r^2 + b^2}} \approx 3.2\,\frac{\mu_0 I^2}{4\pi} .$$

Den gesuchten Strombedarf erhält man am einfachsten aus der Energiebilanz

$$\frac{1}{2}\,mv^2 = K_z\,s .$$

Dabei ist s die durchlaufene Beschleunigungsstrecke und v die Endgeschwindigkeit. Einsetzen der Kraft und Auflösen nach dem Strom ergibt

$$I = v\sqrt{\frac{\pi}{\mu_0}\frac{m}{s}\frac{2}{3.2}} = 11 \cdot 10^3\,\frac{\mathrm{m}}{\mathrm{s}} \sqrt{\frac{10^7}{4}\frac{\mathrm{Am}}{\mathrm{Vs}}\frac{0.1}{10}\frac{\mathrm{kg}}{\mathrm{m}}\frac{2}{3.2}} \approx 1.4\,\mathrm{MA} .$$

Auch wenn das Ergebnis wegen der groben Näherungen sicherlich nicht sehr genau ist, so zeigt sich zumindest die prinzipielle Problematik bei der Konstruktion einer Railgun. Die hohen Ströme führen natürlich zu einem erheblichen Verschleiß der Stromschienen und es sind gigantische Energiespeicher erforderlich, um eine Energie von $\frac{1}{2}\,mv^2 \approx 6\,\mathrm{MJ}$ in der Zeit $t = \frac{2s}{v} \approx 1.8\,\mathrm{ms}$ aufzubringen. Das entspricht einer kurzfristigen Leistungsaufnahme von mehreren Gigawatt.

M12 Doppelleitung über einem permeablen Halbraum

Eine aus dünnen Drähten (Radius $r \ll a$, Abstand $2a$) bestehende Doppelleitung mit dem OHM'schen Widerstand R und der Länge $l \gg a$ ist an einem Ende kurzgeschlossen, während am anderen Ende die konstante Spannung U_0

anliegt. Die Leitung befinde sich in der Höhe $h_0 \gg r$ über einem permeablen, nicht leitenden Halbraum, Abb. 3.19.

a) Berechne die äußere Selbstinduktivität der Leitung. Deren Länge l sei wesentlich größer als alle übrigen Systemabmessungen, so dass Randeffekte am Leitungsende unbeachtet bleiben dürfen. Außerdem berechtigt der kleine Leiterquerschnitt zu der Annahme eines Linienstromes auf der Leiterachse.

b) Bestimme den transienten Strom in der Leitung, wenn diese zum Zeitpunkt $t = 0$ ruckartig auf die Höhe $h_1 \neq h_0$ gebracht wird. Die innere Selbstinduktivität der Leitung soll dabei vernachlässigt werden.

c) Berechne die magnetischen Feldlinien der Anordnung.

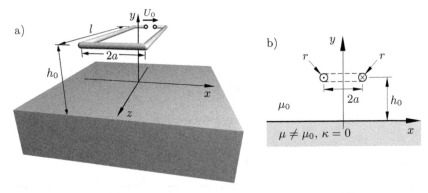

Abb. 3.19. Doppelleitung über einem permeablen Halbraum. **(a)** Räumliche Darstellung. **(b)** Querschnitt in der Ebene $z = 0$

Lösung:

a) Zunächst wird die Doppelleitung analog zu Abb. 3.4 am permeablen Halbraum gespiegelt. Es entstehen dann die Ersatzanordnungen in Abb. 3.20 für den oberen bzw. unteren Halbraum.

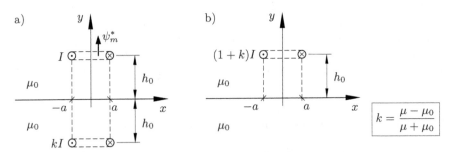

Abb. 3.20. **(a)** Ersatzanordnung zur Bestimmung des Vektorpotentials im oberen Halbraum. **(b)** Ersatzanordnung zur Bestimmung des Vektorpotentials im unteren Halbraum

Die z-gerichteten Ströme haben ein Vektorpotential $\boldsymbol{A} = A(x,y)\,\boldsymbol{e}_z$ zur Folge. Die äußere Selbstinduktivität lautet nach (3.20) und (3.16)

$$L_a = \frac{\psi_m^*}{I} = \frac{1}{I} \oint \boldsymbol{A} \cdot \mathrm{d}\boldsymbol{s} = \frac{l\Delta A}{I} \,,$$

wobei der magnetische Fluss ψ_m^*, der die von der Doppelleitung nach innen begrenzte Fläche durchsetzt, Abb. 3.20a, durch die Differenz der Vektorpotentiale ΔA an der inneren Leiterkontur gegeben ist

$$\Delta A = A(-a+r, h_0) - A(a-r, h_0) = 2A(-a+r, h_0) = 2A_1 \,.$$

Hier wurde die Symmetrie zur Ebene $x = 0$ ausgenutzt. Mit (3.6b) erhält man für das Potential $A_1 = A(-a+r, h_0)$ durch Superposition der Beiträge der vier Linienströme

$$A_1 = -\frac{\mu_0 I}{2\pi} \left(\ln \frac{r}{R_0} - \ln \frac{2a-r}{R_0} + k \ln \frac{2h_0-r}{R_0} - k \ln \frac{2\sqrt{a^2+h_0^2}-r}{R_0} \right)$$

und wegen $a \gg r$ und $h_0 \gg r$ folgt daraus die Induktivität

$$L_a = \frac{\mu_0 l}{\pi} \left(\ln \frac{2a}{r} + k \ln \sqrt{1 + \frac{a^2}{h_0^2}} \right) \,.$$

b) Mit der ruckartigen Höhenänderung $h_0 \to h_1$ geht eine plötzliche Änderung der Selbstinduktivität

$$L_a^{(0)} \to L_a^{(1)}$$

einher und es wird nach dem Induktionsgesetz von FARADAY ein Ausgleichsvorgang in Gang gesetzt. Nach der KIRCHHOFF'schen Maschenregel setzt sich die angelegte Spannung U_0 aus einem OHM'schen und einem induktiven Spannungsabfall zusammen

$$U_0 = i(t)R + \frac{\mathrm{d}}{\mathrm{d}t}\left\{ L_a(t)\,i(t) \right\} \,.$$

Wir zerlegen nun den Strom in einen Gleichanteil $I_0 = U_0/R$ und einen transienten Beitrag $i_1(t)$

$$i(t) = I_0 + i_1(t)$$

und betrachten Zeiten $t > 0$, wenn sich die Induktivität nicht mehr verändert. Dann ergibt sich für $i_1(t)$

$$-\frac{\mathrm{d}i_1}{\mathrm{d}t} = \frac{R}{L_a^{(1)}} i_1 \quad \to \quad i_1(t) = I_1 \exp\left(-\frac{R}{L_a^{(1)}} t \right) \quad \text{für} \quad t > 0 \,.$$

$L_a^{(1)}$ ist dabei die Selbstinduktivität nach erfolgter Höhenänderung der Doppelleitung. Um den an dieser Stelle noch unbekannten Anfangswert I_1 zu bestimmen, machen wir von der LENZ'schen Regel Gebrauch. Nach dieser versuchen die induzierten Ströme ihrer Ursache entgegen zu wirken. Anders ausgedrückt heißt das, dass zum Zeitpunkt $t = +0$ der Strom i_1 gerade so groß ist, dass der Fluss durch die Schleife noch unverändert bleibt. Dies lässt sich in der Gleichung

$$L_a^{(0)} I_0 = L_a^{(1)} \left[I_0 + i_1(t = +0) \right] \quad \rightarrow \quad I_1 = I_0 \frac{L_a^{(0)} - L_a^{(1)}}{L_a^{(1)}}$$

zum Ausdruck bringen, mit welcher der gesuchte Anfangswert und damit der transiente Stromverlauf in der Doppelleitung vorliegt

$$i(t) = \frac{U_0}{R} \left\{ 1 + \left(\frac{L_a^{(0)}}{L_a^{(1)}} - 1 \right) \exp\left(-\frac{R}{L_a^{(1)}} t \right) \right\}$$

$$\text{mit} \quad L_a^{(0,1)} = \frac{\mu_0 l}{\pi} \left(\ln \frac{2a}{r} + k \ln \sqrt{1 + \frac{a^2}{h_{0,1}^2}} \right) .$$

c) Bei ebenen Magnetfeldern stimmen die B-Linien mit den Äquipotentiallinien

$$A(x, y) = \text{const.}$$

überein. In vorliegenden Fall ergibt sich also für die Feldlinien im oberen Halbraum, Abb. 3.20a,

$$\ln \frac{(x - a)^2 + (y - h)^2}{(x + a)^2 + (y - h)^2} + k \ln \frac{(x - a)^2 + (y + h)^2}{(x + a)^2 + (y + h)^2} = \text{const.} \tag{3.45}$$

bzw. im unteren Halbraum, Abb. 3.20b,

$$(1 + k) \ln \frac{(x - a)^2 + (y - h)^2}{(x + a)^2 + (y - h)^2} = \text{const.} .$$

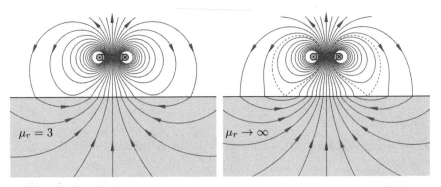

Abb. 3.21. Magnetische Feldlinien (B-Linien) einer stromdurchflossenen Doppelleitung über einem permeablen Halbraum

Abbildung 3.21 zeigt die Feldlinien im Falle geringer sowie unendlicher Permeabilität. Die im zuletzt genannten Fall gestrichelt gezeichnete Feldlinie berührt den hochpermeablen Halbraum im sogenannten *singulären Punkt*. Dort verschwindet die magnetische Feldstärke. Singuläre Punkte sind die einzigen Orte auf hochpermeablen Oberflächen, wo die Feldlinien unter einem von 90° verschiedenen Winkel einmünden. Bei ebenen Feldern beträgt dieser Winkel gerade 45°. Im übrigen entsprechen die Feldlinien oberhalb des hochpermeablen Halbraumes vollkommen den elektrischen Feldlinien der in Aufg. E9 behandelten Doppelschicht, vgl. Abb. 1.18. Dies ist nicht verwunderlich, da sich jede stromdurchflossene Leiterschleife wie eine homogene magnetische Doppelschicht verhält, die mit konstanter Dipolmomentendichte I auf einer beliebig über die Leiterkontur gespannten Fläche verteilt ist.[16]

M13* Feldberechnung in einer elektrischen Maschine

Turbogeneratoren sind Synchrongeneratoren mit Vollpolläufer, die von Dampfturbinen angetrieben werden und der Erzeugung von elektrischer Energie dienen. Die Wicklung liegt in offenen Nuten auf der zylindrischen Oberfläche des aus Elektroblechen zusammengeschichteten Ständers. In den Läuferzylinder sind Nuten gefräst, in die die mit Gleichstrom gespeiste Erregerwicklung eingelegt ist. Vernachlässigt man den Einfluss der Nutung sowie die Randeffekte an den Enden dieser sehr langgestreckten Maschinen, dann kann das in Abb. 3.22 dargestellte zweidimensionale Modell mit Strombelägen anstelle der Wicklung verwendet werden. Die Bereiche $\varrho \leq a$ und $b \leq \varrho \leq c$ sind mit hochpermeabler Materie $\mu \to \infty$ gefüllt und auf den Zylinderflächen $\varrho = a$ und $\varrho = b$ fließen die Flächenströme

$$\boldsymbol{J}_F^{(a)} = \boldsymbol{e}_z \, J_{F0}^{(a)} \cos(\varphi + \alpha) \quad , \quad \boldsymbol{J}_F^{(b)} = \boldsymbol{e}_z \, J_{F0}^{(b)} \cos\varphi \; ,$$

die aus jeweils N dünnen und von den Strömen I_a bzw. I_b durchflossenen Windungen bestehen.

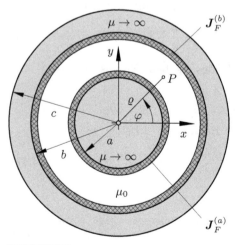

Abb. 3.22. Zweidimensionales Modell eines Turbogenerators mit Flächenströmen auf den Oberflächen der hochpermeablen Bereiche

---

[16] siehe [Henke], Magnetostatische Felder I

a) Bestimme das magnetische Vektorpotential $\boldsymbol{A}$ im Bereich $a \leq \varrho \leq b$.

b) Aus der gespeicherten magnetischen Energie

$$W_m = \frac{1}{2} \left(L_a I_a^2 + 2M I_a I_b + L_b I_b^2 \right)$$

sind die Induktivitäten L_a, L_b und M der Anordnung zu berechnen.

c) Die Läuferwicklung führe nun eine Drehbewegung mit konstanter Winkelgeschwindigkeit ω aus, d.h. $\alpha = \omega t$. Sie sei dabei an eine Gleichspannungsquelle angeschlossen. Zum Zeitpunkt $t = 0$ wird die Ständerwicklung kurzgeschlossen, wobei sich der Läufer mit unverminderter Geschwindigkeit weiterdrehen soll. Wie lauten die Differentialgleichungen für die in beiden Wicklungen durch den Kurzschluss induzierten Wechselströme? Die OHM'schen Wicklungswiderstände seien R_a bzw. R_b. Löse die Differentialgleichungen bei Vernachlässigung der OHM'schen gegenüber den induktiven Wechselspannungsabfällen für den anfänglichen Zeitverlauf sowie den eingeschwungenen Zustand und gib für beide Fälle die maximale Stromamplitude an.

d) Welches Drehmoment wird auf die Läuferwicklung ausgeübt?

e) Bestimme den Verlauf der magnetischen Feldlinien (auch in den hochpermeablen Bereichen).

Lösung:

a) Aufgrund der nicht vorhandenen räumlichen Stromdichte gilt für das magnetische Vektorpotential die LAPLACE-Gleichung (3.11). Da ferner ein ebenes Problem mit allein z-gerichteten Strömen vorliegt, weist das Vektorpotential auch nur eine z-Komponente auf, $\boldsymbol{A} = A(\varrho, \varphi) \boldsymbol{e}_z$. Als Lösung der LAPLACE-Gleichung in Polarkoordinaten dient damit der Ansatz (A.4), bei dem aufgrund der kosinusförmigen Flächenströme als Anregung von vornherein nur das Glied $n = 1$ der Lösungssumme berücksichtigt werden braucht. Der reduzierte Ansatz für das Vektorpotential im Luftspalt lautet damit[17]

$$A(\varrho, \varphi) = \left(C \frac{\varrho}{b} + D \frac{b}{\varrho} \right) \cos(\varphi + \alpha) + \left(E \frac{\varrho}{a} + F \frac{a}{\varrho} \right) \cos \varphi . \qquad (3.46)$$

Die Komponenten des magnetischen Feldes ergeben sich aus (3.5) zu

$$\mu_0 \boldsymbol{H} = \nabla \times \boldsymbol{A} \quad \rightarrow \quad \mu_0 H_\varrho = \frac{1}{\varrho} \frac{\partial A}{\partial \varphi} \quad , \quad \mu_0 H_\varphi = -\frac{\partial A}{\partial \varrho} .$$

Auf dem Zylindermantel $\varrho = b$ gilt die Bedingung (3.15)

$$H_\varphi(\varrho = b + 0) - H_\varphi(\varrho = b - 0) = \left. \frac{\partial A}{\partial \varrho} \right|_{\varrho = b - 0} = \mu_0 J_{F0}^{(b)} \cos \varphi \qquad (3.47)$$

und analog auf der Fläche $\varrho = a$

---

[17] Die Normierung auf die Zylinderradien a und b ist zwar nicht notwendig, erweist sich aber im Hinblick auf die zu erfüllenden Randbedingungen als sehr zweckmäßig.

$$\left.\frac{\partial A}{\partial \varrho}\right|_{\varrho=a+0} = -\mu_0 J_{F0}^{(a)} \cos(\varphi + \alpha) \,. \tag{3.48}$$

Diese Bedingungen haben für *jeden* Winkel φ zu gelten, so dass Vektorpotential und Strombelag die gleiche φ-Abhängigkeit aufweisen, was wir durch den Ansatz (3.46) schon gewährleistet haben. Nach Einsetzen von (3.46) in (3.47) und (3.48) und Koeffizientenvergleich folgen vier Bestimmungsgleichungen

$$\frac{C}{b} - \frac{Db}{a^2} = -\mu_0 J_{F0}^{(a)} \,, \quad C = D \,, \quad \frac{E}{a} - \frac{Fa}{b^2} = \mu_0 J_{F0}^{(b)} \,, \quad E = F \,,$$

nach deren Auflösen alle Konstanten und damit das Vektorpotential im Luftspalt bekannt sind

$$C = D = \frac{1}{2}\,\mu_0 N\, I_a\, \frac{ab}{b^2 - a^2} \quad , \quad E = F = \frac{1}{2}\,\mu_0 N\, I_b\, \frac{ab}{b^2 - a^2} \,. \tag{3.49}$$

In (3.49) wurden die Flächenströme $J_{F0}^{(a)}$ und $J_{F0}^{(b)}$ auf die Ströme I_a und I_b umgerechnet

$$N\, I_b = b \int\limits_{-\pi/2}^{+\pi/2} J_{F0}^{(b)} \cos\varphi\, \mathrm{d}\varphi = 2b\, J_{F0}^{(b)} \quad , \quad N\, I_a = 2a\, J_{F0}^{(a)} \,.$$

b) Die Bestimmung der gespeicherten Feldenergie erfolgt mit (3.17). Für den vorliegenden Fall ergibt sich pro Längeneinheit

$$W_m' = \frac{a}{2} \int\limits_0^{2\pi} J_F^{(a)}\, A(a, \varphi)\, \mathrm{d}\varphi + \frac{b}{2} \int\limits_0^{2\pi} J_F^{(b)}\, A(b, \varphi)\, \mathrm{d}\varphi \,.$$

Mit den Potentialen

$$A(a, \varphi) = C\,\frac{a^2 + b^2}{ab}\,\cos(\varphi + \alpha) + 2E\,\cos\varphi \,,$$

$$A(b, \varphi) = E\,\frac{a^2 + b^2}{ab}\,\cos\varphi + 2C\,\cos(\varphi + \alpha)$$

und den Integralen

$$\int\limits_0^{2\pi} \cos^2\varphi\, \mathrm{d}\varphi = \pi \quad , \quad \int\limits_0^{2\pi} \cos\varphi\,\cos(\varphi + \alpha)\, \mathrm{d}\varphi = \pi \cos\alpha$$

wird daraus

$$W_m' = \frac{\pi}{8}\mu_0 N^2 \left(\frac{b^2 + a^2}{b^2 - a^2}\, I_a^2 + 4\cos\alpha\,\frac{ab}{b^2 - a^2}\, I_a I_b + \frac{b^2 + a^2}{b^2 - a^2}\, I_b^2 \right) =$$

$$= \frac{1}{2}\left(L_a' I_a^2 + 2M' I_a I_b + L_b' I_b^2 \right) \tag{3.50}$$

und durch Vergleich ergeben sich die gesuchten längenbezogenen Induktivitäten

$$L'_a = L'_b = \frac{\pi}{4}\,\mu_0 N^2 \frac{b^2+a^2}{b^2-a^2} =: L'$$

$$M' = \frac{\pi}{4}\,\mu_0 N^2 \frac{2ab}{b^2-a^2}\,\cos\alpha =: M'_0 \cos\alpha \,.$$

(3.51)

c) Hat man erst einmal die Netzwerkelemente eines Systems (in unserem Fall die Induktivitäten) bestimmt, so lassen sich mit den üblichen Methoden der Netzwerktheorie transiente Vorgänge untersuchen. Die eigentliche elektromagnetische Feldberechnung ist an dieser Stelle aber schon abgeschlossen und die nachfolgende Untersuchung soll am Beispiel eines Kurzschlusses in der Statorwicklung zeigen, welche Bedeutung die Resultate der Feldberechnung in der Praxis haben können.

Da der Rotor sich nun mit der Winkelgeschwindigkeit ω drehen soll, erhält man aus (3.51) mit $\alpha = \omega t$ eine zeitabhängige Gegeninduktivität

$$M'(t) = M'_0 \cos\omega t \,.$$

Wir stellen zunächst die Spannungsgleichungen für $t > 0$ auf. Nach erfolgtem Kurzschluss der Statorwicklung wird sich dort ein zeitveränderlicher Strom $i_b(t)$ einstellen, und in der Läuferwicklung wird sich dem Gleichstrom $I = U/R_a$ ein Wechselstrom $i_a(t)$ überlagern. KIRCHHOFF'sche Spannungsumläufe für die Läufer- und Statorwicklung liefern ein gekoppeltes, lineares Differentialgleichungssystem

$$U = R_a\big[I + i_a(t)\big] + \frac{\mathrm{d}}{\mathrm{d}t}\Big\{L\big[I + i_a(t)\big] + M(t)\,i_b(t)\Big\}$$

$$0 = R_b i_b(t) + \frac{\mathrm{d}}{\mathrm{d}t}\Big\{M(t)\big[I + i_a(t)\big] + L\,i_b(t)\Big\}$$

(3.52)

mit den Anfangsbedingungen $i_a(t=0) = i_b(t=0) = 0$. Dieses lässt sich auf numerischem Wege z.B. mit dem RUNGE-KUTTA-Verfahren lösen. Abb. 3.23 zeigt die so ermittelten Stromverläufe. Am Anfang entstehen also sehr hohe Stromspitzen, die nach einiger Zeit abklingen bis sich ein stationärer Zustand mit geringerer Amplitude einstellt. Die anfänglichen Stromspitzen sowie die Stromverläufe im stationären Zustand lassen sich näherungsweise bestimmen, wenn man in (3.52) die transienten OHM'schen Spannungsabfälle $R_a i_a$ und $R_b i_b$ vernachlässigt

$$0 = \frac{\mathrm{d}}{\mathrm{d}t}\Big\{L\big[I + i_a(t)\big] + M(t)\,i_b(t)\Big\}$$

$$0 = \frac{\mathrm{d}}{\mathrm{d}t}\Big\{M(t)\big[I + i_a(t)\big] + L\,i_b(t)\Big\}\,.$$

(3.53)

Dann liefert nämlich die Integration von (3.53)

$$i_a(t) + k\cos\omega t\,i_b(t) = c_1 \,, \quad i_b(t) + k\cos\omega t\,\big[I + i_a(t)\big] = c_2 \,,$$

bzw. nach Auflösen

$$i_a(t) = \frac{c_1 - c_2 k\cos\omega t + I k^2 \cos^2\omega t}{1 - k^2 \cos^2\omega t}$$

$$i_b(t) = \frac{c_2 - (I + c_1)k\cos\omega t}{1 - k^2\cos^2\omega t},$$

wobei c_1 und c_2 noch zu bestimmende Integrationskonstanten sind und zur Abkürzung der Koppelfaktor

$$k = \frac{M_0}{L} = \frac{M_0'}{L'} = \frac{2ab}{a^2 + b^2}$$

eingeführt wurde.

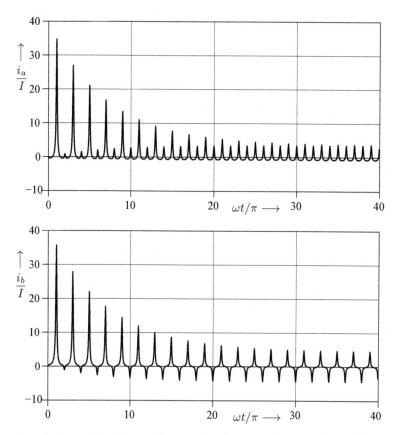

Abb. 3.23. Verlauf der Ströme i_a und i_b nach erfolgtem Kurzschluss in der Statorwicklung für $a/b = 0.8$ und $R_a/(\omega L) = R_b/(\omega L) = 0.01$

Für die Integrationskonstanten ergeben sich jeweils andere Werte, je nachdem ob der Anfangsverlauf oder der eingeschwungene Zustand untersucht werden soll.

Anfangsverlauf

Hier werden c_1 und c_2 aus den Anfangsbedingungen $i_a(t = 0) = i_b(t = 0) = 0$ bestimmt. Es ergibt sich dann $c_1 = 0$ und $c_2 = kI$ und damit

$$\frac{i_a(t)}{I} = \frac{k^2\left(\cos^2\omega t - \cos\omega t\right)}{1 - k^2\cos^2\omega t} \quad , \quad \frac{i_b(t)}{I} = \frac{k\left(1 - \cos\omega t\right)}{1 - k^2\cos^2\omega t} \; .$$

Die Maximalwerte liegen bei $\omega t = \pi$ und lauten

$$\frac{i_{a,max}}{I} = \frac{2k^2}{1 - k^2} \quad , \quad \frac{i_{b,max}}{I} = \frac{2k}{1 - k^2} \; .$$

Eingeschwungener Zustand

Im eingeschwungenen Zustand werden die zeitlichen Mittelwerte der Ströme i_a und i_b verschwinden. Für $c_2 = 0$ verschwindet der Mittelwert von i_b. Zusätzlich muss die Bedingung

$$\int\limits_{-\pi/2}^{+\pi/2} i_a(t)\,\mathrm{d}(\omega t) = 0$$

erfüllt sein, aus der man mit Hilfe des Integrals[18]

$$\int\limits_{-\pi/2}^{+\pi/2} \frac{A + B\cos^2 x}{a + b\cos^2 x}\,\mathrm{d}x = \frac{\pi}{b}\left(B + \frac{Ab - aB}{\sqrt{a^2 + ab}}\right)$$

die Konstante c_1 als

$$c_1 = I\left(\sqrt{1 - k^2} - 1\right)$$

erhält und in den Wicklungen stellen sich schließlich die stationären Ströme

$$\frac{i_b(t)}{I} = -\frac{k\sqrt{1 - k^2}\cos\omega t}{1 - k^2\cos^2\omega t} \quad , \quad \frac{i_a(t)}{I} = \frac{k^2\cos^2\omega t + \sqrt{1 - k^2} - 1}{1 - k^2\cos^2\omega t}$$

ein. Wieder liegen die Maximalwerte bei $\omega t = \pi$

$$\frac{i_{b,max}}{I} = \frac{k}{\sqrt{1 - k^2}} \quad , \quad \frac{i_{a,max}}{I} = \frac{1}{\sqrt{1 - k^2}} - 1$$

und für $a/b = 0.8$ ergeben sich daraus die folgenden Zahlenwerte:

Anfangsverlauf $\qquad\qquad \rightarrow \quad \dfrac{i_{a,max}}{I} = 39.51 \quad \dfrac{i_{b,max}}{I} = 40.49$

Eingeschwungener Zustand $\quad \rightarrow \quad \dfrac{i_{a,max}}{I} = 3.56 \quad \dfrac{i_{b,max}}{I} = 4.44$

Vergleicht man diese Maximalwerte mit Abb. 3.23, so stellen sie offensichtlich eine gute Näherung für kleine Wicklungswiderstände R_a und R_b dar.

d) Das Drehmoment kann entweder mit dem AMPÈRE'schen Gesetz (3.2) oder mit dem Prinzip der virtuellen Verrückung (3.21) berechnet werden. Wir werden zur Übung beides tun.

---

[18] siehe z.B. [Gradshteyn] 2.554,2. und 2.553,3.

Greift man sich ein elementares Segment der Läuferwicklung $a\,\mathrm{d}\varphi$ heraus, so wirkt auf dieses im Felde $\boldsymbol{B}^{(b)}$ der Ständerwicklung das Drehmoment pro Längeneinheit

$$\mathrm{d}\boldsymbol{T}' = a\,\boldsymbol{e}_\varrho \times \left(a\,\mathrm{d}\varphi\,\boldsymbol{J}_F^{(a)} \times \boldsymbol{B}^{(b)}\right) .$$

Mit $\boldsymbol{B}^{(b)} = \nabla \times \boldsymbol{A}^{(b)}$ und nach Ausführung der Kreuzprodukte findet man für das resultierende Drehmoment

$$T_z' = 2a \int\limits_{-\alpha-\pi/2}^{-\alpha+\pi/2} J_{F0}^{(a)} \cos(\varphi+\alpha)\,\frac{\partial A^{(b)}(a,\varphi)}{\partial \varphi}\,\mathrm{d}\varphi\,, \qquad \frac{\partial A^{(b)}(a,\varphi)}{\partial \varphi} = -2E\,\sin\varphi\,.$$

Man beachte, dass nur der vom Stator verursachte Anteil des Vektorpotentials (3.46) verwendet wurde. Mit dem Integral

$$\int\limits_{-\alpha-\pi/2}^{-\alpha+\pi/2} \sin\varphi\,\cos(\varphi+\alpha)\,\mathrm{d}\varphi = -\frac{\pi}{2}\,\sin\alpha$$

folgt nach Einsetzen

$$T_z' = \mu_0 n^2 \frac{\pi}{2}\,\frac{ab}{b^2-a^2} I_a I_b \sin\alpha = M_0' I_a I_b \sin\alpha\,.$$

Beim Prinzip der virtuellen Verrückung betrachtet man analog zu (3.21) die Energieänderung bei einer kleinen Drehung $\delta\alpha$ des Läufers, woraus sich dann das Drehmoment durch Differentiation der Gegeninduktivität M' (3.51) nach dem Winkel α bei konstantgehaltenen Strömen I_a und I_b ergibt

$$T_z' = -\frac{\delta W_m'}{\delta\alpha} = -I_a I_b \frac{\partial M'}{\partial\alpha} = M_0' I_a I_b \sin\alpha\,. \tag{3.54}$$

Das negative Vorzeichen bei der Differentiation in (3.54) ist erforderlich, da $\delta\alpha > 0$ eine Drehung in negative φ-Richtung bedeutet.

e) Wie schon in Aufg. M12 erhält man die B-Linien durch Konstanthalten des Vektorpotentials $A(\varrho,\varphi) = \mathrm{const.}$. Da die Feldlinien die hochpermeablen Bereiche durchdringen, ist es nötig auch dort das Vektorpotential zu bestimmen. Wir machen hierfür die Ansätze

$$A(\varrho,\varphi) = \begin{cases} P\,\dfrac{\varrho}{a}\cos(\varphi+\alpha) + Q\,\dfrac{\varrho}{a}\cos\varphi & \text{für } \varrho \leq a \\[3mm] S\left(\dfrac{\varrho}{c} - \dfrac{c}{\varrho}\right)\cos(\varphi+\alpha) + T\left(\dfrac{\varrho}{c} - \dfrac{c}{\varrho}\right)\cos\varphi & \text{für } b \leq \varrho \leq c\,, \end{cases}$$

welche bereits garantieren, dass kein magnetischer Fluss in den Außenraum austreten kann. Der Rand $\varrho = c$ entspricht damit der Feldlinie $A(\varrho,\varphi) = 0$. Da das Potential an den Bereichsgrenzen $\varrho = a$ und $\varrho = b$ stetig an das Luftspaltfeld (3.46) anknüpfen muss, liegen die Konstanten P, Q, S und T in der Form

$$P = C \left(\frac{a}{b} + \frac{b}{a} \right) , \quad Q = 2E , \quad S = \frac{2C}{b/c - c/b} , \quad T = \frac{b/a + a/b}{b/c - c/b} E$$

fest und die Feldlinien können im gesamten Bereich ermittelt werden, Abb. 3.24.

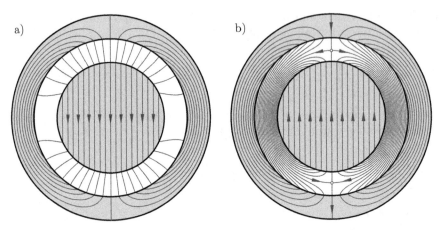

Abb. 3.24. (a) Magnetische Feldlinien bei stromlosem Stator. (b) Magnetische Feldlinien nach erfolgtem Kurzschluss der Statorwicklung zum Zeitpunkt $\omega t = \pi$

M14 Erzeugung eines magnetischen Wanderfeldes

Wir betrachten eine konzentrische Anordnung wechselstromgespeister Spulen zur Erzeugung eines magnetischen Wanderfeldes[19], Abb. 3.25a. Auf der Oberfläche eines kreiszylindrischen Spulenkörpers mit dem Radius a befinden sich zwei örtlich versetzte, periodische Wicklungen mit alternierendem Wicklungssinn. Die einzelnen Spulen haben die Breite b und tragen jeweils N Windungen, die von zeitlich um 90° verschobenen Wechselströmen $i_1(t) = \hat{I} \cos \omega t$ und $i_2(t) = \hat{I} \sin \omega t$ durchflossen werden. Ersatzweise darf von Flächenströmen

$$\boldsymbol{J}_{F1} = \boldsymbol{e}_\varphi \, \frac{N\hat{I}}{b} \, f_1(z) \, \cos \omega t \quad \text{und} \quad \boldsymbol{J}_{F2} = \boldsymbol{e}_\varphi \, \frac{N\hat{I}}{b} \, f_2(z) \, \sin \omega t$$

ausgegangen werden, Abb. 3.25b. Zu bestimmen ist das Vektorpotential im gesamten Raum sowie die Geschwindigkeit der Grundwelle des erzeugten Wanderfeldes. Der Abstand zwischen den einzelnen Spulen sei vernachlässigbar klein, d.h. $c \approx b$.

---

[19] Später, in der Aufg. Q17* wird gezeigt, wie dieses Wanderfeld analog zum Drehfeld eines Asynchronmotors zur Beschleunigung leitender Projektile verwendet werden kann (Wirbelstromkanone).

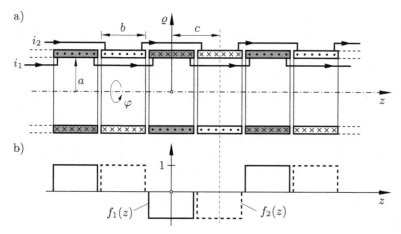

Abb. 3.25. **(a)** Anordnung der Wicklung in Zylinderkoordinaten. **(b)** Örtlicher Verlauf der Flächenstromdichte auf der Fläche $\varrho = a$

Lösung: Zunächst bietet es sich an, eine FOURIER-Entwicklung der Funktionen $f_1(z)$ und $f_2(z)$ durchzuführen. Dabei treten aufgrund der Symmetrie zur Ebene $z = 0$ bei der Funktion $f_1(z)$ nur Kosinusfunktionen und bei $f_2(z)$ nur Sinusfunktionen auf

$$f_1(z) = \sum_{n=1}^{\infty} a_n \cos \frac{(2n-1)\pi z}{2b}$$

$$a_n = -\frac{2}{b} \int_0^{b/2} \cos \frac{(2n-1)\pi z}{2b}\, \mathrm{d}z = -\frac{\sin\left([2n-1]\pi/4\right)}{[2n-1]\pi/4}$$

$$f_2(z) = \sum_{n=1}^{\infty} b_n \sin \frac{(2n-1)\pi z}{2b} \tag{3.55}$$

$$b_n = -\frac{2}{b} \int_{b/2}^{b} \sin \frac{(2n-1)\pi z}{2b}\, \mathrm{d}z = -\frac{\cos\left([2n-1]\pi/4\right)}{[2n-1]\pi/4} \ .$$

Das magnetische Feld der vorliegenden Spulenanordnung lässt sich aus einem φ-gerichteten Vektorpotential in der Form

$$\mu_0 H_\varrho = -\frac{\partial A_\varphi}{\partial z} \quad , \quad \mu_0 H_z = \frac{1}{\varrho}\frac{\partial(\varrho A_\varphi)}{\partial \varrho}$$

bestimmen. Das Vektorpotential muss weiterhin die vektorielle LAPLACE-Gleichung

$$\nabla^2 \left\{ e_\varphi\, A_\varphi(\varrho, z) \right\} = 0$$

erfüllen. Dabei ist darauf zu achten, dass der Einheitsvektor e_φ ortsabhängig ist und folglich mitdifferenziert werden muss.[20] Dies geht am besten dadurch, dass man ihn in seine kartesischen Komponenten zerlegt

$$-e_x \, \nabla^2 \left\{ \sin\varphi \, A_\varphi(\varrho,z) \right\} + e_y \, \nabla^2 \left\{ \cos\varphi \, A_\varphi(\varrho,z) \right\} = 0 \; .$$

Mit dem LAPLACE-Operator in Zylinderkoordinaten

$$\nabla^2 = \frac{\partial^2}{\partial\varrho^2} + \frac{1}{\varrho}\frac{\partial}{\partial\varrho} + \frac{\partial^2}{\partial z^2} + \frac{1}{\varrho^2}\frac{\partial^2}{\partial\varphi^2}$$

resultiert daraus die Differentialgleichung (A.8) mit dem für diese Aufgabe passenden Lösungsansatz (A.9), wobei die Separationskonstanten p durch die FOURIER-Entwicklung des Flächenstromes (3.55) bereits festgelegt sind

$$p = p_n = \frac{(2n-1)\pi}{2b} \quad , \quad n = 1,2,3,\dots \; .$$

Somit können wir für das Vektorpotential den reduzierten Ansatz

$$A_\varphi(\varrho,z) = \sum_{n=1}^{\infty} \left(C_n \, \cos p_n z + D_n \, \sin p_n z \right) \times$$

$$\times \begin{cases} I_1(p_n\varrho)\,K_1(p_n a) & \text{für } \varrho \le a \\ K_1(p_n\varrho)\,I_1(p_n a) & \text{für } \varrho \ge a \end{cases} \tag{3.56}$$

aufstellen. Er wurde bereits so zugeschnitten, dass ein stetiger Übergang des Vektorpotentials durch die Fläche $\varrho = a$ garantiert ist. Zur Bestimmung der unbekannten Konstanten C_n und D_n betrachten wir die Tangentialkomponente der magnetischen Feldstärke H_φ auf der Fläche $\varrho = a$, die dort aufgrund der Flächenströme J_{F1} und J_{F2} ein unstetiges Verhalten gemäß (3.15) zeigt

$$\frac{1}{\mu_0 a}\left(\frac{\partial(\varrho A_\varphi)}{\partial\varrho}\bigg|_{\varrho=a-0} - \frac{\partial(\varrho A_\varphi)}{\partial\varrho}\bigg|_{\varrho=a+0} \right) = J_{F1} + J_{F2} \; . \tag{3.57}$$

Die Ableitungen $\mathrm{d}[\varrho I_1(p_n\varrho)]/\mathrm{d}\varrho$ und $\mathrm{d}[\varrho K_1(p_n\varrho)]/\mathrm{d}\varrho$ lassen sich mit (A.28) berechnen und mit der WRONSKI-Determinante (A.32) wird aus (3.57)

$$p_n \underbrace{\left\{ I_1(p_n a)\,K_0(p_n a) + K_1(p_n a)\,I_0(p_n a) \right\}}_{= (p_n a)^{-1}} \left\{ C_n \cos p_n z + D_n \sin p_n z \right\} =$$

$$= \frac{\mu_0 N \hat{I}}{b}\left(a_n \cos p_n z \cos\omega t + b_n \sin p_n z \sin\omega t \right)$$

und wir erhalten durch Koeffizientenvergleich

$$C_n = -\mu_0 N\hat{I}\,\frac{a}{b}\,\frac{\sin([2n-1]\pi/4)}{[2n-1]\pi/4}\,\cos\omega t$$

$$D_n = -\mu_0 N\hat{I}\,\frac{a}{b}\,\frac{\cos([2n-1]\pi/4)}{[2n-1]\pi/4}\,\sin\omega t \; .$$

---

[20] Daher können wir an dieser Stelle auch nicht den Lösungsansatz (A.6) verwenden, der nur für die skalare LAPLACE-Gleichung gilt.

Mit dem Additionstheorem $\cos\alpha\cos\beta + \sin\alpha\sin\beta = \cos(\alpha-\beta)$ und wegen $\sin\pi/4 = \cos\pi/4 = \sqrt{2}/2$ folgt für $n = 1$ der Ausdruck

$$C_1\cos p_1 z + D_1\sin p_1 z = -\mu_0 N\hat{I}\,\frac{a}{b}\,\frac{2\sqrt{2}}{\pi}\cos(\omega t - p_1 z) \tag{3.58}$$

und man erkennt, dass es sich um eine Welle handelt, die sich mit der Geschwindigkeit

$$v_p = \frac{\omega}{p_1} = \omega\,\frac{2b}{\pi} = 4bf$$

entlang der z-Achse ausbreitet. Abbildung 3.26 zeigt zur Veranschaulichung den Verlauf der magnetischen Feldlinien.

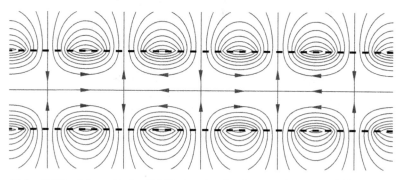

Abb. 3.26. Magnetische Feldlinien der Spulenanordnung in Abb. 3.25 zum Zeitpunkt $t = 0$. In den Kreuzungspunkten gilt $\boldsymbol{H} = 0$.

Bei ebenen Feldern sind die Feldlinien mit den Äquipotentiallinien des Vektorpotentials identisch.[21] Um zu erkennen, wie es sich bei rotationssymmetrischen Feldern verhält, gehen wir von der Differentialgleichung der Feldlinien $\mathrm{d}\boldsymbol{r}\times\boldsymbol{B} = 0$ aus, wobei $\mathrm{d}\boldsymbol{r}$ ein Wegelemement der Feldlinie sei. Nach einigen Umformungen

$$\mathrm{d}\boldsymbol{r}\times\boldsymbol{B} = \mathrm{d}\boldsymbol{r}\times(\nabla\times\boldsymbol{A}) = (\mathrm{d}\varrho\,\boldsymbol{e}_\varrho + \mathrm{d}z\,\boldsymbol{e}_z)\times\left(\frac{1}{\varrho}\frac{\partial(\varrho A_\varphi)}{\partial\varrho}\boldsymbol{e}_z - \frac{\partial A_\varphi}{\partial z}\boldsymbol{e}_\varrho\right)$$

$$= -\boldsymbol{e}_\varphi\left(\frac{1}{\varrho}\frac{\partial(\varrho A_\varphi)}{\partial\varrho}\,\mathrm{d}\varrho + \frac{\partial A_\varphi}{\partial z}\,\mathrm{d}z\right) = 0$$

$$\rightarrow\quad \frac{\partial(\varrho A_\varphi)}{\partial\varrho}\mathrm{d}\varrho + \frac{\partial(\varrho A_\varphi)}{\partial z}\mathrm{d}z = \mathrm{d}(\varrho A_\varphi) = 0 \quad\rightarrow\quad \varrho\,A_\varphi(\varrho, z) = \text{const.}$$

stellt man fest, dass die Feldlinien mit den Höhenlinien der Funktion $\varrho A_\varphi(\varrho, z)$ übereinstimmen.

---

[21] vgl. dazu die Aufgaben M12 und M13*

M15 Erzeugung eines magnetischen Drehfeldes

Gegeben ist eine Drehstromwicklung uvw, die als segmentweise homogene Flächenstromverteilung auf dem Zylinder $\varrho = a$ aufgefasst werden darf. In den einzelnen Segmenten mit dem Öffnungswinkel $\pi/3$ fließen die jeweils um den Phasenwinkel $2\pi/3$ zeitlich versetzten Wechselströme $\pm i_u(t)$, $\pm i_v(t)$ und $\pm i_w(t)$, Abb. 3.27.

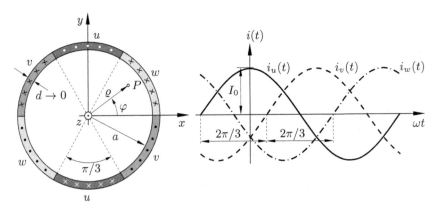

Abb. 3.27. Drehstromwicklung und zeitlicher Verlauf der phasenverschobenen Wicklungsströme

Berechne das quasistatische Vektorpotential der Anordnung in Polarkoordinaten. Zeige außerdem, dass die Grundwelle, d.h. das erste Glied der Lösungssumme, für $\varrho < a$ einem rotierenden, homogenen Feld entspricht und gib den Umlaufsinn des Drehfeldes an.

Lösung: Wir beginnen mit einer FOURIER-Entwicklung der Flächenstromdichte der Wicklung u

$$J_F^{(u)}(\varphi, t) = \cos \omega t \sum_{n=1}^{\infty} A_n \sin(2n-1)\varphi =$$

$$= \frac{3I_0}{\pi a} \cos \omega t \begin{cases} +1 & \text{für} \quad +\pi/3 \leq \varphi \leq +2\pi/3 \\ -1 & \text{für} \quad -\pi/3 \leq \varphi \leq -2\pi/3 \\ 0 & \text{sonst.} \end{cases}$$

Multiplikation beider Seiten mit $\sin(2m-1)\varphi$ und Integration über den orthogonalen Bereich $0 \leq \varphi \leq \pi/2$ ergibt die FOURIER-Koeffizienten

$$A_n = \frac{12I_0}{\pi^2 a} \frac{1}{2n-1} \cos \frac{(2n-1)\pi}{3} .$$

Das Vektorpotential der Wicklung u weist natürlich dieselbe φ-Abhängigkeit und dieselbe Zeitabhängigkeit wie der Flächenstrom $J_F^{(u)}(\varphi, t)$ auf. Es hat nur eine z-Komponente A_z, welche die skalare LAPLACE-Gleichung (A.3) mit dem allgemeinen Lösungsansatz (A.4) erfüllt. Man macht im Innenraum 1 bzw. Außenraum 2 stetige und überall endliche Ansätze

$$A_z^{(u)}(\varrho, \varphi, t) = \cos \omega t \sum_{n=1}^{\infty} C_n \sin(2n-1)\varphi \begin{cases} \left(\dfrac{\varrho}{a}\right)^{2n-1} & \text{für } \varrho \leq a \\[2mm] \left(\dfrac{a}{\varrho}\right)^{2n-1} & \text{für } \varrho \geq a . \end{cases}$$

Zur Bestimmung der noch unbekannten Konstanten C_n wird das unstetige Verhalten der Tangentialkomponente der magnetischen Feldstärke nach (3.15) betrachtet

$$H_\varphi^{(u)}(a+0, \varphi, t) - H_\varphi^{(u)}(a-0, \varphi, t) = J_F^{(u)} \quad , \quad \mu_0 H_\varphi = -\frac{\partial A_z}{\partial \varrho}$$

und nach Differenzieren, Einsetzen und Vergleich der Koeffizienten folgt

$$C_n = \mu_0 \frac{a}{2} \frac{1}{(2n-1)} A_n = \frac{6\mu_0 I_0}{\pi^2} \frac{1}{(2n-1)^2} \cos \frac{(2n-1)\pi}{3} .$$

Das Vektorpotential der gesamten Drehstromwicklung ergibt sich schließlich durch Superposition unter Beachtung der räumlichen und zeitlichen Phasenverschiebung

$$A_z(\varrho, \varphi, t) = \sum_{n=1}^{\infty} C_n F_n(\varphi, t) \begin{cases} \left(\dfrac{\varrho}{a}\right)^{2n-1} & \text{für } \varrho \leq a \\[2mm] \left(\dfrac{a}{\varrho}\right)^{2n-1} & \text{für } \varrho \geq a \end{cases}$$

mit $F_n(\varphi, t) = \left[U_n(\varphi, t) + V_n(\varphi, t) + W_n(\varphi, t)\right]$ und

$$U_n(\varphi, t) = \cos \omega t \sin([2n-1]\varphi)$$
$$V_n(\varphi, t) = \cos(\omega t - \tfrac{2\pi}{3}) \sin([2n-1]\varphi + \tfrac{2\pi}{3})$$
$$W_n(\varphi, t) = \cos(\omega t + \tfrac{2\pi}{3}) \sin([2n-1]\varphi - \tfrac{2\pi}{3}) .$$

Berücksichtigt man nur die Grundwelle mit $n = 1$, so vereinfacht sich das Vektorpotential im Innenraum nach Zusammenfassung der trigonometrischen Terme mit Hilfe der Additionstheoreme zu dem Ausdruck

$$A_z(\varrho \leq a, \varphi, t) = \frac{9}{2} \frac{\mu_0 I_0}{\pi^2} \frac{\varrho}{a} \sin(\omega t + \varphi) .$$

In einem mit der Kreisfrequenz ω rotierenden Polarkoordinatensystem

$$x' = \varrho \cos \varphi' \quad , \quad y' = \varrho \sin \varphi' \quad , \quad \varphi' = \omega t + \varphi$$

hängt das Vektorpotential also nur von y' ab, was wegen $\boldsymbol{B} = \nabla \times \boldsymbol{A}$ gleichbedeutend mit einem homogenen x'-gerichteten Magnetfeld ist. Das Feld rotiert im Uhrzeigersinn.

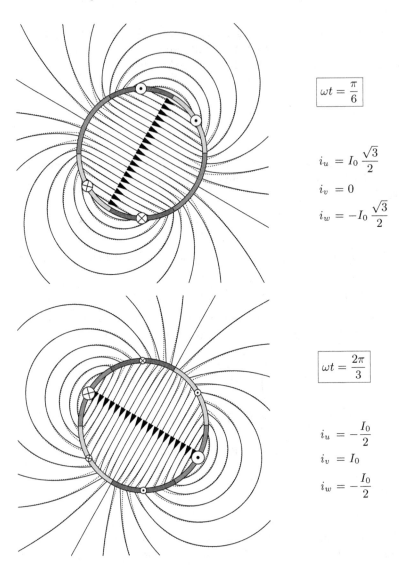

$$\omega t = \frac{\pi}{6}$$

$$i_u = I_0 \frac{\sqrt{3}}{2}$$
$$i_v = 0$$
$$i_w = -I_0 \frac{\sqrt{3}}{2}$$

$$\omega t = \frac{2\pi}{3}$$

$$i_u = -\frac{I_0}{2}$$
$$i_v = I_0$$
$$i_w = -\frac{I_0}{2}$$

Abb. 3.28. Magnetische Feldlinien und Stromverteilung zu zwei Zeitpunkten

Zur Veranschaulichung des Drehfeldes wurden in Abb. 3.28 die magnetischen Feldlinien zu den Zeitpunkten $\omega t = \pi/6$ und $\omega t = 2\pi/3$ dargestellt. Die Größe der Symbole für die Stromrichtung im Mittelpunkt der Segmente ist dabei proportional zur Stromstärke im Segment. Die gepunkteten Linien zeigen den Verlauf, wenn nur das Glied $n = 1$ berücksichtigt wird. Es sind nur geringe Abweichungen erkennbar, so dass sich die Grundwelle als gute Näherung herausstellt.

M16 Permeable Hohlkugel

Gegeben ist eine permeable Hohlkugel mit dem Innenradius a, dem Außenradius b und der Permeabilität μ. Diese Kugel wird in ein ursprünglich homogenes, magnetostatisches Feld der Stärke H_0 eingebracht. Bestimme das magnetische Skalarpotential im gesamten Raum.

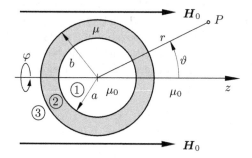

Abb. 3.29. Permeable Hohlkugel in einem ursprünglich homogenen magnetischen Feld. Festlegung der Koordinaten und Raumaufteilung

Lösung: Da die freie Stromdichte $\boldsymbol{J}$ verschwindet und die Permeabilität abschnittsweise konstant ist, gelten für die vorliegende Anordnung die Grundgleichungen $\nabla \times \boldsymbol{H} = 0$ und $\nabla \cdot \boldsymbol{H} = 0$ und wir können wie in der Elektrostatik ein Skalarpotential in der Form

$$\boldsymbol{H} = -\nabla \phi_m \quad \text{mit} \quad \nabla^2 \phi_m = 0$$

einführen.[22] Als Lösung der LAPLACE-Gleichung in Kugelkoordinaten wird für das rotationssymmetrische Problem der Ansatz (A.12) verwendet. Da die Rotationsachse im betrachteten Volumen eingeschlossen ist, werden nur die LEGENDRE-Polynome $P_n(u)$, mit $u = \cos\vartheta$, $P_0(u) = 1$ und $P_1(u) = u = \cos\vartheta$ angesetzt. Zweckmäßigerweise spalten wir das gesamte Potential in einen primären Anteil $\phi_m^{(p)}$ infolge des ungestörten, homogenen Magnetfeldes

$$\phi_m^{(p)} = -H_0 z = -H_0\, r \cos\vartheta = -H_0\, r^1\, P_1(\cos\vartheta)$$

sowie in einen sekundären Anteil $\phi_m^{(s)}$ auf, der die Verzerrung der Feldlinien aufgrund der permeablen Hohlkugel wiedergeben soll. Wie man sieht, enthält das Potential $\phi_m^{(p)}$ nur das Glied $n = 1$ der allgemeinen Lösungssumme. Also darf aufgrund der zu erfüllenden Stetigkeitsbedingungen erwartet werden, dass auch das sekundäre Potential nur das Glied $n = 1$ aufweisen wird. Wegen der Materialsprünge müssen wir den Gesamtraum in drei Bereiche unterteilen, Abb. 3.29, und wählen dort Ansätze der Form

---

[22] Selbstverständlich kann man auch das Vektorpotential $\boldsymbol{A}$ verwenden, das wegen der azimutalen Magnetisierungsströme in der Hohlkugel nur eine φ-Komponente aufweist und folglich mit dem Lösungsansatz (A.14) beschrieben werden kann. Es ist für den Leser sicherlich eine gute zusätzliche Übung, auf diesem Wege zum selben Resultat zu gelangen.

$$\phi_m^{(s)}(r,\vartheta) = \cos\vartheta \begin{cases} A\,r & \text{für } 0 \leq r \leq a \\[2mm] B\,r + C\,\dfrac{1}{r^2} & \text{für } a \leq r \leq b \\[2mm] D\,\dfrac{1}{r^2} & \text{für } b \leq r\,. \end{cases}$$

Die Ansätze garantieren bereits ein Abklingen des sekundären Potentials im Außenraum sowie ein endliches Verhalten im Koordinatenursprung. Zur Bestimmung der noch unbekannten Konstanten A, B, C und D wird die Stetigkeit der Tangentialkomponente der magnetischen Feldstärke H_ϑ sowie der Normalkomponente der Induktion B_r an den Bereichsgrenzen $r = a$ und $r = b$ gefordert. Da H_ϑ aus der tangentialen Ableitung des Potentials entsteht, ist es ausreichend die Stetigkeit des Potentials zu fordern, woraus dann auch eine stetige tangentiale Feldstärke folgt

$$\phi_m^{(s)}(a+0,\vartheta) = \phi_m^{(s)}(a-0,\vartheta) \quad \rightarrow \quad A\,a = B\,a + C\,\frac{1}{a^2}$$

$$\phi_m^{(s)}(b+0,\vartheta) = \phi_m^{(s)}(b-0,\vartheta) \quad \rightarrow \quad B\,b + C\,\frac{1}{b^2} = D\,\frac{1}{b^2}$$

$$\left.\frac{\partial \phi_m}{\partial r}\right|_{r=a-0} = \mu_r \left.\frac{\partial \phi_m}{\partial r}\right|_{r=a+0} \quad \rightarrow \quad A - H_0 = \mu_r\left(B - \frac{2C}{a^3} - H_0\right)$$

$$\left.\frac{\partial \phi_m}{\partial r}\right|_{r=b+0} = \mu_r \left.\frac{\partial \phi_m}{\partial r}\right|_{r=b-0} \quad \rightarrow \quad \mu_r\left(B - \frac{2C}{b^3} - H_0\right) = -\frac{2D}{b^3} - H_0\,.$$

In Matrizenform ergibt sich damit das lineare Gleichungssystem

$$\begin{pmatrix} 1 & -1 & -a^{-3} & 0 \\ 0 & 1 & b^{-3} & -b^{-3} \\ 1 & -\mu_r & 2\mu_r a^{-3} & 0 \\ 0 & \mu_r & -2\mu_r b^{-3} & 2b^{-3} \end{pmatrix} \cdot \begin{pmatrix} A \\ B \\ C \\ D \end{pmatrix} = H_0 \begin{pmatrix} 0 \\ 0 \\ 1 - \mu_r \\ \mu_r - 1 \end{pmatrix}$$

mit der Lösung

$$A = H_0 \frac{2(b^3 - a^3)(\mu_r - 1)^2}{b^3(2\mu_r + 1)(\mu_r + 2) - 2a^3(\mu_r - 1)^2}$$

$$B = H_0 \frac{b^3(2\mu_r + 1)(\mu_r - 1) - 2a^3(\mu_r - 1)^2}{b^3(2\mu_r + 1)(\mu_r + 2) - 2a^3(\mu_r - 1)^2}$$

$$C = H_0 \frac{-3a^3 b^3(\mu_r - 1)}{b^3(2\mu_r + 1)(\mu_r + 2) - 2a^3(\mu_r - 1)^2}$$

$$D = H_0 \frac{b^3(b^3 - a^3)(2\mu_r + 1)(\mu_r - 1)}{b^3(2\mu_r + 1)(\mu_r + 2) - 2a^3(\mu_r - 1)^2}\,.$$

In Abb. 3.30 wird der abschirmende Effekt einer ferromagnetischen Hohlkugel deutlich. Hochfrequente Magnetfelder lassen sich auch mit einer unmagnetischen, leitenden Hülle abschirmen. Wir werden das in Aufg. Q11 untersuchen.

a)

b)

c)

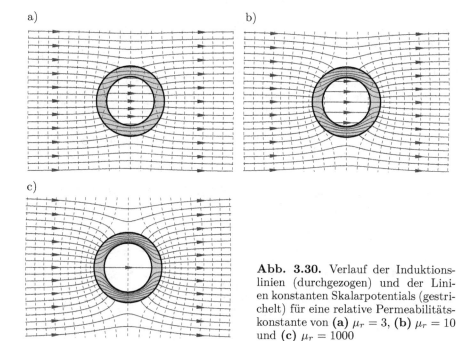

Abb. 3.30. Verlauf der Induktionslinien (durchgezogen) und der Linien konstanten Skalarpotentials (gestrichelt) für eine relative Permeabilitätskonstante von **(a)** $\mu_r = 3$, **(b)** $\mu_r = 10$ und **(c)** $\mu_r = 1000$

Ergänzungsaufgaben

Aufgabe M17: Bestimme die Kraft zwischen einem unendlich langen, vom Gleichstrom I durchflossenen, geraden Leiter und einer quadratischen, ebenfalls vom Strom I durchflossenen, dünnen Leiterschleife der Kantenlänge a. Leiter und Leiterschleife haben gemäß Bild den Abstand a voneinander und liegen in einer Ebene.

Lösung: $\quad \boldsymbol{K} = -\boldsymbol{e}_x \, \dfrac{\mu_0 I^2}{4\pi}$

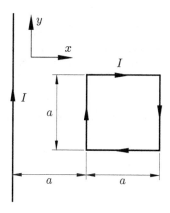

Aufgabe M18: Eine mit der Geschwindigkeit $v = v_0\,e_x$ im Abstand b parallel zur x-Achse gleichförmig bewegte negative Punktladung $-Q$ mit der Masse m trifft zum Zeitpunkt $t = 0$ in der Ebene $x = 0$ auf ein homogenes Magnetfeld der Stärke H_0, siehe Abbildung. Nach welcher Zeit erreicht die Punktladung die x-Achse und welche Bedingung muss für die Anfangsgeschwindigkeit v_0 gelten, damit sie die Achse überhaupt erreicht?

Lösung: $\quad t = \dfrac{1}{\omega} \arccos\left(1 - \dfrac{\omega b}{v_0}\right) \quad$ für $\quad v_0 \geq \omega b/2\,, \quad \omega = \mu_0 H_0 Q/m$

Aufgabe M19: Ein unendlich langer, kreiszylindrischer Massivleiter mit exzentrischer Bohrung wird in z-Richtung von einem Gleichstrom I durchflossen. Berechne das Vektorpotential außerhalb des Leiters.

Hinweis: Verwende das Superpositionsprinzip.

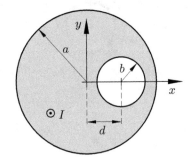

Lösung: $\quad \boldsymbol{A}(x,y) = e_z\,\dfrac{\mu_0 I}{2\pi}\,\dfrac{1}{a^2 - b^2}\left\{b^2\,\ln\dfrac{\sqrt{(x-d)^2 + y^2}}{R_0} - a^2\,\ln\dfrac{\sqrt{x^2 + y^2}}{R_0}\right\}$

Aufgabe M20: Im Gesamtraum der Leitfähigkeit κ befinden sich zwei kleine, perfekt leitende Kugeln vom Radius r. Die Kugeln haben die Entfernung $2a \gg r$ voneinander und sind mit unendlich langen isolierten Zuleitungen versehen, in die der Strom I zu- bzw. abgeführt wird. Berechne das magnetische Feld in der Symmetrieebene zwischen den Kugeln.

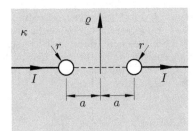

Lösung: $\quad \boldsymbol{H}(\varrho) = e_\varphi\,\dfrac{I}{2\pi\varrho}\left\{1 - \dfrac{a}{\sqrt{\varrho^2 + a^2}}\right\}$

Aufgabe M21: Durch einen unendlich langen, dünnen und rechtwinklig geknickten Draht auf der negativen x- bzw. y-Achse fließe der Strom I. Bestimme die magnetische Induktion $\boldsymbol{B}$ entlang der positiven x-Achse.

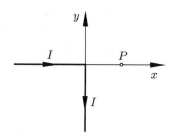

Lösung: $\boldsymbol{B} = \boldsymbol{e}_z \, \dfrac{\mu_0 I}{4\pi} \, \dfrac{1}{x}$

Aufgabe M22: Gegeben sei ein unendlich langer, in der x, y-Ebene liegender Stromfaden mit halbkreisförmiger Ausbuchtung. Der Radius des Halbkreises sei a. Durch die Schleife fließe der Strom I. Man berechne die magnetische Feldstärke im Koordinatenursprung mit dem Gesetz von BIOT-SAVART.

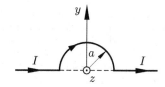

Lösung: $\boldsymbol{H}(0,0,0) = -\boldsymbol{e}_z \, \dfrac{I}{4a}$

Aufgabe M23: Bestimme die magnetische Feldstärke $\boldsymbol{H}$ sowie die magnetische Induktion $\boldsymbol{B}$ innerhalb und außerhalb einer unendlich ausgedehnten und homogen magnetisierten Platte.

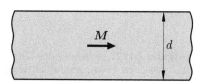

Lösung: $\boldsymbol{H}_a = 0$, $\boldsymbol{B}_a = 0$ (außerhalb)
$\boldsymbol{H}_i = 0$, $\boldsymbol{B}_i = \mu_0 \boldsymbol{M}$ (innerhalb)

Aufgabe M24: Parallel in der Höhe h über einem hochpermeablen Halbraum ($\mu \to \infty$) befinde sich ein unendlich langer, z-gerichteter Linienleiter mit dem Gleichstrom I. Wie groß ist die Kraft pro Längeneinheit auf den Linienleiter?

Lösung: $\boldsymbol{K}' = -\boldsymbol{e}_y \, \dfrac{\mu_0 I^2}{4\pi h}$

Aufgabe M25: Wie groß ist die Selbstinduktivität der im Bild zur Hälfte dargestellten Toroidspule, die mit N Windungen dicht bewickelt ist? Die Toroidspule habe einen rechteckigen Querschnitt, den Innenradius a, den Außenradius b und die Höhe h.

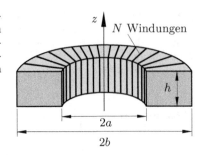

Lösung: $L = \dfrac{\mu_0 N}{2\pi}\, h \ln\dfrac{b}{a}$

Aufgabe M26: Eine aus dünnen Leitern bestehende unendlich lange Doppelleitung befinde sich in der Höhe h über einem hochpermeablen Halbraum. Der Abstand $2d$ zwischen den Leitern sei wesentlich größer als der Leiterradius, d.h. $d \gg r$.

Berechne die äußere Selbstinduktivität der Doppelleitung pro Längeneinheit.

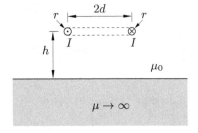

Lösung: $L' = \dfrac{\mu_0}{\pi} \ln \dfrac{2d\sqrt{d^2 + h^2}}{rh}$

Aufgabe M27: Berechne die Gegeninduktivität zwischen einem unendlich langen, geraden Leiter und einer gleichschenkligen, dünnen, dreieckförmigen Leiterschleife, die sich gemäß Bild in symmetrischer Lage vor dem geraden Leiter befindet.

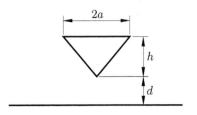

Lösung: $M = \dfrac{\mu_0 a}{\pi}\left[1 - \dfrac{d}{h}\ln\left(1 + \dfrac{h}{d}\right)\right]$

Aufgabe M28: Eine dünne Leiterschleife, bestehend aus einem Halbkreisbogen vom Radius a und ansonsten geraden Segmenten der Länge a bzw. $2a$ umschließt gemäß Abbildung in der Ebene $z = 0$ eine sehr kleine kreisförmige Leiterschleife vom Radius $b \ll a$. Bestimme die Gegeninduktivität zwischen den beiden Leiterschleifen.

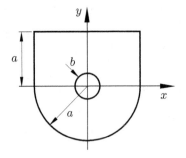

Lösung: $M = \mu_0 \dfrac{b^2}{a}\left\{\dfrac{\pi}{4} + \dfrac{1}{\sqrt{2}}\right\}$

Aufgabe M29: Es ist die Gegeninduktivität pro Längeneinheit zwischen einer Doppelleitung bestehend aus dünnen Einzelleitern der Radien r und einer Doppelleitung bestehend aus dünnen bandförmigen Einzelleitern der Breite w und der Dicke $d \ll w$ zu berechnen. Die Leitungen sind wie im Bild dargestellt angeordnet und als unendlich lang aufzufassen.

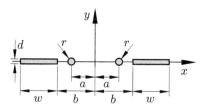

Lösung:

$$M' = \frac{\mu_0}{\pi} \left| \frac{a+b}{w} \ln \frac{a+b}{a+b+w} + \frac{b-a}{w} \ln \frac{b+w-a}{b-a} + \ln \frac{b+w-a}{a+b+w} \right|$$

Aufgabe M30: Die Ebenen $x = 0$, $x = a$ sowie $y = 0$ bilden die Wände einer Nut im ansonsten hochpermeablen Gesamtraum. Der Bereich $0 < x < a$, $0 < y < b$ sei in y-Richtung magnetisiert:

$$M = e_y M_0 \sin \frac{\pi x}{a}$$

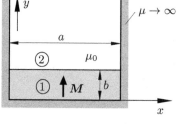

Bestimme das magnetische Skalarpotential im magnetisierten Bereich 1.

Lösung: $\phi_{m1}(x,y) = \dfrac{a M_0}{\pi} \sin \dfrac{\pi x}{a} \sinh \dfrac{\pi y}{a} \, e^{-\pi b/a}$

Aufgabe M31: Gegeben sei ein sehr langer in x-Richtung homogen magnetisierter Zylinder (Magnetisierung $M = e_x M_0$) vom Radius a. Berechne das magnetische Vektorpotential innerhalb des Zylinders.

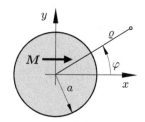

Lösung: $A(\varrho \leq a, \varphi) = e_z \dfrac{\mu_0 M_0}{2} y$

Aufgabe M32: In den Zylinderkoordinaten (ϱ, φ, z) sind die Bereiche $\varrho \leq a$ und $b \leq \varrho$ mit hochpermeabler Materie $\mu \to \infty$ gefüllt und stellen Läufer und Stator einer elektrischen Maschine dar. Als Ersatz für die Statorwicklung soll auf der Zylinderfläche $\varrho = b$ der Flächenstrom $J_F = J_{F0} \cos(2\varphi) \, e_z$ angenommen werden. Bestimme das magnetische Vektorpotential A im Bereich $a \leq \varrho \leq b$.

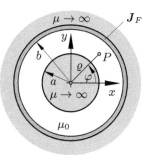

Lösung: $\dfrac{A(\varrho, \varphi)}{\mu_0 J_{F0} b} = \dfrac{1}{2} e_z \dfrac{\varrho^2/a^2 + a^2/\varrho^2}{b^2/a^2 - a^2/b^2} \cos(2\varphi)$

4. Quasistationäre Felder

Zusammenfassung wichtiger Formeln

Im Gegensatz zu statischen Feldern weisen quasistationäre Felder zeitveränderliche Feldgrößen auf. Elektrische und magnetische Felder sind über das FARADAY'sche Induktionsgesetz miteinander verkoppelt. Dieses lautet in integraler Form

$$\oint_S \boldsymbol{E}' \cdot \mathrm{d}\boldsymbol{s} = -\frac{\mathrm{d}}{\mathrm{d}t} \int_F \boldsymbol{B} \cdot \mathrm{d}\boldsymbol{F} = -\frac{\mathrm{d}\psi_m}{\mathrm{d}t} \, , \tag{4.1}$$

wobei S der Rand der Fläche F ist und die Integrationsrichtung im Konturintegral zusammen mit der Flächennormalen eine Rechtsschraube bildet. (4.1) gilt in dieser Form auch für bewegte Systeme, wenn man unter $\boldsymbol{E}'$ das elektrische Feld bezüglich des bewegten System versteht. Für $v \ll c$ (Vakuumlichtgeschwindigkeit) gilt der Zusammenhang

$$\boldsymbol{E}' = \boldsymbol{E} + \boldsymbol{v} \times \boldsymbol{B} \, , \tag{4.2}$$

wobei die Felder $\boldsymbol{E}$ und $\boldsymbol{B}$ sich auf das Laborsystem beziehen.

Bei der quasistationären Feldberechnung wird die Verschiebungsstromdichte in den MAXWELL'schen Gleichungen vernachlässigt. In leitenden Gebieten mit $\kappa \gg \omega\varepsilon$ ist dies in der Regel auch bei hohen Frequenzen zulässig. In nichtleitenden Gebieten muss aber zusätzlich sichergestellt sein, dass die geometrischen Abmessungen der am Feldaufbau beteiligten Anordnung deutlich kleiner als die im betrachteten Frequenzbereich auftretenden Wellenlängen ausfallen.

Quasistationäre Magnetfelder entsprechen damit in nichtleitenden Gebieten zu jedem Zeitpunkt t der magnetostatischen Feldverteilung, die instantan aus der zum selben Zeitpunkt vorliegenden Stromverteilung $\boldsymbol{J}(\boldsymbol{r}, t)$ folgt. In leitenden Gebieten kommt es dagegen zu Diffusionserscheinungen.

Grundlegende Gleichungen

Die Grundgleichungen quasistationärer Felder sind die MAXWELL-Gleichungen bei Vernachlässigung der Verschiebungsstromdichte. Im Rahmen dieser Aufgabensammlung beschränken wir uns auf lineare und abschnittsweise homogene Materialkonstanten μ, κ. Dann lauten die MAXWELL'schen Gleichungen für leitende Körper in differentieller Form

$$\nabla \times \boldsymbol{H} = \kappa \boldsymbol{E} \, , \quad \nabla \times \boldsymbol{E} = -\frac{\partial \boldsymbol{B}}{\partial t} \, , \quad \nabla \cdot \boldsymbol{B} = 0 \, , \quad \boldsymbol{B} = \mu \boldsymbol{H} \, . \qquad (4.3)$$

Dabei wurde zusätzlich vorausgesetzt, dass der Leiter sich nicht bewegt und es zu keinen Ladungsanhäufungen kommt (quasistationäres Strömungsfeld mit $\nabla \cdot \boldsymbol{J} = 0$). Die Felder lassen sich aus einem Vektorpotential und Skalarpotential über die Beziehungen

$$\boldsymbol{B} = \nabla \times \boldsymbol{A} \quad , \quad \boldsymbol{E} = -\frac{\partial \boldsymbol{A}}{\partial t} - \nabla \phi \qquad (4.4)$$

bestimmen.

Ohm'sches Gesetz für bewegte Leiter

In einem bewegten Leiter wirkt die LORENTZ-Kraft $Q(\boldsymbol{v} \times \boldsymbol{B})$ ebenso stromtreibend wie die COULOMB-Kraft $Q\boldsymbol{E}$. Dies führt bei nichtrelativistischen Geschwindigkeiten auf das OHM'sche Gesetz für bewegte Leiter

$$\boldsymbol{J} = \kappa (\boldsymbol{E} + \boldsymbol{v} \times \boldsymbol{B}) \, , \qquad (4.5)$$

in dem sich alle Größen auf das Laborsystem beziehen. Zusammen mit der differentiellen Form des FARADAY'schen Induktionsgesetzes

$$\nabla \times \boldsymbol{E} = -\frac{\partial \boldsymbol{B}}{\partial t} \, , \qquad (4.6)$$

das in dieser Form auch für bewegte Leiter gilt, lassen sich damit einfache Probleme der Bewegungsinduktion lösen ohne die integrale Form (4.1) zu verwenden. In Aufg. Q2 werden wir beide Varianten behandeln.

Diffusionsgleichung und Eindringtiefe

Unter den für das System (4.3) gemachten Voraussetzungen ergibt sich die Diffusionsgleichung

$$\nabla^2 \boldsymbol{F}(\boldsymbol{r}, t) = \kappa \mu \frac{\partial \boldsymbol{F}(\boldsymbol{r}, t)}{\partial t} \, , \qquad (4.7)$$

wobei das Vektorfeld $\boldsymbol{F}$ für die elektrische Feldstärke $\boldsymbol{E}$, die magnetische Feldstärke $\boldsymbol{H}$ oder auch für das Vektorpotential $\boldsymbol{A}$ steht. Durch FOURIER-Transformation

$$\boldsymbol{F}(\boldsymbol{r}, t) \circ\!\!-\!\!\bullet \widetilde{\boldsymbol{F}}(\boldsymbol{r}, \omega)$$

wird daraus die HELMHOLTZ-Gleichung[1]

---

[1] Lösungsansätze für die HELMHOLTZ-Gleichung findet man im Anhang A.2.

$$\nabla^2 \widetilde{\boldsymbol{F}} = \mathrm{j}\omega\kappa\mu\widetilde{\boldsymbol{F}} = \mathrm{j}\,\frac{2}{\delta_S^2}\,\widetilde{\boldsymbol{F}} \qquad (4.8)$$

mit der Skineindringtiefe

$$\delta_S = \sqrt{\frac{2}{\omega\kappa\mu}} \quad , \quad \delta_S \approx 1 \text{ cm für Kupfer und 50 Hz.} \qquad (4.9)$$

Bei harmonischer Anregung mit der Kreisfrequenz ω stellt $\widetilde{\boldsymbol{F}}$ den komplexen Zeiger (Phasor) der zeitabhängigen Feldgröße dar. Grundsätzlich wird auf die Kennzeichnung der Phasoren durch eine Tilde verzichtet, wenn bei einer Aufgabe aufgrund harmonischer Anregung allein mit komplexen Zeigern gerechnet wird.

(4.7) ist der Ausgangspunkt bei der Berechnung transienter Wirbelstromprobleme (siehe z.B. Aufg. Q8), während (4.8) die Grundlage zur Behandlung von Aufgaben des stationären Skineffektes darstellt (siehe z.B. Aufg. Q7).

Komplexer Wechselstromwiderstand

Ein vom Wechselstrom $\hat{I}\cos\omega t$ durchflossener Massivleiter weist einen frequenzabhängigen OHM'schen Widerstand R und eine frequenzabhängige innere Induktivität L_i auf. Man kann den komplexen Wechselstromwiderstand dann in der Form

$$Z_i = R + \mathrm{j}\omega L_i = -\frac{1}{\hat{I}^2} \oint_F \left(\widetilde{\boldsymbol{E}} \times \widetilde{\boldsymbol{H}}^* \right) \cdot \mathrm{d}\boldsymbol{F} \qquad (4.10)$$

durch Integration über die Leiteroberfläche berechnen, wobei $\widetilde{\boldsymbol{E}}$ der Phasor der elektrischen Feldstärke und $\widetilde{\boldsymbol{H}}^*$ der konjugiert komplexe Wert des Phasors der magnetischen Feldstärke ist (zum Beweis siehe Aufgabe W19).

Aufgaben

Q1 Unipolarmaschine

Die üblicherweise als Gleichstrommaschinen bezeichneten Generatoren erzeugen in Wirklichkeit Wechselspannungen, die erst durch sogenannte Stromwender gleichgerichtet werden. Eine echte Gleichstrommaschine, die zeitlich unveränderliche Spannungen liefert, ist die *Unipolarmaschine*. Diese trägt ihren Namen deshalb, weil über dem Umfang des Rotors immer der gleiche Magnetpol vorliegt, siehe Abb. 4.1a. Der Aufbau der Unipolarmaschine ist denkbar einfach. Auf dem Umfang des Rotors sind zwei Schleifringe mit einem leitenden Stab verbunden. Auf den Ringen schleifen zwei Bürsten, über welche die induzierte Spannung abgegriffen wird. Der Rotor mit dem Radius r und dem

Abstand l zwischen den Schleifringen rotiere mit der Winkelgeschwindigkeit ω in einem radialhomogenen Magnetfeld, welches auf der Rotoroberfläche den konstanten Wert B habe, Abb. 4.1b.

a) Berechne die induzierte Klemmenspannung U_0 mit Hilfe der integralen Form des Induktionsgesetzes von FARADAY.

b) Berechne die Klemmenspannung U_0 ausgehend von der LORENTZ-Kraft auf die Leiterelektronen.

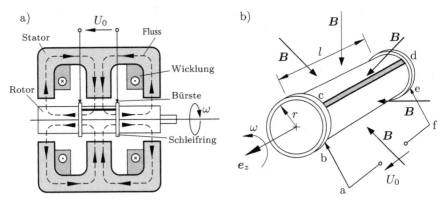

Abb. 4.1. (a) Prinzipieller Aufbau einer Unipolarmaschine. (b) Rotor der Unipolarmaschine im radialhomogenen Magnetfeld

Lösung:

a) Wir beginnen mit dem Induktionsgesetz von FARADAY in seiner integralen Form (4.1). Bei bewegten Systemen ist zunächst zu beachten, dass E' diejenige Feldstärke ist, die ein mit dem System mitbewegter Beobachter registriert. Die Kontur, über die das Wegintegral in (4.1) zu erstrecken ist, kann beliebig gewählt werden. Sie darf sich sogar bewegen und dabei verformen. Letzteres ist der Fall, wenn wir als Kontur den Umlauf [abcdefa] in Abb. 4.1b wählen. Im Leerlauf verschwindet in allen bewegten und ruhenden Leiterteilen die Stromdichte und damit das elektrische Feld, so dass nur der zwischen den Klemmen liegende Integrationspfad einen Beitrag liefert und gerade die Klemmenspannung U_0 ergibt

$$U_0 = -\frac{\mathrm{d}\psi_m}{\mathrm{d}t} \ .$$

Die von der gewählten Kontur umschlossene Fläche besteht aus einem zeitlich unveränderlichen Teil F_0 (Umlauf [abef]) und einem Teil $F(t)$ (Umlauf [bcde]), der mit der Zeit anwächst

$$F(t) = l\,\omega\,r\,t \ .$$

Aufgrund des zeitlich und örtlich konstanten Magnetfeldes B erhält man dann die Klemmenspannung

$$U_0 = -\boldsymbol{B} \cdot \frac{\mathrm{d}\boldsymbol{F}}{\mathrm{d}t} = -B\,l\,\omega\,r\,. \tag{4.11}$$

b) Auf die Leitungselektronen im rotierenden Läuferstab wirkt die Lorentz-Kraft (4.2), so dass die Leitungselektronen verschoben werden. Damit wird der Stab elektrisch aufgeladen. Das dadurch entstandene elektrische Feld wirkt der Lorentz-Kraft entgegen und im Gleichgewicht gilt

$$\boldsymbol{E} + \boldsymbol{v} \times \boldsymbol{B} = 0 \quad \to \quad \boldsymbol{E} = -\boldsymbol{v} \times \boldsymbol{B}\,.$$

$\boldsymbol{E}$ ist hier das elektrische Feld im Laborsystem! Das Faraday'sche Induktionsgesetz in differentieller Form (4.6) vereinfacht sich aufgrund des zeitlich konstanten Magnetfeldes zu

$$\nabla \times \boldsymbol{E} = 0 \quad \to \quad \oint \boldsymbol{E} \cdot \mathrm{d}\boldsymbol{s} = 0\,,$$

so dass also im Laborsystem ein konservatives elektrisches Feld vorliegt und folglich geschlossene Wegintegrale für jeden beliebigen Umlauf verschwinden.[2] Für den Umlauf [abcdefa] in Abb. 4.1b ergibt sich also

$$(-l\,\boldsymbol{e}_z) \cdot (-\boldsymbol{v} \times \boldsymbol{B}) + U_0 = 0$$

und nach Einsetzen von $\boldsymbol{v} = \omega\,r\,\boldsymbol{e}_\varphi$ und $\boldsymbol{B} = -B\boldsymbol{e}_\varrho$ erhalten wir wieder die Klemmenspannung (4.11).

Das negative Vorzeichen in (4.11) zeigt an, dass die Spannung entgegen der in Abb. 4.1b eingezeichneten Richtung induziert wird. Es bietet sich an, diesen Sachverhalt mit Hilfe der Lenz'schen Regel zu überprüfen. Bei der im Bild gezeigten Drehung des Rotors vergrößert sich die eingeschlossene Fläche des Umlaufs [abcdefa] und damit der magnetische Fluss. Bei Belastung der Unipolarmaschine mit einem Widerstand muss dann ein Strom fließen, der dieser Flusserhöhung entgegen wirkt. Genau das ist bei der gefundenen Spannungsrichtung der Fall.

Q2 Induktion in einer bewegten Leiterschleife

Gegeben ist ein sehr kleiner, zylindrischer Stabmagnet mit dem Radius a und der Höhe h. Der Magnet habe die Magnetisierung $\boldsymbol{M}$ und darf näherungsweise als magnetischer Dipol aufgefasst werden. Entlang der Achse des Magneten bewege sich mit konstanter Geschwindigkeit $\boldsymbol{v}_0$ eine dünne kreisförmige Leiterschleife mit dem Radius b und dem Ohm'schen Widerstand R, Abb. 4.2. Die Schleife befinde sich zum Zeitpunkt $t = 0$ auf gleicher Höhe wie der Stabmagnet. Berechne den induzierten Schleifenstrom in Abhängigkeit von der Position der Leiterschleife

a) mit Hilfe der integralen Form des Faraday'schen Induktionsgesetzes und

b) mit Hilfe der differentiellen Form des Faraday'schen Induktionsgesetzes

---

[2] Ein sekundäres Magnetfeld infolge des rotierenden geladenen Leiters wurde hier vernachlässigt.

und des Ohm'schen Gesetzes für bewegte Leiter.

Das magnetische Feld des induzierten Stromes darf vernachlässigt werden.

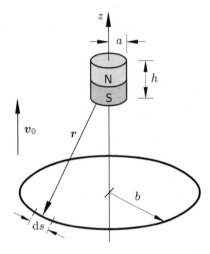

Abb. 4.2. Bewegung einer Leiterschleife entlang der Achse eines kleinen Stabmagneten

Lösung:

a) Da es sich um einen kleinen Magneten handelt, ordnen wir ihm ein magnetisches Dipolmoment der Größe

$$p_m = \pi a^2 h\, M = p_m\, e_z$$

zu. Es sei nun r ein Vektor, der vom Dipol zu einem Punkt auf der Leiterschleife zeigt, Abb. 4.2, d.h. $r = v_0 t\, e_z + b\, e_\varrho$. Das Vektorpotential des Dipols am Ort der Leiterschleife ist dann nach (3.6a)

$$A = \frac{\mu_0}{4\pi}\frac{p_m \times r}{r^3} = e_\varphi\,\frac{\mu_0 p_m}{4\pi}\,\frac{b}{\sqrt{v_0^2 t^2 + b^2}^{\,3}}\ .$$

Den induzierten Schleifenstrom erhält man aus dem Induktionsgesetz von Faraday (4.1)

$$\oint E' \cdot \mathrm{d}s = i(t)R = -\frac{\mathrm{d}\psi_m}{\mathrm{d}t} = -\frac{\mathrm{d}}{\mathrm{d}t}\oint A \cdot \mathrm{d}s$$

$$\rightarrow \quad i(t) = \frac{3}{2}\frac{\mu_0 M}{R}\,\pi a^2 b^2 h v_0\,\frac{v_0 t}{\sqrt{v_0^2 t^2 + b^2}^{\,5}}\ . \tag{4.12}$$

b) Da das magnetische Feld sich zeitlich nicht verändert, wird aus dem Induktionsgesetz in differentieller Form (4.6)

$$\frac{\partial B}{\partial t} = 0 \quad \rightarrow \quad \nabla \times E = 0 \quad \rightarrow \quad \oint E \cdot \mathrm{d}s = 0\ ,$$

wobei $\boldsymbol{E}$ das elektrische Feld im Ruhesystem des Permanentmagneten ist. Es handelt sich also im Laborsystem um ein konservatives elektrisches Feld, welches hier nur eine φ-Komponente hat, da der Strom nur in φ-Richtung fließen kann. Bilden wir das Ringintegral des elektrischen Feldes über die Leiterschleife, so folgt

$$\int\limits_0^{2\pi} E_\varphi(\varrho = b, z)\, b\, \mathrm{d}\varphi = 0 \quad \rightarrow \quad E_\varphi(\varrho = b, z) = 0\,,$$

d.h. der ruhende Beobachter registriert kein elektrisches Feld! Wie aber kommt dann der Stromfluss zustande? Die Antwort liefert das OHM'sche Gesetz für bewegte Leiter (4.5)

$$\boldsymbol{J} = \kappa(\boldsymbol{E} + \boldsymbol{v} \times \boldsymbol{B}) = \kappa\, v_0 \boldsymbol{e}_z \times \boldsymbol{B} = \kappa\, v_0\, B_\varrho\, \boldsymbol{e}_\varphi\,.$$

Stromtreibend wirkt hier also nicht die COULOMB-Kraft sondern die LORENTZ-Kraft infolge der Bewegung der Ladungsträger der Leiterschleife im äußeren Magnetfeld $\boldsymbol{B}$. Mit $\boldsymbol{B} = \nabla \times \boldsymbol{A}$, d.h. $B_\varrho = -\partial A_\varphi/\partial z = -\partial A_\varphi/\partial(v_0 t)$ wird aus der Stromdichte im Leiter

$$J_\varphi = \frac{i(t)}{F} = \frac{3}{2}\,\mu_0 M\,\frac{\kappa}{2\pi b}\,\pi a^2 b^2 h v_0\,\frac{v_0 t}{\sqrt{v_0^2 t^2 + b^2}^{\,5}}$$

wobei F der Leiterquerschnitt ist. Schreibt man dann noch den Widerstand der Leiterschleife in der Form $R = 2\pi b/(\kappa F)$, so ergibt sich wieder das Resultat (4.12).

Q3 Induktion durch Rotation

In einem homogen magnetisierten und in z- und x-Richtung weit ausgedehnten Materialblock befinde sich eine zylindrische Bohrung vom Radius a, in der eine achsparallele Doppelleitung drehbar angeordnet ist, Abb. 4.3.

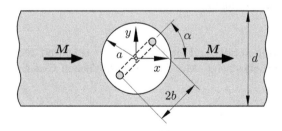

Abb. 4.3. Doppelleitung in der Bohrung einer magnetisierten Platte

a) Wie groß ist die magnetische Induktion in der Bohrung?

b) Berechne die pro Längeneinheit induzierte Spannung, wenn die Doppelleitung mit der Winkelgeschwindigkeit ω rotiert.

c) Welches Drehmoment wirkt auf die Doppelleitung, wenn diese mit der x-Achse den Winkel α einschließt und vom Gleichstrom $\pm I$ durchflossen wird?

Hinweis: Es wird empfohlen, zunächst die Ergänzungsaufgaben M23 und M31 zu lösen, da die Ergebnisse dieser Aufgaben zur Lösung der vorliegenden Problemstellung verwendet werden können (Superpositionsprinzip).

Lösung:

a) Man kann sich das Feld in der Bohrung als die Überlagerung des Feldes $\boldsymbol{B}_1$ einer in x-Richtung magnetisierten Platte und des Feldes $\boldsymbol{B}_2$ eines in negative x-Richtung magnetisierten Zylinders vorstellen. Nach Aufg. M23 ist die Induktion der magnetisierten Platte

$$\boldsymbol{B}_1 = \mu_0 M_0 \, \boldsymbol{e}_x$$

und aus dem Vektorpotential in einem homogen magnetisierten Zylinder, Aufg. M31, ergibt sich die Induktion $\boldsymbol{B}_2$

$$\boldsymbol{A}_2 = -\boldsymbol{e}_z \frac{\mu_0 M_0}{2} y \quad \rightarrow \quad \boldsymbol{B}_2 = \nabla \times \boldsymbol{A}_2 = \frac{\partial A_{2z}}{\partial y} \boldsymbol{e}_x = -\frac{\mu_0 M_0}{2} \boldsymbol{e}_x$$

und damit das Feld in der Bohrung durch Superposition

$$\boldsymbol{B}(\varrho < a) = \boldsymbol{B}_1 + \boldsymbol{B}_2 = \frac{\mu_0 M_0}{2} \, \boldsymbol{e}_x \; .$$

b) Nach dem Induktionsgesetz von FARADAY (4.1) gilt für die in der Doppelleitung induzierte Spannung

$$U_i = -\frac{\mathrm{d}\psi_m}{\mathrm{d}t} = -\frac{\mathrm{d}}{\mathrm{d}t} \int_F \boldsymbol{B} \cdot \mathrm{d}\boldsymbol{F} \; .$$

Mit $\alpha = \omega t$ und der Flächennormalen $\boldsymbol{n} = -\boldsymbol{e}_x \sin\alpha + \boldsymbol{e}_y \cos\alpha$ wird daraus pro Längeneinheit

$$U_i' = \omega \, \mu_0 \, b \, M_0 \, \cos\omega t \; .$$

c) Das Drehmoment pro Längeneinheit auf die gleichstromdurchflossene Doppelleitung berechnen wir über die Beziehung

$$\boldsymbol{T}' = 2 \, b \, \boldsymbol{e}_\varrho \times \boldsymbol{K}' \; ,$$

wobei $\boldsymbol{K}'$ die Kraft pro Längeneinheit auf den Leiter am Ort $\varphi = \alpha$ ist und der Faktor 2 den anderen Leiter berücksichtigt. Mit dem AMPÈRE'schen Gesetz (3.2)

$$\boldsymbol{K}' = \boldsymbol{e}_z I \times \boldsymbol{B}$$

wird daraus wegen $\boldsymbol{e}_\varrho \times (\boldsymbol{e}_z \times \boldsymbol{e}_x) = \boldsymbol{e}_z (\boldsymbol{e}_\varrho \cdot \boldsymbol{e}_x) = \boldsymbol{e}_z \cos\alpha$

$$\boldsymbol{T}' = \mu_0 M_0 I \, b \, \cos\alpha \, \boldsymbol{e}_z \; .$$

Q4 Lesespule über einem Magnetband (Skalarpotential)

Eine magnetisierte Schicht der Dicke $2d$ bewege sich mit der Geschwindigkeit v entlang der z-Achse. Die Magnetisierung sei y-gerichtet und in z-Richtung periodisch, $\boldsymbol{M} = M_0 \cos \beta z \, \boldsymbol{e}_y$. Die Ausdehnung der Schicht in x- und z-Richtung kann als unendlich angesehen werden. Oberhalb der Schicht befinde sich in der Höhe h eine ortsfeste Lesespule mit N dicht beieinander liegenden Windungen und rechteckiger Querschnittsfläche $F = w \cdot 2l$, Abb. 4.4. Die Anordnung diene als einfaches Modell für ein Magnetband mit Lesekopf. Es soll die induzierte Spannung in der Lesespule unter Verwendung des magnetischen Skalarpotentials ϕ_m berechnet werden.

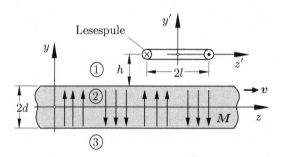

Abb. 4.4. Eine periodisch magnetisierte Schicht bewegt sich mit der Geschwindigkeit v unterhalb einer rechteckigen Spule.

Lösung: Da das magnetische Feld nur von Magnetisierungsströmen erzeugt wird, gilt $\nabla \times \boldsymbol{H} = 0$ und wir können ein magnetisches Skalarpotential in der Form $\boldsymbol{H} = -\nabla \phi_m$ einführen. Außerdem muss natürlich die Divergenzfreiheit

$$\nabla \cdot \boldsymbol{B} = \mu_0 \left(\nabla \cdot \boldsymbol{H} + \nabla \cdot \boldsymbol{M} \right) = \mu_0 \nabla \cdot \boldsymbol{H} + \mu_0 \, \frac{\partial M_y}{\partial y} = 0$$

erfüllt sein. Da die Magnetisierung aber nur von der Koordinate z abhängig ist, gilt $\nabla \cdot \boldsymbol{H} = 0$ für $y \neq \pm d$ und das Skalarpotential genügt somit der LAPLACE-Gleichung. Hingewiesen sei aber darauf, dass die Gültigkeit der LAPLACE-Gleichung an den Bereichsgrenzen $y = \pm d$ nicht gegeben ist, was eine Aufteilung des Gesamtraumes in drei Teilgebiete erforderlich macht, Abb. 4.4. Als Lösung der zweidimensionalen LAPLACE-Gleichung in kartesischen Koordinaten kann der allgemeine Ansatz (A.2) verwendet werden, wenn man darin x durch z ersetzt. Die örtliche Abhängigkeit der erregenden Magnetisierung von der Koordinate z führt zwingend auf dieselbe Abhängigkeit für die y-Komponente der magnetischen Feldstärke und damit für das Potential, so dass folglich die Separationskonstante p schon festgelegt ist

$$\phi_m \sim \cos \beta z \quad \rightarrow \quad p = \beta .$$

Da weiterhin das Skalarpotential in der Ebene $y = 0$ aus Symmetriegründen zu verschwinden hat und für $|y| \to \infty$ gegen null gehen muss, lässt sich der allgemeine Ansatz (A.2) noch weiter reduzieren

$$\phi_m(y,z) = \begin{cases} A\,\mathrm{sign}(y)\,\mathrm{e}^{-\beta|y|}\,\cos\beta z & \text{für } |y| \geq d \\ B\,\sinh\beta y\,\cos\beta z & \text{für } |y| \leq d \,. \end{cases}$$

Die an dieser Stelle noch unbekannten Konstanten A und B werden aus den Stetigkeitsbedingungen (3.13) an den Bereichsgrenzen $y = \pm d$ bestimmt

$$
\begin{aligned}
B_y(d-0) &= B_y(d+0) \;\;\to\;\; A\beta\,\mathrm{e}^{-\beta d} = M_0 - B\,\beta\,\cosh\beta d \\
H_z(d-0) &= H_z(d+0) \;\;\to\;\; A\beta\,\mathrm{e}^{-\beta d} = B\,\beta\,\sinh\beta d \,.
\end{aligned}
\tag{4.13}
$$

Hierbei genügte die Betrachtung der Ebene $y = +d$, da aufgrund der Ansätze dann auch automatisch die Bedingungen in der Ebene $y = -d$ eingehalten werden. Nach Auflösen des Gleichungssystems (4.13) erhält man die gesuchten Konstanten

$$A = \frac{M_0}{\beta}\sinh\beta d \quad , \quad B = \frac{M_0}{\beta}\,\mathrm{e}^{-\beta d}$$

und oberhalb des Magnetbandes herrscht demnach das Potential

$$\phi_m^{(1)} = \frac{M_0}{\beta}\sinh\beta d\,\mathrm{e}^{-\beta y}\cos\beta z \,.$$

Im Ruhesystem der Lesespule ergibt sich daraus wegen $z = z' - vt$ und $y = h + d$ die y-Komponente der magnetischen Induktion als

$$B_y = \mu_0 M_0 \sinh\beta d\,\mathrm{e}^{-\beta(h+d)}\cos\beta(z'-vt)$$

und der mit der Spule verkettete Magnetfluss wird nach (3.16)

$$
\begin{aligned}
\psi_m &= \int_F \boldsymbol{B}\cdot\mathrm{d}\boldsymbol{F} = w\int_{-l}^{+l} B_y\,\mathrm{d}z' = \\
&= \mu_0 M_0 2lw\,\sinh\beta d\,\frac{\sin\beta l}{\beta l}\,\mathrm{e}^{-\beta(h+d)}\cos\omega t \quad , \quad \omega = v\beta \,,
\end{aligned}
\tag{4.14}
$$

wobei das Additionstheorem

$$\sin\alpha - \sin\beta = 2\cos\frac{\alpha+\beta}{2}\sin\frac{\alpha-\beta}{2}$$

verwendet wurde. Aus dem Induktionsgesetz (4.1) erhält man schließlich die gesuchte induzierte Spannung

$$U_i = -N\frac{\mathrm{d}\psi_m}{\mathrm{d}t} = 2\mu_0 M_0 Nvw\left(1 - \mathrm{e}^{-2\beta d}\right)\mathrm{e}^{-\beta h}\sin\beta l\,\sin\omega t \,.$$

In Abb. 4.5 wurde der Betrag der Amplitude der mit der Frequenz $\omega = v\beta$ oszillierenden Spannung in Abhängigkeit von βl dargestellt. Wie man sieht, ist die Amplitude des Ausgangssignals stark von der Länge der Spule und der Frequenz abhängig. Um auch bei hohen Frequenzen noch genügend Signal zu erhalten, sollte der Abstand der Spule vom Band so klein wie nur irgend möglich gehalten werden.

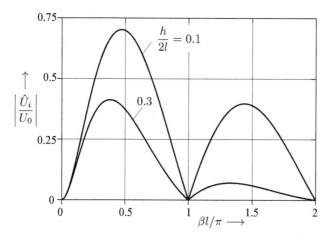

Abb. 4.5. Verlauf der Amplitude der in der Lesespule induzierten Spannung für $d/l = 1$ und mit $U_0 = 2\mu_0 M_0 N v w$

Q5* Lesespule über einem Magnetband (Vektorpotential)

Die Aufgabe Q4 ist noch einmal mit Hilfe des Vektorpotentials $\boldsymbol{A}$ zu lösen.

Lösung: Aus (3.8) und den Grundgleichungen des magnetostatischen Feldes folgt für die zweifache Rotation des Vektorpotentials

$$\nabla \times \boldsymbol{B} = \nabla \times (\nabla \times \boldsymbol{A}) = \mu_0 \left(\nabla \times \boldsymbol{H} + \nabla \times \boldsymbol{M}\right) = \mu_0 \, \nabla \times \boldsymbol{M}$$

und mit der Identität $\nabla \times (\nabla \times \boldsymbol{A}) = \nabla(\nabla \cdot \boldsymbol{A}) - \nabla^2 \boldsymbol{A}$ sowie der willkürlichen Festlegung $\nabla \cdot \boldsymbol{A} = 0$ erhalten wir diesmal die POISSON-Gleichung

$$\frac{\partial^2 A_x}{\partial y^2} + \frac{\partial^2 A_x}{\partial z^2} = \begin{cases} -\mu_0 M_0 \beta \, \sin \beta z & \text{für } |y| \le d \\ 0 & \text{für } |y| > d \end{cases}$$

für die allein auftretende x-Komponente des Vektorpotentials[3] $A_x(y,z)$. Für $|y| > d$ gilt wieder der allgemeine Lösungsansatz (A.2), der sich mit einer analogen Argumentationskette wie in Aufg. Q4 erheblich reduzieren lässt. Für $|y| \le d$ dagegen wird die y-Abhängigkeit noch offen gelassen, ansonsten aber aufgrund der einzuhaltenden Stetigkeitsbedingungen ein Ansatz mit gleicher z-Abhängigkeit gewählt. Der reduzierte Ansatz lautet also

$$A_x(y,z) = \begin{cases} f(y) \sin \beta z & \text{für } |y| \le d \\ C \, \mathrm{e}^{-\beta |y|} \sin \beta z & \text{für } |y| > d \,. \end{cases}$$

---

[3] Die Richtung des Vektorpotentials ist durch die Richtung der Magnetisierungsstromdichte $\boldsymbol{J}_{mag} = \nabla \times \boldsymbol{M}$ nach (3.8) festgelegt.

Setzt man diesen in die POISSON-Gleichung ein, so erhält man für die noch unbekannte Funktion $f(y)$ eine inhomogene, gewöhnliche Differentialgleichung zweiter Ordnung

$$\frac{\mathrm{d}^2 f}{\mathrm{d} y^2} - \beta^2 f = -\mu_0 M_0 \beta \;,$$

deren Lösung sich bekanntermaßen aus einem homogenen und einem partikulären Anteil zusammensetzen lässt

$$f(y) = D \cosh \beta y + \frac{\mu_0 M_0}{\beta} \;.$$

Hierbei wurde wiederum die Symmetrie zur Ebene $y = 0$ berücksichtigt. Aufgrund gleicher Permeabilitäten der Teilräume müssen beide Ortsableitungen des Vektorpotentials in der Ebene $y = d$ stetig ineinander übergehen

$$\left. \frac{\partial A_x}{\partial y} \right|_{y=d+0} = \left. \frac{\partial A_x}{\partial y} \right|_{y=d-0} \;\rightarrow\; -\beta\, C\, \mathrm{e}^{-\beta d} = \beta\, D\, \sinh \beta d$$

$$\left. \frac{\partial A_x}{\partial z} \right|_{y=d+0} = \left. \frac{\partial A_x}{\partial z} \right|_{y=d-0} \;\rightarrow\; \beta\, C\, \mathrm{e}^{-\beta d} = \beta\, D\, \cosh \beta d + \mu_0 M_0 \;.$$

$$(4.15)$$

Löst man das System (4.15) nach den Konstanten C auf, so erhält man das Vektorpotential oberhalb des Magnetbandes

$$A_x(y, z) = \frac{\mu_0 M_0}{\beta} \sinh \beta d\, \mathrm{e}^{-\beta y} \sin \beta z \;.$$

Die Berechnung des magnetischen Flusses gestaltet sich in diesem Fall besonders einfach, da lediglich die Differenz der Vektorpotentiale am Ort der x-gerichteten Leiterteile der Lesespule auszuwerten ist

$$\psi_m = \oint_S \boldsymbol{A} \cdot \mathrm{d}\boldsymbol{s} = w \left[A_x(h+d, l-vt) - A_x(h+d, -l-vt) \right] =$$

$$= 2\mu_0 M_0 l w \sinh \beta d\, \frac{\sin \beta l}{\beta l}\, \mathrm{e}^{-\beta(h+d)} \cos \omega t \;, \quad \omega = v\beta \;.$$

Dies stimmt mit dem Resultat (4.14) vollständig überein, so dass sich auch dieselbe induzierte Spannung ergibt.

In Abb. 4.6 ist gut zu erkennen, wie das magnetische Feld nur schwach in den Raum außerhalb des Magnetbandes einwirkt. Das zeigt ein weiteres Mal, wie wichtig ein kleiner Abstand der Lesespule zum Magnetband ist. Wie wir schon in den Aufgaben M12 und M13* gesehen haben, sind die magnetischen Feldlinien mit den Äquipotentiallinien $A_x(y, z)$ identisch. Hier zeigt sich der große Vorteil bei der Verwendung des Vektorpotentials zur Berechnung ebener Magnetfelder. Das magnetische Skalarpotential dagegen wäre bei einer räumlichen Problemstellung in der Regel die richtige Wahl, weil dann das Vektorpotential aus mehreren Komponenten bestehen würde.

Abb. 4.6. Magnetische Flusslinien eines periodisch magnetisierten Bandes

Q6 Stromverteilung in einem mehradrigen Kabel

Gegeben ist ein Bündelleiter bestehend aus drei parallel auf der x-Achse im gegenseitigen Abstand a angeordneten, unendlich langen Einzelleitern der Radien $r \ll a$, Abb. 4.7a. Durch die parallel geschalteten Leiter fließe der Strom $i(t) = \hat{I} \cos \omega t$. Die unendlich lange Rückleitung am Ort $x = b$ hat den Radius $2r$. Bestimme die Ströme in den Strängen des Bündelleiters.

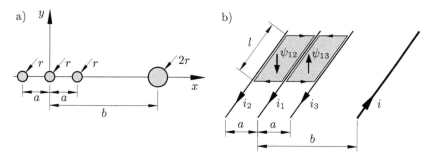

Abb. 4.7. (a) Anordnung der drei parallel geschalteten Einzelleiter und des Rückleiters auf der x-Achse. **(b)** Festlegung der Flussrichtungen bei der Anwendung des FARADAY'schen Induktionsgesetzes

Lösung: Wir wenden das FARADAY'sche Induktionsgesetz (4.1) auf die beiden in Abb. 4.7b angedeuteten Umläufe an, deren eingeschlossene Flächen von den magnetischen Flüssen ψ_{12} und ψ_{13} durchsetzt werden

$$\oint_{S_{12}} \boldsymbol{E} \cdot \mathrm{d}\boldsymbol{s} = (i_1 - i_2)R = -\frac{\mathrm{d}\psi_{12}}{\mathrm{d}t}$$

$$\oint_{S_{13}} \boldsymbol{E} \cdot \mathrm{d}\boldsymbol{s} = (i_1 - i_3)R = -\frac{\mathrm{d}\psi_{13}}{\mathrm{d}t} \quad \text{mit} \quad R = \frac{l}{\kappa \pi r^2} \,. \tag{4.16}$$

R ist dabei der OHM'sche Widerstand der Einzelleiter. Bei der Flussberechnung im Falle einer durch dünne Leiter begrenzten Fläche ergibt sich ein praktisches Problem: Ersetzt man die Leiter durch Stromfäden auf der Leiterachse, so wird der Fluss durch die von diesen Stromfäden begrenzten Fläche unendlich groß. Daher berechnet man zunächst den Fluss ψ_{12}^* bzw. ψ_{13}^* durch die von den realen Leitern (mit endlichem Radius r) nach innen begrenzte Fläche. Das magnetische Feld im Leiter selbst bleibt dabei unberücksichtigt, was (speziell bei Leitern mit hoher Permeabilität) nicht immer zulässig ist. Den vernachlässigten Flussanteil kann man aber durch die in (3.20) definierte innere Selbstinduktivität in Rechnung stellen, d.h. man schreibt

$$\psi_{12} = \psi_{12}^* + L_i(i_1 - i_2) \quad , \quad \psi_{13} = \psi_{13}^* + L_i(i_1 - i_3) \quad \text{mit} \quad L_i = \frac{\mu l}{8\pi} \,,$$

wobei $\mu = \mu_0 \mu_r$ die Permeabilität der Leiter ist. Aus (4.16) wird dann

$$(i_1 - i_2)R + L_i \frac{\mathrm{d}}{\mathrm{d}t}(i_1 - i_2) = -\frac{\mathrm{d}\psi_{12}^*}{\mathrm{d}t}$$

$$(i_1 - i_3)R + L_i \frac{\mathrm{d}}{\mathrm{d}t}(i_1 - i_3) = -\frac{\mathrm{d}\psi_{13}^*}{\mathrm{d}t} \,. \tag{4.17}$$

Da es sich um unendlich lange Leiter handelt, ermittelt man die magnetischen Flüsse ψ_{12}^* und ψ_{13}^* durch Bildung der Differenz der Vektorpotentiale am Ort der einzelnen Leiter und erhält durch Superposition der aus (3.6b) folgenden Beiträge

$$\frac{\psi_{12}^*}{l} = -\frac{\mu_0}{2\pi}\Big\{i_1 \ln \frac{r}{R_0} + i_2 \ln \frac{a}{R_0} + i_3 \ln \frac{a}{R_0} - i \ln \frac{b}{R_0} -$$

$$-i_2 \ln \frac{r}{R_0} - i_1 \ln \frac{a}{R_0} - i_3 \ln \frac{2a}{R_0} + i \ln \frac{b+a}{R_0}\Big\}$$

$$= \frac{\mu_0}{2\pi}\Big\{(i_1 - i_2) \ln \frac{a}{r} + i_3 \ln 2 - i \ln \frac{b+a}{b}\Big\}$$

$$\frac{\psi_{13}^*}{l} = -\frac{\mu_0}{2\pi}\Big\{i_1 \ln \frac{r}{R_0} + i_2 \ln \frac{a}{R_0} + i_3 \ln \frac{a}{R_0} - i \ln \frac{b}{R_0} -$$

$$-i_3 \ln \frac{r}{R_0} - i_1 \ln \frac{a}{R_0} - i_2 \ln \frac{2a}{R_0} + i \ln \frac{b-a}{R_0}\Big\}$$

$$= \frac{\mu_0}{2\pi}\Big\{(i_1 - i_3) \ln \frac{a}{r} + i_2 \ln 2 - i \ln \frac{b-a}{b}\Big\} \,.$$

Die jeweiligen Abstände in (3.6b) wurden hierbei wegen $r \ll a$ immer zwischen den Leitermittelpunkten angenommen.

Bei der vorliegenden Anordnung handelt es sich im Grunde genommen um ein lineares Netzwerk. Es empfiehlt sich daher bei harmonischer Anregung des Systems mit Phasoren (komplexen Zeigern) zu rechnen, d.h. wir schreiben

$$i(t) = \text{Re}\{\hat{I}\, e^{j\omega t}\}\ , \quad i_n(t) = \text{Re}\{I_n\, e^{j\omega t}\}\ , \quad I_n = |I_n|\, e^{j\varphi_n}$$

mit $n = 1, 2, 3$. Ersetzt man also in (4.17) die zeitabhängigen Ströme durch ihre Zeiger und die Zeitableitung durch den Faktor $j\omega$, so wird daraus

$$Z(I_1 - I_2) = -Z_0 I_3 + Z_1 \hat{I}\ , \quad Z(I_1 - I_3) = -Z_0 I_2 + Z_2 \hat{I}\ ,$$

wobei zur Abkürzung die Impedanzen

$$Z = R + j\omega \left(L_i + \frac{\mu_0 l}{2\pi} \ln \frac{a}{r} \right)$$

$$Z_0 = j\omega \frac{\mu_0 l}{2\pi} \ln 2\ , \quad Z_{1,2} = j\omega \frac{\mu_0 l}{2\pi} \ln \frac{b \pm a}{b} \tag{4.18}$$

eingeführt wurden. Mit $\hat{I} = I_1 + I_2 + I_3$ erhält man so das Gleichungssystem

$$\begin{pmatrix} -2Z & -Z + Z_0 \\ -Z + Z_0 & -2Z \end{pmatrix} \cdot \begin{pmatrix} I_2 \\ I_3 \end{pmatrix} = \hat{I} \begin{pmatrix} Z_1 - Z \\ Z_2 - Z \end{pmatrix}\ . \tag{4.19}$$

Nach Inversion liegen die Ströme I_2, I_3 und damit auch $I_1 = \hat{I} - I_2 - I_3$ vor.

Als Spezialfall nehmen wir an, dass der Rückleiter unendlich weit entfernt ist, $b \to \infty$. Dann verschwinden die Impedanzen Z_1 und Z_2 und aus Symmetriegründen ist $I_2 = I_3$. Aus (4.19) folgt damit sofort

$$\frac{I_{2,3}}{\hat{I}} = \frac{Z}{3Z - Z_0}\ , \quad \frac{I_1}{\hat{I}} = 1 - 2 \frac{I_2}{\hat{I}}$$

oder nach Einsetzen der Impedanzen (4.18)

$$\frac{I_{2,3}}{\hat{I}} = \frac{\mu_r(\delta_S/r)^2 + j(0.25\mu_r + \ln a/r)}{3\mu_r(\delta_S/r)^2 + j(0.75\mu_r + 3\ln a/r - \ln 2)}\ \quad \text{mit} \quad \delta_S = \sqrt{\frac{2}{\omega\mu\kappa}}\ ,$$

wobei die Skineindringtiefe (4.9) verwendet wurde.

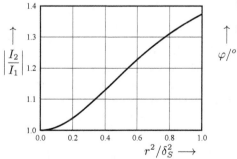
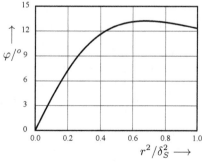

Abb. 4.8. Betrag und Phase des Stromverhältnisses I_2/I_1 für $a/r = 5$, $\mu_r = 1$ und bei unendlich weit entferntem Rückleiter

Der Abb. 4.8 ist zu entnehmen, dass der Strom sich mit steigender Frequenz $\omega \sim r^2/\delta_S^2$ ungleichmäßig über die Stränge des Bündelleiters verteilt. Bei einem Leiterradius von 1 cm und einer Frequenz von 50 Hz (d.h. $\delta_S = 1$ cm für Kupfer) führen die Außenleiter fast 40% mehr Strom als der Innenleiter. Dies ist ein erster Hinweis auf das Phänomen der Stromverdrängung (Skineffekt). Man kann nun einen Schritt weiter gehen und die Anzahl der Stränge des Bündelleiters erhöhen. Man erhält so ein brauchbares Modell zur Beschreibung eines bandförmigen Leiters. Auch hier ist dann zu erwarten, dass der Strom mit steigender Frequenz zu den Leiterkanten hin verschoben wird.[4]

a)   b)

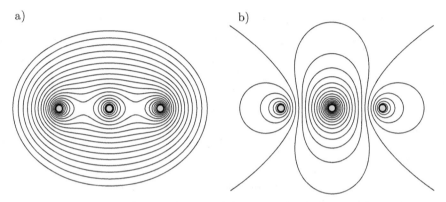

Abb. 4.9. Verlauf der magnetischen Feldlinien. **(a)** $\omega t = 0$. **(b)** $\omega t = \pi/2$.

Abb. 4.9 zeigt schließlich noch den Verlauf der magnetischen Feldlinien, die zu den Zeitpunkten $\omega t = 0$ und $\omega t = \pi/2$ aufgenommen wurden. Während im Gleichstromfall das Feldbild natürlich zu allen Zeitpunkten identisch ist, stellen wir hier fest, dass für $\omega t = \pi/2$ ein völlig anderer Feldverlauf auftritt. Dies liegt daran, dass zu dieser Zeit die Außenleiter den Strom in die entgegengesetzte Richtung wie der Innenleiter transportieren, da der Generatorstrom gerade einen Nulldurchgang hat.

Q7 Induktionsofen

Ein leitendes Rohr mit Innenradius a und Außenradius b habe die Höhe $h \gg b$ und die Leitfähigkeit κ. Es soll erwärmt werden. Dies kann mit einer sogenannten *Induktionsheizung* erfolgen. Dazu wird das Rohr dem magnetischen Wechselfeld einer langen Zylinderspule mit N vom Strom $i(t) = \hat{I}\cos\omega t$ durchflossenen Windungen ausgesetzt, Abb. 4.10. Zu bestimmen ist der zeitliche Mittelwert der im leitenden Rohr entstehenden Verlustleistung.

---

[4] Natürlich wird sich bei hohen Frequenzen der Skineffekt auch in jedem Einzelleiter bemerkbar machen. Dies wurde bei der vorliegenden Rechnung, bei der die Stromdichte im Leiter ortsunabhängig angesetzt wurde, nicht berücksichtigt.

Hinweise: Aufgrund der Länge des Rohres darf angenommen werden, dass nur eine z-Komponente der magnetischen Feldstärke existiert. Außerdem kann das Feld außerhalb der Spule vernachlässigt werden.

Abb. 4.10. Leitendes Rohr innerhalb einer langen wechselstromdurchflossenen Spule

Lösung: Bei der folgenden Rechnung sind alle Feldgrößen als komplexe Zeiger aufzufassen. Der Zeitfaktor $\exp(j\omega t)$ wird unterdrückt. Im leitenden Bereich $a \leq \varrho \leq b$ gilt die HELMHOLTZ-Gleichung (4.8)

$$\nabla^2 H_z = \frac{d^2 H_z}{d\varrho^2} + \frac{1}{\varrho}\frac{dH_z}{d\varrho} = \alpha^2 H_z \quad \text{mit} \quad \alpha^2 = j\omega\mu_0\kappa = j\frac{2}{\delta_S^2}\,,$$

für die voraussetzungsgemäß allein z-gerichtete magnetische Feldstärke. Da es sich um die modifizierte BESSEL'sche Differentialgleichung handelt, machen wir den Lösungsansatz

$$H_z = A\,I_0(\alpha\varrho) + B\,K_0(\alpha\varrho) \tag{4.20}$$

mit den modifizierten BESSEL-Funktionen I_0 und K_0. Das elektrische Feld ergibt sich dann aus $\nabla \times \boldsymbol{H} = \kappa\boldsymbol{E}$ und mit (A.26) zu

$$\kappa E_\varphi = -\frac{\partial H_z}{\partial \varrho} \quad \rightarrow \quad E_\varphi = -\frac{\alpha}{\kappa}\Big\{AI_1(\alpha\varrho) - BK_1(\alpha\varrho)\Big\}\,. \tag{4.21}$$

Im nicht leitenden Bereich $0 \leq \varrho \leq a$ herrscht ein homogenes Magnetfeld

$$H_z = C \quad \text{für} \quad \varrho \leq a$$

und es stellt sich wegen $\nabla \times \boldsymbol{E} = -j\omega\boldsymbol{B}$ das in radiale Richtung linear ansteigende elektrische Feld

$$\frac{1}{\varrho}\frac{\partial(\varrho E_\varphi)}{\partial \varrho} = -j\omega\mu_0 C \quad \rightarrow \quad E_\varphi = -j\omega\mu_0\frac{\varrho}{2}C \quad \text{für} \quad \varrho \leq a$$

ein.[5] Eine erste Bestimmungsgleichung für die noch unbekannten komplexen Konstanten A, B, C erhalten wir aus der Forderung, dass das Magnetfeld auf der Fläche $\varrho = b$ gleich dem Magnetfeld der Spule sein muss

$$A\,I_0(\alpha b) + B\,K_0(\alpha b) = \frac{N\hat{I}}{h}\ . \tag{4.22}$$

Zwei weitere Bestimmungsgleichungen ergeben sich aus der Stetigkeit des magnetischen und elektrischen Feldes auf der Fläche $\varrho = a$

$$A\,I_0(\alpha a) + B\,K_0(\alpha a) = C \quad,\quad A\,I_1(\alpha a) - B\,K_1(\alpha a) = \alpha a\,\frac{1}{2}\,C\ . \tag{4.23}$$

Aus (4.23) kann man zunächst C eliminieren

$$A\,\{\alpha a\,I_0(\alpha a) - 2\,I_1(\alpha a)\} = -B\,\{\alpha a\,K_0(\alpha a) + 2\,K_1(\alpha a)\}$$

$$\rightarrow \quad A = -B\,\frac{\alpha a\,K_0(\alpha a) + 2\,K_1(\alpha a)}{\alpha a\,I_0(\alpha a) - 2\,I_1(\alpha a)} =: B/\lambda$$

und mit (4.22) lauten die für das Feld im Rohr erforderlichen Konstanten

$$A = \frac{N\hat{I}}{h}\,\frac{1}{I_0(\alpha b) + \lambda\,K_0(\alpha b)} \quad,\quad B = \frac{N\hat{I}}{h}\,\frac{\lambda}{I_0(\alpha b) + \lambda\,K_0(\alpha b)} \tag{4.24}$$

mit der Abkürzung

$$\lambda = -\frac{\alpha a\,I_0(\alpha a) - 2\,I_1(\alpha a)}{\alpha a\,K_0(\alpha a) + 2\,K_1(\alpha a)} \quad,\quad \alpha a = (1+\mathrm{j})\,\frac{a}{\delta_S}\ .$$

Zur Bestimmung des zeitlichen Mittelwertes der im leitenden Material auftretenden Verlustleistung kann man von (2.10) ausgehen und anstelle von $\boldsymbol{J}$ den Effektivwert der induzierten Stromdichte einsetzen. Es wäre dann eine Integration über das Rohrvolumen erforderlich. Alternativ bietet sich jedoch (4.10) für die Verlustberechnung an. Multipliziert man dort den Realteil des komplexen Wechselstromwiderstandes mit dem Quadrat des Effektivwertes des induzierten Stromes, so erhält man die gesuchte mittlere Verlustleistung in der Form

$$\overline{P_V} = -\frac{1}{2}\,\mathrm{Re}\left\{\oint_F (\boldsymbol{E}\times\boldsymbol{H}^*)\cdot\mathrm{d}\boldsymbol{F}\right\} =$$

$$= -\frac{1}{2}\,\mathrm{Re}\left\{-2\pi a h\big(E_\varphi H_z^*\big)_{\varrho=a} + 2\pi b h\big(E_\varphi H_z^*\big)_{\varrho=b}\right\}$$

aus dem elektromagnetischen Feld auf der Oberfläche des leitenden Volumens. Nach Einsetzen von (4.20), (4.21) und (4.24) kann nun die Verlustleistung in Abhängigkeit der Frequenz berechnet werden. Abb. 4.11 zeigt den Verlauf in doppelt logarithmischer Darstellung. Deutlich ist zu erkennen, dass bei kleinen Frequenzen bis etwa 200 Hz eine quadratische Abhängigkeit von der

---

[5] Die Integrationskonstante wurde zu null gesetzt, weil das elektrische Feld auf der Rotationsachse $\varrho = 0$ verschwinden muss.

Frequenz vorliegt, während bei höheren Frequenzen die Verlustleistung proportional der Wurzel aus der Frequenz ist. Bei kleinen Frequenzen kann man das Feld der induzierten Wirbelströme vernachlässigen, sofern die Eindringtiefe δ_S deutlich größer als die Rohrdicke $b - a$ ist. Bei hohen Frequenzen macht sich der Skineffekt bemerkbar, d.h. die Wirbelströme fließen vorzugsweise in einer dünnen Schicht auf der Oberfläche mit dem Oberflächenwiderstand $R_w = 1/(\kappa \delta_S) \sim \sqrt{\omega}$.

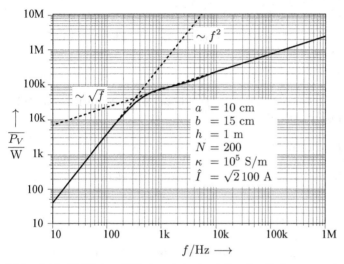

Abb. 4.11. Zeitlicher Mittelwert der im leitenden Rohr umgesetzten Wirkleistung. Die gestrichelt eingezeichneten Asymptoten geben das Verhalten bei niedrigen und hohen Frequenzen wieder.

Q8 Diffusion im leitenden Block (Laplace-Transformation)

Gegeben ist ein in z-Richtung sehr weit ausgedehnter, leitender Block mit der Breite $2a$ und der Höhe $h \gg a$, Abb. 4.12. Der Leiter ist auf seiner Oberfläche mit einer einlagigen, dicht bewickelten Spule mit N Windungen versehen. Die Spule wird vom Gleichstrom I_0 durchflossen, der zum Zeitpunkt $t = 0$ schlagartig eingeschaltet wird.

Berechne den transienten Verlauf des magnetischen Feldes innerhalb des Blockes mit Hilfe der LAPLACE-Transformation. Dabei soll das Magnetfeld zunächst im Bildbereich der LAPLACE-Transformation gefunden und anschließend mittels des komplexen Umkehrintegrals in den Zeitbereich transformiert werden.

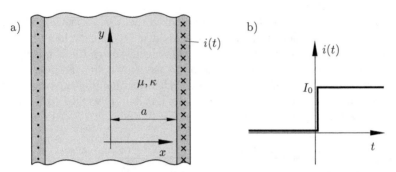

Abb. 4.12. (a) Leitender Block mit dicht bewickelter Spule auf seiner Oberfläche. **(b)** Zeitlicher Verlauf des Spulenstromes

Lösung: Eine zeitabhängige Funktion $f(t)$ lässt sich bekanntlich mit Hilfe der LAPLACE-Transformation

$$\mathscr{L}\{f(t)\} = \int_0^\infty f(t)\,\mathrm{e}^{-st}\,\mathrm{d}t \tag{4.25}$$

in den Bildbereich der Variablen s transformieren. Mit dem Differentiationssatz

$$\mathscr{L}\left\{\frac{\mathrm{d}f(t)}{\mathrm{d}t}\right\} = s\,\mathscr{L}\{f(t)\} - f(t=0) \tag{4.26}$$

wird damit aus der Diffusionsgleichung (4.7) die inhomogene HELMHOLTZ-Gleichung

$$\nabla^2 \mathscr{L}\{\boldsymbol{H}\} = \kappa\mu\Big[s\,\mathscr{L}\{\boldsymbol{H}\} - \boldsymbol{H}(\boldsymbol{r},t=0)\Big] \tag{4.27}$$

für das magnetische Feld im Bildbereich der Variablen s. Die großen Abmessungen des leitenden Blockes in y- und z-Richtung führen auf ein vorzugsweise y-gerichtetes Magnetfeld, das annähernd nur von der Koordinate x abhängen wird

$$\boldsymbol{H}(\boldsymbol{r},t) \approx H(x,t)\,\boldsymbol{e}_y\ .$$

Ferner muss nach der LENZ'schen Regel die Anfangsbedingung $H(x,t=0)=0$ gelten und aus der inhomogenen HELMHOLTZ-Gleichung (4.27) wird die homogene gewöhnliche Differentialgleichung

$$\frac{\mathrm{d}^2\widetilde{H}}{\mathrm{d}x^2} - \frac{s\tau}{a^2}\,\widetilde{H}(x) = 0\ ,\quad \widetilde{H}(x) = \mathscr{L}\{H(x,t)\}\ ,\quad \tau = \kappa\mu a^2$$

mit der bezüglich der Symmetrie der Anordnung angemessenen Lösung

$$\widetilde{H}(x) = A\cosh(\sqrt{s\tau}\,x/a)\ .$$

Zur Abkürzung wurde die Diffusionszeitkonstante τ eingeführt. Da die strom-durchflossene Spule als zeitabhängiger Flächenstrom $\boldsymbol{J}_F(t) = Ni(t)/h$ aufge-fasst werden kann und außerhalb der Spule das Magnetfeld vernachlässigbar ist, folgt aus (3.15) die Randbedingung

$$H(x = a, t) = \frac{Ni(t)}{h} \quad \rightarrow \quad \widetilde{H}(x = a) = \frac{N I_0}{h} \frac{1}{s} ,$$

aus der wir die Konstante A bestimmen können. Das transformierte Magnet-feld lautet also

$$\widetilde{H}(x) = \frac{N I_0}{h} \frac{\cosh(\sqrt{s\tau}\, x/a)}{s \cosh(\sqrt{s\tau})} .$$

Um die Lösung im Zeitbereich zu erhalten, muss das komplexe Integral

$$H(x,t) = \frac{N I_0}{h} \frac{1}{2\pi\mathrm{j}} \int_{\gamma-\mathrm{j}\infty}^{\gamma+\mathrm{j}\infty} \mathrm{e}^{st} \frac{\cosh(\sqrt{s\tau}\, x/a)}{s \cosh(\sqrt{s\tau})} \, \mathrm{d}s \qquad (4.28)$$

gelöst werden. Dies geschieht üblicherweise dadurch, dass der parallel zur imaginären Achse verlaufende Integrationsweg über einen Halbkreis mit un-endlichem Radius so geschlossen wird, dass der Halbkreis die negative reelle Achse schneidet. Sein Beitrag zum geschlossenen Integral verschwindet nach dem JORDAN'schen Lemma, so dass das Integral (4.28) durch die Summe der Residuen gegeben ist. Der Integrand weist Polstellen an den Orten

$$s_0 = 0 \quad , \quad \sqrt{s_n \tau} = \pm\mathrm{j}(2n-1)\frac{\pi}{2} = \pm\mathrm{j}\, u_n \quad \rightarrow \quad s_n = -\frac{u_n^2}{\tau}$$

auf, so dass sich daraus die Residuen

$$\lim_{s \to s_0} s\, \mathrm{e}^{st} \frac{\cosh(\sqrt{s\tau}\, x/a)}{s \cosh(\sqrt{s\tau})} = 1 \qquad (4.29)$$

bzw.

$$\lim_{s \to s_n} (s - s_n)\, \mathrm{e}^{st} \frac{\cosh(\sqrt{s\tau}\, x/a)}{s \cosh(\sqrt{s\tau})} =$$

$$= \frac{\cos(u_n x/a)}{s_n} \mathrm{e}^{s_n t} \lim_{s \to s_n} \frac{s - s_n}{\cosh(\sqrt{s\tau})} =$$

$$= \frac{\cos(u_n x/a)}{s_n} \mathrm{e}^{s_n t} \lim_{s \to s_n} \frac{2\sqrt{s}}{\sqrt{\kappa\mu}\, a \sinh(\sqrt{s\tau})} =$$

$$= -2 \frac{\cos(u_n x/a)}{u_n \sin u_n} \mathrm{e}^{-u_n^2 t/\tau} \qquad (4.30)$$

ergeben. Hierbei wurden die L'HOSPITAL'sche Grenzwertregel sowie die Identitäten $\cosh \mathrm{j}x = \cos x$ und $\sinh \mathrm{j}x = \mathrm{j}\sin x$ verwendet. Summiert man schließlich die Residuen (4.29) und (4.30), so ergibt sich aus (4.28) das zeit-abhängige Magnetfeld

$$H(x,t) = \frac{N I_0}{h} \left\{ 1 - 2 \sum_{n=1}^{\infty} (-1)^{n-1} \frac{\cos(u_n x/a)}{u_n} \mathrm{e}^{-u_n^2 t/\tau} \right\} . \qquad (4.31)$$

Abschließend überprüfen wir noch, ob das Ergebnis der Anfangsbedingung $H(x, t = 0) = 0$ genügt. Zum Zeitpunkt $t = 0$ lässt sich nämlich die Summe in (4.31) geschlossen auswerten[6]

$$\sum_{n=1}^{\infty} \frac{(-1)^{n-1}}{2n-1} \cos \frac{(2n-1)\pi x}{2a} = \frac{\pi}{4} \quad \text{für} \quad 0 \leq x \leq a$$

und nach Einsetzen folgt, dass die Anfangsbedingung tatsächlich erfüllt ist.

Q9 Diffusion im leitenden Block (Bernoulliansatz)

Löse die Aufgabe Q8 noch einmal unter Verwendung des Produktansatzes von BERNOULLI.

Lösung: Mit dem Produktansatz von BERNOULLI wird aus der Diffusionsgleichung (4.7)

$$H(x, t) = X(x) \cdot T(t) \quad \rightarrow \quad \frac{1}{X} \frac{\mathrm{d}^2 X}{\mathrm{d}x^2} = \frac{\kappa \mu}{T} \frac{\mathrm{d}T}{\mathrm{d}t} = -p^2 \,,$$

wobei p die an dieser Stelle noch unbekannte Separationskonstante ist. Die Lösungen der so separierten gewöhnlichen Differentialgleichungen lauten

$$X(x) = \begin{cases} A_0 + B_0 x & \text{für } p = 0 \\ A_p \cos px + B_p \sin px & \text{für } p \neq 0 \end{cases} \tag{4.32}$$

$$T(t) = \mathrm{e}^{-(pa)^2 t/\tau} \,, \quad \tau = \kappa \mu a^2 \,,$$

wobei aufgrund der Symmetrie der Anordnung $B_0 = B_p = 0$ gesetzt werden kann. Der allgemeine Lösungsansatz entsteht daraus durch Summation über alle möglichen Werte der Separationskonstanten p

$$H(x, t) = \frac{NI_0}{h} \left\{ 1 + \sum_{p \neq 0} A_p \cos px \, \mathrm{e}^{-(pa)^2 t/\tau} \right\} \,. \tag{4.33}$$

Man beachte, dass der zu $p = 0$ gehörende Lösungsanteil das Magnetfeld für $t \to \infty$ beschreibt, welches dem Feld der Spule NI_0/h nach Abklingen des sekundären Feldes der induzierten Wirbelströme entspricht. Aus der Randbedingung $H(x = a - 0, t > 0) = NI_0/h$ ergeben sich zunächst die Separationskonstanten

$$p = (2n - 1) \frac{\pi}{2a} = \frac{u_n}{a}$$

und aus der Anfangsbedingung $H(x, t = 0) = 0$ folgt

$$\sum_{n=1}^{\infty} A_n \cos \frac{u_n x}{a} = -1 \quad \text{für} \quad 0 \leq x \leq a \,. \tag{4.34}$$

---

[6] siehe z.B. [Gradshteyn] 1.442, 4

Zur Bestimmung der Konstanten A_n in (4.34) führen wir eine FOURIER-Analyse durch. Dazu werden beide Seiten von (4.34) mit $\cos(u_m x/a)$ multipliziert und über den Bereich $0 \leq x \leq a$ integriert

$$\sum_{n=1}^{\infty} A_n \underbrace{\int_0^a \cos\frac{u_n x}{a} \cos\frac{u_m x}{a}\, \mathrm{d}x}_{\delta_m^n\, a/2} = -\int_0^a \cos\frac{u_m x}{a}\, \mathrm{d}x = (-1)^m\, \frac{a}{u_m}\,.$$

Damit sind die Konstanten $A_n = 2(-1)^n/u_n$ bekannt und wir erhalten nach Einsetzen in den Ansatz (4.33) das Resultat

$$H(x,t) = \frac{NI_0}{h}\left\{1 - 2\sum_{n=1}^{\infty}(-1)^{n-1}\frac{\cos(u_n x/a)}{u_n}\, \mathrm{e}^{-u_n^2 t/\tau}\right\}\,,$$

was vollständig mit (4.31) übereinstimmt. Abb. 4.13 zeigt schließlich zur Veranschaulichung des Ergebnisses den räumlichen und zeitlichen Verlauf des betrachteten Diffusionsvorganges.

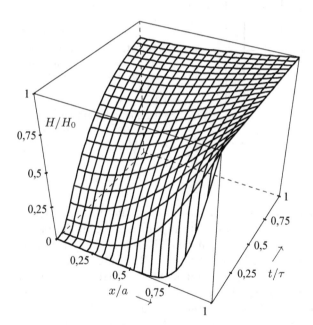

Abb. 4.13. Magnetfeld im leitenden Block als Funktion von Ort und Zeit

Q10* Leitende Platten im transienten Magnetfeld

In den Bereichen $-b < x < -a$ und $a < x < b$ befinden sich zwei sehr weit ausgedehnte, leitende Platten. Die Platten haben die Leitfähigkeit κ und die

Permeabilität μ_0, Abb. 4.14. Von außen wirke ein homogenes y-gerichtetes magnetisches Feld H_0 ein, welches zum Zeitpunkt $t = 0$ abgeschaltet wird.

a) Diskutiere die physikalischen Konsequenzen, die das Abschalten des Magnetfeldes nach sich zieht.

b) Bestimme unter Vernachlässigung der Randeffekte an den Kanten der Platten das magnetische Feld im gesamten Raum für $t > 0$.

Hinweise: Im Bereich der leitenden Platten ist die Diffusionsgleichung zu lösen. Aufgrund der großen Abmessungen wird die magnetische Feldstärke dabei nur von der Koordinate x abhängen. Im Bereich zwischen den Platten setze man ein homogenes magnetisches Feld mit der gleichen Zeitabhängigkeit wie im Bereich der leitenden Platten an.

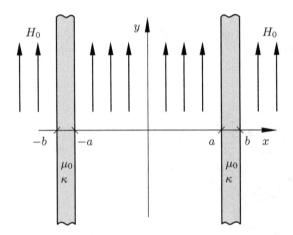

Abb. 4.14. Anordnung der zwei leitenden, unmagnetischen Platten im kartesischen Koordinatensystem. Die Platten sind einem homogenen Magnetfeld ausgesetzt, das zum Zeitpunkt $t = 0$ abgeschaltet wird.

Lösung:

a) Beim Abschalten des äußeren Magnetfeldes passiert physikalisch folgendes: In den Platten werden Ströme in z-Richtung induziert. Zum Zeitpunkt $t = 0$ fließen sie als Flächenstrombeläge auf den Flächen $x = \pm b$. Der Flächenstrom am Ort $x = +b$ fließt dabei in negative z-Richtung, während der Flächenstrom am Ort $x = -b$ entgegengesetzt fließt. Die Ströme versuchen nach der LENZ'schen Regel das magnetische Feld im Bereich $|x| < b$ aufrechtzuerhalten. Das gelingt ihnen mit fortschreitender Zeit immer schlechter, da ein Diffusionsprozess einsetzt, bei dem sich die Flächenströme über die leitenden Platten verteilen und dabei in ihrer Stärke nachlassen bis für $t \to \infty$ der gesamte Raum feldfrei ist.

b) Bei Vernachlässigung der Randeffekte stellt sich im leitenden Bereich der Anordnung ein magnetisches Feld $\boldsymbol{H} = H(x,t)\,\boldsymbol{e}_y$ ein, welches nur von der Koordinate x und der Zeit t abhängig ist und die Diffusionsgleichung (4.7) erfüllt. Die Separation dieser Gleichung mit Hilfe des Produktansatzes

$H(x,t) = X(x) \cdot T(t)$ führt auf die Lösungsfunktionen (4.32) und damit auf den allgemeinen Ansatz

$$H(x,t) = A_0 + B_0 x + \sum_{p \neq 0} (A_p \cos px + B_p \sin px)\, \mathrm{e}^{-(pa)^2 t/\tau}$$

mit der Zeitkonstanten

$$\tau = \mu_0 \kappa a^2 \ .$$

Da das magnetische Feld zu allen Zeiten $t > 0$ am Ort $x = b$ und für $t \to \infty$ im gesamten Bereich verschwindet, lässt sich der Ansatz reduzieren

$$H(x,t) = \sum_{p \neq 0} C_p \sin p(x - b)\, \mathrm{e}^{-(pa)^2 t/\tau} \ , \quad a \leq x \leq b \ . \tag{4.35}$$

Wegen $\nabla \times \boldsymbol{H} = \kappa \boldsymbol{E}$ ist mit diesem Magnetfeld ein z-gerichtetes elektrisches Feld $\boldsymbol{E} = E(x,t)\, \boldsymbol{e}_z$ verbunden

$$\frac{\partial H}{\partial x} = \kappa\, E \quad \to \quad E(x,t) = \frac{1}{\kappa} \sum_{p \neq 0} p\, C_p \cos p(x - b)\, \mathrm{e}^{-(pa)^2 t/\tau} \ . \tag{4.36}$$

Im nichtleitenden Bereich $|x| \leq a$ stellt sich hingegen ein homogenes Magnetfeld mit derselben Zeitabhängigkeit ein

$$H_i(t) = \sum_{p \neq 0} D_p\, \mathrm{e}^{-(pa)^2 t/\tau} \ , \quad |x| \leq a \ . \tag{4.37}$$

Das elektrische Feld im nichtleitenden Bereich folgt aus $\nabla \times \boldsymbol{E} = -\partial \boldsymbol{B}/\partial t$ durch Integration[7]

$$\frac{\partial E_i}{\partial x} = \mu_0\, \frac{\partial H_i}{\partial t} \quad \to \quad E_i(x,t) = -x \frac{1}{\kappa} \sum_{p \neq 0} D_p\, p^2\, \mathrm{e}^{-(pa)^2 t/\tau} \ . \tag{4.38}$$

Zur Bestimmung der Separationskonstanten p wird die Stetigkeit des elektromagnetischen Feldes an der Bereichsgrenze $x = a$ gefordert

$$H(x = a, t) = H_i(t) \quad , \quad E(x = a, t) = E_i(x = a, t) \ .$$

Setzt man die Felder (4.35), (4.36), (4.37) und (4.38) ein, so ergeben sich die beiden linearen Gleichungen

$$C_p \sin p(a - b) = D_p \quad , \quad C_p \cos p(a - b) = -pa\, D_p \ ,$$

nach deren Division die transzendente Gleichung

$$\cot pd = pa \quad , \quad d = b - a \tag{4.39}$$

für die gesuchten Separationskonstanten entsteht. Diese lässt sich z.B. grafisch lösen, indem man die Schnittpunkte der Funktion $\cot pd$ mit der Geraden pa ermittelt, Abb. 4.15. Für den Spezialfall $a = 0$, d.h. wenn aus den

---

[7] Die im Prinzip mögliche Integrationskonstante entfällt, da das elektrische Feld eine ungerade Funktion des Ortes sein muss.

beiden Platten eine einzige Platte mit doppelter Dicke wird, ist die Lösung der Gleichung (4.39) einfach

$$p_n = \frac{(2n-1)\pi}{2b} \quad , \quad n = 1, 2, 3, \dots .$$

Diese Werte kann man dann als Startwerte verwenden, um die Separationskonstanten im Falle $a \neq 0$ numerisch z.B. mit dem NEWTON-Verfahren aufzufinden.

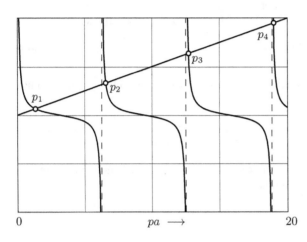

Abb. 4.15. Grafische Bestimmung der Separationskonstanten p aus der transzendenten Gleichung (4.39) bei einem Abmessungsverhältnis von $b/a = 1.5$

Wie man sieht, gibt es unendlich viele, diskrete Separationskonstanten, die von nun an als p_n, mit $n = 1, 2, 3, \dots$, bezeichnet werden. Ebenso schreiben wir für die Konstanten $C_p = C_n$, $D_p = D_n$ und fassen die magnetischen Felder (4.35) und (4.37) in der Form

$$H(x, t) = \sum_{n=1}^{\infty} C_n \, S_n(x) \, e^{-(p_n a)^2 t/\tau} \tag{4.40}$$

mit Hilfe der abschnittsweise definierten Funktion

$$S_n(x) = \begin{cases} \sin p_n (x - b) & \text{für} \quad a \leq x \leq b \\ \sin p_n (a - b) & \text{für} \quad 0 \leq x \leq a \end{cases} \tag{4.41}$$

zusammen. Zur Bestimmung der Konstanten $C_p = C_n$ ziehen wir die bei der physikalischen Diskussion gefundene Anfangsbedingung

$$H(x, t = +0) = H_0 \quad \rightarrow \quad \sum_{n=1}^{\infty} C_n \, S_n(x) = H_0 \tag{4.42}$$

heran, nach der das Feld im Bereich $0 \leq x < b$ *unmittelbar* nach dem Abschalten immer noch den Wert des äußeren Magnetfeldes hat. Um daraus die Konstanten C_n zu gewinnen, wird eine Orthogonalentwicklung erforderlich.

Wir multiplizieren dazu die Anfangsbedingung (4.42) beidseitig mit $S_m(x)$ und integrieren über den Bereich $0 \leq x \leq b$

$$\sum_{n=1}^{\infty} C_n \int_0^b S_n(x)\, S_m(x)\, \mathrm{d}x = H_0 \int_0^b S_m(x)\, \mathrm{d}x \,. \tag{4.43}$$

Das Integral auf der linken Seite von (4.43) wird zu[8]

$$\int_0^b S_n(x)\, S_m(x)\, \mathrm{d}x = a \sin p_n d \, \sin p_m d \, +$$

$$+ \int_a^b \sin p_n(x-b)\, \sin p_m(x-b)\, \mathrm{d}x$$

mit $\quad \displaystyle\int_a^b \sin p_n(x-b)\, \sin p_m(x-b)\, \mathrm{d}x =$

$$= \begin{cases} \dfrac{d}{2} - \dfrac{1}{4p_n} \sin 2p_n d & \text{für } p_n = p_m \\[2mm] \dfrac{p_m \sin p_n d \, \cos p_m d - p_n \cos p_n d \, \sin p_m d}{p_n^2 - p_m^2} & \text{für } p_n \neq p_m. \end{cases}$$

Berücksichtigt man noch die Bestimmungsgleichung für die Separationskonstanten (4.39), so zeigt sich, dass das Integral für $p_n \neq p_m$ verschwindet

$$\int_0^b S_n(x)\, S_m(x)\, \mathrm{d}x = \left(\frac{b}{2} - \frac{a}{2} \cos^2 p_n d \right) \delta_m^n \,,$$

d.h. die Funktionen $S_n(x)$ in (4.41) sind orthogonal. Mit dem Integral auf der rechten Seite von (4.43)

$$\int_0^b S_n(x)\, \mathrm{d}x = a \, \sin p_n(a-b) + \int_a^b \sin p_n(x-b)\, \mathrm{d}x = -\frac{1}{p_n}$$

erhält man schließlich die gesuchten Konstanten

$$C_n = -2H_0 \, \frac{1}{p_n} \, \frac{1}{b - a \, \cos^2 p_n d} \,,$$

womit dann das magnetische Feld (4.40) vollständig bekannt ist. In Abb. 4.16 wurde der Verlauf der magnetischen und elektrischen Feldstärke zu verschiedenen Zeitpunkten dargestellt. Wie man sieht, sind die Felder am Übergang $x = a$ stetig, was ein sicherer Hinweis darauf ist, dass die transzendente Eigenwertgleichung (4.39) numerisch korrekt gelöst wurde. Im Gegensatz zum

---

[8] siehe z.B. [Bronstein] Integrale Nr. 275 und 305

Magnetfeld, das am Ort $x = a$ einen Knick aufweist, ist das elektrische Feld überall stetig differenzierbar.

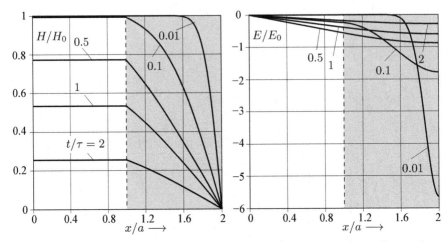

Abb. 4.16. Magnetische und elektrische Feldstärke zu verschiedenen Zeitpunkten mit $E_0 = H_0/(\kappa a)$, $\tau = \mu_0 \kappa a^2$ und für $b/a = 2$

Q11 Abschirmung durch leitende Kugelschalen

In der Hochfrequenztechnik werden Spulen von den metallischen Wänden eines Spulentopfes umgeben. Einerseits will man dadurch die Spule vor äußeren Feldern schützen und außerdem soll die übrige Schaltung nicht vom Feld der Spule beeinflusst werden. Für den nach außen und innen abschirmenden Effekt sind die im Spulentopf induzierten Wirbelströme verantwortlich. Die Abschirmung wird in der Regel durch geschlossene Metallzylinder realisiert. Dies erschwert allerdings die quantitative Analyse des Effektes. Man kann aber stattdessen auch eine Hohlkugel gleicher Wandstärke betrachten, Abb. 4.17a. Es erhebt sich dann die Frage nach dem Radius dieser Kugel. Bedenkt man, dass der Hauptteil der induzierten Wirbelströme in der Mitte des Zylindermantels fließt und damit der Zylinderradius und nicht seine Höhe den entscheidenden geometrischen Einfluss hat, so wird klar, dass die Ersatzkugel zweckmäßigerweise den Radius des Zylinders haben sollte. Ziel dieser und der folgenden Aufgabe soll nun sein, sowohl die Abschirmung von außen einwirkender Magnetfelder als auch die Abschwächung des Spulenfeldes nach außen hin zu untersuchen.

Zur Bestimmung der Abschirmung von außen einwirkender Felder sei die Kugel mit dem Radius R und der Wandstärke $d \ll R$ einem homogenen Magnetfeld mit der Zeitabhängigkeit

a) $\quad \boldsymbol{H}(t) = \boldsymbol{e}_z H_0 \begin{cases} 0 & \text{für } t < 0 \\ 1 & \text{für } t \geq 0 \end{cases} \quad$ bzw. **b)** $\quad \boldsymbol{H}(t) = \boldsymbol{e}_z H_0 \cos \omega t$

ausgesetzt, Abb. 4.17b. Der gesamte Raum habe die konstante Permeabilität μ_0. Man bestimme die magnetische Feldstärke innerhalb der Kugel.

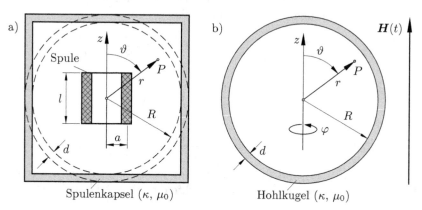

a) Spulenkapsel (κ, μ_0) Hohlkugel (κ, μ_0)

Abb. 4.17. **(a)** HF-Spule in einem leitenden Spulentopf, der durch eine dünnwandige, leitende Hohlkugel ersetzt werden soll. **(b)** Dünnwandige, leitende Hohlkugel in einem zeitabhängigen, homogenen Magnetfeld

Lösung: Da im Rahmen der durchzuführenden quasistationären Feldberechnung Verschiebungsströme vernachlässigt werden, ist das magnetische Feld im nichtleitenden Bereich wirbelfrei und folglich durch ein magnetisches Skalarpotential mit $\boldsymbol{H} = -\nabla \phi_m$ darstellbar. ϕ_m erfüllt dabei die LAPLACE-Gleichung in Kugelkoordinaten und aufgrund der Rotationssymmetrie der Anordnung gilt der allgemeine Lösungsansatz (A.12). Wir gehen zunächst ähnlich wie in Aufg. M16 vor und betrachten das primäre Potential des ungestörten homogenen Feldes

$$\phi_m^{(p)} = -H_0 \, f(t) \, z = -H_0 \, f(t) \, r \cos \vartheta = -H_0 \, f(t) \, r^1 \, P_1(\cos \vartheta) \, .$$

Der Zeitverlauf des anregenden Magnetfeldes wurde durch die Funktion $f(t)$ beschrieben. Wie man sieht, enthält das Potential $\phi_m^{(p)}$ nur das Glied $p = 1$ der allgemeinen Lösungssumme (A.12). Also darf aufgrund der zu erfüllenden Stetigkeitsbedingungen erwartet werden, dass auch das sekundäre Potential infolge der induzierten Wirbelströme nur das Glied $p = 1$ aufweisen wird und wir können den reduzierten Ansatz

$$\phi_m(r, \vartheta, t) = \cos \vartheta \begin{cases} -H_0 \, f(t) \, r + C(t) \, \dfrac{R^2}{r^2} & \text{für } r > R + d \\[2mm] D(t) \, \dfrac{r}{R} & \text{für } r < R \end{cases}$$

aufstellen, der bereits ein endliches Potential im Kugelmittelpunkt $r = 0$ garantiert und außerdem sicherstellt, dass für $r \to \infty$ das sekundäre Feld der Wirbelströme verschwindet.

Zur Bestimmung der noch unbekannten zeitabhängigen Koeffizienten $C(t)$ und $D(t)$ machen wir von den Stetigkeitsbedingungen (3.15) Gebrauch, wobei die in der dünnen Kugelschale induzierten Wirbelströme als Flächenstrom $J_F(\vartheta, t)$ aufgefasst werden können. Es muss also gelten

$$\left.\frac{\partial \phi_m}{\partial r}\right|_{r=R+0} = \left.\frac{\partial \phi_m}{\partial r}\right|_{r=R-0} \quad \to \quad -H_0 f(t) - 2\frac{C(t)}{R} = \frac{D(t)}{R} \qquad (4.44)$$

$$\frac{1}{R}\left(\frac{\partial \phi_m(R-0,\vartheta,t)}{\partial \vartheta} - \frac{\partial \phi_m(R+0,\vartheta,t)}{\partial \vartheta}\right) = J_F(\vartheta, t)$$

$$\to \quad H_0 f(t) - \frac{C(t)}{R} + \frac{D(t)}{R} = -\frac{J_F(\vartheta,t)}{\sin \vartheta} \; . \qquad (4.45)$$

Die Bedingungen (4.44) und (4.45) müssen für jeden Winkel ϑ erfüllt sein. Folglich wird die induzierte Flächenstromdichte die Winkelabhängigkeit

$$J_F(\vartheta, t) = J_{F0}(t)\sin\vartheta$$

mit der noch unbekannten zeitabhängigen Amplitude $J_{F0}(t)$ aufweisen. Da damit insgesamt drei unbekannte Größen auftreten, benötigen wir eine dritte Bestimmungsgleichung. Bisher wurde das FARADAY'sche Induktionsgesetz noch nicht berücksichtigt. Wir wenden zunächst die integrale Form (4.1) auf den in Abb. 4.18 gekennzeichneten ringförmigen Integrationspfad an.

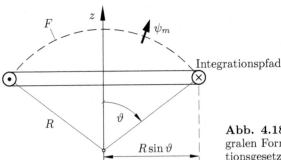

Abb. 4.18. Zur Anwendung der integralen Form des FARADAY'schen Induktionsgesetzes

Mit $\kappa \boldsymbol{E} = \boldsymbol{J}_F/d$ und $\mathrm{d}\boldsymbol{s} = \boldsymbol{e}_\varphi R \sin \vartheta \, \mathrm{d}\varphi$ wird aus dem Umlaufintegral in (4.1)

$$\oint \boldsymbol{E} \cdot \mathrm{d}\boldsymbol{s} = J_{F0}(t)\frac{2\pi R}{\kappa d}\sin^2 \vartheta$$

und der magnetische Fluss durch die in Abb. 4.18 angedeutete Kugelkappenfläche F ist mit $\mathrm{d}\boldsymbol{F} = \boldsymbol{e}_r R^2 \sin\vartheta \, \mathrm{d}\vartheta \, \mathrm{d}\varphi$

$$\psi_m = \int_F \boldsymbol{B} \cdot \mathrm{d}\boldsymbol{F} = -2\pi R \mu_0 D(t) \int_0^{\vartheta} \cos\vartheta \sin\vartheta \, \mathrm{d}\vartheta = -\pi R \mu_0 D(t) \sin^2\vartheta \, .$$

Damit haben wir die noch fehlende dritte Bestimmungsgleichung gefunden

$$J_{F0}(t) = \frac{\kappa \mu_0 d}{2} \frac{\mathrm{d}D}{\mathrm{d}t} \, . \tag{4.46}$$

Alternativ kann man auch die differentielle Form des Induktionsgesetzes (4.6) innerhalb der leitenden Kugelschale verwenden

$$(\nabla \times \boldsymbol{E})_r = \frac{J_{F0}(t)}{\kappa d} \frac{1}{R \sin\vartheta} \frac{\partial(\sin^2\vartheta)}{\partial\vartheta} = -\mu_0 \frac{\partial H_r(R, \vartheta, t)}{\partial t}$$

Einsetzen von $H_r(R, \vartheta, t) = -\cos\vartheta \, D(t)/R$ führt dann wieder auf (4.46). Aus (4.44), (4.45) und (4.46) ergibt sich für $D(t)$ die Differentialgleichung

$$D(t) + \tau \frac{\mathrm{d}D(t)}{\mathrm{d}t} = -RH_0 \, f(t) \quad \text{mit} \quad \tau = \frac{1}{3} \kappa \mu_0 R d \, , \tag{4.47}$$

die wir nun für die beiden in der Aufgabenstellung vorgegebenen Zeitverläufe lösen.

a) Wird das äußere Feld zum Zeitpunkt $t = 0$ eingeschaltet, so kann die Lösung der Differentialgleichung (4.47) aus einem partikulären und einem homogenen Anteil zusammengesetzt werden

$$D(t) = D^{(h)} + D^{(p)} = E \, \mathrm{e}^{-t/\tau} - RH_0 \, ,$$

wobei die Konstante E aus der Anfangsbedingung $\boldsymbol{H}(r < R, \vartheta, t = 0) = 0$ folgt. Die zum Zeitpunkt $t = 0$ in der Kugelschale induzierten Wirbelströme wirken also nach der LENZ'schen Regel ihrer Ursache in der Weise entgegen, dass ihr sekundäres Magnetfeld das gerade eingeschaltete primäre für $r < R$ kompensiert. Damit ergibt sich im Innenraum das homogene Feld

$$\boldsymbol{H} = H_0 \left(1 - \mathrm{e}^{-t/\tau}\right) \boldsymbol{e}_z \, .$$

b) Bei einem zeitharmonischen äußeren Feld braucht in (4.47) nur die Zeitableitung durch $\mathrm{j}\omega$ ersetzt zu werden und alle Feldgrößen sind als Phasoren aufzufassen. Die Differentialgleichung (4.47) vereinfacht sich dann zu

$$D = -\frac{RH_0}{1 + \mathrm{j}\lambda} \quad \text{mit} \quad \lambda = \frac{2}{3} \frac{Rd}{\delta_S^2} \quad \text{und} \quad \delta_S = \sqrt{\frac{2}{\omega \kappa \mu_0}} \, .$$

Zur Abkürzung wurde der dimensionslose Parameter λ eingeführt, der alle Geometrie- und Materialgrößen sowie die erregende Frequenz in sich vereinigt. Der Phasor des z-gerichteten Magnetfeldes im Innenraum lautet jetzt

$$\boldsymbol{H}(r < R) = \frac{H_0}{1 + \mathrm{j}\lambda} \boldsymbol{e}_z = S \, \boldsymbol{H}^{(p)}$$

mit dem *Schirmfaktor* S. Kupfer hat bei 50 Hz eine Skineindringtiefe δ_S von etwa 1 cm. Nehmen wir also eine Kugelschale aus Kupfer mit 1 mm

Dicke und einem Radius von 10 cm und lassen ein Wechselfeld mit 100 Hz einwirken, dann ist im Innern der Kugel noch 60% vom Betrag des äußeren Feldes vorhanden. Bei einer Frequenz von 10 kHz sind es dagegen nur noch 0.75%. Bei niedrigen Frequenzen ist die Abschirmung also wenig wirksam. Hier würde man dann ferromagnetisches Material verwenden, siehe Aufg. M16.

Q12 Schirmung einer HF-Spule

Eine vom Wechselstrom $\hat{I} \cos \omega t$ durchflossene Luftspule mit N Windungen, dem mittleren Wicklungsradius a und der Länge l befinde sich innerhalb einer dünnwandigen, leitenden Hohlkugel mit dem Radius R, der Wandstärke $d \ll R$ sowie der Leitfähigkeit κ (siehe Aufg. Q11, Abb. 4.17a). Das Außenfeld der Spule darf ersatzweise durch das Feld eines äquivalenten magnetischen Dipols ersetzt werden.

a) Berechne mit Hilfe des magnetischen Vektorpotentials das durch die leitende Kugel im Außenraum abgeschwächte Feld der Spule.

b) Bestimme die durch die leitende Kugelhülle zusätzlich hervorgerufene Spulenimpedanz $Z_K = R_K + \mathrm{j}\omega L_K$.

Lösung:

a) Wegen der zeitharmonischen Anregung sind im Folgenden alle Feldgrößen als Phasoren aufzufassen.

Wir ordnen der Spule das magnetische Dipolmoment $\boldsymbol{p}_m$ zu, das aus den bekannten Spulendaten in der Form

$$\boldsymbol{p}_m = \pi a^2 N \hat{I} \, \boldsymbol{e}_z$$

gegeben ist. Dieses Dipolmoment verursacht nach (3.6a) ein primäres Vektorpotential

$$\boldsymbol{A}^{(p)} = \frac{\mu_0}{4\pi} \frac{\boldsymbol{p}_m \times \boldsymbol{r}}{r^3} = \frac{\mu_0 p_m}{4\pi} \frac{\sin\vartheta}{r^2} \, \boldsymbol{e}_\varphi \, ,$$

das nur eine φ-Komponente aufweist. Wir machen uns nun einige Erkenntnisse aus Aufg. Q11 zunutze. Das primäre Vektorpotential gibt zunächst einmal Anlass zu der Schlussfolgerung, dass sich in der Kugelhülle wieder eine sinusförmige Stromverteilung einstellen wird

$$J_F(\vartheta) = J_{F0} \sin\vartheta \, .$$

Von einer solchen Stromverteilung wissen wir aber schon, dass ihr sekundäres Magnetfeld im Innenraum homogen ist und im Außenraum ein Dipolfeld darstellt. Daher setzen wir an

$$\boldsymbol{A}^{(s)} = \boldsymbol{e}_\varphi \, C \sin\vartheta \begin{cases} \dfrac{R^2}{r^2} & \text{für } r \geq R \\[2mm] \dfrac{r}{R} & \text{für } r \leq R \, . \end{cases}$$

In dieser Form ist die Stetigkeit des Potentials beim Durchgang durch die Kugelhülle bereits gewährleistet. Das sprunghafte Verhalten der Tangential-komponente der magnetischen Feldstärke nach (3.15)

$$H_\vartheta^{(s)}(r = R + 0) - H_\vartheta^{(s)}(r = R - 0) = J_{F0}\sin\vartheta$$

führt wegen

$$\boldsymbol{B} = \nabla \times \boldsymbol{A} \quad \rightarrow \quad \mu_0 H_\vartheta^{(s)} = -\frac{1}{r}\frac{\partial}{\partial r}\left(r A^{(s)}\right)$$

auf den Zusammenhang

$$2C + C = \mu_0 J_{F0} R \quad \rightarrow \quad C = \frac{1}{3}\mu_0 J_{F0} R\,.$$

Die noch unbekannte Flächenstromdichte J_{F0} erhalten wir aus dem FARA-DAY'schen Induktionsgesetz (4.1) und dem OHM'schen Gesetz (2.4)

$$\nabla \times \boldsymbol{E} = -\mathrm{j}\omega\,\nabla \times \boldsymbol{A} \quad \rightarrow \quad J_F(\vartheta) = -\mathrm{j}\omega\kappa d\left[A^{(p)}(R,\vartheta) + A^{(s)}(R,\vartheta)\right]$$

zu

$$J_{F0} = -\mathrm{j}\omega\kappa d\left(\frac{\mu_0}{4\pi}\frac{p_m}{R^2} + C\right) \quad \rightarrow \quad J_{F0} = \frac{-\mathrm{j}\,p_m d}{2\pi R^2 \delta_S^2}\frac{1}{1 + \mathrm{j}\,\lambda}$$

und die Konstante C lautet

$$C = -\frac{\mu_0\,p_m}{4\pi R^2}\frac{\mathrm{j}\,\lambda}{1 + \mathrm{j}\,\lambda} \quad \text{mit} \quad \lambda = \frac{2}{3}\frac{Rd}{\delta_S^2}\,.$$

Die Skineindringtiefe δ_S und den Parameter λ hatten wir bereits in Aufg. Q11 eingeführt. Im Außenraum der Kugel stellt sich damit ein um den Schirm-faktor S reduziertes Magnetfeld ein

$$\boldsymbol{H}(r > R) = \frac{1}{1 + \mathrm{j}\,\lambda}\,\boldsymbol{H}^{(p)} = S\,\boldsymbol{H}^{(p)}\,.$$

b) Das durch die Wirbelströme in der leitenden Hülle hervorgerufene homo-gene Magnetfeld treibt einen zusätzlichen Fluss durch die abzuschirmende Spule, dessen zeitliche Änderung gerade die gesuchte Zusatzimpedanz defi-niert

$$(R_K + \mathrm{j}\omega\,L_K)\hat{I} = \mathrm{j}\omega\,\mu_0\pi\,a^2 H_z^{(s)} N\,.$$

Das sekundäre Magnetfeld innerhalb der Abschirmung ist mit $\varrho = r\sin\vartheta$

$$\mu_0 H_z^{(s)} = \frac{1}{\varrho}\frac{\partial(\varrho A^{(s)})}{\partial\varrho} \quad \rightarrow \quad \mu_0 H_z^{(s)} = \frac{2C}{R}$$

und damit die Impedanz

$$R_K + \mathrm{j}\omega\,L_K = -\mathrm{j}\,\omega\left(\pi a^2\right)^2 N^2\frac{2}{R}\mu_0\frac{1}{4\pi R^2}\frac{\mathrm{j}\,\lambda}{1 + \mathrm{j}\,\lambda}\,.$$

Schließlich führen wir noch das Kugelvolumen $V_K = (4/3)\pi R^3$ sowie die mitt-lere Spulenfläche $F = \pi a^2$ ein und zerlegen nach Real- und Imaginärteil

$$R_K = \frac{4}{3} \frac{1}{\kappa \delta_S^2} \frac{(NF)^2}{V_K} \frac{\lambda}{1+\lambda^2} \quad , \quad L_K = -\mu_0 \frac{2}{3} \frac{(NF)^2}{V_K} \frac{\lambda^2}{1+\lambda^2} \; .$$

Der Verlustwiderstand ist, wie es sein muss, positiv. Die Gesamtinduktivität als Summe der ungestörten Selbstinduktivität L_0 und der Zusatzinduktivität L_K verringert sich durch den Einfluss der Kugelhülle. Auch dies ist nach der LENZ'schen Regel sofort plausibel.

Q13 Rechteckhohlleiter im magnetischen Wechselfeld

Gegeben ist ein unendlich langer, dünnwandiger, leitender Hohlzylinder mit den Kantenlängen $2a$ und $2b$ sowie der Wandstärke $d \ll a, b$, Abb. 4.19. Bestimme die magnetische Feldstärke innerhalb des Zylinders, wenn dieser einem ursprünglich homogenen, quasistationären, magnetischen Wechselfeld der Stärke $\boldsymbol{H}(t) = \boldsymbol{e}_z H_0 \cos \omega t$ ausgesetzt wird. Der gesamte Raum habe die konstante Permeabilität μ_0. Außerdem soll die Skineindringtiefe sehr viel größer als die Leiterdicke sein.

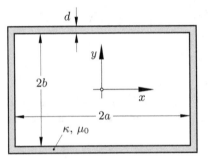

Abb. 4.19. Metallischer Rechteckzylinder kleiner Wandstärke parallel zu einem homogenen, magnetischen Wechselfeld

Lösung: Die wirbelstromdurchflossene Bewandung verhält sich analog zu einer stromdurchflossenen, unendlich langen Spule. Von einer solchen wissen wir, dass sie in ihrem Inneren ein homogenes Feld erzeugt, während der Außenraum feldfrei ist. Daher können wir davon ausgehen, dass auch bei Anwesenheit des leitenden Rechteckzylinders im Außenraum die ungestörte Feldstärke H_0 herrscht, da das sekundäre Feld der Wirbelströme nur im Innenraum vorhanden ist. Dort stellt sich durch Überlagerung des primären und sekundären Magnetfeldes das um den Schirmfaktor S geschwächte, ortsunabhängige Feld

$$H_i = S \, H_0$$

ein. Aufgrund der harmonischen Anregung stellen alle hier verwendeten Feldgrößen komplexe Zeiger dar, die wir mit dieser Festlegung nicht gesondert kennzeichnen. Wegen der vorausgesetzt geringen Wandstärke fassen wir die induzierte Wirbelstromdichte als Flächenstromdichte J_F auf. Diese weist aufgrund der Anregung keine z-Komponente auf. Den Zählpfeil der zirkulierenden Wirbelströme wählen wir im positiven Uhrzeigersinn. Mit dieser Vereinbarung folgt aus (3.15)

$$H_0 - H_i = H_0(1 - S) = J_F \,. \tag{4.48}$$

Da sowohl der Schirmfaktor als auch die induzierte Flächenstromdichte nicht bekannt sind, benötigen wir eine weitere Gleichung. Es bietet sich an, das FARADAY'sche Induktionsgesetz (4.1) in seiner integralen Form auf die Querschnittsfläche F des Rechteckzylinders anzuwenden. Der Feldstärkeumlauf geht dann durch die leitende Bewandung und wir erhalten mit Hinzunahme des OHM'schen Gesetzes $\boldsymbol{J} = \boldsymbol{J}_F/d = \kappa\boldsymbol{E}$

$$\oint \boldsymbol{E} \cdot \mathrm{d}\boldsymbol{s} = \frac{1}{\kappa d} \oint \boldsymbol{J}_F \cdot \mathrm{d}\boldsymbol{s} = \frac{l}{\kappa d} J_F = -\mathrm{j}\omega \int_F \boldsymbol{B} \cdot \mathrm{d}\boldsymbol{F} = -\mathrm{j}\omega\mu_0 H_i F$$

$$\rightarrow \quad J_F = \mathrm{j}\omega\kappa\mu_0 d\, S\, H_0\, \frac{F}{l} \,. \tag{4.49}$$

Nach Einsetzen von (4.49) in (4.48) ergibt sich der Schirmfaktor in der Form

$$S = \frac{1}{1 + \mathrm{j}\,\lambda} \quad \text{mit} \quad \lambda = \frac{2d}{\delta_S^2}\frac{F}{l} = \frac{2d}{\delta_S^2}\frac{ab}{a+b} \quad \text{und} \quad \delta_S = \sqrt{\frac{2}{\omega\kappa\mu_0}} \,.$$

Wie in den Aufgaben (Q11) und (Q12) ließ sich ein dimensionsloser Universalparameter λ einführen, der alle Geometrie- und Materialgrößen sowie die erregende Frequenz in sich vereinigt. Dies ist offensichtlich ein charakteristisches Merkmal bei der Wirbelstromberechnung in dünnen Blechen.

Verfolgt man den Gang der Herleitung, so kann festgestellt werden, dass das Ergebnis auch für anders geformte Zylinder verwendet werden darf. Es braucht lediglich das Verhältnis aus Querschnittsfläche und Umfang F/l jeweils neu berechnet zu werden.

Q14* Doppelleitung über einer leitenden Platte

Über einer dünnen leitenden Platte befinde sich in der Höhe h eine aus dünnen Drähten bestehende Doppelleitung, Abb. 4.20. Der Abstand zwischen den Strängen der Doppelleitung sei $2a \ll h$.

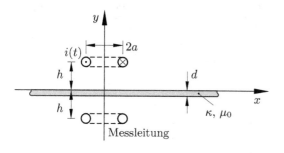

Abb. 4.20. Anordnung der leitenden Platte und der Doppelleitungen im kartesischen Koordinatensystem

a) Bestimme den zeitlichen Verlauf des Vektorpotentials unter der Platte, wenn zum Zeitpunkt $t = 0$ der Strom $i(t)$ in der Doppelleitung vom Wert 0 sprunghaft auf den konstanten Wert I_0 ansteigt.

b) Welche Spannung wird dabei pro Längeneinheit in einer Messleitung induziert, die im Abstand h unter der Platte angeordnet wird und ansonsten die gleiche Gestalt wie die Doppelleitung oberhalb der Platte haben soll?

Lösung:

a) Das resultierende Vektorpotential wird in einen primären Anteil $\boldsymbol{A}^{(p)}$ infolge der Doppelleitung im ansonsten ungestörten Raum sowie einen Beitrag $\boldsymbol{A}^{(s)}$ infolge der durch Induktion hervorgerufenen Wirbelströme in der Form

$$\boldsymbol{A}(x, y, t) = \left[A^{(p)}(x, y, t) + A^{(s)}(x, y, t) \right] \boldsymbol{e}_z$$

zerlegt. Für das primäre Potential gilt nach (3.6b) für $t > 0$

$$A^{(p)}(x, y) = -\frac{\mu_0 I_0}{4\pi} \ln \frac{(x+a)^2 + (y-h)^2}{(x-a)^2 + (y-h)^2} = -\frac{\mu_0 I_0}{4\pi} \ln \frac{1+u}{1-u}$$

$$\text{mit} \quad u = \frac{2xa}{x^2 + a^2 + (y-h)^2} \approx \frac{2xa}{x^2 + (y-h)^2} \quad \text{für} \quad a \ll h \, .$$

Wegen $a \ll h$ können wir den Logarithmus näherungsweise als

$$\ln \frac{1+u}{1-u} \approx 2u \quad \text{für} \quad |u| \ll 1$$

schreiben, so dass das primäre Potential die etwas einfachere Gestalt

$$A^{(p)}(x, y) \approx -\frac{\mu_0 I_0 a}{\pi} \frac{x}{x^2 + (y-h)^2} \tag{4.50}$$

$$A^{(p)}(x, y, t) = \sigma(t) \, A^{(p)}(x, y)$$

annimmt. Infolge des durch die Sprungfunktion $\sigma(t)$ beschriebenen Einschaltvorganges werden in der leitenden Platte z-gerichtete Wirbelströme induziert, die wir, da die Platte dünn sein soll, als Flächenstromdichte J_F auffassen dürfen. Daraus folgt nach (3.15) ein unstetiges Verhalten der Tangentialkomponente der magnetischen Feldstärke am Ort der Platte

$$\boldsymbol{e}_y \times \left[\boldsymbol{H}(x, y = +0) - \boldsymbol{H}(x, y = -0) \right] = \boldsymbol{e}_z \, J_F \, .$$

Mit $\boldsymbol{B} = \nabla \times \boldsymbol{A}$ wird daraus unter Beachtung der Symmetrie des Vektorpotentials der Wirbelströme $A^{(s)}$ zur Ebene $y = 0$

$$2 \left. \frac{\partial A^{(s)}}{\partial y} \right|_{y=-0} = \mu_0 \, J_F \, . \tag{4.51}$$

Aus dem Induktionsgesetz von FARADAY folgt dagegen

$$-\left. \frac{\partial (A^{(p)} + A^{(s)})}{\partial t} \right|_{y=0} = \frac{1}{\kappa d} \, J_F \tag{4.52}$$

und nach Kombination der Gleichungen (4.51) und (4.52) erhält man schließlich die Randbedingung

$$\frac{\partial(A^{(p)} + A^{(s)})}{\partial t}\bigg|_{y=0} = -\frac{2}{\kappa\mu_0 d}\,\frac{\partial A^{(s)}}{\partial y}\bigg|_{y=-0}. \tag{4.53}$$

Da es sich hier um einen Einschaltvorgang handelt, bietet es sich an, die Differentialgleichung (4.53) einer LAPLACE-Transformation zu unterziehen, siehe (4.25). Nach Anwendung des Differentiationssatzes (4.26) lautet die Randbedingung (4.53) dann im Bildbereich der LAPLACE-Transformation

$$s\left(\mathscr{L}\left\{A^{(p)}\right\} + \mathscr{L}\left\{A^{(s)}\right\}\right)_{y=0} = -\frac{2}{\kappa\mu_0 d}\,\frac{\partial\mathscr{L}\left\{A^{(s)}\right\}}{\partial y}\bigg|_{y=-0}, \tag{4.54}$$

wobei nach der LENZ'schen Regel angenommen wurde, dass der untere Halbraum unmittelbar nach dem Einschalten noch feldfrei ist

$$\left(A^{(p)} + A^{(s)}\right)_{t=+0} = 0.$$

Die Potentiale erfüllen die zweidimensionale LAPLACE-Gleichung in kartesischen Koordinaten $\nabla^2 A^{(p,s)}(x,y) = 0$, so dass der allgemeine Ansatz (A.2) gültig ist. Damit das Potential für $|y| \to \infty$ abklingt, verwenden wir anstelle der Hyperbelfunktionen Exponentialfunktionen und unter Beachtung der Symmetrie zur Ebene $x = 0$ lassen sich die reduzierten Ansätze[9]

$$A^{(p)}(x, y < 0, t) = \sigma(t)\sum_p C_p \sin px\, \mathrm{e}^{p(y-h)} \tag{4.55}$$

$$A^{(s)}(x, y < 0, t) = \sum_p D_p(t) \sin px\, \mathrm{e}^{py}$$

oder nach Transformation

$$\mathscr{L}\left\{A^{(p)}(x, y < 0, t)\right\} = \frac{1}{s}\sum_p C_p \sin px\, \mathrm{e}^{p(y-h)}$$

$$\mathscr{L}\left\{A^{(s)}(x, y < 0, t)\right\} = \sum_p E_p(s) \sin px\, \mathrm{e}^{py}$$

aufstellen. Der Faktor $1/s$ im primären Potential stellt dabei die LAPLACE-Transformierte der Sprungfunktion $\sigma(t)$ dar. Nach Einsetzen in die Randbedingung (4.54) lassen sich die Konstanten des Potentials der Wirbelströme durch die Konstanten des primären Potentials ausdrücken

$$E_p(s) = -C_p\, \mathrm{e}^{-ph}\,\frac{1}{s + \eta\, p} \quad \text{mit} \quad \eta = \frac{2}{\kappa\mu_0 d}$$

---

[9] Die Summe über die Separationskonstanten steht formal auch für eine Integration über p. Weil die Anordnung in x-Richtung keine Begrenzung aufweist, liegen nämlich keine diskreten Werte für p vor, und C_p stellt eine kontinuierliches Spektrum dar. Dies ist aber für die weitere Rechnung ohne Bedeutung, da sich zeigen wird, dass C_p nicht explizit ermittelt werden muss.

und das Potential der Wirbelströme lautet im Bildbereich der LAPLACE-Transformation

$$\mathscr{L}\left\{A^{(s)}(x,y<0,t)\right\} = -\sum_p C_p \frac{1}{s+\eta\,p} \sin px\, e^{p(y-h)} \ .$$

Mit $\mathscr{L}\left\{e^{-\alpha t}\right\} = (s+\alpha)^{-1}$ kommt man damit im Zeitbereich zu der Darstellung

$$A^{(s)}(x,y,t) = -\sigma(t)\sum_p C_p \sin px\, e^{p(y-h-\eta t)} \quad \text{für} \quad y<0 , \tag{4.56}$$

die dieselbe prinzipielle Struktur wie das primäre Potential hat und man findet durch Vergleich von (4.56) mit (4.55) den Zusammenhang

$$A^{(s)}(x,y,t) = -\sigma(t)\, A^{(p)}\left(x,y-\eta t\right) \quad \text{für} \quad y<0 .$$

Da das sekundäre Potential der Wirbelströme symmetrisch zur Ebene $y=0$ ist, gilt schließlich für *alle* y

$$A^{(s)}(x,y,t) = -\sigma(t)\, A^{(p)}\left(x,-|y|-\eta t\right) \quad \text{mit} \quad \eta = \frac{2}{\kappa\mu_0 d} . \tag{4.57}$$

Dies ist ein bedeutsames Resultat, weil es einem gestattet für jede beliebige erregende Anordnung mit dem primären Potential $A^{(p)}(x,y)$ das sekundäre Potential der Wirbelströme durch die Substitution

$$y \ \to \ -|y| - \eta t$$

in $A^{(p)}(x,y)$ zu berechnen. Die Darstellung des primären Potentials durch Lösungsfunktionen der LAPLACE-Gleichung diente dabei nur der Herleitung von (4.57). Bei der praktischen Auswertung wird natürlich (4.50) verwendet, d.h. C_p braucht nicht explizit berechnet zu werden.

b) Aus (4.50) und (4.57) erhält man mit $B_y = -\partial A/\partial x$ die magnetische Induktion auf der negativen y-Achse

$$B_y^{(p)} = \frac{\mu_0 I_0 a}{\pi}\,\frac{\sigma(t)}{(h-y)^2} \quad , \quad B_y^{(s)} = -\frac{\mu_0 I_0 a}{\pi}\,\frac{\sigma(t)}{(h-y+\eta t)^2} \ . \tag{4.58}$$

Nach dem Induktionsgesetz von FARADAY wird dann pro Längeneinheit die Spannung

$$U_i'(t) = -\frac{\mathrm{d}\psi_m'}{\mathrm{d}t} \approx -2a\,\frac{\partial B_y}{\partial t}\bigg|_{y=-h}$$

induziert. Die Näherung ist hier wegen der vorausgesetzten kleinen Abmessung $2a \ll h$ zulässig. Nach Durchführung der Differentiation erhalten wir schließlich für $t>0$

$$U_i'(t) = -U_0\,\frac{1}{(1+t/\tau)^3} \quad \text{mit} \quad \tau = \kappa\mu_0 hd \quad \text{und} \quad U_0 = \frac{\mu_0 I_0}{\tau}\,\frac{a^2}{h^2} \ .$$

Die eingeführte Zeitkonstante τ gibt damit die Zeit an, nach welcher die Spannung in der Messleitung auf 1/8 ihres Maximalwertes abgesunken ist, Abb. 4.21.

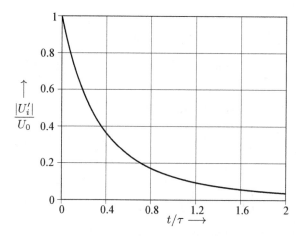

Abb. 4.21. Zeitverlauf der induzierten Spannung

Q15 Abschirmung einer leitenden Platte

In der Doppelleitung der Abb. 4.20 fließe nun ein Wechselstrom $i(t) = \hat{I}\cos\omega t$. Gesucht ist die magnetische Induktion auf der negativen y-Achse.

Lösung: Das Ausgangssignal $y(t)$ eines linearen, zeitinvarianten Systems, kurz LTI-System, entspricht bekanntlich der Faltung des Eingangssignals $x(t)$ mit der Impulsantwort $h(t)$

$$y(t) = \int_{-\infty}^{+\infty} x(t')\,h(t - t')\,dt' \ . \tag{4.59}$$

Die Impulsantwort ist aber die Ableitung der Sprungantwort $h_\sigma(t)$, so dass man (4.59) mit $t - t' = \tau$ in der Form

$$y(t) = \int_0^\infty h_\sigma(\tau)\,\frac{dx(t - \tau)}{dt}\,d\tau \tag{4.60}$$

schreiben kann. (4.60) ist auch als *Prinzip von* DUHAMEL bekannt. Mit (4.58) kennen wir bereits die Sprungantwort des Systems in Abb. 4.20, d.h. das sekundäre Magnetfeld auf der negativen y-Achse als Reaktion auf den Strom $i(t) = \sigma(t)$

$$h_\sigma(\tau) = -\sigma(\tau)\,\frac{\mu_0 a}{\pi}\,\frac{1}{(h - y + \eta\tau)^2}$$

und mit dem Eingangssignal $x(t) = \hat{I}\,e^{j\omega t}$ folgt aus (4.60) für den Phasor der magnetischen Induktion bei harmonischer Anregung

$$\widetilde{B}_y^{(s)} = -\frac{\mu_0 \hat{I} a}{\pi}\, j\omega \int_0^\infty \frac{1}{(h-y+\eta\tau)^2}\, e^{-j\omega\tau}\, d\tau \; .$$

Mit der Substitution $u = \dfrac{h-y+\eta\tau}{h-y}$ und der Abkürzung

$$\zeta = \frac{\omega}{\eta}\,(h-y) = \frac{\omega\kappa\mu_0}{2}\, d(h-y) = \frac{d(h-y)}{\delta_S^2}\; ,$$

wobei δ_S die Skineindringtiefe (4.9) ist, wird daraus

$$\widetilde{B}_y^{(s)} = -\frac{\mu_0 \hat{I} a}{\pi}\, \frac{1}{(h-y)^2}\, j\zeta\, e^{j\zeta}\, E_2(j\zeta) \; . \tag{4.61}$$

Dabei ist

$$E_2(z) = \int_1^\infty \frac{e^{-zu}}{u^2}\, du \sim \frac{e^{-z}}{z}\left(1 - \frac{2}{z} + \frac{2\cdot 3}{z^2} - \frac{2\cdot 3\cdot 4}{z^3} + \dots\right) \tag{4.62}$$

das Exponential-Integral zweiter Ordnung und seine asymptotische Darstellung.[10] Abb. 4.20 zeigt den Frequenzgang des Schirmfaktors

$$S = \frac{\widetilde{B}_y^{(p)} + \widetilde{B}_y^{(s)}}{\widetilde{B}_y^{(p)}} \quad \text{mit} \quad \widetilde{B}_y^{(p)} = \frac{\mu_0 \hat{I} a}{\pi}\, \frac{1}{(h-y)^2}\; . \tag{4.63}$$

$\widetilde{B}_y^{(p)}$ ist analog zu (4.58) der Phasor des primären Magnetfeldes.

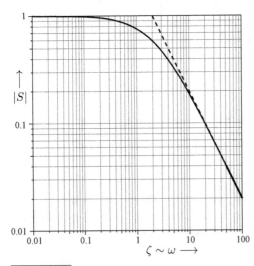

Abb. 4.22. Frequenzgang des Schirmfaktors und Näherung für hohe Frequenzen

---

[10] siehe [Abramowitz] 5.1.4 und 5.1.51

Bricht man die asymptotische Darstellung in (4.62) nach dem zweiten Glied ab, so erhält man bei hohen Frequenzen die einfache Approximation

$$S \approx -2\mathrm{j}\,\frac{1}{\zeta} = -\mathrm{j}\,\frac{2\delta_S^2}{d(h-y)}\,,$$

die in Abb. 4.22 gestrichelt eingetragen wurde.

Q16* Bewegte Doppelleitung über einer leitenden Platte (Levitation)

Eine Möglichkeit Magnetschwebebahnen zu realisieren ist die sogenannte EDS-Technik (elektrodynamisches Schweben). Im Fahrzeug sind zu diesem Zwecke gleichstromdurchflossene Spulen angebracht. Das Fahrzeug selbst bewegt sich dann z.B. über einem als leitende Platte ausgeführten Fahrweg. Als Folge der Bewegung werden in diesem Wirbelströme induziert, die aufgrund der LENZ'schen Regel eine abhebende Kraft aber auch eine Bremskraft verursachen. Die auftretenden Kräfte sollen in dieser Übung anhand eines einfachen Modells analysiert werden, Abb. 4.23.

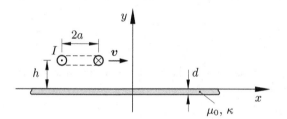

Abb. 4.23. Anordnung der bewegten Doppelleitung und der leitenden Platte im kartesischen Koordinatensystem

Im Abstand h über einer leitenden Platte der Dicke $d \ll h$ bewege sich eine unendlich lange Doppelleitung mit der Geschwindigkeit v. Sie besteht aus sehr dünnen, vom Strom I durchflossenen Drähten, deren gegenseitiger Abstand $2a$ klein gegenüber der Höhe h sein soll. Zu bestimmen ist die abhebende und die abbremsende Kraft auf die Doppelleitung.

Lösung: Aus Aufg. Q14* ist das primäre Vektorpotential einer ruhenden Doppelleitung bekannt. Ersetzt man also in (4.50) die Koordinate x durch $x - vt$, so lautet das Potential einer mit der Geschwindigkeit v bewegten Doppelleitung

$$A^{(p)}(x,y,t) \approx -\frac{\mu_0 I a}{\pi}\,\frac{x - vt}{(x - vt)^2 + (y - h)^2} \quad \text{für} \quad a \ll h\,. \tag{4.64}$$

Wegen des Auftretens der Zeitverschiebung $t - x/v$ in (4.64) ist es sinnvoll, auch die FOURIER-Transformierte des primären Potential zu betrachten. Diese weist nämlich nach dem Verschiebungssatz die Ortsabhängigkeit

$$\widetilde{A}^{(p)} \sim \mathrm{e}^{-\mathrm{j}px} \quad \text{mit} \quad p = \frac{\omega}{v}$$

auf. Da $\widetilde{A}^{(p)}$ außerdem die LAPLACE-Gleichung (A.1) mit dem allgemeinen Lösungsansatz (A.2) erfüllen muss, kann man es für $y < h$ auch in der Form

$$\widetilde{A}^{(p)}(x,y) = C\,\mathrm{e}^{-\mathrm{j}px}\,\mathrm{e}^{\,|p|(y-h)} \tag{4.65}$$

schreiben. Das sekundäre Potential der Wirbelströme muss im Frequenzbereich genau dieselbe Abhängigkeit von x besitzen und wir können für $y < 0$ den Ansatz

$$\widetilde{A}^{(s)}(x,y) = D\,\mathrm{e}^{-\mathrm{j}px}\,\mathrm{e}^{\,|p|y} \tag{4.66}$$

aufstellen. Die Randbedingung (4.53) lautet jetzt im Frequenzbereich mit $\partial/\partial t = \mathrm{j}\omega$

$$\mathrm{j}p\lambda\left[\widetilde{A}^{(p)}(x,0) + \widetilde{A}^{(s)}(x,0)\right] = -\left.\frac{\partial\widetilde{A}^{(s)}}{\partial y}\right|_{y=-0} \tag{4.67}$$

wobei zur Abkürzung der Parameter

$$\lambda = \frac{\kappa\mu_0 v d}{2}$$

eingeführt wurde. Einsetzen von (4.65) und (4.66) in (4.67) liefert den Zusammenhang

$$D = -C\,\frac{\mathrm{j}\lambda p}{|p| + \mathrm{j}\lambda p}\,\mathrm{e}^{-|p|h}$$

und nach Zerlegung in Real- und Imaginärteil kann man das sekundäre Potential durch das primäre ausdrücken

$$\widetilde{A}^{(s)} = -\frac{\lambda^2}{1+\lambda^2}\,\widetilde{A}^{(p)} - \mathrm{j}\,\frac{p}{|p|}\,\frac{\lambda}{1+\lambda^2}\,\widetilde{A}^{(p)}\ .$$

Der erste Term lässt sich unmittelbar in den Zeitbereich transformieren. Der zweite Term enthält jedoch wegen $p/|p| = \mathrm{sign}(\omega)$ einen frequenzabhängigen Faktor. Genau dieser Faktor entsteht aber auch, wenn man (4.65) nach x differenziert und über $y - h$ integriert, d.h.

$$\mathrm{j}\,\frac{p}{|p|}\,\widetilde{A}^{(p)} = -\frac{\partial}{\partial x}\int\limits_{-\infty}^{y-h}\widetilde{A}^{(p)}\,\mathrm{d}(y-h)\ .$$

Das *zeitabhängige* Sekundärpotential kann damit unterhalb der Platte mit $\xi = x - vt$ und $\eta = y - h$ in der Gestalt

$$A^{(s)}(\xi,\eta) = -\frac{\lambda^2}{1+\lambda^2}\,A^{(p)}(\xi,\eta) + \frac{\lambda}{1+\lambda^2}\int\limits_{-\infty}^{\eta}\frac{\partial A^{(p)}}{\partial\xi}\,\mathrm{d}\eta \tag{4.68}$$

durch das primäre ausgedrückt werden. Nach Einsetzen von (4.64) und Ersetzen von y durch $-|y|$ erhalten wir schließlich die im gesamten Raum gültige Darstellung

$$A^{(s)} = \frac{\mu_0 I a}{\pi} \frac{1}{1+\lambda^2} \frac{\lambda^2 \xi - \lambda(|y|+h)}{\xi^2 + (|y|+h)^2} \; .$$

Bemerkenswert ist, dass Geschwindigkeit, Leitfähigkeit und Plattendicke nur gemeinsam im Universalparameter λ vereinigt auftreten. Auf dieses für alle Wirbelstromprobleme in dünnen Blechen typische Verhalten haben wir bereits in den Aufgaben Q12 und Q13 hingewiesen.

Für den Sonderfall $\lambda \to \infty$, der entweder bei einer perfekt leitenden Platte oder aber auch bei extrem hohen Geschwindigkeiten erreicht wird, lautet das Potential der Wirbelströme

$$A^{(s)} = \frac{\mu_0 I a}{\pi} \frac{\xi}{\xi^2 + (|y|+h)^2} \quad \text{für} \quad \lambda \to \infty \, ,$$

d.h. im unteren Halbraum verschwindet das Gesamtfeld und im oberen Halbraum entspricht das Feld der induzierten Wirbelströme dem Feld einer vom Strom $-I$ durchflossenen Doppelleitung am gespiegelten Ort $y = -h$.

Da nun das Feld der Anordnung bekannt ist, können auch die auf die bewegte Doppelleitung einwirkenden Kräfte untersucht werden. Die Kraft pro Längeneinheit im äußeren Feld $\boldsymbol{B}^{(s)}$ ist nach (3.2)

$$\boldsymbol{K}' = I \, \boldsymbol{e}_z \times \left[\boldsymbol{B}^{(s)}(x = vt - a, y = h) - \boldsymbol{B}^{(s)}(x = vt + a, y = h) \right] \; .$$

Mit $\boldsymbol{B}^{(s)} = \nabla \times \boldsymbol{A}^{(s)}$ wird daraus

$$\boldsymbol{K}' = I \, \nabla A^{(s)} \Big|_{\substack{\xi=-a \\ y=h}} - I \, \nabla A^{(s)} \Big|_{\substack{\xi=+a \\ y=h}} \; . \tag{4.69}$$

Die Gradientenbildung des Vektorpotentials der Wirbelströme ergibt

$$\nabla A^{(s)} \Big|_{y=h} = \frac{\mu_0 I a}{\pi} \frac{1}{1+\lambda^2} \left(\boldsymbol{e}_x f_x + \boldsymbol{e}_y f_y \right)$$

mit

$$f_x = \frac{\lambda^2(4h^2 - \xi^2) + 4\lambda h \xi}{(\xi^2 + 4h^2)^2} \quad , \quad f_y = \frac{\lambda(4h^2 - \xi^2) - 4\lambda^2 h \xi}{(\xi^2 + 4h^2)^2} \quad .$$

Die in ξ geraden Anteile von f_x und f_y liefern beim Einsetzen in (4.69) keinen Beitrag und es verbleibt

$$\boldsymbol{K}' \approx \frac{\mu_0 I^2}{2\pi h} \frac{a^2}{h^2} \frac{-\lambda \boldsymbol{e}_x + \lambda^2 \boldsymbol{e}_y}{1+\lambda^2} \quad \text{für} \quad a \ll h \, . \tag{4.70}$$

Erstaunlich ist die Kompaktheit der Kraftbeziehung (4.70) vor dem Hintergrund der doch recht anspruchsvollen Herleitung. Die Näherung $a \ll h$ ist keine wirkliche Einschränkung. Sie wurde nur deshalb eingeführt, um die erforderliche Integration analytisch durchführen zu können. Nur so haben wir dieses überschaubare Resultat für die Kraftwirkung erhalten und können damit ohne großen Aufwand die Aussage machen, dass die Hubkraft eine mit der Geschwindigkeit monoton ansteigende Funktion ist, während die Bremskraft bis zum Parameter $\lambda = 1$ ansteigt und dann wieder abfällt.

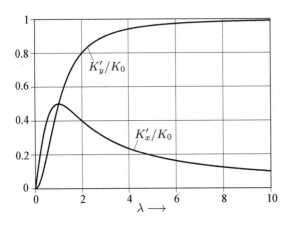

Abb. 4.24. Hub- und Bremskraft auf die Doppelleitung als Funktion des Universalparameters $\lambda \sim v$

Die in Abb. 4.24 dargestellten charakteristischen Kraftverläufe findet man im übrigen bei allen elektrodynamischen Schwebesystemen, unabhängig davon, wie diese konstruktiv realisiert wurden.

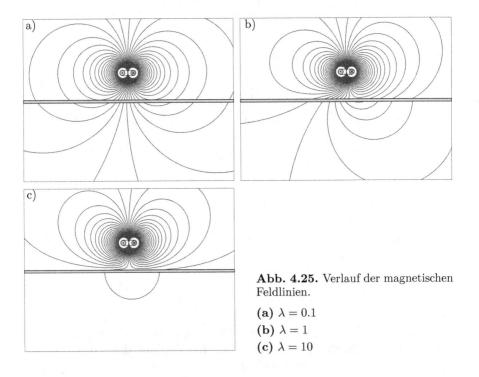

Abb. 4.25. Verlauf der magnetischen Feldlinien.

(a) $\lambda = 0.1$

(b) $\lambda = 1$

(c) $\lambda = 10$

Den Feldbildern in Abb. 4.25 ist schließlich zu entnehmen, wie mit zunehmender Geschwindigkeit der untere Halbraum durch die induzierten Wirbelströme abgeschirmt wird.

Q17* Wirbelstromkanone

Dem in Aufg. M14 berechneten magnetischen Wanderfeld einer periodischen Spulenanordnung wird nun ein sehr langer, dünnwandiger Hohlzylinder mit dem Radius $r < a$, der Wandstärke $d \ll r$, der Leitfähigkeit κ und der Permeabilität μ_0 ausgesetzt, Abb. 4.26. Der leitende Zylinder bilde mit den Spulen eine konzentrische Anordnung und bewege sich mit der Geschwindigkeit v in positive z-Richtung. Zu bestimmen ist die Kraft pro Längeneinheit auf den Hohlzylinder sowie die in ihm entstehenden Verluste. Dabei soll nur die Grundwelle des erregenden Wanderfeldes berücksichtigt werden und Verschiebungsströme dürfen vernachlässigt werden.

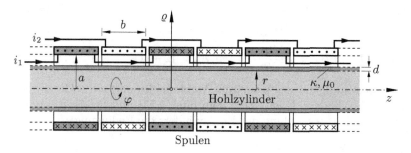

Abb. 4.26. Dünnwandiger, leitender Hohlzylinder innerhalb der periodischen Spulenanordnung von Abb. 3.25

Lösung: In Aufg. M14 wurde bereits das erregende Feld der Spulen berechnet. Wir verwenden hier nur die Grundwelle, d.h. das Glied $n = 1$ der Lösungssumme (3.56). Es handelt sich dann um eine harmonische Anregung mit der Frequenz ω, so dass ab jetzt alle Feldgrößen als komplexe Zeiger aufzufassen sind. Der Phasor des Vektorpotentials, im Folgenden *primäres Potential* $A_\varphi^{(p)}$ genannt, lautet dann nach Verwendung der Koeffizienten (3.58)

$$A_\varphi^{(p)}(\varrho, z) = A_0 \, e^{-\mathrm{j}p_1 z} \begin{cases} I_1(p_1\varrho) \, K_1(p_1 a) & \text{für } \varrho \leq a \\ K_1(p_1\varrho) \, I_1(p_1 a) & \text{für } \varrho \geq a \,, \end{cases} \tag{4.71}$$

mit $p_1 = \pi/(2b)$ und der Abkürzung $A_0 = -\mu_0 N \hat{I} 2\sqrt{2}a/(b\pi)$. Durch dieses primäre Feld werden im bewegten, leitenden Hohlzylinder φ-gerichtete Wirbelströme induziert, die aufgrund der geringen Wandstärke als Flächenstrom $\boldsymbol{J}_F^{(w)}$ auf der Zylinderfläche $\varrho = r$ aufgefasst werden dürfen. Da wir bereits die Spulen durch Flächenströme ersetzt hatten, ist es nun prinzipiell möglich, einen zum primären Potential (4.71) analogen Ansatz für das *sekundäre Potential* $A_\varphi^{(s)}$ aufzustellen, welches selbstverständlich dieselbe Abhängigkeit von der Koordinate z aufweisen muss

$$A_\varphi^{(s)}(\varrho, z) = A_0\,E\,\mathrm{e}^{-\mathrm{j}p_1 z} \begin{cases} I_1(p_1\varrho)\,K_1(p_1 r) & \text{für } \varrho \le r \\[2mm] K_1(p_1\varrho)\,I_1(p_1 r) & \text{für } \varrho \ge r\,. \end{cases} \qquad (4.72)$$

Dieser Ansatz garantiert bereits einen stetigen Übergang des Potentials an der Trennfläche $\varrho = r$. Zur Bestimmung der noch unbekannten komplexen Konstanten E ziehen wir die differentielle Form des FARADAY'schen Induktionsgesetzes (4.6) heran

$$\nabla \times \boldsymbol{E} = -\mathrm{j}\omega\boldsymbol{B} = -\mathrm{j}\omega(\nabla \times \boldsymbol{A}) \quad \rightarrow \quad \boldsymbol{E} = -\mathrm{j}\omega\boldsymbol{A}\,. \qquad (4.73)$$

Für die induzierte Wirbelstromdichte $\boldsymbol{J}^{(w)}$ gilt weiterhin das OHM'sche Gesetz für bewegte Leiter (4.5)

$$J_F^{(w)} = \kappa d\,\boldsymbol{e}_\varphi \cdot (\boldsymbol{E} + \boldsymbol{v} \times \boldsymbol{B}) \qquad (4.74)$$

mit

$$\boldsymbol{e}_\varphi \cdot (\boldsymbol{v} \times \boldsymbol{B}) = vB_\varrho = -v\,\frac{\partial A_\varphi}{\partial z} = \mathrm{j}vp_1 A_\varphi = \mathrm{j}\omega\,\frac{v}{v_p}\,(A_\varphi^{(p)} + A_\varphi^{(s)})\,.$$

v_p ist die Geschwindigkeit des primären Wanderfeldes und v die Geschwindigkeit des Hohlzylinders. Kombiniert man nun (4.73) und (4.74), so ergibt sich in der leitenden Bewandung des Hohlzylinders die Bedingung

$$\mu_0 r J_F^{(w)} = -\mathrm{j}\lambda s \left(A_\varphi^{(p)} + A_\varphi^{(s)}\right)_{\varrho=r}$$

mit den Abkürzungen

$$\lambda = \frac{2rd}{\delta_S^2} \quad \text{und} \quad s = 1 - \frac{v}{v_p}\,,$$

wobei δ_S die Skineindringtiefe (4.9) ist und s (analog zum Schlupf beim Asynchronmotor) als relative Abweichung von der synchronen Geschwindigkeit eingeführt wurde. Einsetzen der Potentiale (4.71) und (4.72) liefert die Beziehung

$$J_F^{(w)} = -\frac{A_0\,\mathrm{j}\lambda s}{\mu_0 r}\left\{I_1(p_1 r)\,K_1(p_1 a) + E\,I_1(p_1 r)\,K_1(p_1 r)\right\}\mathrm{e}^{-\mathrm{j}p_1 z}\,. \qquad (4.75)$$

Da an dieser Stelle die induzierte Flächenstromdichte $J_F^{(w)}$ noch nicht bekannt ist, benötigen wir eine weitere Gleichung. Wir betrachten dazu das Verhalten der Tangentialkomponente der magnetischen Feldstärke nach (3.15) und erhalten

$$\frac{1}{\mu_0 r}\left(\frac{\partial(\varrho A_\varphi)}{\partial\varrho}\bigg|_{\varrho=r-0} - \frac{\partial(\varrho A_\varphi)}{\partial\varrho}\bigg|_{\varrho=r+0}\right) = J_F^{(w)}\,.$$

Die Ableitungen $\mathrm{d}[\varrho I_1(p_n\varrho)]/\mathrm{d}\varrho$ und $\mathrm{d}[\varrho K_1(p_n\varrho)]/\mathrm{d}\varrho$ lassen sich mit (A.28) berechnen und mit der WRONSKI-Determinante (A.32) wird daraus

$$J_F^{(w)} = \frac{A_0\,E}{\mu_0 r}\,\mathrm{e}^{-\mathrm{j}p_1 z}\,. \qquad (4.76)$$

Durch Gleichsetzen der Bedingungen (4.75) und (4.76) folgt schließlich die
unbekannte Konstante E zu

$$E = \frac{-\mathrm{j}\lambda s\, I_1(p_1 r)\, K_1(p_1 a)}{1 + \mathrm{j}\lambda s\, I_1(p_1 r)\, K_1(p_1 r)} \tag{4.77}$$

und das Vektorpotential ist vollständig bestimmt. In Abb. 4.27 ist deutlich
zu erkennen, wie die Wirbelströme bei zunehmender Relativgeschwindigkeit
$v_p - v$ dazu neigen, den Bereich $\varrho < r$ abzuschirmen. Für $v/v_p = 1$, d.h. verschwindende Relativgeschwindigkeit, verlaufen die Feldlinien natürlich wie in
Abb. 3.26. Die Kreuzungspunkte der magnetischen Feldlinien auf der Rotationsachse $\varrho = 0$ sind singuläre Punkte, in denen das Magnetfeld verschwindet.

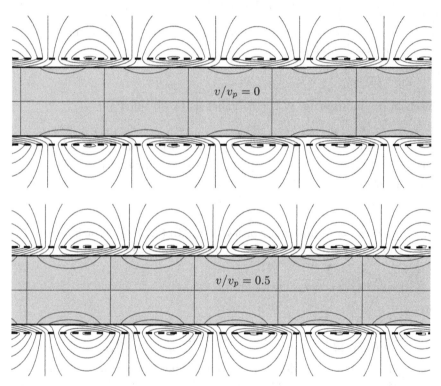

Abb. 4.27. Verlauf der magnetischen Feldlinien bei unterschiedlichen Geschwindigkeiten und für $\lambda = 10$

Die Kraft pro Längeneinheit auf den Hohlzylinder ist nach dem AMPÈRE'schen
Gesetz (3.2)

$$\boldsymbol{K}' = 2\pi r \operatorname{Re}\left\{ \boldsymbol{J}_F^{(w)}\, \mathrm{e}^{\mathrm{j}\omega t} \right\} \times \operatorname{Re}\left\{ \boldsymbol{B}(\varrho = r)\, \mathrm{e}^{\mathrm{j}\omega t} \right\} ,$$

und nach zeitlicher Mittelung und Umformung kann man sie direkt aus dem
Vektorpotential bestimmen

$$\overline{K_z}' = 2\pi r \frac{1}{2} \operatorname{Re}\left\{\boldsymbol{e}_z \cdot \left[\boldsymbol{J}_F^{(w)} \times \boldsymbol{B}^*(\varrho = r)\right]\right\} = -\pi r \operatorname{Re}\left\{J_F^{(w)} B_\varrho^*(\varrho = r)\right\} =$$

$$= \pi r \operatorname{Re}\left\{J_F^{(w)} \left.\frac{\partial A_\varphi^*}{\partial z}\right|_{\varrho=r}\right\} .$$

Mit (4.76) und der Ableitung

$$\left.\frac{\partial A_\varphi^*}{\partial z}\right|_{\varrho=r} = \mathrm{j}p_1 A_0 \left\{I_1(p_1 r)\, K_1(p_1 a) + E^*\, I_1(p_1 r)\, K_1(p_1 r)\right\} \mathrm{e}^{+\mathrm{j}p_1 z}$$

folgt daraus

$$\overline{K_z}' = \frac{\pi}{\mu_0} p_1 A_0^2 \operatorname{Re}\{\mathrm{j}E\}\, I_1(p_1 r)\, K_1(p_1 a) = \frac{\pi}{\mu_0} p_1 A_0^2 \frac{1}{\lambda s}\, |E|^2 . \qquad (4.78)$$

Die im Hohlzylinder pro Längeneinheit umgesetzten Wärmeverluste erhält man aus der Beziehung

$$\overline{P_V}' = 2\pi r d\, \frac{1}{2\kappa}\, \frac{1}{d^2}\, |J_F^{(w)}|^2 .$$

Einsetzen des induzierten Wirbelstrombelags (4.76) führt auf

$$\overline{P_V}' = \frac{1}{(\mu_0 r)^2}\, A_0^2\, |E|^2\, \frac{\pi r}{\kappa d} = \frac{\pi}{\mu_0}\, A_0^2\, |E|^2\, \frac{\omega}{\omega \kappa \mu_0 r d} = \frac{\pi}{\mu_0}\, A_0^2\, |E|^2\, \frac{p_1 v_p}{\lambda} \quad (4.79)$$

und es ergibt sich nach Vergleich von (4.79) mit (4.78) der zu erwartende Zusammenhang

$$\overline{P_V}' = \overline{K_z}'(v_p - v) .$$

Nach Einsetzen der komplexen Konstante E, Gl. (4.77), lässt sich die für die Kraft gefundene Formel (4.78) auch in die zweckmäßigere Form

$$\overline{K_z}' = K_0' \frac{2}{s/s_0 + s_0/s}$$

mit

$$s_0 = \frac{1}{\lambda\, I_1(p_1 r)\, K_1(p_1 r)} \quad \text{und} \quad K_0' = p_1 A_0^2\, \frac{\pi}{2\mu_0}\, \frac{I_1(p_1 r)\, K_1^2(p_1 a)}{K_1(p_1 r)}$$

bringen. Dies ist die von der Asynchronmaschine her bekannte KLOSS'sche Formel. Bei $s = s_0$ nimmt die Schubkraft den maximalen Wert K_0' an. Dieser ist unabhängig von der Leitfähigkeit des Projektils, während s_0 linear mit dem spezifischen Widerstand des Projektils zunimmt. Abb. 4.28 zeigt den normierten Verlauf der Kraft in Abhängigkeit von s/s_0. Es ergibt sich also eine Schubkraft für $s > 0$, d.h. $v < v_p$. Das Zustandekommen einer Schubkraft lässt sich auch sehr schön mit der LENZ'schen Regel erklären. Die Ursache der Wirbelströme ist ja offensichtlich die Relativgeschwindigkeit zwischen dem Wanderfeld und dem Hohlzylinder. Dieser Ursache wirken die Wirbelströme entgegen, indem sie versuchen mittels der Schubkraft die Relativgeschwindigkeit zu verkleinern.

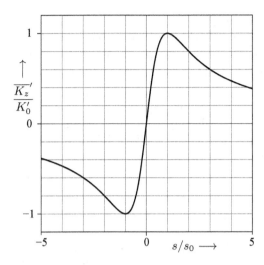

Abb. 4.28. Kraft auf den leitenden Hohlzylinder in Abhängigkeit vom Schlupf

Q18 Stromverdrängung in einer Hochstabnut

Bei Asynchronmotoren wünscht man sich ein hohes Anlaufmoment bei möglichst niedrigem Anlaufstrom. Da die Frequenz des Läuferstroms nach dem Hochfahren niedriger ist, kann man den Stromverdrängungseffekt ausnutzen, indem spezielle Läuferstäbe verwendet werden, die beim Anlaufen infolge der höheren Frequenz einen deutlich höheren OHM'schen Widerstand als im Betrieb aufweisen.

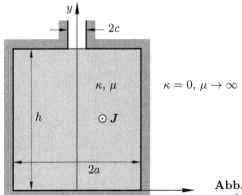

Abb. 4.29. Rechteckleiter in der Nut eines hochpermeablen Blechpaketes

Bestimme den komplexen Wechselstromwiderstand eines in z-Richtung unendlich ausgedehnten, rechteckförmigen Massivleiters mit der Leitfähigkeit

κ, der Breite $2a$ und der Höhe h, der sich in einer Nut im hochpermeablen, nichtleitenden Blechpaket einer elektrischen Maschine befindet, Abb. 4.29. Es darf angenommen werden, dass am Nutfenster eine konstante Tangentialkomponente der magnetischen Feldstärke vorliegt. Der Leiter wird vom Wechselstrom $\hat{I}\cos\omega t$ durchflossen.

Lösung: Der Phasor des Vektorpotentials erfüllt die HELMHOLTZ-Gleichung (A.15) mit $\alpha^2 = \mathrm{j}\omega\kappa\mu$ und weist nur eine z-Komponente auf. Der allgemeine Ansatz (A.16) reduziert sich aufgrund der hochpermeablen Bewandung und der Symmetrie der Anordnung auf

$$A_z(x,y) = \sum_{n=0}^{\infty} C_n \cos p_n x \, \cosh q_n y \qquad (4.80)$$

$$p_n = \frac{n\pi}{a} \quad , \quad q_n = \sqrt{p_n^2 + \alpha^2} \quad , \quad \alpha = \frac{1+\mathrm{j}}{\delta_S} \quad , \quad \delta_S = \sqrt{\frac{2}{\omega\kappa\mu}} \; .$$

Der Ansatz (4.80) garantiert damit das Verschwinden der Tangentialkomponente der magnetischen Feldstärke $\boldsymbol{H}$ auf den Wänden $x = \pm a$ und $y = 0$. Ein Umlaufintegral von $\boldsymbol{H}$ entlang des Leiterrandes muss den Strom $\hat{I}$ ergeben. Da nur am Nutfenster eine Tangentialkomponente vorhanden und diese laut Voraussetzung konstant ist, ergibt sich daraus mit $B_x = \partial A_z/\partial y$ die Randbedingung

$$B_x(y=h,x) = \sum_{n=0}^{\infty} C_n q_n \sinh q_n h \, \cos p_n x = -\frac{\mu\hat{I}}{2c} \begin{cases} 1 & \text{für } |x| < c \\ 0 & \text{für } c \leq |x| \leq a \; . \end{cases}$$
$$(4.81)$$

Zur Bestimmung der Koeffizienten C_n wird (4.81) auf beiden Seiten mit $\cos p_m x$ multipliziert und dann über den orthogonalen Bereich $0 \leq x \leq a$ integriert

$$\sum_{n=0}^{\infty} C_n q_n \sinh q_n h \underbrace{\int_0^a \cos p_n x \, \cos p_m x \, \mathrm{d}x}_{(1+\delta_m^0)\delta_m^n a/2} = -\frac{\mu\hat{I}}{2c} \int_0^c \cos p_m x \, \mathrm{d}x$$

und man erhält mit $q_0 = \alpha$

$$C_n = -\frac{\mu\hat{I}}{2} \begin{cases} \dfrac{1}{\alpha a \sinh \alpha h} & \text{für } n = 0 \\[2ex] \dfrac{\sin p_n c}{p_n c} \dfrac{2}{q_n a \sinh q_n h} & \text{für } n \neq 0 \; . \end{cases} \qquad (4.82)$$

Den komplexen Wechselstromwiderstand $Z = R + \mathrm{j}\omega L_i$ mit dem Wirkwiderstand R und der inneren Induktivität L_i berechnen wir mit Hilfe der Beziehung (4.10)[11]

---

[11] siehe dazu auch Aufgabe W19

$$Z = -\frac{1}{\hat{I}^2} \oint_F (\boldsymbol{E} \times \boldsymbol{H}^*) \cdot \mathrm{d}\boldsymbol{F} = \frac{\mathrm{j}\omega}{\hat{I}^2} \oint_F \boldsymbol{A} \cdot (\boldsymbol{H}^* \times \boldsymbol{n}) \, \mathrm{d}F \,, \qquad (4.83)$$

wobei $\boldsymbol{E} = -\mathrm{j}\omega \boldsymbol{A}$ und $\mathrm{d}\boldsymbol{F} = \boldsymbol{n}\mathrm{d}F$ mit der Flächennormalen $\boldsymbol{n}$ verwendet wurde. Das Kreuzprodukt $\boldsymbol{H}^* \times \boldsymbol{n}$ ist nur am Nutfenster von null verschieden und dort gilt

$$\boldsymbol{A} \cdot (\boldsymbol{H}^* \times \boldsymbol{n}) = A_z \, \boldsymbol{e}_z \cdot (\boldsymbol{H}^* \times \boldsymbol{e}_y) = A_z H_x^* = -\frac{\hat{I}}{2c} \, A_z \,.$$

Für die auf die Leiterlänge bezogene Impedanz verbleibt also das Integral

$$Z' = -\frac{\mathrm{j}\omega}{\hat{I}} \frac{1}{2c} 2 \int_0^c A_z(x, y = h) \, \mathrm{d}x \,,$$

und nach Einsetzen von (4.80) und (4.82) ergibt sich schließlich

$$Z' = \frac{\mathrm{j}\omega\mu}{2} \left\{ \frac{\coth \alpha h}{\alpha a} + 2 \sum_{n=1}^{\infty} \left(\frac{\sin p_n c}{p_n c} \right)^2 \frac{\coth q_n h}{q_n a} \right\} \,.$$

Abb. 4.30 zeigt den Realteil von Z' normiert auf den Gleichstromwiderstand $R'_0 = (2\kappa a h)^{-1}$ in Abhängigkeit von der Frequenz. Zum Vergleich wurde der entsprechende Verlauf bei offener Nut, d.h. $c = a$, gestrichelt eingezeichnet. Da es am Nutfenster zu einer starken Überhöhung der magnetischen Feldstärke kommt, wird auch die Stromverdrängung in diesen Bereich erfolgen. Das erklärt, warum der OHM'sche Wechselstromwiderstand im Vergleich zur offenen Nut noch weiter erhöht wird.

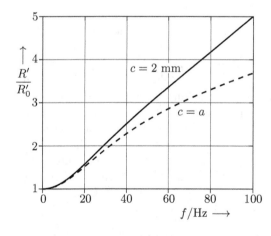

Abb. 4.30. OHM'scher Wechselstromwiderstand des Rechteckleiters

$\kappa = 55 \cdot 10^6$ S/m (Kupfer)
$a = 10$ mm
$h = 25$ mm

Q19* Wirbelstrombremse

Ein starker, zylindrischer Permanentmagnet mit der homogenen Magnetisierung $\boldsymbol{M} = M_0 \, \boldsymbol{e}_z$, dem Radius a und der Länge $2h$ befindet sich im freien Fall konzentrisch innerhalb eines sehr langen, leitenden Rohres, Abb. 4.31a.

Das Rohr hat den Innenradius b, die Wandstärke d und die Leitfähigkeit κ. Aufgrund der abbremsenden Kraft infolge der induzierten Wirbelströme stellt sich sehr rasch eine konstante Fallgeschwindigkeit v ein.

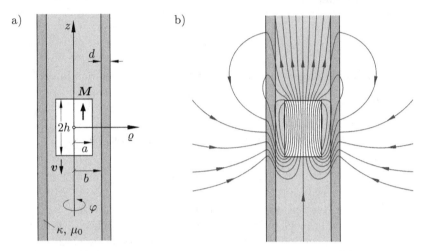

Abb. 4.31. (a) Fallender Magnet in einem Aluminiumrohr. **(b)** Verlauf der magnetischen Feldlinien bei sehr hohen Geschwindigkeiten ($v = 30$ m/s)

Gesucht ist die magnetische Kraft auf den Magneten im sekundären Feld der Wirbelströme.

Lösung: Zunächst kann der Magnet nach (3.9) durch eine äquivalente Magnetisierungsflächenstromdichte $\boldsymbol{J}_{Fmag} = M_0\,\boldsymbol{e}_\varphi$ auf seiner Mantelfläche ersetzt werden. Daran erkennt man, dass ein φ-gerichtetes Vektorpotential angeregt wird, welches bei Abwesenheit des Rohres als primäres Potential $A_\varphi^{(p)}(\varrho, z)$ bezeichnet werden soll. Es erfüllt die vektorielle LAPLACE-Gleichung (A.8), für welche der Lösungsansatz (A.9) verwendet wird. Dieser enthält periodische Funktionen in axialer Richtung. Es ist daher zweckmäßig, anstelle eines einzelnen Magneten eine alternierende, periodische Folge magnetisierter Zylinder im Mittelpunktsabstand $2e \gg h$ zu betrachten. Auf diese Weise verschwindet das Vektorpotential in den Ebenen zwischen zwei Magneten und man erhält diskrete Separationskonstanten.[12] Unter Berücksichtigung der gleichförmigen Bewegung kann man also den stetigen Ansatz

---

[12] Dies ist ein beliebter Kunstgriff, um das Auftreten von FOURIER-Integralen zu vermeiden. Den unerwünschten Einfluss der zusätzlichen Magnete kann man durch Vergrößerung des Abstandes e vernachlässigbar klein halten. Dabei muss man es aber auch nicht zu weit treiben, da das magnetische Feld eines Permanentmagneten keine große Reichweite hat. Es ist in der Regel ausreichend, $e > 3h$ zu wählen.

$$A_\varphi^{(p)}(\varrho, u) = \sum_{n=1}^{\infty} C_n \cos p_n u \begin{cases} I_1(p_n\varrho)\, K_1(p_n a) & \text{für } \varrho \leq a \\ K_1(p_n\varrho)\, I_1(p_n a) & \text{für } \varrho \geq a \end{cases} \qquad (4.84)$$

$$u = z + vt \quad , \quad p_n = \frac{2n-1}{2} \frac{\pi}{e}$$

für das primäre Vektorpotential aufstellen. Auch die Tangentialkomponente der magnetischen Feldstärke $\boldsymbol{H} = \boldsymbol{B}/\mu_0 - \boldsymbol{M}$ muss überall stetig sein, d.h. es muss gelten

$$\left.\frac{\partial(\varrho A_\varphi)}{\partial \varrho}\right|_{\varrho=a-0} - \left.\frac{\partial(\varrho A_\varphi)}{\partial \varrho}\right|_{\varrho=a+0} = \begin{cases} \mu_0 M_0 a & \text{für } |u| < h \\ 0 & \text{sonst.} \end{cases} \qquad (4.85)$$

Nach Einsetzen von (4.84) und Differenzieren mit Hilfe von (A.28) wird in (4.85) die erforderliche Orthogonalentwicklung durchgeführt und man erhält für die Konstanten C_n

$$p_n C_n \frac{e}{2} \left[I_0(p_n a) K_1(p_n a) + K_0(p_n a) I_1(p_n a) \right] = \mu_0 M_0 \int_0^h \cos p_n u \, du$$

und schließlich mit (A.32)

$$C_n = 2\mu_0 M_0 a \frac{h}{e} \frac{\sin p_n h}{p_n h} \ .$$

Damit ist das Vektorpotential des Permanentmagneten vollständig bekannt und wir wenden uns dem sekundären Vektorpotential der induzierten Wirbelströme zu. Dabei ist zu bedenken, dass das sekundäre Potential dieselbe räumliche Periode und dieselbe Geschwindigkeit wie das primäre aufweisen muss, also durch Funktionen $\cos p_n u$ und $\sin p_n u$ ausgedrückt werden kann. Günstiger ist jedoch die Verwendung einer komplexen Exponentialfunktion $\mathrm{e}^{\mathrm{j}p_n u}$. Außerhalb des Rohres machen wir daher den Ansatz

$$A_\varphi^{(s)}(\varrho, u) = \mathrm{Re} \sum_{n=1}^{\infty} \mathrm{e}^{\mathrm{j}p_n u} \begin{cases} D_n I_1(p_n\varrho) & \text{für } \varrho \leq b \\ E_n K_1(p_n\varrho) & \text{für } \varrho \geq c = b + d \ . \end{cases} \qquad (4.86)$$

Die unbekannten Konstanten D_n und E_n sind jetzt natürlich auch komplex. Innerhalb des leitenden Rohres muss das Potential $\boldsymbol{A}^{(i)}$ die Diffusionsgleichung (4.7) erfüllen, d.h.

$$\nabla^2 \boldsymbol{A}^{(i)} = \kappa \mu_0 \frac{\partial \boldsymbol{A}^{(i)}}{\partial t}$$

$$\rightarrow \quad \frac{\partial^2 A_\varphi^{(i)}}{\partial \varrho^2} + \frac{1}{\varrho} \frac{\partial A_\varphi^{(i)}}{\partial \varrho} - \frac{1}{\varrho^2} A_\varphi^{(i)} + \frac{\partial^2 A_\varphi^{(i)}}{\partial u^2} = \kappa \mu v \frac{\partial A_\varphi^{(i)}}{\partial u} \ .$$

Mit dem Ansatz

$$A_\varphi^{(i)}(\varrho, u) = \mathrm{Re} \sum_{n=1}^{\infty} R_n(\varrho)\, \mathrm{e}^{\mathrm{j}p_n u}$$

entsteht daraus die modifizierte BESSEL'sche Differentialgleichung

$$\frac{\mathrm{d}^2 R_n}{\mathrm{d}\varrho^2} + \frac{1}{\varrho}\,\frac{\mathrm{d}R_n}{\mathrm{d}\varrho} - \left(q_n^2 + \frac{1}{\varrho^2}\right) R_n = 0 \quad , \quad q_n^2 = p_n^2 + \mathrm{j}p_n \kappa \mu_0 v \, ,$$

so dass sich für die radialen Funktionen $R(\varrho)$ modifizierte BESSEL-Funktionen erster Art mit dem komplexen Argument $q_n \varrho$ ergeben

$$A_\varphi^{(i)}(\varrho, u) = \mathrm{Re} \sum_{n=1}^{\infty} \left[F_n I_1(q_n\varrho) + G_n K_1(q_n\varrho)\right] \mathrm{e}^{\mathrm{j}p_n u} \, .$$

Zur Bestimmung der Konstanten D_n, E_n, F_n und G_n fordert man schließlich die Stetigkeit des Vektorpotentials sowie der Tangentialkomponente von $\boldsymbol{H}$ auf der inneren und äußeren Mantelfläche des Rohres

$$\left[A_\varphi^{(p)} + A_\varphi^{(s)}\right]_{\varrho=b,c} = A_\varphi^{(i)}\Big|_{\varrho=b,c} \, , \quad \frac{\partial(\varrho[A_\varphi^{(p)} + A_\varphi^{(s)}])}{\partial\varrho}\Bigg|_{\varrho=b,c} = \frac{\partial(\varrho A_\varphi^{(i)})}{\partial\varrho}\Bigg|_{\varrho=b,c}$$

und erhält nach einer etwas längeren aber einfachen Rechnung die für die Kraft benötigten Konstanten

$$D_n = -2\mu_0 M_0 a\,\frac{h}{e}\,\frac{\sin p_n h}{p_n h}\,I_1(p_n a)\,\frac{q_n K_1(p_n b) - p_n \alpha_n K_0(p_n b)}{q_n\,I_1(p_n b) + p_n \alpha_n\,I_0(p_n b)} \qquad (4.87)$$

mit den Abkürzungen

$$\alpha_n = \frac{K_1(q_n b) + \beta_n I_1(q_n b)}{K_0(q_n b) - \beta_n I_0(q_n b)}$$

$$\beta_n = \frac{q_n K_1(p_n c) K_0(q_n c) - p_n K_0(p_n c) K_1(q_n c)}{q_n K_1(p_n c)\,I_0(q_n c) + p_n K_0(p_n c)\,I_1(q_n c)} \, .$$

Die Kraft bestimmt man mit Hilfe des AMPÈRE'schen Gesetzes (3.2)

$$K_z = 2\pi a M_0 \int_{-h}^{+h} \left[\boldsymbol{e}_\varphi \times \boldsymbol{B}^{(s)}(\varrho = a, u)\right] \cdot \boldsymbol{e}_z\,\mathrm{d}u \, .$$

Nach Umformung des Spatproduktes

$$\left[\boldsymbol{e}_\varphi \times \boldsymbol{B}^{(s)}(\varrho = a, u)\right] \cdot \boldsymbol{e}_z = -B_\varrho^{(s)}(\varrho = a, u) = \frac{\partial A_\varphi^{(s)}}{\partial u}\Bigg|_{\varrho=a}$$

wird daraus

$$K_z = 2\pi a M_0 \left[A_\varphi^{(s)}(\varrho = a, u = h) - A_\varphi^{(s)}(\varrho = a, u = -h)\right] =$$

$$= -4\pi a M_0 \sum_{n=1}^{\infty} \mathrm{Im}\{D_n\} I_1(p_n a) \sin p_n h \, . \qquad (4.88)$$

Nun kann die Kraft mit Hilfe von (4.87) und (4.88) numerisch berechnet werden. Multipliziert man (4.88) mit der Geschwindigkeit v, so erhält man die zugeführte mechanische Leistung, die im leitenden Rohr in Wärme umgesetzt wird

$$P_V = K_z v \ . \tag{4.89}$$

So kann man also mit (4.89) die Kraft auch umgekehrt aus der Verlustleistung im Rohr ermitteln. Es sei dem Leser als Übung selbst überlassen, auf diesem Wege das Ergebnis (4.88) herzuleiten.

Bei sehr starken Magneten ergibt sich die Möglichkeit einer vereinfachten Näherungsrechnung, da die Fallgeschwindigkeit so gering wird, dass man das Feld der Wirbelströme vernachlässigen kann. In diesem Fall bestimmt man die Verluste im leitenden Rohr aus dem primären Vektorpotential

$$P_V = \frac{2\pi}{\kappa} \int_{-e}^{+e} \int_{b}^{c} J_\varphi^2 \, \varrho \, \mathrm{d}\varrho \, \mathrm{d}u \quad , \quad J_\varphi \approx -\kappa \frac{\partial A_\varphi^{(p)}}{\partial t} = -\kappa v \frac{\partial A_\varphi^{(p)}}{\partial u} \ .$$

Da sich fast augenblicklich ein Kräftegleichgewicht $K_z = G$ aufbaut (G sei das Gewicht des Magneten) und somit von einer konstanten Geschwindigkeit ausgegangen werden kann, folgt daraus zusammen mit (4.89) die Fallzeit T' pro Längeneinheit

$$T' = \frac{\pi\kappa(2\mu_0 M_0 ah)^2}{Ge} \sum_{n=1}^{\infty} I_1^2(p_n a) \left[f(p_n c) - f(p_n b) \right] \left(\frac{\sin p_n h}{p_n h} \right)^2 \tag{4.90}$$

mit $\quad f(u) = u^2 \left[K_1^2(u) - K_0(u) K_2(u) \right] \ .$

Dabei wurde die Beziehung $\int x K_1^2(ax) \, \mathrm{d}x = \frac{x^2}{2} [K_1^2(ax) - K_0(ax) K_2(ax)]$ verwendet.[13]

Zahlenbeispiel: Für einen Permanentmagneten, hergestellt aus Neodym-Eisen-Bor (Remanenz $B_r = \mu_0 M_0 = 1.2$ T, Radius $a = 9$ mm, Höhe $2h = 10$ mm, Masse $m = 24$ g) ergibt sich in einem Aluminiumrohr (Innenradius $b = 10$ mm, Wandstärke $d = 5$ mm, Länge $L = 1$ m, Leitfähigkeit $\kappa = 37.7 \cdot 10^6$ S/m) die Fallzeit $T \approx 22$ s. Für die Berechnung wurde $e = 30$ mm gesetzt. Für größere Abstände ändert sich das Ergebnis nicht mehr spürbar..

Dieses beeindruckende Resultat eines extrem langsam herabschwebenden Magneten lässt sich kostengünstig und ohne Aufwand auch in einem Experiment demonstrieren.

Q20 Schwebende Hohlkugel

Bei ausreichender Stromstärke ist es möglich, eine leitende Hohlkugel über einer wechselstromdurchflossenen Spule mit Hilfe der induzierten Wirbelströme zum Schweben zu bringen (**elektrodynamisches Schweben, EDS**). Wir betrachten dazu eine dünne, kreisförmige Leiterschleife mit dem Radius b und dem Strom $\hat{I} \cos \omega t$. Sie befindet sich im Abstand h vom Mittelpunkt einer leitenden Hohlkugel mit dem Radius a und der Wandstärke $d \ll a$ und bildet mit dieser eine rotationssymmetrische Anordnung, Abb. 4.32a. Zu bestimmen ist die Kraft auf die Hohlkugel. Es darf angenommen werden, dass

---

[13] Siehe z.B. [McLachlan]

die Skineindringtiefe der induzierten Wirbelströme deutlich größer als die
Wandstärke der Hohlkugel ist.

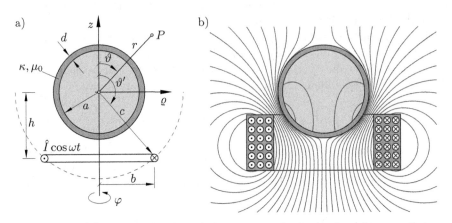

Abb. 4.32. **(a)** Leitende Hohlkugel über einer wechselstromdurchflossenen Leiterschleife. **(b)** Magnetische Feldlinien für eine Aluminiumhohlkugel über einer wechselstromdurchflossenen Spule bei einer Frequenz $f = 1000$ Hz

Lösung: Wir berechnen zunächst das primäre Vektorpotential bei Abwesenheit der Hohlkugel und ordnen der stromdurchflossenen Windung mit Hilfe
der DIRAC'schen Deltafunktion eine Flächenstromdichte auf der Kugeloberfläche $r = c$ zu

$$J_{F\varphi}(\vartheta) = \hat{I}\,\frac{1}{c}\,\delta(\vartheta - \vartheta') \quad , \quad \int_0^\pi J_{F\varphi}(\vartheta)\,c\,\mathrm{d}\vartheta = \hat{I} \, . \tag{4.91}$$

Aus Abb. 4.32a ergeben sich dabei die geometrischen Zusammenhänge

$$c = \sqrt{b^2 + h^2} \quad , \quad \cos\vartheta' = -\frac{h}{c} \quad , \quad \sin\vartheta' = \frac{b}{c} \, . \tag{4.92}$$

Auch das Vektorpotential weist nur eine φ-Komponente auf und erfüllt für
$r \neq c$ die vektorielle LAPLACE-Gleichung (A.13) mit dem allgemeinen Lösungsansatz (A.14). Der Flächenstrom erfordert getrennte Potentialansätze
für $r \leq c$ bzw. $r \geq c$, wobei wir dafür zu sorgen haben, dass das Vektorpotential weder im Ursprung $r = 0$ noch für $r \to \infty$ unendlich wird. Ferner muss
es beim Durchgang durch die Fläche $r = c$ stetig sein, und wir setzen daher
an

$$A_\varphi^{(p)}(r,\vartheta) = \sum_{n=1}^\infty A_n\,P_n^1(\cos\vartheta) \begin{cases} \left(\dfrac{r}{c}\right)^n & \text{für } r \leq c \\[2ex] \left(\dfrac{c}{r}\right)^{n+1} & \text{für } r \geq c \, . \end{cases} \tag{4.93}$$

Die noch unbekannten Koeffizienten A_n folgen nach (3.15) aus dem unstetigen
Verhalten der Tangentialkomponente der magnetischen Feldstärke am Ort
des Flächenstromes (4.91)

$$H_\vartheta^{(p)}(c+0,\vartheta) - H_\vartheta^{(p)}(c-0,\vartheta) = J_{F\varphi} \ . \tag{4.94}$$

Mit $\mu_0 \boldsymbol{H}^{(p)} = \nabla \times \boldsymbol{A}^{(p)}$ wird daraus

$$\sum_{n=1}^{\infty} A_n (2n+1) P_n^1(u) = \mu_0 \hat{I} \, \delta(\vartheta - \vartheta') \ . \tag{4.95}$$

Zur Abkürzung wurde $u = \cos\vartheta$ gesetzt. Zwecks Durchführung der nun erforderlichen Orthogonalentwicklung werden beide Seiten von (4.95) mit der Funktion $P_m^1(u)$ multipliziert und anschließend über den Orthogonalitätsbereich der Kugelfunktionen integriert, d.h.

$$\sum_{n=1}^{\infty} A_n (2n+1) \underbrace{\int_{-1}^{+1} P_n^1(u) P_m^1(u) \, \mathrm{d}u}_{\dfrac{2n(n+1)}{2n+1} \, \delta_m^n \text{ nach (A.47)}} = \mu_0 \hat{I} \int_{-1}^{+1} \delta(\vartheta - \vartheta') \, P_m^1(u) \, \mathrm{d}u \ .$$

Das Integral auf der rechten Seite ergibt wegen $\mathrm{d}u/\mathrm{d}\vartheta = -\sin\vartheta$, der Ausblendeigenschaft der DIRAC'schen Deltafunktion sowie (4.92)

$$\int_{-1}^{+1} \delta(\vartheta - \vartheta') \, P_m^1(u) \, \mathrm{d}u = -\int_\pi^0 \delta(\vartheta - \vartheta') \, P_m^1(\cos\vartheta) \sin\vartheta \, \mathrm{d}\vartheta =$$

$$= \sin\vartheta' \, P_m^1(\cos\vartheta') = \frac{b}{c} \, P_m^1(-h/c) \ .$$

Damit liegen die Konstanten A_n vor und das primäre Potential der betrachteten Kreiswindung lautet

$$A_\varphi^{(p)}(r,\vartheta) = \frac{\mu_0 \hat{I}}{2} \frac{b}{c} \sum_{n=1}^{\infty} \frac{P_n^1(-\frac{h}{c}) \, P_n^1(\cos\vartheta)}{n(n+1)} \begin{cases} \left(\dfrac{r}{c}\right)^n & \text{für } r \le c \\[2mm] \left(\dfrac{c}{r}\right)^{n+1} & \text{für } r \ge c \ . \end{cases} \tag{4.96}$$

Nun wird die leitende Hohlkugel diesem primären Feld ausgesetzt. Die Folge sind induzierte, φ-gerichtete Wirbelströme, die ihrerseits ein sekundäres Feld hervorrufen, dass sich dem primären überlagert. Da die Wirbelströme wegen $d \ll a$ und $d \ll \delta_S$ als Flächenstrom auf der Kugeloberfläche $r = a$ aufzufassen sind, kann ein Ansatz für das sekundäre Vektorpotential gemacht werden, der dieselbe Struktur wie (4.96) hat.[14] Wir ersetzen daher im radialen Term c durch a und fügen unbekannte Koeffizienten B_n hinzu

$$A_\varphi^{(s)}(r,\vartheta) = \frac{\mu_0 \hat{I}}{2} \frac{b}{c} \sum_{n=1}^{\infty} B_n \frac{P_n^1(-\frac{h}{c}) \, P_n^1(\cos\vartheta)}{n(n+1)} \begin{cases} \left(\dfrac{r}{a}\right)^n & \text{für } r \le a \\[2mm] \left(\dfrac{a}{r}\right)^{n+1} & \text{für } r \ge a \ . \end{cases} \tag{4.97}$$

---

[14] Bei exakter Berücksichtigung der endlichen Wandstärke müsste man im Bereich $a \le r \le a+d$ die vektorielle HELMHOLTZ-Gleichung für das φ-gerichtete Vektorpotential (A.23) mit dem allgemeinen Lösungsansatz (A.24) betrachten.

Die Tangentialkomponente der magnetischen Feldstärke hat für $r = a$ analog zu (4.94) eine Unstetigkeitsstelle, d.h.

$$H_\vartheta^{(s)}(a+0,\vartheta) - H_\vartheta^{(s)}(a-0,\vartheta) = J_\varphi^{(w)}d \ . \tag{4.98}$$

$J_\varphi^{(w)}$ ist die induzierte Wirbelstromdichte und $J_\varphi^{(w)}d$ die zugehörige Flächenstromdichte. Diese ist uns aber zur Zeit noch nicht bekannt, so dass eine weitere Bestimmungsgleichung erforderlich wird. Wir erhalten sie durch Anwendung des Induktionsgesetzes von FARADAY in differentieller Form

$$\nabla \times \boldsymbol{E} = \frac{1}{\kappa}\nabla \times \boldsymbol{J}^{(w)} = -\mathrm{j}\omega \boldsymbol{B} \quad \rightarrow \quad -\mathrm{j}\omega\kappa\left(A_\varphi^{(p)} + A_\varphi^{(s)}\right)_{r=a} = J_\varphi^{(w)} \ .$$

Zusammen mit (4.98) ergibt sich daraus die Bedingung

$$\left.\frac{\partial(rA_\varphi^{(s)})}{\partial r}\right|_{r=a-0} - \left.\frac{\partial(rA_\varphi^{(s)})}{\partial r}\right|_{r=a+0} = -\mathrm{j}\omega\kappa\mu_0 ad\left(A_\varphi^{(p)} + A_\varphi^{(s)}\right)_{r=a} \tag{4.99}$$

Nach Einsetzen von (4.96) und (4.97) in (4.99) liefert schließlich ein Koeffizientenvergleich die gesuchten Konstanten

$$B_n = -\frac{a^n}{c^n}\frac{\mathrm{j}\lambda}{(2n+1)+\mathrm{j}\lambda} \quad , \quad \lambda = \omega\kappa\mu_0 ad = \frac{2ad}{\delta_S^2} \ , \tag{4.100}$$

wobei die Geometrie und Materialeigenschaften der Hohlkugel im Universalparameter λ vereint sind.

Die Kraft auf die Hohlkugel ist z-gerichtet und entspricht dem negativen Wert der Kraft auf die Leiterschleife im sekundären Magnetfeld der induzierten Wirbelströme. Aus dem AMPÈRE'schen Gesetz (3.2) ergibt sich der periodische Zeitverlauf

$$K_z(t) = -2\pi b\,\hat{I}\cos\omega t\,\boldsymbol{e}_z \cdot \left[\boldsymbol{e}_\varphi \times \boldsymbol{B}^{(s)}(r=c,\vartheta=\vartheta',t)\right] \ .$$

Da jedoch nur der zeitliche Mittelwert interessiert, nehmen wir die Effektivwerte des Stromes $\hat{I}/\sqrt{2}$ und der Induktion $\mathrm{Re}\left\{\boldsymbol{B}^{(s)}\right\}/\sqrt{2}$ und erhalten

$$\overline{K_z(t)} = \pi\hat{I}b\,\mathrm{Re}\left\{\sin\vartheta\,B_r^{(s)} + \cos\vartheta\,B_\vartheta^{(s)}\right\}_{\substack{r=c\\\vartheta=\vartheta'}} \ . \tag{4.101}$$

Im letzten Schritt wurde von den Beziehungen

$$\boldsymbol{e}_z \cdot (\boldsymbol{e}_\varphi \times \boldsymbol{e}_r) = -\sin\vartheta \quad , \quad \boldsymbol{e}_z \cdot (\boldsymbol{e}_\varphi \times \boldsymbol{e}_\vartheta) = -\cos\vartheta$$

Gebrauch gemacht. Die Feldkomponenten $B_r^{(s)}$ und $B_\vartheta^{(s)}$ berechnet man mit $\boldsymbol{B}^{(s)} = \nabla \times \boldsymbol{A}^{(s)}$ und (A.49), so dass nach Einsetzen und Realteilbildung die endgültige Formel

$$\overline{K_z} = -\mu_0\hat{I}^2\frac{\pi}{2}\frac{b^2}{c^2}\sum_{n=1}^{\infty}\frac{\lambda^2}{(2n+1)^2+\lambda^2}\frac{a^{2n+1}}{c^{2n+1}}\frac{P_n^1(-\frac{h}{c})\,P_{n+1}^1(-\frac{h}{c})}{n+1} \tag{4.102}$$

entsteht. Abbildung 4.33 zeigt die Kraft bezogen auf das Gewicht mg der Hohlkugel in Abhängigkeit des Mittelpunktsabstandes h. Da die normierte Kraft auch Werte größer als eins annimmt, existiert für das betrachtete Beispiel tatsächlich eine stabile Schwebelage (Punkt A in Abb. 4.33).

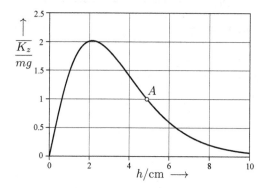

Abb. 4.33. Abhebende Kraft auf eine Aluminiumhohlkugel

$f = 1000$ Hz, $\hat{I} = 2000$ A

$a = 5$ cm, $b = 5.5$ cm, $d = 1$ mm

$\kappa = 37.7 \cdot 10^6$ S/m,

Die erforderliche hohe Stromstärke lässt es natürlich ratsam erscheinen, anstelle einer einzigen Leiterschleife eine Spule mit vielen Windungen zu verwenden. Außerdem kann man das Experiment auch mit der Netzfrequenz durchführen, was den Strombedarf noch weiter erhöht. Für die im Beispiel betrachtete Hohlkugel würde man bei 50 Hz und einem Strom von $I_{\text{eff}} = 16$ A eine Spule mit ca. 600 Windungen benötigen.

In Abb. 4.32b wurden die magnetischen Feldlinien bei Anregung durch eine Spule dargestellt. Man erkennt sehr deutlich, wie das Feld nach außen verdrängt wird und es macht den Eindruck, als würde die Hohlkugel von den Feldlinien „getragen".

Ergänzungsaufgaben

Aufgabe Q21: Auf perfekt leitenden Schienen bewegen sich in entgegengesetzter Richtung mit konstanter Geschwindigkeit v zwei leitende Stäbe mit dem Widerstand R. Senkrecht zu der Anordnung wirkt ein homogenes, statisches Magnetfeld $\boldsymbol{B}$ ein. Die Schienen haben die Entfernung a voneinander. Berechne den induzierten Strom in den Stäben. Das magnetische Feld infolge des induzierten Stromes soll dabei vernachlässigt werden.

Lösung: $i(t) = \dfrac{v \, a \, B}{R}$ (entgegen dem Uhrzeigersinn)

Aufgabe Q22: Zwei sehr lange Linienleiter im Abstand a bilden die Stränge einer Doppelleitung. Diese ist an einem Ende an eine Wechselspannungsquelle $u(t) = \hat{U} \cos \omega t$ angeschlossen und am anderen Ende mit dem OHM'schen Widerstand R abgeschlossen. Der Radius der Leiter r sei sehr viel kleiner als der Leiterabstand, $r \ll a$, und die Länge der Leiter l sei sehr viel größer als der Leiterabstand, $l \gg a$. Weiterhin seien die Leiter ideal leitend und ihre innere Induktivität ist vernachlässigbar klein. Berechne den Spitzenwert $\hat{I}$ des Stromes $i(t)$ durch den Widerstand unter quasistationären Voraussetzungen.

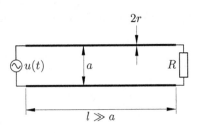

Lösung: $\quad \hat{I} = \hat{U} \left[R^2 + \left(\dfrac{\omega \mu_0 l}{\pi} \ln \dfrac{a}{r} \right)^2 \right]^{-1/2}$

Aufgabe Q23: In der Ebene $x = 0$ befinden sich an den Orten $y = \pm 2h$ die Stränge einer unendlich langen, vom Strom I durchflossenen Doppelleitung. Entlang der x-Achse wird eine rechteckförmige Leiterschleife mit der Höhe $2h$, der Länge l und dem OHM'schen Widerstand R mit konstanter Geschwindigkeit v bewegt. Bestimme den Strom in der bewegten Leiterschleife in Abhängigkeit von ihrer Position x. Das magnetische Feld infolge des induzierten Stromes ist dabei zu vernachlässigen.

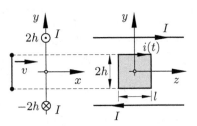

Lösung: $\quad i(x) = -\dfrac{\mu_0 I l x v}{\pi R} \left\{ \dfrac{1}{x^2 + 9h^2} - \dfrac{1}{x^2 + h^2} \right\}$

Aufgabe Q24: Eine Leiterschleife, bestehend aus einem ideal leitenden U-förmigen Teil und einem dünnen Stab (Querschnitt A, Länge l, Leitfähigkeit κ) befindet sich im Feld eines unendlich langen, geraden, stromdurchflossenen Leiters. Der Strom steigt langsam mit der Zeit t an, $i(t) = I_0 \, t/T$, wobei T eine Zeitkonstante ist. Welche Kraft wirkt auf den Stab? Das Magnetfeld infolge des induzierten Stromes soll dabei vernachlässigt werden.

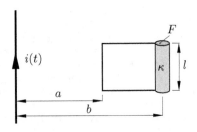

Lösung: $\quad K = \mu_0^2 \kappa F l \, \dfrac{I_0^2}{4\pi^2 b} \, \dfrac{t}{T^2} \, \ln \dfrac{b}{a} \quad$ (anziehend)

Aufgabe Q25: Ein magnetischer Dipol $\boldsymbol{p}_m = p_m \boldsymbol{e}_z$ befindet sich im Abstand h_0 auf der Achse einer dünnen, runden Leiterschleife. Die Schleife habe den OHM'schen Widerstand R. Bestimme die Grundwelle des periodischen Stromes $i(t)$, der in der Schleife induziert wird, wenn der Dipol eine kleine harmonische Bewegung

$$h(t) = h_0 + \delta \cdot \cos \omega t \quad , \quad \delta \ll h_0$$

um die Ruhelage h_0 ausführt. Das sekundäre Feld des induzierten Stromes darf vernachlässigt werden.

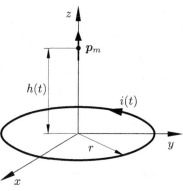

Lösung: $i(t) \approx -\dfrac{3}{2} \dfrac{\mu_0 p_m}{R} \dfrac{r^2 h_0 \delta}{\sqrt{r^2 + h_0^2}^5} \, \omega \sin \omega t$

Aufgabe Q26: Gegeben ist ein unendlich langer, dünnwandiger, leitender, gleichseitiger Dreieckzylinder mit der Kantenlänge a und der Wandstärke $d \ll a$. Bestimme den Phasor der magnetischen Feldstärke innerhalb des Zylinders, wenn dieser einem ursprünglich homogenen, quasistationären magnetischen Wechselfeld der Stärke $H_0 \cos \omega t$ parallel zur Zylinderachse ausgesetzt wird. Der gesamte Raum habe die konstante Permeabilität μ_0. Verschiebungsströme dürfen vernachlässigt werden und außerdem soll die Skineindringtiefe sehr viel größer als die Leiterdicke sein.

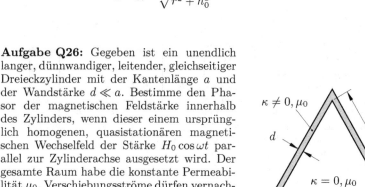

Lösung: $\boldsymbol{H}_i = \boldsymbol{H}_0 \dfrac{4\sqrt{3}}{4\sqrt{3} + \mathrm{j}\omega\kappa\mu_0 ad}$

Aufgabe Q27: Der Halbraum $y < 0$ ist nichtleitend und hochpermeabel. Der Halbraum $y > h$ ist leitend und hat die Permeabilität μ_0, während der Zwischenraum $0 < y < h$ nichtleitend ist und ebenfalls die Permeabilität μ_0 aufweist. Auf der Oberfläche des hochpermeablen Halbraumes $y = 0$ fließt zusätzlich der Flächenstrom $\boldsymbol{J}_F = \boldsymbol{e}_z J_{F0} \cos \omega t$. Bestimme den Phasor der induzierten Wirbelstromdichte im leitenden Halbraum $y > h$ bei Vernachlässigung der Verschiebungsströme.

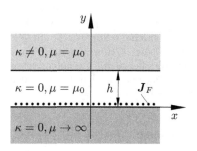

Lösung: $\boldsymbol{J} = -\boldsymbol{e}_z J_{F0} \dfrac{1+\mathrm{j}}{\delta_S} \exp\left\{ -\dfrac{1+\mathrm{j}}{\delta_S}(y-h) \right\} \quad , \quad \delta_S = \sqrt{\dfrac{2}{\omega\kappa\mu_0}}$

Aufgabe Q28: In der Ebene $y = 0$ befinde sich ein homogener, zeitlich veränderlicher Flächenstrom $\boldsymbol{J}_F = J_{F0} \cos \omega t \, \boldsymbol{e}_z$. Der Gesamtraum habe die Leitfähigkeit κ und die Permeabilität μ_0. Berechne den Phasor der Spannung, die in einer unendlich langen, parallel zum Flächenstrom verlaufenden Doppelleitung pro Längeneinheit induziert wird. Der Radius der Doppelleitungstränge sei vernachlässigbar klein.

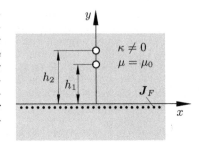

Lösung: $U_i' = \dfrac{1+\mathrm{j}}{\delta_S} \dfrac{J_{F0}}{2\kappa} \left(\mathrm{e}^{-(1+\mathrm{j})h_1/\delta_S} - \mathrm{e}^{-(1+\mathrm{j})h_2/\delta_S} \right)$, $\delta_S = \sqrt{\dfrac{2}{\omega \kappa \mu_0}}$

Aufgabe Q29: Zwei unendlich in z-Richtung ausgedehnte, parallele Leiter der Leitfähigkeit κ mit rechteckigem Querschnitt (Dicke d, Höhe $h \gg a$) stehen sich im Abstand $2a$ gegenüber und werden entgegengesetzt vom Wechselstrom $i(t) = \hat{I} \cos \omega t$ durchflossen. Berechne den Phasor der y-Komponente des magnetischen Feldes H_y innerhalb der Leiter. Verschiebungsströme sind zu vernachlässigen. Außerdem kann aufgrund der Höhe der Leiter näherungsweise davon ausgegangen werden, dass H_y nur von der Koordinate x abhängig ist.

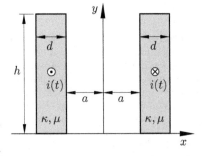

Lösung: $H_y(x) = -\dfrac{\hat{I}}{h} \dfrac{\sinh\left[(1+\mathrm{j})(x-a-d)/\delta_S\right]}{\sinh\left[(1+\mathrm{j})d/\delta_S\right]}$, $\delta_S = \sqrt{\dfrac{2}{\omega \kappa \mu}}$

Aufgabe Q30: Ein sehr langer, leitender Zylinder (Radius a, Länge $l \gg a$, Leitfähigkeit κ, Permeabilität μ) ist außen mit einer dicht gepackten Spule mit N Windungen bewickelt. Durch die Spule fließt ein Wechselstrom $i(t) = \hat{I} \cos \omega t$. Berechne den Phasor der Wirbelstromdichte im Zylinder unter Vernachlässigung der Randeffekte und der Verschiebungsströme.

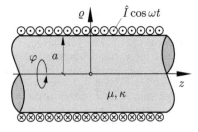

Lösung: $\boldsymbol{J} = -k \dfrac{\hat{I} N}{l} \dfrac{I_1(k\varrho)}{I_0(ka)} \boldsymbol{e}_\varphi$, $k = \dfrac{1+\mathrm{j}}{\delta_S}$, $\delta_S = \sqrt{\dfrac{2}{\omega \kappa \mu}}$

5. Beliebig zeitveränderliche Felder   W

Zusammenfassung wichtiger Formeln

Elektromagnetische Felder mit beliebiger Zeitabhängigkeit werden durch die vollständigen MAXWELL'schen Gleichungen beschrieben. Das bedeutet, dass im Gegensatz zu den quasistationären Feldern des vorangegangenen Kapitels nun die MAXWELL'sche Verschiebungsstromdichte berücksichtigt wird und damit die magnetische Feldstärke auch außerhalb leitender Körper den zeitlichen Stromdichteänderungen nicht mehr instantan folgt. Als Lösungen der MAXWELL-Gleichungen treten elektromagnetische Wellen auf. Dazu gehören Strahlungsfelder, hervorgerufen durch vorgegebene zeitveränderliche Stromverteilungen (Antennen), geführte Wellen in Hohlleitern und schließlich auch stehende Wellen in Resonatoren.

Grundlegende Gleichungen

Im Rahmen dieser Aufgabensammlung beschränken wir uns auf lineare und abschnittsweise homogene Materialkonstanten ε, μ, κ. Dann lauten die MAXWELL'schen Gleichungen

$$\nabla \times \boldsymbol{H} = \kappa \boldsymbol{E} + \frac{\partial \boldsymbol{D}}{\partial t} + \boldsymbol{J} \quad , \quad \nabla \times \boldsymbol{E} = -\frac{\partial \boldsymbol{B}}{\partial t}$$

$$\nabla \cdot \boldsymbol{D} = \frac{q_V}{\varepsilon} \quad , \quad \nabla \cdot \boldsymbol{B} = 0 \quad , \quad \boldsymbol{D} = \varepsilon \boldsymbol{E} \quad , \quad \boldsymbol{B} = \mu \boldsymbol{H} \,. \tag{5.1}$$

Die Stromdichte $\boldsymbol{J}$ sowie die Raumladungsdichte q_V sollen hier als eingeprägte Quellen aufgefasst werden. Die Felder lassen sich aus einem Vektorpotential und Skalarpotential über die Beziehungen

$$\boldsymbol{B} = \nabla \times \boldsymbol{A} \quad , \quad \boldsymbol{E} = -\frac{\partial \boldsymbol{A}}{\partial t} - \nabla \phi \tag{5.2}$$

bestimmen.[1]

---

[1] Für μ =const. ließe sich auch (wie in [Henke], Zeitlich beliebig veränderliche Felder IV) ein Vektorpotential mit $\boldsymbol{H} = \nabla \times \boldsymbol{A}$ verwenden.

Homogene Wellengleichung

Unter den für das System (5.1) gemachten Voraussetzungen folgt außerhalb der eingeprägten Quellen und für ein verlustfreies Medium mit $\kappa = 0$ die homogene Wellengleichung

$$\nabla^2 \boldsymbol{F}(\boldsymbol{r},t) = \varepsilon\mu \, \frac{\partial^2 \boldsymbol{F}(\boldsymbol{r},t)}{\partial t^2} \,, \tag{5.3}$$

wobei das Vektorfeld $\boldsymbol{F}$ durch die elektrische Feldstärke $\boldsymbol{E}$, die magnetische Feldstärke $\boldsymbol{H}$ oder auch das Vektorpotential $\boldsymbol{A}$ ersetzt werden kann. Durch FOURIER-Transformation

$$\boldsymbol{F}(\boldsymbol{r},t) \; \circ\!\!-\!\!\bullet \; \widetilde{\boldsymbol{F}}(\boldsymbol{r},\omega)$$

wird daraus die HELMHOLTZ-Gleichung[2]

$$\nabla^2 \widetilde{\boldsymbol{F}} = -k^2 \widetilde{\boldsymbol{F}} \tag{5.4}$$

mit der Freiraumwellenzahl

$$k = \frac{2\pi}{\lambda} = \omega\sqrt{\varepsilon\mu} = \frac{\omega}{c} \quad , \quad c \approx 3 \cdot 10^8 \, \frac{\mathrm{m}}{\mathrm{s}} \quad \text{für} \quad \begin{array}{l} \varepsilon = \varepsilon_0 \\ \mu = \mu_0 \,. \end{array} \tag{5.5}$$

Bei harmonischer Anregung mit der Kreisfrequenz ω stellt $\widetilde{\boldsymbol{F}}$ den komplexen Zeiger (Phasor) der zeitabhängigen Feldgröße dar. Grundsätzlich wird auf die Kennzeichnung der Phasoren durch eine Tilde verzichtet, wenn bei einer Aufgabe aufgrund harmonischer Anregung allein mit komplexen Zeigern gerechnet wird.

Komplexe Dielektrizitätskonstante

Gleichung (5.4) beschreibt die Ausbreitung elektromagnetischer Wellen in einem verlustfreien Medium. Auftretende Verluste ($\kappa \neq 0$) lassen sich mit Hilfe einer komplexen Dielektrizitätskonstanten

$$\varepsilon_k = \varepsilon \left(1 - \mathrm{j} \, \frac{\kappa}{\omega\varepsilon} \right) \tag{5.6}$$

in Rechnung stellen, indem in (5.4) ε_k anstelle von ε eingesetzt wird. Dadurch erhält die Wellenzahl einen Imaginärteil, was einer exponentiellen Dämpfung in Ausbreitungsrichtung entspricht.

Poynting'scher Vektor

Mit Hilfe des POYNTING'schen Vektors

$$\boldsymbol{S} = \boldsymbol{E} \times \boldsymbol{H} \tag{5.7}$$

lässt sich die Energieerhaltung im elektromagnetischen Feld in der Form

---

[2] Lösungsansätze für die HELMHOLTZ-Gleichung findet man im Anhang A.2.

$$-\oint_F \boldsymbol{S} \cdot \mathrm{d}\boldsymbol{F} = \int_V p_V \,\mathrm{d}V + \frac{\partial}{\partial t} \int_V (w_e + w_m) \,\mathrm{d}V \tag{5.8}$$

mit der Verlustleistungsdichte

$$p_V = \boldsymbol{J} \cdot \boldsymbol{E} \tag{5.9}$$

und der elektrischen bzw. magnetischen Energiedichte

$$w_e = \frac{1}{2}\boldsymbol{E} \cdot \boldsymbol{D} \quad , \quad w_m = \frac{1}{2}\boldsymbol{B} \cdot \boldsymbol{H} \tag{5.10}$$

schreiben. Bei zeitlich harmonischen Feldgrößen mit der Kreisfrequenz ω lautet der Energiesatz in komplexer Form

$$-\oint_F \boldsymbol{S}_k \cdot \mathrm{d}\boldsymbol{F} = \int_V \overline{p_V} \,\mathrm{d}V + 2\mathrm{j}\omega \int_V (\overline{w_m} - \overline{w_e}) \,\mathrm{d}V \tag{5.11}$$

mit dem komplexen POYNTING'schen Vektor

$$\boldsymbol{S}_k = \frac{1}{2}\left(\widetilde{\boldsymbol{E}} \times \widetilde{\boldsymbol{H}}^*\right) \tag{5.12}$$

und den zeitlichen Mittelwerten

$$\overline{p_V} = \frac{1}{2}\widetilde{\boldsymbol{J}} \cdot \widetilde{\boldsymbol{E}}^* \quad , \quad \overline{w_e} = \frac{1}{4}\widetilde{\boldsymbol{E}} \cdot \widetilde{\boldsymbol{D}}^* \quad , \quad \overline{w_m} = \frac{1}{4}\widetilde{\boldsymbol{B}} \cdot \widetilde{\boldsymbol{H}}^* . \tag{5.13}$$

Ebene Wellen

Die einfachste Lösung von (5.4) ist die harmonische, ebene Welle. Es handelt sich dabei um ein elektromagnetisches Feld, das keine Feldkomponente in Ausbreitungsrichtung hat und transversal zur Ausbreitungsrichtung keine Ortsabhängigkeit aufweist, Abb. 5.1.

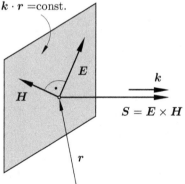

Abb. 5.1. Ausschnitt aus der Phasenfront einer ebenen Welle. Die Vektoren $\boldsymbol{E}$, $\boldsymbol{H}$ und $\boldsymbol{k}$ bilden ein Rechtssystem

Für die Phasoren des elektromagnetischen Feldes einer ebene Welle gilt

$$\widetilde{\boldsymbol{E}} = \boldsymbol{E}_0\, e^{-j\boldsymbol{k}\cdot\boldsymbol{r}} \quad , \quad Z\widetilde{\boldsymbol{H}} = \frac{\boldsymbol{k}}{k} \times \widetilde{\boldsymbol{E}} \quad , \quad Z = \sqrt{\frac{\mu}{\varepsilon}}\,, \tag{5.14}$$

wobei $\boldsymbol{k}$ der in Ausbreitungsrichtung zeigende Vektor der Wellenzahl und Z der Wellenwiderstand des freien Raumes ist. Für $\varepsilon = \varepsilon_0$ und $\mu = \mu_0$ wird $Z \approx 120\pi\ \Omega$.

Retardierte Potentiale

Die Felder zeitabhängiger Strom- und Ladungsverteilungen $\boldsymbol{J}(\boldsymbol{r},t)$ und $q_V(\boldsymbol{r},t)$, Abb. 5.2a, breiten sich mit Lichtgeschwindigkeit im Raum aus.

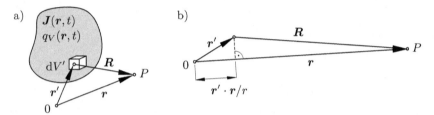

Abb. 5.2. **(a)** Zeitabhängige Strom- und Ladungsverteilung in einem Volumen V und Festlegung der Abstandsvektoren zur Berechnung der retardierten Potentiale im Aufpunkt P. **(b)** Projektion des Ortsvektors $\boldsymbol{r}'$ auf den Ortsvektor $\boldsymbol{r}$ zur Verwendung in der Fernfeldnäherung

Die zugehörigen in (5.2) definierten Potentiale heißen dann retardierte Potentiale und errechnen sich aus der zum früheren Zeitpunkt $t_{\mathrm{ret}} = t - R/c$ vorliegenden Quellenverteilung in der Form

$$\phi(\boldsymbol{r},t) = \frac{1}{4\pi\varepsilon} \int_V \frac{q_V(\boldsymbol{r}',t_{\mathrm{ret}})}{R}\, \mathrm{d}V'$$

$$\boldsymbol{A}(\boldsymbol{r},t) = \frac{\mu}{4\pi} \int_V \frac{\boldsymbol{J}(\boldsymbol{r}',t_{\mathrm{ret}})}{R}\, \mathrm{d}V' \tag{5.15}$$

bzw. nach FOURIER-Transformation

$$\phi(\boldsymbol{r},t)\,,\ q_V(\boldsymbol{r}',t) \qquad\circ\!\!-\!\!\bullet\qquad \widetilde{\phi}(\boldsymbol{r},\omega)\,,\ \widetilde{q}_V(\boldsymbol{r}',\omega)$$

$$\boldsymbol{A}(\boldsymbol{r},t)\,,\ \boldsymbol{J}(\boldsymbol{r}',t) \qquad\qquad \widetilde{\boldsymbol{A}}(\boldsymbol{r},\omega)\,,\ \widetilde{\boldsymbol{J}}(\boldsymbol{r}',\omega)$$

$$\widetilde{\phi}(\boldsymbol{r},\omega) = \frac{1}{4\pi\varepsilon} \int_V \widetilde{q}_V(\boldsymbol{r}',\omega) \frac{e^{-jkR}}{R}\, \mathrm{d}V'$$

$$\widetilde{\boldsymbol{A}}(\boldsymbol{r},\omega) = \frac{\mu}{4\pi} \int_V \widetilde{\boldsymbol{J}}(\boldsymbol{r}',\omega) \frac{e^{-jkR}}{R}\, \mathrm{d}V'\,. \tag{5.16}$$

$\widetilde{\phi}$ und $\widetilde{\boldsymbol{A}}$ sind die Phasoren der elektrodynamischen Potentiale bei einer monochromatischen Feldanregung mit der Kreisfrequenz ω.

Im häufig allein interessierenden Fernfeld mit $kr \gg 1$, Abb. 5.2b, führt man die Näherungen

$$\frac{1}{R} \approx \frac{1}{r} \quad , \quad \mathrm{e}^{-\mathrm{j}kR} \approx \mathrm{e}^{-\mathrm{j}k(r - \mathbf{r}' \cdot \mathbf{r}/r)} \tag{5.17}$$

ein, die zu einer drastischen Vereinfachung der Integration führen.

Hertz'scher Dipol

Handelt es sich bei der strahlenden Stromverteilung um ein kleines Linienelement Δs mit einem zeitharmonischen Strom $i(t) = \hat{I} \cos \omega t$, so spricht man von einem HERTZ'schen Dipol, Abb. 5.3.

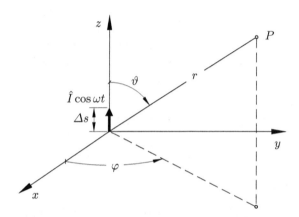

Abb. 5.3. HERTZ'scher Dipol im Ursprung des Koordinatensystems

Die Phasoren der elektrischen und magnetischen Feldstärke ergeben sich im Fernfeld, $kr \gg 1$, zu

$$\widetilde{\boldsymbol{H}} \approx \mathrm{j}k \, \frac{\hat{I}\Delta s}{4\pi} \, \frac{\mathrm{e}^{-\mathrm{j}kr}}{r} \, \sin\vartheta \, \boldsymbol{e}_\varphi \; , \quad \widetilde{\boldsymbol{E}} \approx Z\widetilde{H}_\varphi \, \boldsymbol{e}_\vartheta \; , \quad \begin{array}{l} k = \omega/c \, , \\ Z = \sqrt{\mu/\varepsilon} \; . \end{array} \tag{5.18}$$

Geführte Wellen in Hohlleitern

Bei geführten Wellen unterscheidet man transversal elektrische Wellen (TE- oder H-Wellen) und transversal magnetische Wellen (TM- oder E-Wellen) mit der Eigenschaft

$$E_z^H = 0 \, , \, H_z^H \neq 0 \quad \text{für H-Wellen}$$

$$H_z^E = 0 \, , \, E_z^E \neq 0 \quad \text{für E-Wellen} \, ,$$

wenn die Wellenausbreitung in z-Richtung stattfindet und das wellenführende Medium ein in z-Richtung homogen verlaufender, idealer Hohlleiter ist.

Liegen mindestens zwei parallel verlaufende Leiter vor (z.B. Parallelplattenleitung oder Koaxialkabel), so gibt es auch eine elektrisch und magnetisch
transversale Welle (TEM-Welle), die keine Feldkomponenten in Ausbreitungsrichtung aufweist.

Die Phasoren von H- und E-Wellen lassen sich aus z-gerichteten Vektorpotentialen bestimmen

$$\text{H-Wellen:}\quad \widetilde{\boldsymbol{E}}^H = \nabla \times \widetilde{\boldsymbol{A}}^H \quad , \quad \text{E-Wellen:}\quad \widetilde{\boldsymbol{H}}^E = \nabla \times \widetilde{\boldsymbol{A}}^E$$

$$\widetilde{\boldsymbol{A}}^{H,E} = \boldsymbol{e}_z\, A_t^{H,E}(u,v)\, \mathrm{e}^{\pm \mathrm{j} k_z z} \ . \tag{5.19}$$

Der nur von den transversalen Koordinaten u und v abhängige Faktor
$A_t^{H,E}(u,v)$ erfüllt dabei die zweidimensionale HELMHOLTZ-Gleichung

$$\nabla^2 A_t^{H,E} = (k_z^2 - k^2) A_t^{H,E}\ , \quad k = \frac{2\pi}{\lambda} = \frac{\omega}{c}\ , \quad k_z = \frac{2\pi}{\lambda_z} = \frac{\omega}{v_{ph}}\ . \tag{5.20}$$

Die Wellenlänge λ_z bzw. Phasengeschwindigkeit v_{ph} der geführten Wellen ist
im Hohlleiter stets größer als die Freiraumwellenlänge λ bzw. Lichtgeschwindigkeit c.

Aufgaben

W1 Anpassung von Leitungen

Gegeben ist eine Parallelplattenleitung mit der Breite a und dem Plattenabstand b. Sie ist an ihrem Ende mit einem leitfähigen Block der Dicke d
abgeschlossen, Abb. 5.4. Vernachlässigt man die Feldverzerrung an den Plat-
tenrändern $y = 0$ und $y = a$, so können sich entlang einer solchen Leitung
ebene Wellen ausbilden. Der leitende Block soll nun so dimensioniert werden,
dass die gesamte Energie einer einfallenden ebenen Welle vollständig absorbiert wird (Anpassung). Dabei sei die Eindringtiefe sehr viel größer als die
Blockdicke, $\delta_S \gg d$, so dass die Stromdichte im Block als homogen angesehen
werden darf.

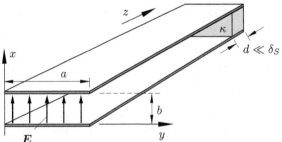

Abb. 5.4. Parallelplattenleitung mit leitendem Block
als Abschlusswiderstand

Lösung: Das elektromagnetische Feld innerhalb der Parallelplattenleitung folgt aus (5.14) mit $\boldsymbol{k} \cdot \boldsymbol{r} = kz$

$$E_x = E_0 \, \mathrm{e}^{-\mathrm{j}kz} \quad , \quad H_y = \frac{E_0}{Z} \, \mathrm{e}^{-\mathrm{j}kz} \quad , \quad Z = \sqrt{\frac{\mu_0}{\varepsilon_0}}$$

und der im zeitlichen Mittel transportierte Energiestrom pro Flächeneinheit ist nach (5.12)

$$\overline{S} = \mathrm{Re}\{S_k\} = \frac{1}{2} \, \mathrm{Re}\{E_x H_y^*\} = \frac{1}{2Z} \, E_0^2 \,.$$

Dieser Energiestrom soll nun im leitenden Block vollständig in Wärme umgesetzt werden. Der zeitliche Mittelwert der dort entstehenden Verluste ist nach (5.13)

$$\overline{P_V} = \frac{1}{2} \, \boldsymbol{J} \cdot \boldsymbol{E}^* \, abd = \frac{1}{2} \, \kappa \, E_0^2 \, abd \,.$$

Bei vollständiger Energieumsetzung in Wärme muss also gelten

$$\overline{S} \, ab \overset{!}{=} \overline{P_V} \quad \rightarrow \quad \frac{1}{\kappa d} = Z = \sqrt{\frac{\mu_0}{\varepsilon_0}} \,.$$

In der Praxis verwendet man bei Leitungen anstelle des Wellenwiderstandes Z den sogenannten *Leitungswellenwiderstand* Z_L als Verhältnis von Strom und Spannung in einer Ebene $z =$const.. Im vorliegenden einfachen Fall einer ebenen Welle mit örtlich konstanten Feldern in einer Querschnittsebene lassen sich Strom und Spannung leicht aus dem magnetischen bzw. elektrischen Feld berechnen

$$Z_L = \frac{U}{I} = \frac{E_x \, b}{J_F a} = \frac{E_x \, b}{H_y a} = \frac{b}{a} Z \,.$$

Führt man noch den OHM'schen Abschlusswiderstand des leitenden Blockes ein

$$R = \frac{1}{\kappa} \frac{b}{da} \,,$$

so ergibt sich als Bedingung für vollständige Absorption

$$R = Z_L \,.$$

Dieses Prinzip der Anpassung mit einem Abschlusswiderstand gleich dem Leitungswellenwiderstand gilt ganz allgemein für beliebige Zweidrahtleitungen. Als Beispiel sei die heute nicht mehr gebräuchliche Vernetzung von Computern mittels Koaxialkabeln genannt. Man verwendete hier Kabel mit einem Leitungswellenwiderstand von 50 Ω. Da Reflexionen am Leitungsende eine sichere Datenübertragung unmöglich machen, musste jede Leitung an ihrem Ende mit einem 50 Ω Abschlusswiderstand versehen werden.

W2 Ebene Welle, elliptische Polarisation

In der Ebene $z = 0$ fließen zwei phasenverschobene, harmonische Flächenströme

$$\boldsymbol{J}_{F1} = J_{F0} \cos \omega t \, \boldsymbol{e}_x \, , \quad \boldsymbol{J}_{F2} = p \cdot J_{F0} \cos(\omega t + \delta) \, \boldsymbol{e}_y \, .$$

Der Gesamtraum habe die Leitfähigkeit κ und ansonsten die Materialeigenschaften von Vakuum (ε_0, μ_0), Abb. 5.5.

a) Bestimme das elektromagnetische Feld, das sich in Form einer gedämpften, ebenen Welle ausbreiten wird.

b) Zeige, im Falle $\kappa = 0$, dass die Spitze des elektrischen Feldvektors in Abhängigkeit von der Zeit auf Ellipsenbahnen umläuft und bestimme die Lage
und die Halbachsen dieser Ellipsen.

c) Berechne Phasen- und Gruppengeschwindigkeit für $\kappa = 55 \cdot 10^6 \, \Omega^{-1} \mathrm{m}^{-1}$
und $f = 50 \, \mathrm{Hz}$.

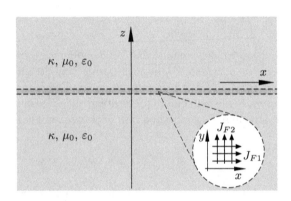

Abb. 5.5. Erzeugung ebener Wellen durch Flächen-
ströme in der Ebene $z = 0$

Lösung:

a) Aufgrund der zeitharmonischen Anregung können wir die Aufgabe mit
Hilfe komplexer Zeiger lösen, d.h. alle auftretenden Feldgrößen seien von nun
an Phasoren. Die Ströme $\boldsymbol{J}_{F1}$ und $\boldsymbol{J}_{F2}$ rufen elektromagnetische Felder $\boldsymbol{E}_1$,
$\boldsymbol{H}_1$ und $\boldsymbol{E}_2, \boldsymbol{H}_2$ hervor, welche nach (5.4) die eindimensionalen HELMHOLTZ-
Gleichungen

$$\frac{d^2 H_{y1}}{dz^2} = -k^2 H_{y1} \quad , \quad \frac{d^2 H_{x2}}{dz^2} = -k^2 H_{x2} \tag{5.21}$$

$$\text{mit} \quad k^2 = \omega^2 \mu_0 \varepsilon_k \quad , \quad \varepsilon_k = \varepsilon_0 \left(1 - \mathrm{j} \frac{\kappa}{\omega \varepsilon_0} \right)$$

erfüllen. Die Felder weisen jeweils nur eine Komponente auf und hängen nur
von der Koordinate z ab, da der Flächenstrom homogen über die Ebene

$z = 0$ verteilt ist. Die Lösungen von (5.21) sind ebene Wellen, für die wir mit Berücksichtigung der Diskontinuität am Ort des Strombelages die Ansätze

$$H_{y1} = -\text{sign}(z)A_1\,e^{-jk|z|} \quad , \quad H_{x2} = \text{sign}(z)A_2\,e^{-jk|z|}$$

mit den noch unbekannten Amplituden A_1 und A_2 aufstellen können. Diese lassen sich aus der Stetigkeitsbedingung (3.15) am Ort der Flächenströme bestimmen

$$-H_{y1}(z = +0) + H_{y1}(z = -0) = J_{F1} \quad \rightarrow \quad A_1 = \frac{1}{2}\,J_{F0}$$

$$-H_{x2}(z = -0) + H_{x2}(z = +0) = J_{F2} \quad \rightarrow \quad A_2 = \frac{1}{2}\,p\,J_{F0}\,e^{j\delta}$$

und das Magnetfeld ist damit bekannt

$$H_{y1} = -\text{sign}(z)\,\frac{J_{F0}}{2}\,e^{-jk|z|} \quad , \quad H_{x2} = \text{sign}(z)\,\frac{J_{F0}}{2}\,p\,e^{j\delta}\,e^{-jk|z|}\;.$$

Das elektrische Feld folgt aus dem magnetischen durch Multiplikation mit dem Wellenwiderstand. Die Richtung überlegt man sich anhand des POYN-TING'schen Vektors, der in Ausbreitungsrichtung zeigen muss, d.h. in positive z-Richtung im oberen Halbraum und in negative z-Richtung im unteren Halbraum, und man erhält

$$E_{x1} = -Z\,\frac{J_{F0}}{2}\,e^{-jk|z|} \quad , \quad E_{y2} = -Z\,\frac{J_{F0}}{2}\,p\,e^{j\delta}\,e^{-jk|z|} \quad , \quad Z = \sqrt{\frac{\mu_0}{\varepsilon_k}}\;.$$

Das gesamte elektromagnetische Feld ist schließlich die Superposition

$$\boldsymbol{E}_{\text{ges}} = E_{x1}\,\boldsymbol{e}_x + E_{y2}\,\boldsymbol{e}_y \quad , \quad \boldsymbol{H}_{\text{ges}} = H_{y1}\,\boldsymbol{e}_y + H_{x2}\,\boldsymbol{e}_x\;.$$

b) Wegen $k = 0$ sind der Wellenwiderstand Z und die Wellenzahl k reell und man kann für das zeitabhängige elektrische Feld schreiben

$$\boldsymbol{E}_{\text{ges}}(z,t) = \text{Re}\Big\{(E_{x1}\,\boldsymbol{e}_x + E_{y2}\,\boldsymbol{e}_y)\,e^{j\omega t}\Big\} = E_0\,(f_x\,\boldsymbol{e}_x + f_y\,\boldsymbol{e}_y) =$$

$$= E_0\,\big[\cos(\omega t - k|z|)\,\boldsymbol{e}_x + p\cos(\omega t - k|z| + \delta)\,\boldsymbol{e}_y\big]$$

mit den Abkürzungen

$$E_0 = -Z\,\frac{J_{F0}}{2} \quad , \quad f_x = \cos(\omega t - k|z|) \quad , \quad f_y = p\cos(\omega t - k|z| + \delta)\;.$$

Mit Hilfe des Additionstheorems $\cos(x \pm y) = \cos x\,\cos y \mp \sin x\,\sin y$ lässt sich f_y umformen

$$f_y = p\cos(\omega t - k|z|)\cos\delta - p\sin(\omega t - k|z|)\sin\delta$$

$$\big[f_y - p\underbrace{\cos(\omega t - k|z|)}_{f_x}\cos\delta\big]^2 = \big[-p\underbrace{\sin(\omega t - k|z|)}_{\sqrt{1 - f_x^2}}\sin\delta\big]^2$$

und es ergibt sich die Gleichung eines Kegelschnittes

$$p^2 f_x^2 - 2p \cos \delta \, f_x f_y + f_y^2 - p^2 \sin^2 \delta = 0 \ .$$

Sie stellt in der angegebenen Form eine Ellipse mit dem Mittelpunkt im Ursprung $f_x = f_y = 0$ dar. Die Halbachsen dieser Ellipse sind gegenüber der f_x- bzw. f_y-Achse um einen Winkel φ verdreht, Abb. 5.6.

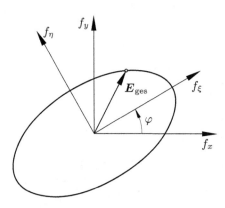

Abb. 5.6. Umlauf der Spitze des elektrischen Feldvektors auf einer um den Winkel φ verdrehten Ellipse

Nachdem die elliptische Polarisation nachgewiesen ist, wollen wir noch versuchen, die Halbachsen der Ellipse explizit als Funktion von p und δ zu bestimmen. Dazu ist es zweckmäßig, die Gleichung des Kegelschnittes in die Matrizenform

$$\boldsymbol{x}^T \cdot \boldsymbol{A} \cdot \boldsymbol{x} + a_0 = 0 \qquad (5.22)$$

mit

$$\boldsymbol{x} = \begin{pmatrix} f_x \\ f_y \end{pmatrix} \quad , \quad \boldsymbol{A} = \begin{pmatrix} p^2 & -p \cos \delta \\ -p \cos \delta & 1 \end{pmatrix} \quad , \quad a_0 = -p^2 \sin^2 \delta$$

zu überführen, wobei ein hochgestelltes T für die Transponierte einer Matrix steht. Bei der Matrix $\boldsymbol{A}$ handelt es sich um eine reelle, symmetrische Matrix mit orthogonalen Eigenvektoren. Wir führen jetzt eine sogenannte *Hauptachsentransformation* durch, d.h. wir gehen vom Koordinatensystem (f_x, f_y) über in das System (f_ξ, f_η), siehe Abb. 5.6. In diesem Koordinatensystem enthält die Ellipsengleichung natürlich nur quadratische Terme f_ξ^2, f_η^2 und keinen gemischten Term $f_\xi f_\eta$. Im System (f_ξ, f_η) lautet dann die zu (5.22) analoge Ellipsengleichung

$$\boldsymbol{x}'^T \cdot \boldsymbol{C} \cdot \boldsymbol{x}' + a_0 = 0 \quad \text{mit} \quad \boldsymbol{x}' = \begin{pmatrix} f_\xi \\ f_\eta \end{pmatrix} \ ,$$

wobei die Matrix $\boldsymbol{C}$ wegen des Fehlens des gemischten Terms $f_\xi f_\eta$ eine Diagonalmatrix sein muss. Der Zusammenhang zwischen $\boldsymbol{x}$ und $\boldsymbol{x}'$ lässt sich mit Hilfe einer Drehmatrix $\boldsymbol{D}$ beschreiben

$$x = D \cdot x' \quad , \quad x^T = x'^T \cdot D^T \quad , \quad D = \begin{pmatrix} \cos\varphi & -\sin\varphi \\ \sin\varphi & \cos\varphi \end{pmatrix}$$

und nach Einsetzen in (5.22) erhalten wir

$$x'^T \cdot C \cdot x' + a_0 = 0 \quad \text{mit} \quad C = D^T \cdot A \cdot D = \begin{pmatrix} \lambda_1 & 0 \\ 0 & \lambda_2 \end{pmatrix} .$$

Die Matrix A wurde also mit Hilfe der Drehmatrix D auf Diagonalform transformiert. Aus der linearen Algebra ist bekannt, dass dann die Elemente der Matrix C gerade die Eigenwerte λ_i der Matrix A darstellen. Im gedrehten Koordinatensystem lautet jetzt die Ellipsengleichung

$$x'^T \cdot \begin{pmatrix} \lambda_1 & 0 \\ 0 & \lambda_2 \end{pmatrix} \cdot x' + a_0 = 0$$

oder explizit ausgeführt

$$\left(\frac{\lambda_1}{p^2 \sin^2 \delta} \right) f_\xi^2 + \left(\frac{\lambda_2}{p^2 \sin^2 \delta} \right) f_\eta^2 = 1 .$$

Um daraus die Halbachsen ablesen zu können, müssen nur noch die Eigenwerte λ_1 und λ_2 bestimmt werden

$$\det\{A - \lambda \mathbf{1}\} = \begin{vmatrix} p^2 - \lambda & -p\cos\delta \\ -p\cos\delta & 1 - \lambda \end{vmatrix} \overset{!}{=} 0$$

$$\rightarrow \quad \lambda_{1,2} = \frac{1}{2}(1 + p^2) \pm \sqrt{\frac{1}{4}(1 - p^2)^2 + p^2 \cos^2 \delta} .$$

Der noch nicht bekannte Winkel φ, der die Orientierung der Ellipse bestimmt, verbirgt sich in der Drehmatrix D. Wir betrachten dazu noch einmal die Matrizengleichung

$$D^T \cdot A \cdot D = \begin{pmatrix} \lambda_1 & 0 \\ 0 & \lambda_2 \end{pmatrix} ,$$

welche explizit in vier einzelne Gleichungen zerfällt. Der Einfachheit halber wählen wir eine mit verschwindender rechter Seite

$$-p^2 \sin\varphi \cos\varphi + p \sin^2 \varphi \cos\delta - p \cos^2 \varphi \cos\delta + \sin\varphi \cos\varphi = 0 ,$$

aus der sich wegen $\sin 2x = 2\sin x \cos x$ und $\cos 2x = \cos^2 x - \sin^2 x$ der Drehwinkel in der Form

$$\tan 2\varphi = \frac{2p\cos\delta}{1 - p^2}$$

berechnen lässt.

c) Zur Ermittlung der Phasen- und Gruppengeschwindigkeit ist der funktionale Zusammenhang $\omega(\beta)$ zwischen der Kreisfrequenz ω und der Phasenkonstanten $\beta = \text{Re}\{k\}$ erforderlich

$$\beta = \frac{\omega}{c}\sqrt{\frac{1}{2}\left(1+\sqrt{1+\left(\frac{\kappa}{\omega\varepsilon_0}\right)^2}\right)} \quad\rightarrow\quad \omega(\beta) = \frac{2c\beta^2}{\sqrt{4\beta^2+\kappa^2\mu_0/\varepsilon_0}} \;.$$

Einsetzen und Differenzieren liefert

$$v_{ph} = \frac{\omega(\beta)}{\beta} = \frac{2\beta c}{\sqrt{4\beta^2+\kappa^2\mu_0/\varepsilon_0}}$$

$$v_{gr} = \frac{\mathrm{d}\omega(\beta)}{\mathrm{d}\beta} = \frac{4\beta c}{\sqrt{4\beta^2+\kappa^2\mu_0/\varepsilon_0}} - \frac{8\beta^3 c}{\sqrt{4\beta^2+\kappa^2\mu_0/\varepsilon_0}^{\,3}} \;.$$

Zahlenmäßig ergeben sich bei der in der Aufgabenstellung genannten Leitfähigkeit und Frequenz für die Geschwindigkeiten die Werte

$$v_{gr} \approx 2\cdot v_{ph} \approx 6\ \mathrm{m/s}\;.$$

Die geringe Phasengeschwindigkeit kann man sofort überprüfen. Bei der gegebenen hohen Leitfähigkeit und geringen Frequenz ist es mit sehr guter Genauigkeit zulässig, die Verschiebungsstromdichte zu vernachlässigen und aus der komplexen Wellenzahl wird $k \approx (1+\mathrm{j})/\delta_S$. Dann erhält man die Phasengeschwindigkeit aus der einfachen Beziehung $v_{ph} \approx \omega\delta_S$, was auf den Wert $\approx 3\ \mathrm{m/s}$ führt. Festzuhalten bleibt, dass sich in einem leitenden Medium auch ohne Verschiebungströme Wellen ausbreiten, die man *Diffusionswellen* nennt.

W3 Reflexion am geschichteten Medium

Eine aus dem Vakuum (Raum 1) einfallende ebene Welle treffe in z-Richtung senkrecht auf ein System aus mehreren Schichten, Abb. 5.7. Dieses besteht aus einer leitenden Schicht der Dicke d_2 (Raum 2), einer isolierenden Schicht der Dicke d_3 (Raum 3) sowie einem ideal leitenden Belag auf der Rückseite des Systems. Berechne den Reflexionsfaktor R_{12} an der Trennfläche zwischen Vakuum und dem Mehrschichtensystem.

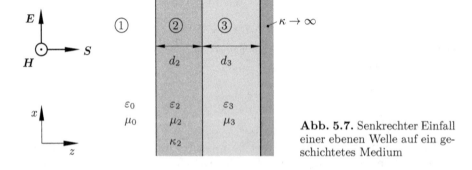

Abb. 5.7. Senkrechter Einfall einer ebenen Welle auf ein geschichtetes Medium

Lösung: Das elektromagnetische Feld in den einzelnen Teilräumen setzt sich aus vor- und rücklaufenden Wellen zusammen. Wir verwenden die Phasorenschreibweise, wobei auf eine gesonderte Kennzeichnung komplexer Größen verzichtet wird. Beachtet man, dass ein positives Vorzeichen im Argument der Exponentialfunktion eine Welle in negative z-Richtung beschreibt, so lauten die Feldansätze nach (5.14) mit $\boldsymbol{k} \cdot \boldsymbol{r} = kz$

Raum 1: $\boldsymbol{H}_1(z) = H_0 \left\{ \mathrm{e}^{-\mathrm{j}k_1 z} + R_{12}\, \mathrm{e}^{\mathrm{j}k_1 z} \right\} \boldsymbol{e}_y$

$$\frac{\boldsymbol{E}_1(z)}{Z_1} = H_0 \left\{ \mathrm{e}^{-\mathrm{j}k_1 z} - R_{12}\, \mathrm{e}^{\mathrm{j}k_1 z} \right\} \boldsymbol{e}_x$$

Raum 2: $\boldsymbol{H}_2(z) = H_0 \left\{ A\, \mathrm{e}^{-\mathrm{j}k_2 z} + B\, \mathrm{e}^{\mathrm{j}k_2 z} \right\} \boldsymbol{e}_y$

$$\frac{\boldsymbol{E}_2(z)}{Z_2} = H_0 \left\{ A\, \mathrm{e}^{-\mathrm{j}k_2 z} - B\, \mathrm{e}^{\mathrm{j}k_2 z} \right\} \boldsymbol{e}_x$$

Raum 3: $\boldsymbol{H}_3(z) = H_0 \left\{ C\, \mathrm{e}^{-\mathrm{j}k_3 z} + D\, \mathrm{e}^{\mathrm{j}k_3 z} \right\} \boldsymbol{e}_y$

$$\frac{\boldsymbol{E}_3(z)}{Z_3} = H_0 \left\{ C\, \mathrm{e}^{-\mathrm{j}k_3 z} - D\, \mathrm{e}^{\mathrm{j}k_3 z} \right\} \boldsymbol{e}_x \ .$$

Dabei sind die Wellenwiderstände Z_i und Freiraumwellenzahlen k_i materialabhängig

$$Z_1 = \sqrt{\frac{\mu_0}{\varepsilon_0}} \quad , \quad Z_2 = \sqrt{\frac{\mu_2}{\varepsilon_{k2}}} \quad , \quad Z_3 = \sqrt{\frac{\mu_3}{\varepsilon_3}}$$
$$k_1 = \omega\sqrt{\varepsilon_0\mu_0} \quad , \quad k_2 = \omega\sqrt{\varepsilon_{k2}\mu_2} \quad , \quad k_3 = \omega\sqrt{\varepsilon_3\mu_3} \ .$$

Die Leitfähigkeit im Raum 2 wurde durch eine komplexe Dielektrizitätskonstante (5.6) berücksichtigt. Man beachte auch das negative Vorzeichen vor den rücklaufenden Wellentermen bei der elektrischen Feldstärke. Dieses hat seine Ursache in der Forderung, dass der POYNTING'sche Vektor bei den rücklaufenden Wellen in negative z-Richtung zu zeigen hat.

Die noch unbekannten Konstanten A_i, B_i und R_{12} können aus den Rand- und Stetigkeitsbedingungen an den Bereichsgrenzen ermittelt werden. Explizit sind wir dabei nur am Reflexionsfaktor R_{12} interessiert. Wir beginnen mit der perfekt leitenden Ebene und legen dort willkürlich den Koordinatenursprung $z = 0$ fest. Dann muss gelten

$$E_3(0) = 0 \quad \rightarrow \quad C = D \ .$$

Damit ergeben sich stehende Wellen im Raum 3

$$H_3(z) = 2H_0 C \cos k_3 z \quad , \quad E_3(z) = -2\mathrm{j}Z_3 H_0 C \sin k_3 z \ .$$

Die Stetigkeitsbedingungen in der Ebene $z = -d_3$ lauten

$$H_2(-d_3) = H_3(-d_3) \ \rightarrow \ A\, \mathrm{e}^{\mathrm{j}k_2 d_3} + B\, \mathrm{e}^{-\mathrm{j}k_2 d_3} = 2C \cos k_3 d_3$$

$$E_2(-d_3) = E_3(-d_3) \ \rightarrow \ A\, \mathrm{e}^{\mathrm{j}k_2 d_3} - B\, \mathrm{e}^{-\mathrm{j}k_2 d_3} = 2\mathrm{j}\, \frac{Z_3}{Z_2}\, C \sin k_3 d_3 \ .$$

Bilden wir Summe und Differenz der beiden letzten Gleichungen, so wird daraus

$$A\,\mathrm{e}^{\mathrm{j}k_2 d_3} = C\left(\cos k_3 d_3 + \mathrm{j}\,\frac{Z_3}{Z_2}\,\sin k_3 d_3\right) \tag{5.23}$$

$$B\,\mathrm{e}^{-\mathrm{j}k_2 d_3} = C\left(\cos k_3 d_3 - \mathrm{j}\,\frac{Z_3}{Z_2}\,\sin k_3 d_3\right)\ . \tag{5.24}$$

Auch in der Ebene $z = -d_3 - d_2 =: -d$ müssen die elektrische und magnetische Feldstärke stetig übergehen

$$H_1(-d) = H_2(-d)\ \rightarrow\ A\,\mathrm{e}^{\mathrm{j}k_2 d} + B\,\mathrm{e}^{-\mathrm{j}k_2 d} = \mathrm{e}^{\mathrm{j}k_1 d} + R_{12}\,\mathrm{e}^{-\mathrm{j}k_1 d}$$

$$E_1(-d) = E_2(-d)\ \rightarrow\ A\,\mathrm{e}^{\mathrm{j}k_2 d} - B\,\mathrm{e}^{-\mathrm{j}k_2 d} = \frac{Z_1}{Z_2}\left(\mathrm{e}^{\mathrm{j}k_1 d} - R_{12}\,\mathrm{e}^{-\mathrm{j}k_1 d}\right).$$

Auch hier bilden wir Summe und Differenz der beiden letzten Gleichungen und erhalten

$$\mathrm{e}^{\mathrm{j}k_1 d}\left(1 + \frac{Z_1}{Z_2}\right) + R_{12}\,\mathrm{e}^{-\mathrm{j}k_1 d}\left(1 - \frac{Z_1}{Z_2}\right) = 2A\,\mathrm{e}^{\mathrm{j}k_2 d} \tag{5.25}$$

$$\mathrm{e}^{\mathrm{j}k_1 d}\left(1 - \frac{Z_1}{Z_2}\right) + R_{12}\,\mathrm{e}^{-\mathrm{j}k_1 d}\left(1 + \frac{Z_1}{Z_2}\right) = 2B\,\mathrm{e}^{-\mathrm{j}k_2 d}\ \ . \tag{5.26}$$

Mit dem Ziel den Reflexionsfaktor zu isolieren erfolgt nun eine Division der Gleichungen (5.23) und (5.24)

$$A = B\,\mathrm{e}^{-2\mathrm{j}k_2 d_3}\,\mathcal{F}\quad \mathrm{mit}\quad \mathcal{F} = \frac{Z_2\,\cos k_3 d_3 + \mathrm{j}\,Z_3\,\sin k_3 d_3}{Z_2\,\cos k_3 d_3 - \mathrm{j}\,Z_3\,\sin k_3 d_3}\ . \tag{5.27}$$

Wir können dann in (5.25) A durch B ausdrücken und die Gleichungen (5.25) und (5.26) durcheinander dividieren. Das Resultat ist

$$\frac{(Z_2 + Z_1) + R_{12}(Z_2 - Z_1)\,\mathrm{e}^{-2\mathrm{j}k_1 d}}{(Z_2 - Z_1) + R_{12}(Z_2 + Z_1)\,\mathrm{e}^{-2\mathrm{j}k_1 d}} = \mathcal{F}\,\mathrm{e}^{2\mathrm{j}k_2 d_2}$$

oder nach dem gesuchten Reflexionsfaktor umgestellt

$$R_{12} = \frac{(Z_1 - Z_2)\,\mathcal{F}\,\mathrm{e}^{2\mathrm{j}k_2 d_2} + (Z_1 + Z_2)}{(Z_1 + Z_2)\,\mathcal{F}\,\mathrm{e}^{2\mathrm{j}k_2 d_2} + (Z_1 - Z_2)}\ \mathrm{e}^{2\mathrm{j}k_1 d}\ . \tag{5.28}$$

W4 Unterdrückung von Radarechos

Objekte mit leitenden Oberflächen (Flugzeuge, Schiffe, etc.) erzeugen ein deutliches Radarecho. Durch geeignete Beschichtung des Objektes lässt sich das Echo zumindest in einem engen Frequenzbereich deutlich herabsetzen. Prinzipiell können senkrecht auf eine leitende Oberfläche einfallende, monochromatische ebene Wellen mit einer Beschichtung wie in Aufg. W3 fast vollständig absorbiert werden.

Man dimensioniere die Anordnung in Aufg. W3 so, dass der Reflexionsfaktor R_{12} verschwindet. Dabei sollen folgende Annahmen gemacht werden:

1. Die Dicke des Raumes 3 entspricht gerade einem Viertel der Wellenlänge in diesem Medium, $d_3 = \lambda_3/4$.
2. Verschiebungsströme im Raum 2 dürfen vernachlässigt werden, d.h. $\omega\varepsilon_2 \ll \kappa$.
3. Die Eindringtiefe im Gebiet 2 ist sehr viel größer als die Schichtdicke, $\delta_S \gg d_2$.

Lösung: Wegen der ersten Voraussetzung vereinfacht sich zunächst der Ausdruck $\mathcal{F}$ in (5.27)

$$d_3 = \lambda_3/4 \quad \to \quad k_3 d_3 = \pi/2 \quad \to \quad \mathcal{F} = -1$$

und wir erhalten mit (5.28) als Bedingung für die Absorption einer Radarwelle

$$R_{12} = 0 \quad \to \quad (Z_2 + Z_1) + (Z_2 - Z_1)\,\mathrm{e}^{2\mathrm{j}k_2 d_2} = 0\;. \tag{5.29}$$

Für den komplexen Wellenwiderstand im Raum 2 kann man zusammen mit der zweiten Voraussetzung schreiben

$$Z_2 = \sqrt{\frac{\mu_2}{\varepsilon_{k2}}} = \sqrt{\frac{\mu_2}{\varepsilon_2\left[1 - \mathrm{j}\kappa_2/(\omega\varepsilon_2)\right]}} \approx \sqrt{\mathrm{j}\,\frac{\omega\mu_2}{\kappa_2}}\;.$$

Mit $\sqrt{\mathrm{j}} = \pm(1+\mathrm{j})/\sqrt{2}$ und der Skineindringtiefe δ_S wird daraus

$$Z_2 \approx \frac{1}{\kappa_2}\frac{1+\mathrm{j}}{\delta_S} \quad , \quad \delta_S = \sqrt{\frac{2}{\omega\kappa_2\mu_2}}\;,$$

wobei das Vorzeichen der Wurzel so gewählt wurde, dass sich ein positiver Realteil für den Wellenwiderstand ergibt. Ähnlich gehen wir bei der Berechnung der Wellenzahl im Raum 2 vor:

$$k_2 = \omega\sqrt{\varepsilon_{k2}\mu_2} = \omega\sqrt{\varepsilon_2\mu_2\left(1 - \mathrm{j}\frac{\kappa_2}{\omega\varepsilon_2}\right)} \approx \omega\sqrt{-\mathrm{j}\frac{\kappa_2\mu_2}{\omega}} = \kappa_2 Z_2\sqrt{-1}\;.$$

Wegen $\sqrt{-1} = \pm\mathrm{j}$ ist das Resultat zunächst nicht eindeutig. Wir setzen das Vorzeichen der Wurzel so fest, dass eine ebene Welle, die sich in einem Medium mit den Materialeigenschaften des Raumes 2 ausbreitet, gedämpft wird

$$\mathrm{e}^{-\mathrm{j}k_2 z} \to 0 \quad \text{für} \quad z \to \infty \quad \to \quad k_2 \approx -\mathrm{j}\kappa_2 Z_2\;.$$

Schließlich können wir noch wegen der dritten Voraussetzung $\delta_S \gg d_2$, d.h. $|k_2 d_2| \ll 1$, die Exponentialfunktion in (5.29) durch eine nach dem linearen Glied abgebrochene TAYLOR-Reihe ersetzen

$$\mathrm{e}^{2\mathrm{j}k_2 d_2} \approx 1 + 2\mathrm{j}\,k_2 d_2$$

und die Bedingung für verschwindende Reflexion nimmt nun die Form

$$(Z_2 - Z_1)(1 + 2\mathrm{j}\,k_2 d_2) + Z_2 + Z_1 = 2Z_2\underbrace{(1 + \mathrm{j}\,k_2 d_2)}_{\approx 1} - 2Z_1\underbrace{\mathrm{j}\,k_2 d_2}_{\approx \kappa_2 d_2 Z_2} = 0$$

an. Daraus folgt als Dimensionierungsvorschrift für das Medium 2

$$\kappa_2 d_2 \approx \frac{1}{Z_1} = \sqrt{\frac{\varepsilon_0}{\mu_0}} \qquad (5.30)$$

und die Frequenz der absorbierten Radarwelle ergibt sich aus der ersten Voraussetzung

$$k_3 d_3 = \omega \sqrt{\varepsilon_3 \mu_3}\, d_3 = \frac{\pi}{2} \quad \to \quad f = \frac{1}{4 d_3 \sqrt{\varepsilon_3 \mu_3}} \;. \qquad (5.31)$$

Für $\mu_2 = \mu_3 = \mu_0$, $\varepsilon_3 = \varepsilon_0 \varepsilon_r$ und mit der Bedingung für verschwindende Reflexion (5.30) lässt sich der Betrag des Reflexionsfaktors (5.28) in der vereinfachten Form

$$|R_{12}| = \left| \frac{(1-\eta)\mathcal{F}\,\mathrm{e}^{2\eta} + (1+\eta)}{(1+\eta)\mathcal{F}\,\mathrm{e}^{2\eta} + (1-\eta)} \right| \qquad (5.32)$$

mit

$$\mathcal{F} = \frac{\sqrt{\varepsilon_r}\,\eta \cos\zeta + \mathrm{j}\sin\zeta}{\sqrt{\varepsilon_r}\,\eta \cos\zeta - \mathrm{j}\sin\zeta} \quad , \quad \eta = \frac{Z_2}{Z_1} = (1+\mathrm{j})\frac{d_2}{\delta_S} \quad , \quad \zeta = k_3 d_3$$

berechnen, Abb. 5.8. Bei einer Schichtdicke $d_2 = \delta_S/10$ sind die Voraussetzungen der durchgeführten Rechnung sehr gut erfüllt, so dass der Reflexionsfaktor bei der Frequenz (5.31) tatsächlich fast verschwindet. Mit abnehmender Eindringtiefe verschiebt sich das Minimum von R_{12} zu höheren Frequenzen.

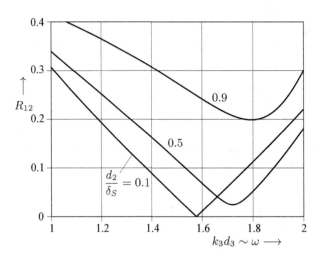

Abb. 5.8. Frequenzgang (5.32) des Reflexionsfaktors für verschiedene Eindringtiefen und $\varepsilon_r = 1$

Die Bedingung (5.30) ist uns schon in Aufg. W1 bei der Anpassung einer Parallelplattenleitung begegnet. Dies ist eigentlich nicht verwunderlich, denn man kann ja senkrecht zu den elektrischen Feldlinien perfekt leitende Platten einfügen, ohne das Feld zu beeinflussen. Allerdings sind diese Platten dann am Ende der dritten Schicht kurzgeschlossen. Durch die spezielle Länge der dritten Schicht wird dieser Kurzschluss vom rechten Rand der zweiten Schicht aus gesehen zu einem Leerlauf. In der Leitungstheorie spricht man hier von einem $\lambda/4$-Transformator.

W5 Hertzscher Dipol vor einer leitenden Ecke

Berechne die horizontale Strahlungscharakteristik für einen z-gerichteten HERTZ'schen Dipol $\hat{I}\Delta s$, der sich am Ort r_1 der Ebene $z = 0$ befindet, Abb. 5.9. Die Ebenen $x = 0$ und $y = 0$ seien als perfekt leitende Beläge ausgeführt.

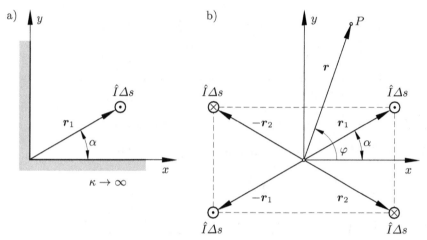

Abb. 5.9. **(a)** Anordnung eines HERTZ'schen Dipols vor den perfekt leitenden Ebenen $x = 0$ und $y = 0$. **(b)** Ersatzanordnung mit gespiegelten Dipolen

Lösung: Wie in der Elektrostatik können wir das Verschwinden der Tangentialkomponente des elektrischen Feldes auf den ideal leitenden Wänden durch Spiegelung erfassen, Abb. 5.9b. Die magnetische Fernfeldstärke in der Ebene $\vartheta = \pi/2$ ist dann nach (5.18) die Superposition aller Dipolbeiträge

$$H_\varphi \approx \mathrm{j}k\,\frac{\hat{I}\Delta s}{4\pi}\left\{\frac{\mathrm{e}^{-\mathrm{j}k|r-r_1|}}{|r-r_1|} + \frac{\mathrm{e}^{-\mathrm{j}k|r+r_1|}}{|r+r_1|} - \frac{\mathrm{e}^{-\mathrm{j}k|r-r_2|}}{|r-r_2|} - \frac{\mathrm{e}^{-\mathrm{j}k|r+r_2|}}{|r+r_2|}\right\}\,.$$

Wir machen außerdem von der Fernfeldnäherung (5.17) Gebrauch

$$|r \pm r_{1,2}|^{-1} \approx r^{-1}\quad,\quad \mathrm{e}^{-\mathrm{j}k|r \pm r_{1,2}|} \approx \mathrm{e}^{-\mathrm{j}k(r \pm r \cdot r_{1,2}/r)}$$

und erhalten für die magnetische Feldstärke

$$H_\varphi \approx \mathrm{j}\,\frac{\hat{I}\Delta s}{4\pi}\frac{k}{r}\,\mathrm{e}^{-\mathrm{j}kr}\left[\mathrm{e}^{\mathrm{j}ke_r\cdot r_1} + \mathrm{e}^{-\mathrm{j}ke_r\cdot r_1} - \mathrm{e}^{\mathrm{j}ke_r\cdot r_2} - \mathrm{e}^{-\mathrm{j}ke_r\cdot r_2}\right] =$$

$$= \mathrm{j}\,\frac{\hat{I}\Delta s}{2\pi}\frac{k}{r}\,\mathrm{e}^{-\mathrm{j}kr}\left[\cos(ke_r\cdot r_1) - \cos(ke_r\cdot r_2)\right]\,.$$

Mit Hilfe des Additionstheorems

$$\cos\alpha - \cos\beta = -2\sin\frac{\alpha+\beta}{2}\sin\frac{\alpha-\beta}{2}$$

wird daraus

$$H_\varphi \approx -\mathrm{j}\,\frac{\hat{I}\Delta s}{\pi}\,\frac{k}{r}\,\mathrm{e}^{-\mathrm{j}kr}\sin\frac{k\boldsymbol{e}_r\cdot(\boldsymbol{r}_1+\boldsymbol{r}_2)}{2}\sin\frac{k\boldsymbol{e}_r\cdot(\boldsymbol{r}_1-\boldsymbol{r}_2)}{2}\,.$$

Nach einer einfachen Geometriebetrachtung, siehe dazu Abb. 5.9b,

$$\boldsymbol{e}_r\cdot\boldsymbol{r}_1 = r_1\cos(\varphi-\alpha)\quad,\quad \boldsymbol{e}_r\cdot\boldsymbol{r}_2 = r_2\cos(\varphi+\alpha)\quad,\quad r_1 = r_2 = a$$

$$\boldsymbol{e}_r\cdot(\boldsymbol{r}_1+\boldsymbol{r}_2) = a[\cos(\varphi-\alpha)+\cos(\varphi+\alpha)] = 2a\cos\varphi\cos\alpha$$

$$\boldsymbol{e}_r\cdot(\boldsymbol{r}_1-\boldsymbol{r}_2) = a[\cos(\varphi-\alpha)-\cos(\varphi+\alpha)] = 2a\sin\varphi\sin\alpha$$

lässt sich das magnetische Feld in der Horizontalebene schließlich in der übersichtlichen Produktform

$$H_\varphi \approx -\mathrm{j}\,\frac{\hat{I}\Delta s}{\pi}\,\frac{k}{r}\,\mathrm{e}^{-\mathrm{j}kr}\sin(ka\cos\varphi\cos\alpha)\sin(ka\sin\varphi\sin\alpha)$$

darstellen. Nach (5.12) lautet dann die Energieflussdichte

$$S_{kr} = \frac{1}{2}\boldsymbol{e}_r\cdot(\boldsymbol{E}\times\boldsymbol{H}^*) = \frac{1}{2}Z|H_\varphi|^2 =$$

$$= \frac{1}{2}Z\left(\frac{\hat{I}\Delta s}{\pi}\,\frac{k}{r}\right)^2\underbrace{\sin^2(ka\cos\varphi\cos\alpha)\sin^2(ka\sin\varphi\sin\alpha)}_{f(\varphi)}$$

und das gesuchte horizontale Strahlungsdiagramm ist durch die Funktion $f(\varphi)/f_{\max}$ gegeben, Abb. 5.10.

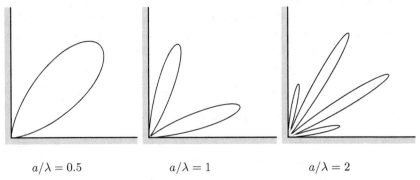

$$a/\lambda = 0.5 \qquad\qquad a/\lambda = 1 \qquad\qquad a/\lambda = 2$$

Abb. 5.10. Horizontale Strahlungsdiagramme eines Hertz'schen Dipols vor einer leitenden Ecke für unterschiedliche Wellenlängen und $\alpha = \pi/4$

W6 Phased Array mit Hertzschen Dipolen

Das horizontale Richtdiagramm eines HERTZ'schen Dipols weist keine gerichtete Strahlung auf. Oft ist aber eine starke Bündelung der Strahlung gewünscht. Dies erreicht man durch eine geometrische Anordung mehrerer Strahlungselemente, sogenannte *arrays*. Um eine Bündelung der Strahlung zu erzielen, ist es notwendig, dass die Felder der einzelnen Elemente in der gewünschten Richtung *konstruktiv* und ansonsten *destruktiv* interferieren. In der vorliegenden Aufgabe werden wir sehen, dass man die Richtung der maximalen Strahlungsleistungsdichte durch die Phasenverschiebung der anregenden Antennenströme zueinander beeinflussen kann. Man erhält so eine elektronisch schwenkbare Hauptstrahlungskeule und spricht von einem *phased array*.

Auf der x-Achse seien im Abstand d voneinander N z-gerichtete HERTZ'sche Dipole angeordnet, Abb. 5.11. Die Dipole der Länge Δs werden von den phasenverschobenen Wechselströmen

$$i_n(t) = \hat{I}\cos(\omega t + [n-1]\beta) \quad , \quad n = 1, 2, 3 \dots, N$$

durchflossen. Berechne das horizontale Strahlungsdiagramm der Anordnung.

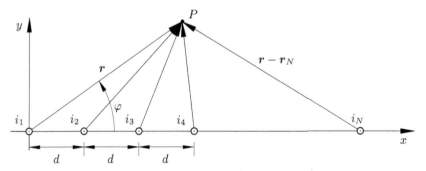

Abb. 5.11. Äquidistante Anordnung von HERTZ'schen Dipolen auf der x-Achse

Lösung: Bezeichnet man mit $\boldsymbol{r}_n = (n-1)d\,\boldsymbol{e}_x$ die vektorielle Entfernung der einzelnen Dipole vom Koordinatenursprung, so ergibt sich aus (5.18) mit $\sin\vartheta = 1$ nach Superposition der Beiträge aller phasenverschobenen Ströme der Phasor des resultierenden Magnetfeldes in der Ebene $z = 0$

$$H_\varphi \approx \mathrm{j}k\,\frac{\hat{I}\Delta s}{4\pi}\sum_{n=1}^{N}\frac{\mathrm{e}^{-\mathrm{j}k|\boldsymbol{r}-\boldsymbol{r}_n|+\mathrm{j}[n-1]\beta}}{|\boldsymbol{r}-\boldsymbol{r}_n|} \quad , \quad r \gg r_n \; .$$

Mit der Fernfeldnäherung (5.17)

$$\frac{1}{|\boldsymbol{r}-\boldsymbol{r}_n|} \approx \frac{1}{r} \quad , \quad \mathrm{e}^{-\mathrm{j}k|\boldsymbol{r}-\boldsymbol{r}_n|} \approx \mathrm{e}^{-\mathrm{j}k(r-\boldsymbol{r}\cdot\boldsymbol{r}_n/r)} \tag{5.33}$$

und dem Skalarprodukt

$$\boldsymbol{r} \cdot \boldsymbol{r}_n = r(n-1)d\cos\varphi$$

wird daraus

$$H_\varphi \approx \mathrm{j}k\, \frac{\hat{I}\Delta s}{4\pi}\, \frac{\mathrm{e}^{-\mathrm{j}kr}}{r} \sum_{n=1}^{N} \mathrm{e}^{\mathrm{j}(n-1)2\psi} \quad , \quad 2\psi = kd\cos\varphi + \beta \;. \tag{5.34}$$

An dieser Stelle sei besonders darauf hingewiesen, dass nach (5.33) im Argument der Exponentialfunktion eine genauere Näherung durchgeführt wird als in der reziproken Abstandsfunktion $|\boldsymbol{r} - \boldsymbol{r}_n|^{-1}$. Eine gröbere Näherung in der Exponentialfunktion wäre fatal, denn auch kleine Abweichungen, z.B. in der Größenordnung einer halben Wellenlänge, führen zu nicht vernachlässigbaren physikalischen Effekten, wie z.B. die Auslöschung oder Verstärkung einzelner Beiträge. Es sind aber gerade diese Effekte, die dem zu berechnenden Strahlungsdiagramm seine charakteristischen Eigenschaften verleihen. Mit Hilfe der geometrischen Reihe

$$\sum_{n=1}^{N} q^{n-1} = \frac{q^N - 1}{q - 1}$$

lässt sich schließlich noch die Summe in (5.34) geschlossen darstellen

$$\sum_{n=1}^{N} \mathrm{e}^{\mathrm{j}(n-1)2\psi} = \frac{\mathrm{e}^{\mathrm{j}2N\psi} - 1}{\mathrm{e}^{\mathrm{j}2\psi} - 1} = \frac{\mathrm{e}^{\mathrm{j}N\psi}}{\mathrm{e}^{\mathrm{j}\psi}}\, \frac{\sin N\psi}{\sin\psi}$$

und das Magnetfeld des Dipolarrays nimmt die Form

$$H_\varphi \approx \mathrm{j}k\, \frac{\hat{I}\Delta s}{4\pi}\, \frac{\mathrm{e}^{-\mathrm{j}kr}}{r}\, \mathrm{e}^{\mathrm{j}(N-1)\psi}\, \frac{\sin N\psi}{\sin\psi}$$

an. Aus (5.12) folgt dann die Energieflussdichte

$$S_{kr} = \frac{1}{2}\, \boldsymbol{e}_r \cdot (\boldsymbol{E} \times \boldsymbol{H}^*) = \frac{1}{2} Z |H_\varphi|^2 = \frac{1}{2} Z \left(\frac{\hat{I}\Delta s}{4\pi}\, \frac{k}{r} \right)^2 \underbrace{\left(\frac{\sin N\psi}{\sin\psi} \right)^2}_{f(\varphi)}$$

bzw. das Strahlungsdiagramm

$$\frac{f(\varphi)}{f_{\max}} = \frac{1}{N^2} \left(\frac{\sin N\psi}{\sin\psi} \right)^2 \;.$$

Will man nun das Maximum des Strahlungsdiagramms bei einem Winkel $\varphi = \varphi_0$ erreichen, so muss die Phase zwischen zwei Array-Elementen so eingestellt werden, dass

$$\psi = 0 \quad \rightarrow \quad \beta = -kd\cos\varphi_0$$

gilt. Soll das Array eine „Breitseite abfeuern", so spricht man von einem

Broadside-Array: $\varphi_0 = \dfrac{\pi}{2} \;\to\; \beta = 0$.

Strahlt das Array dagegen hauptsächlich in Längsrichtung, so nennt man es auch

End-Fire-Array: $\varphi_0 = 0, \pi \;\to\; \beta = \mp kd$.

Als Beispiel wird ein Array mit 10 Elementen gewählt, wobei die Dipole den Abstand $d = \lambda/4$ voneinander aufweisen sollen, d.h. $kd = (2\pi/\lambda)(\lambda/4) = \pi/2$. Die Diagramme in Abb. 5.12 zeigen die Strahlungsleistungsdichte in linearer Darstellung, während sie in Abb. 5.13 logarithmisch skaliert wurde. Der äußere Kreis entspricht dabei 0 dB, der darunter liegende -10 dB, u.s.w.. Durch die logarithmische Skalierung sind die Nebenkeulen besser zu erkennen. Sie liegen aber immer deutlich unter der -10 dB Marke.

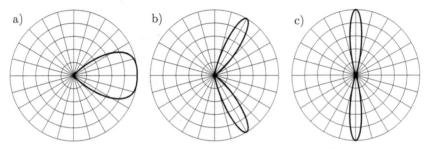

Abb. 5.12. Strahlungsdiagramme eines Dipolarrays mit 10 Elementen in linearer Skalierung. **(a)** $\varphi_0 = 0°$. **(b)** $\varphi_0 = 60°$. **(c)** $\varphi_0 = 90°$

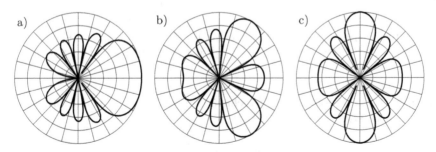

Abb. 5.13. Strahlungsdiagramme eines Dipolarrays mit 10 Elementen in logarithmischer Skalierung. **(a)** $\varphi_0 = 0°$. **(b)** $\varphi_0 = 60°$. **(c)** $\varphi_0 = 90°$

W7* Gruppenstrahler mit $\lambda/2$-Dipolen

Gegeben sind drei dünne, lineare Antennen der Länge l, die in gleichem Abstand d parallel zueinander auf einer Linie angeordnet sind, Abb. 5.14. Die Antennen werden in der Mitte von harmonischen Strömen $i_i(t) = \hat{I}_i \cos \omega t$, mit $i = 1, 2, 3$ gespeist. Es kann in guter Näherung davon ausgegangen werden, dass sich der Strom als Sinushalbwelle mit dem Maximum am Speisepunkt und Stromknoten an den Antennenenden über die jeweilige Antenne verteilt, d.h. die Antennenlänge soll gerade der halben Freiraumwellenlänge $l = \lambda/2$ mit $\lambda = 2\pi c/\omega$ entsprechen ($\lambda/2$-Dipole). Für den Fall $d = \lambda/2$ und $\hat{I}_3 = \hat{I}_1$ bestimme man das Vektorpotential im Fernfeld sowie die azimuthale Verteilung der magnetischen Feldstärke in der Ebene $z = 0$.

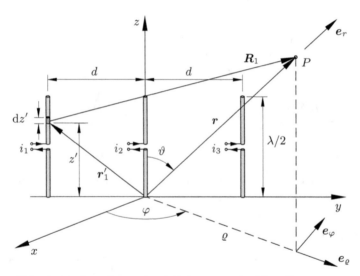

Abb. 5.14. Anordnung der $\lambda/2$-Antennen im Koordinatensystem und Kennzeichnung des laufenden Integrationspunktes sowie der relevanten Abstandsvektoren

Lösung: Das Vektorpotential berechnet man mit der Formel (5.16) nach Ersetzen von $\boldsymbol{J} \, dV'$ durch $\hat{I}_i \sin kz' \, dz' \, \boldsymbol{e}_z$

$$\boldsymbol{A} = \sum_{i=1}^{3} \boldsymbol{A}_i \quad , \quad \boldsymbol{A}_i(\boldsymbol{r}) = \boldsymbol{e}_z \frac{\mu_0}{4\pi} \hat{I}_i \int\limits_0^{\lambda/2} \frac{e^{-jkR_i}}{R_i} \sin kz' \, dz'$$

R_i ist dabei der Abstand des Integrationspunktes der jeweiligen Antenne zum betrachteten Aufpunkt P.

Da das Potential nur in großen Entfernungen von der Antenne, $kr \gg d$, interessiert, verwenden wir die Fernfeldnäherung (5.17), die davon ausgeht, dass die Vektoren $\boldsymbol{r}$ und $\boldsymbol{R}_i$ für sehr weit entfernte Punkte P annähernd parallel verlaufen und sich in ihrer Länge in erster Näherung nur durch die Projektion des Quellpunktsvektors r'_i auf den Ortsvektor r unterscheiden

$$\frac{1}{R_i} \approx \frac{1}{r} \quad , \quad e^{-jkR_i} \approx e^{-jk(r-r'_i\cdot r/r)} \; .$$

Damit wird aus den Vektorpotentialen A_i

$$A_{zi}(r) \approx \frac{\mu_0}{4\pi} \hat{I}_i \, \frac{e^{-jkr}}{r} \int\limits_0^{\lambda/2} e^{jk(r'_i\cdot r)/r} \, \sin kz' \, dz' \quad , \quad i = 1,2,3 \; .$$

Führt man noch die Quellpunktsvektoren

$$r'_1 = z' \, e_z - \frac{\lambda}{2} \, e_y \quad , \quad r'_2 = z' \, e_z \quad , \quad r'_3 = z' \, e_z + \frac{\lambda}{2} \, e_y$$

sowie den Ortsvektor in Kugelkoordinaten ein

$$r = r \, e_r = r(\sin\vartheta \, \cos\varphi \, e_x + \sin\vartheta \, \sin\varphi \, e_y + \cos\vartheta \, e_z) \; ,$$

so lauten die Skalarprodukte im Argument der Exponentialfunktionen

$$\frac{r'_1 \cdot r}{r} = z' \, \cos\vartheta - \frac{\lambda}{2} \, \sin\vartheta \, \sin\varphi \quad , \quad \frac{r'_2 \cdot r}{r} = z' \, \cos\vartheta$$

$$\frac{r'_3 \cdot r}{r} = z' \, \cos\vartheta + \frac{\lambda}{2} \, \sin\vartheta \, \sin\varphi \; .$$

Mit dem Integral[3]

$$\int\limits_0^{\lambda/2} \sin kz' \, e^{jkz'\cos\vartheta} dz' = \left[\frac{e^{jkz'\cos\vartheta}}{k^2 - k^2\cos^2\vartheta} \, (jk\cos\vartheta \, \sin kz' - k \, \cos kz') \right]_0^{\lambda/2}$$

$$= -\frac{1}{k\sin^2\vartheta} \left(e^{j\pi\cos\vartheta} \cos\pi - 1 \right)$$

$$= \frac{2}{k} \, \frac{\cos\left([\pi/2]\cos\vartheta\right)}{\sin^2\vartheta} \, e^{j\,[\pi/2]\cos\vartheta}$$

erhalten wir schließlich nach Einsetzen und Summieren das resultierende Vektorpotential

$$A_z(r,\vartheta,\varphi) = \frac{\mu_0}{2\pi} \, \frac{e^{-j(kr-[\pi/2]\cos\vartheta)}}{kr} \, \frac{\cos\left([\pi/2]\cos\vartheta\right)}{\sin^2\vartheta} \times$$

$$\times \left\{ \hat{I}_2 + 2\,\hat{I}_1 \, \cos(\pi\sin\vartheta \, \sin\varphi) \right\} \; .$$

Das magnetische Feld ergibt sich aus den Wirbeln des Vektorpotentials

$$H = \frac{1}{\mu_0} \, \nabla \times A = \frac{1}{\mu_0} \, \nabla A_z \times e_z \; .$$

Mit dem Gradienten in Kugelkoordinaten

---

[3] siehe z.B. [Bronstein] Integral Nr. 459

$$\nabla A_z = e_r \frac{\partial A_z}{\partial r} + e_\vartheta \underbrace{\frac{1}{r}\frac{\partial A_z}{\partial \vartheta}}_{\sim\, r^{-2}} + e_\varphi \underbrace{\frac{1}{r\sin\vartheta}\frac{\partial A_z}{\partial \varphi}}_{\sim\, r^{-2}}$$

und dem Kreuzprodukt

$$e_r \times e_z = -\sin\vartheta\, e_\varphi$$

erhält man im Fernfeld unter Vernachlässigung aller Terme, die schneller als r^{-1} abklingen, den Ausdruck

$$H_\varphi(r,\vartheta,\varphi) \approx \frac{\mathrm{j}}{2\pi r}\, \mathrm{e}^{-\mathrm{j}(kr-[\pi/2]\cos\vartheta)}\, \frac{\cos\left([\pi/2]\cos\vartheta\right)}{\sin\vartheta} \times$$
$$\times\; \left\{ \hat{I}_2 + 2\,\hat{I}_1\, \cos(\pi\sin\vartheta\sin\varphi) \right\}.$$

In der Ebene $z = 0$ wird daraus

$$H_\varphi\left(r,\vartheta = \pi/2,\varphi\right) = \frac{\mathrm{j}}{2\pi r}\, \mathrm{e}^{-\mathrm{j}kr}\left\{ \hat{I}_2 + 2\,\hat{I}_1\, \cos(\pi\sin\varphi) \right\}.$$

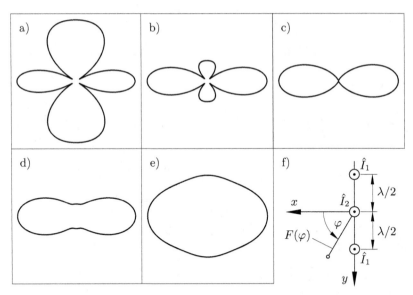

Abb. 5.15. Normierte Verteilung der magnetischen Feldstärke $F(\varphi)$ in der Ebene $z = 0$. **(a)** $\hat{I}_2 = 0$. **(b)** $\hat{I}_2 = \hat{I}_1$. **(c)** $\hat{I}_2 = 2\hat{I}_1$. **(d)** $\hat{I}_2 = 3\hat{I}_1$. **(e)** $\hat{I}_2 = 10\hat{I}_1$. **(f)** Anordnung der $\lambda/2$-Dipole

In Abb. 5.15 wurde die Feldstärkeverteilung in der normierten Form

$$F(\varphi) = \frac{H_\varphi\left(r,\vartheta = \pi/2,\varphi\right)}{H_\varphi\left(r,\vartheta = \pi/2,0\right)} = \frac{\hat{I}_2 + 2\,\hat{I}_1\cos(\pi\sin\varphi)}{\hat{I}_2 + 2\,\hat{I}_1} \qquad (5.35)$$

grafisch dargestellt. Es bilden sich im Allgemeinen vier Maxima aus, deren Winkellage man auch durch Differentiation nach dem Winkel φ findet:

$$\frac{\partial H_\varphi(r, \vartheta = \pi/2, \varphi)}{\partial \varphi} \overset{!}{=} 0 \quad \rightarrow \quad \cos\varphi \cdot \sin(\pi \sin\varphi) \overset{!}{=} 0$$

$$\rightarrow \quad \begin{array}{ll} \varphi = 0,\ \pi & \text{(„Hauptkeulen")} \\ \varphi = \pm\pi/2 & \text{(„Nebenkeulen")} \end{array}$$

Der Abb. 5.15 ist außerdem zu entnehmen, dass für $\hat{I}_2 = 2\,\hat{I}_1$ keine Nebenkeulen entstehen. Dann nämlich treten in (5.35) für $\varphi = \pm\pi/2$ Nullstellen auf, weil die Strahlungsbeiträge der drei Antennen in dieser Richtung vollständig destruktiv interferieren.

W8 Verluste in einer Parallelplattenleitung

Eine senkrecht polarisierte Welle (x-unabhängige TE-Welle) breite sich in z-Richtung der in Abb. 5.16 dargestellten Parallelplattenleitung aus. Man berechne die Verluste pro Flächeneinheit, die in der Bewandung entstehen, wenn diese eine endliche Leitfähigkeit κ aufweist.

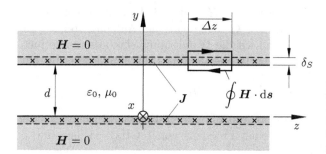

Abb. 5.16. Verlustbehaftete Parallelplattenleitung mit Wandströmen, die bis zur Skintiefe δ_S in die Platten eindringen

Lösungshinweis: Die Verlustberechnung soll näherungsweise mit der sogenannten *Power-Loss Methode* durchgeführt werden, bei welcher zunächst die verlustfreien Felder (bei Annahme perfekter Leitfähigkeit der Bewandung) und daraus die induzierten Wandströme bestimmt werden. Dabei wird vorausgesetzt, dass der Wandstrom mit konstanter Dichte über die Eindringtiefe δ_S verteilt ist und danach sprungartig auf null absinkt.

Lösung: Der Phasor der elektrischen Feldstärke einer senkrecht polarisierten Welle weist nur eine x-Komponente $E_x(y, z)$ auf. Diese erfüllt die HELMHOLTZ-Gleichung (5.4) bzw. (A.15) mit $\alpha^2 = -k^2 = -\omega^2\varepsilon_0\mu_0$, und man kann den Lösungsansatz (A.16) verwenden, wenn man dort die Koordinaten (x, y) durch (y, z) ersetzt. Da außerdem nur laufende Wellen in z-Richtung betrachtet werden, nimmt man aber anstelle der trigometrischen Funktionen

$\cos sz$ und $\sin sz$ in (A.16) Exponentialfunktionen $\exp(\mp jk_{zn}z)$.[4] Dies führt bei ideal leitenden Wänden auf die Lösung

$$E_{xn} = A_n \sin p_n y \, e^{\mp jk_{zn}z}$$
$$p_n = \frac{n\pi}{d} \quad , \quad k_{zn} = \sqrt{k^2 - p_n^2} \quad , \quad n = 1,2,3,\dots , \tag{5.36}$$

die das Verschwinden der elektrischen Feldstärke für $y = 0$ und $y = d$ garantiert. Das positive bzw. negative Vorzeichen im Argument der Exponentialfunktion beschreibt dabei Wellen in negative bzw. positive z-Richtung. Es entsteht so für jedes n eine sogenannte Eigenwelle, die sich für $k > p_n$ mit der Wellenzahl $k_{zn} = 2\pi/\lambda_{zn}$ ausbreitet. Das magnetische Feld erhalten wir aus der MAXWELL'schen Gleichung

$$\nabla \times \boldsymbol{E} = -j\omega\mu_0 \boldsymbol{H} = e_y \frac{\partial E_x}{\partial z} - e_z \frac{\partial E_x}{\partial y}$$

durch Differentiation des elektrischen Feldes

$$H_{yn} = \pm \frac{k_{zn}}{\omega\mu} A_n \sin p_n y \, e^{\mp jk_{zn}z}$$
$$H_{zn} = -j \frac{p_n}{\omega\mu} A_n \cos p_n y \, e^{\mp jk_{zn}z} \; . \tag{5.37}$$

Man beachte den Vorzeichenwechsel bei H_{yn}, der die korrekte Richtung des POYNTING'schen Vektors garantiert. Gemäß den in der Aufgabenstellung gemachten Voraussetzungen können wir die Wandstromdichte aus den verlustfreien Feldern durch das in Abb. 5.16 angedeutete Umlaufintegral ermitteln

$$\oint \boldsymbol{H} \cdot d\boldsymbol{s} = -H_z \Delta z = J_x \delta_S \Delta z \quad \rightarrow \quad H_z|_{y=d} = -J_x \delta_S \; .$$

Dabei sind wir davon ausgegangen, dass die stromführende Schicht sehr dünn ist (etwa 2 μm für Kupfer bei einer Frequenz von 1 GHz), so dass nur z-gerichtete Wegelemente einen Beitrag zum Konturintegral liefern. Der zeitliche Mittelwert der Verlustleistungsdichte ist nach (5.13)

$$\overline{p_V} = \frac{1}{2} \operatorname{Re}\{\boldsymbol{E} \cdot \boldsymbol{J}^*\} = \frac{1}{2\kappa} J_x J_x^*$$

und damit die gesuchte Verlustleistung pro Flächeneinheit

$$\overline{P_V}'' = 2\frac{\delta_S}{2\kappa} J_x J_x^* = \frac{1}{\kappa\delta_S} (H_z H_z^*)_{y=d} = A_n^2 \frac{p_n^2}{\omega^2\mu^2} \frac{1}{\kappa\delta_S} \; .$$

Durch den Faktor 2 wurde dabei der zusätzliche Beitrag der unteren Platte erfasst. Bemerkenswert ist, dass die Verlustleistung mit zunehmender Frequenz abnimmt. Setzt man konstante in z-Richtung transportierte Wirkleistung voraus

$$S_{kz} = \frac{1}{2} \operatorname{Re}\{E_{xn} H_{yn}^*\} \sim \frac{A_n^2}{\omega} \; ,$$

---

[4] Wegen $e^{\pm jx} = \cos x \pm j\sin x$ ist das natürlich erlaubt.

so muss die Amplitude A_n mit $\sqrt{\omega}$ zunehmen und die Verlustleistung nimmt mit zunehmender Frequenz ab

$$\overline{P_V}'' \sim \frac{A_n^2}{\omega^2 \delta_S} \sim \frac{1}{\sqrt{\omega}} \ .$$

Dies ist eine allgemeine Eigenschaft von Wellentypen, bei welchen elektrische Feldlinien nicht auf der Leiterwand enden.

W9 Parallelplattenleitung mit Dielektrikum

Eine Parallelplattenleitung mit perfekt leitenden Wänden sei für $z > 0$ mit Dielektrikum ε_r gefüllt, Abb. 5.17. Bestimme Reflexion und Transmission bei Einfall einer senkrecht polarisierten Welle.

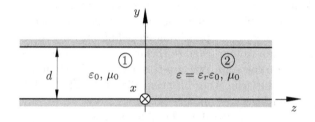

Abb. 5.17. Parallelplattenleitung mit Dielektrikum. Von $z < 0$ her fällt eine senkrecht polarisierte Welle ein.

Lösung: Das elektromagnetische Feld wird sich im Raum $z \leq 0$ aus einer einfallenden und einer reflektierten Welle zusammensetzen und im Raum $z \geq 0$ breitet sich eine transmittierte Welle in positive z-Richtung aus. Damit lauten die Wellenansätze in den Teilräumen 1 und 2 unter Verwendung der Felder (5.36) und (5.37)

$$E_{xn}^{(1)}(y,z) = A_n \sin p_n y \left\{ \mathrm{e}^{-\mathrm{j}k_{zn}^{(1)}z} + R_n\, \mathrm{e}^{\mathrm{j}k_{zn}^{(1)}z} \right\}$$

$$H_{yn}^{(1)}(y,z) = A_n \sin p_n y \left\{ \mathrm{e}^{-\mathrm{j}k_{zn}^{(1)}z} - R_n\, \mathrm{e}^{\mathrm{j}k_{zn}^{(1)}z} \right\} \frac{k_{zn}^{(1)}}{\omega\mu_0} \tag{5.38}$$

$$E_{xn}^{(2)}(y,z) = A_n T_n \sin p_n y\, \mathrm{e}^{-\mathrm{j}k_{zn}^{(2)}z}$$

$$H_{yn}^{(2)}(y,z) = A_n T_n \sin p_n y\, \mathrm{e}^{-\mathrm{j}k_{zn}^{(2)}z} \frac{k_{zn}^{(2)}}{\omega\mu_0} \ . \tag{5.39}$$

R_n bzw. T_n sind dabei die gesuchten Reflexions- bzw. Transmissionsfaktoren. An Trennflächen zwischen Räumen unterschiedlicher Materialeigenschaften müssen die Tangentialkomponenten der magnetischen und der elektrischen Feldstärke stetig ineinander übergehen[5]

---

[5] vorausgesetzt natürlich, dass dort keine freie Flächenladungsdichte und kein freier Flächenstrom anzutreffen ist

$$E_{xn}^{(1)}(y,0) = E_{xn}^{(2)}(y,0) \quad , \quad H_{yn}^{(1)}(y,0) = H_{yn}^{(2)}(y,0) \ .$$

Nach Einsetzen der Feldstärkeansätze (5.38) und (5.39) erhält man zwei Bestimmungsgleichungen für R_n und T_n

$$1 + R_n = T_n \quad , \quad k_{zn}^{(1)}(1 - R_n) = k_{zn}^{(2)} T_n$$

und schließlich nach Auflösen

$$R_n = \frac{k_{zn}^{(1)} - k_{zn}^{(2)}}{k_{zn}^{(1)} + k_{zn}^{(2)}} \quad , \quad T_n = \frac{2\,k_{zn}^{(1)}}{k_{zn}^{(1)} + k_{zn}^{(2)}}$$

mit den Ausbreitungskonstanten

$$k_{zn}^{(1)} = \sqrt{k^2 - p_n^2} \ , \quad k_{zn}^{(2)} = \sqrt{\varepsilon_r k^2 - p_n^2} \ , \quad p_n = \frac{n\pi}{d} \ , \quad k = \frac{\omega}{c} \ .$$

Abb. 5.18 zeigt zur Veranschaulichung den Verlauf der magnetischen Feldlinien in einem zeitlichen Ablauf über eine viertel Periodendauer. Deutlich ist die Verkürzung der Wellenlänge im dielektrischen Bereich zu erkennen. Außerdem kommt es durch die Überlagerung von einfallender und reflektierter Welle im vorderen Bereich zu einer pulsierenden Feldintensität. Noch anschaulicher ist natürlich ein kontinuierlicher zeitlicher Ablauf in Form eines Filmes. Hier sei auf die Internetseite [www-tet] verwiesen. Dort findet man kleine Animationen für zahlreiche Anordnungen, die auch z.T. in diesem Übungsbuch behandelt werden.

Es stellt sich natürlich die Frage, wie diese Feldbilder entstanden sind. Grundsätzlich gilt, dass das Wegelement ds einer Feldlinie parallel zum Feld steht und damit das Kreuzprodukt d$s \times B$ verschwindet. Da wir an einem zeitlichen Ablauf interessiert sind, bisher aber mit zeitunabhängigen Phasoren gearbeitet haben, müssen diese in den Zeitbereich transformiert werden und die Feldliniengleichung lautet

$$\mathrm{Re}\left\{ \mathrm{d}s \times B \, \mathrm{e}^{\mathrm{j}\omega t} \right\} = 0 \ .$$

Mit der MAXWELL'schen Gleichung $\nabla \times E = -\mathrm{j}\omega B$ sowie der Tatsache, dass das elektrische und magnetische Feld senkrecht aufeinander stehen, d.h. d$s \cdot E = 0$, wird dann daraus

$$-\mathrm{Re}\left\{ \frac{1}{\mathrm{j}\omega} \, \mathrm{d}s \times (\nabla \times E) \, \mathrm{e}^{\mathrm{j}\omega t} \right\} = \mathrm{Re}\left\{ \frac{1}{\mathrm{j}\omega} \, (\mathrm{d}s \cdot \nabla) E \, \mathrm{e}^{\mathrm{j}\omega t} \right\} = 0 \ .$$

Berücksichtigt man, dass der Ausdruck $(\mathrm{d}s \cdot \nabla)E = e_x(\mathrm{d}s \cdot \nabla)E_x = e_x\, \mathrm{d}E_x$ das *totale Differential* der elektrischen Feldstärke dE_x enthält, so gelangt man schließlich zu der skalaren Gleichung

$$f(y,z,t) = \mathrm{Re}\left\{ \frac{1}{\mathrm{j}\omega} \, E_x(y,z) \, \mathrm{e}^{\mathrm{j}\omega t} \right\} = \text{const.} \tag{5.40}$$

für die magnetischen Feldlinien. Mathematisch sucht man also die Höhenlinien einer örtlich zweidimensionalen Funktion $f(y,z,t)$. Dafür stehen heutzutage zahlreiche Programme zur Verfügung, mit deren Hilfe die Suche numerisch erfolgen kann.

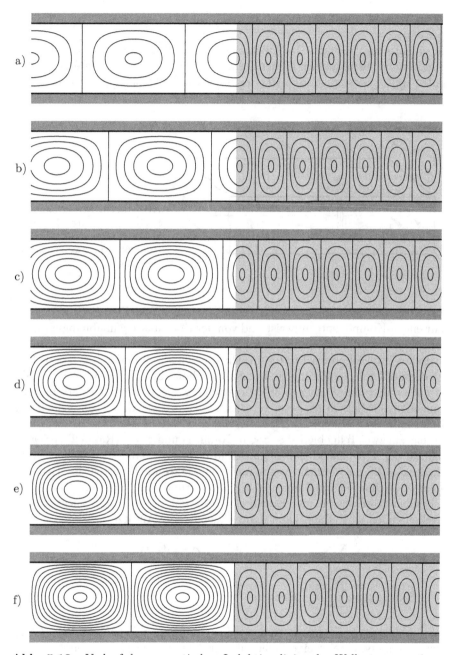

Abb. 5.18. Verlauf der magnetischen Induktionslinien des Wellentyps $n = 1$ zu verschiedenen Zeitpunkten und für $kd = 1.2$, $\varepsilon_r = 2$. **(a)** $t/T = 0$. **(b)** $t/T = 0.05$. **(c)** $t/T = 0.1$. **(d)** $t/T = 0.15$. **(e)** $t/T = 0.2$. **(f)** $t/T = 0.25$

W10 Rechteckhohlleiter mit Anregung

In einem ideal leitenden Rechteckhohlleiter, der in der Ebene $z = 0$ abgeschlossen ist, befindet sich an der Stelle $x = c$, $z = h$ ein y-gerichteter Stromfaden $i(t) = \hat{I} \cos \omega t$, Abb. 5.19. Bestimme das elektromagnetische Feld der Anordnung.

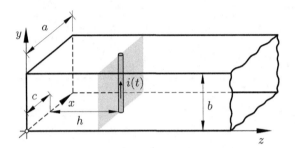

Abb. 5.19. Stromfaden im Rechteckhohlleiter. Die markierte Fläche unterteilt den Hohlleiter in zwei separate Bereiche.

Lösung: Der Stromfaden erzeugt ein elektrisches Feld $\boldsymbol{E} = E_y(x, z)\, \boldsymbol{e}_y$, das nur eine y-Komponente aufweist und von der Koordinate y unabhängig ist. Es entspricht damit vollkommen dem Feld eines unendlich langen Linienstromes zwischen zwei leitenden Platten in den Ebenen $x = 0$ und $x = a$. Die Felder einer Parallelplattenleitung sind uns aber schon aus Aufg. W8 bekannt. Wir können daher den Ansatz (5.36) verwenden, wobei d durch a zu ersetzen ist und die Koordinaten (x, y) zu vertauschen sind. Der Ansatz gilt jedoch nur in stromfreien Gebieten. Wir werden daher den Hohlleiter, wie in Abb. 5.19 gezeigt, in zwei Teilgebiete $0 \leq z < h$ (Raum 1) und $z > h$ (Raum 2) zerlegen. Den in der Trennfläche fließenden Strom fassen wir dabei als Flächenstromdichte J_F auf, die über eine gegen null gehende Breite 2δ verteilt ist. Bedenkt man noch, dass es im Raum $0 \leq z < h$ aufgrund von Reflexionen am ideal leitenden Abschluss in der Ebene $z = 0$ sowohl vor- als auch rücklaufende Wellen geben wird, dann kann man schließlich die Ansätze

$$E_y^{(1)}(x, z) = \sum_{n=1}^{\infty} \sin p_n x \left(C_n^+ \, \mathrm{e}^{-\mathrm{j}k_{zn}z} + C_n^- \, \mathrm{e}^{\mathrm{j}k_{zn}z} \right)$$

$$E_y^{(2)}(x, z) = \sum_{n=1}^{\infty} B_n^{(2)} \sin p_n x \, \mathrm{e}^{-\mathrm{j}k_{zn}z}$$

$$(5.41)$$

für die elektrische Feldstärke in den beiden Teilräumen aufstellen. Jedes Glied der Summe beschreibt eine Welle mit der Ausbreitungskonstanten

$$k_{zn} = \sqrt{k^2 - p_n^2} \quad , \quad k = \omega\sqrt{\varepsilon_0 \mu_0} \quad , \quad p_n = \frac{n\pi}{a} \,, \tag{5.42}$$

aber nur für $k > n\pi/a$ handelt es sich tatsächlich um ausbreitungsfähige Wellen. Die anderen, nicht ausbreitungsfähigen Feldanteile in der Summe sind nur in der Umgebung der Anregung signifikant und, wie wir später noch sehen werden, zur Erfüllung der Stetigkeitsbedingungen unerlässlich. Bezeichnet man mit λ die Wellenlänge einer Freiraumwelle mit der Kreisfrequenz ω, so erhält man aus (5.42) die Wellenlängen der ausbreitungsfähigen Hohlleiterwellen in der Form

$$\lambda_{zn} = \frac{\lambda}{\sqrt{1 - \left(\frac{n\lambda}{2a}\right)^2}} \quad , \quad \lambda < \frac{2a}{n} \ . \tag{5.43}$$

Will man z.B., dass sich nur der Wellentyp $n = 1$ ausbreitet (Monomode-Betrieb mit der H_{10}-Welle), so lautet die Bedingung dafür

$$0.5 < \frac{a}{\lambda} < 1 \quad \rightarrow \quad \text{Monomode-Betrieb.} \tag{5.44}$$

Durch das notwendige Verschwinden der elektrischen Feldstärke für $z = 0$

$$E_y^{(1)}(x, 0) = 0 \quad \rightarrow \quad C_n^+ + C_n^- = 0$$

lässt sich der Ansatz im Raum 1 weiter reduzieren

$$E_y^{(1)}(x, z) = \sum_{n=1}^{\infty} B_n^{(1)} \sin p_n x \sin k_{zn} z \ ,$$

wobei $2jC_n^- = B_n^{(1)}$ gesetzt wurde. Zur Bestimmung der jetzt noch unbekannten Koeffizienten $B_n^{(1)}$ und $B_n^{(2)}$ fordern wir zunächst die Stetigkeit der elektrischen Feldstärke an der Trennstelle $z = h$

$$E_y^{(1)}(x, h) = E_y^{(2)}(x, h) \quad \rightarrow \quad B_n^{(1)} \sin k_{zn} h = B_n^{(2)} \, e^{-jk_{zn}h}$$

und mit der Abkürzung $F_n = B_n^{(1)} \, e^{jk_{zn}h}$ wird aus den Ansätzen (5.41)

$$E_y^{(1)}(x, z) = \sum_{n=1}^{\infty} F_n \, e^{-jk_{zn}h} \sin p_n x \sin k_{zn} z$$

$$E_y^{(2)}(x, z) = \sum_{n=1}^{\infty} F_n \sin k_{zn} h \, \sin p_n x \, e^{-jk_{zn}z} \ .$$

Wegen des Stromes in der Trennfläche $z = h$ ist das Magnetfeld dort nicht stetig und muss die Bedingung (3.15) erfüllen

$$H_x^{(2)}(x, h) - H_x^{(1)}(x, h) = J_F(x) \ . \tag{5.45}$$

Den eigentlich unendlich dünnen Linienstrom stellen wir uns dabei, wie schon erwähnt, als einen über die endliche Breite 2δ „verschmierten" Flächenstrom J_F vor.[6] Die benötigte x-Komponente der magnetischen Feldstärke erhält man aus der MAXWELL'schen Gleichung

$$\nabla \times \boldsymbol{E} = \nabla \times (\boldsymbol{e}_y E_y) = -\boldsymbol{e}_x \frac{\partial E_y}{\partial z} + \boldsymbol{e}_z \frac{\partial E_y}{\partial x} = -j\omega\mu_0 \boldsymbol{H}$$

---

[6] Alternativ kann man natürlich auch gleich eine Delta-Distribution ansetzen.

durch Differentiation nach z, und nach Einsetzen in (5.45) folgt

$$\frac{j}{\omega\mu_0} \sum_{n=1}^{\infty} k_{zn} F_n \underbrace{e^{-jk_{zn}h} \left(j \sin k_{zn}h + \cos k_{zn}h\right)}_{=1} \sin p_n x = J_F(x) \ . \qquad (5.46)$$

Somit läuft also das Auffinden der Konstanten F_n auf die Bestimmung der FOURIER-Koeffizienten der Stromverteilung $J_F(x)$ hinaus. Zu diesem Zweck wird (5.46) mit $\sin p_m x$ multipliziert und über den Orthogonalitätsbereich $0 \leq x \leq a$ integriert

$$\frac{j}{\omega\mu_0} \sum_{n=1}^{\infty} k_{zn} F_n \underbrace{\int_0^a \sin p_n x \sin p_m x \, dx}_{\delta_m^n \, a/2} = \lim_{\delta\to0} \frac{\hat{I}}{2\delta} \int_{c-\delta}^{c+\delta} \sin p_m x \, dx \ .$$

Das Integral auf der rechten Seite führt auf den Ausdruck

$$\frac{1}{p_m} \left\{ \cos[p_m(c-\delta)] - \cos[p_m(c+\delta)] \right\} = 2\delta \, \sin p_m c \, \frac{\sin p_m \delta}{p_m \delta}$$

und für $\delta \to 0$ ergeben sich die gesuchten Konstanten

$$F_n = -2j E_0 \, \frac{k}{k_{zn}} \sin p_n c \quad \text{mit} \quad E_0 = \frac{\hat{I} Z}{a} \ , \quad Z = \sqrt{\frac{\mu_0}{\varepsilon_0}}$$

und damit das elektrische Feld im Rechteckhohlleiter

$$E_y^{(1)}(x,z) = -2j \, E_0 \sum_{n=1}^{\infty} \frac{k}{k_{zn}} \sin p_n c \, \sin p_n x \, e^{-jk_{zn}h} \sin k_{zn}z$$

$$\qquad (5.47)$$

$$E_y^{(2)}(x,z) = -2j \, E_0 \sum_{n=1}^{\infty} \frac{k}{k_{zn}} \sin p_n c \, \sin p_n x \sin k_{zn}h \, e^{-jk_{zn}z} \ .$$

Der zeitliche Verlauf der magnetischen Feldlinien, Abb. 5.20, ergibt sich, wenn man analog zu (5.40) die Funktion

$$f(x,z,t) = \text{Re} \left\{ j \, E_y(x,z) \, e^{j2\pi t/T} \right\} \quad , \quad T = \frac{1}{f} = \frac{2\pi}{\omega}$$

konstant hält. Warum dies so ist, wurde bereits in Aufg. W9 erläutert. In den Feldbildern wurde $\lambda_{z1} = 2.8a$ gewählt. Aus (5.43) folgt dann für $n = 1$

$$\frac{a}{\lambda} = \sqrt{0.25 + \frac{a}{\lambda_{z1}}} = 0.779 \ ,$$

d.h. es ist nach (5.44) kein anderer Wellentyp als $n = 1$ ausbreitungsfähig, was in den Feldbildern deutlich wird. In Abb. 5.20f ist $\omega t = \pi/2$, so dass der anregende Strom zu diesem Zeitpunkt gerade einen Nulldurchgang hat. Sehr gut erkennt man hier, dass die Trennfläche den Abstand $h = \lambda_{z1}/4$ aufweist. Auch zu dieser Aufgabe existiert eine Animation der Feldlinien im Internet, siehe [www-tet].

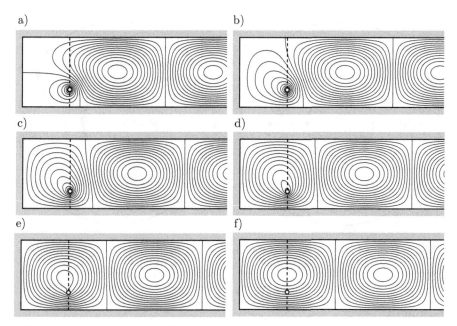

a)   b)

c)   d)

e)   f)

Abb. 5.20. Magnetische Feldlinien zu verschiedenen Zeitpunkten für $c/a = 0.25$, $h/a = 0.7$ und $\lambda_{z1}/a = 2.8$. **(a)** $t/T = 0$. **(b)** $t/T = 0.05$. **(c)** $t/T = 0.1$. **(d)** $t/T = 0.15$. **(e)** $t/T = 0.2$. **(f)** $t/T = 0.25$

W11 Wellen im Koaxialkabel

Gegeben ist ein unendlich langes Koaxialkabel. Der perfekt leitende Innenleiter habe den Radius a, der ebenfalls perfekt leitende Außenleiter den Radius b. Das Medium zwischen den Leitern sei verlustfrei und habe die Dielektrizitätskonstante ε_0 und die Permeabilität μ_0, Abb. 5.21a. Auf der Leitung können sich sowohl TEM-Wellen als auch Hohlleiterwellen ausbreiten, wobei letztere in der Regel unerwünscht sind.

a) Berechne die Felder der magnetisch transversalen Wellenmoden (E-Wellen) und stelle eine Gleichung zur Berechnung der Ausbreitungskonstanten k_z auf.

b) Für welches k_z ergibt sich ein elektrisch *und* magnetisch transversales Feld (TEM-Welle)? Man bestimme für diesen Fall die Felder mit der zusätzlichen Randbedingung, dass in der Ebene $z = 0$ eine Wechselspannung $\hat{U} \cos \omega t$ zwischen Innen- und Außenleiter anliegt.

c) Für den in b) betrachteten Sonderfall einer TEM-Welle berechne man den ortsabhängigen Ladungs- und Strombelag auf den Leiteroberflächen und verifiziere damit die bekannte Beziehung $L' \cdot C' = \varepsilon_0 \mu_0 = 1/c^2$ zwischen dem Kapazitätsbelag C' und Induktivitätsbelag L' der Leitung. Dabei brauchen die Größen C' und L' nicht explizit berechnet zu werden.

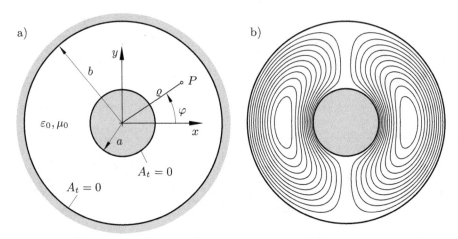

Abb. 5.21. a) Koaxialkabel und Randbedingung für den transversalen Anteil des Vektorpotentials. **b)** Magnetische Feldlinien der E_{11}-Welle

Lösung:

a) Magnetisch transversale Wellen können nach (5.19) aus einem z-gerichteten Vektorpotential

$$\boldsymbol{A} = A_t(\varrho,\varphi)\,\mathrm{e}^{-\mathrm{j}k_z z}\,\boldsymbol{e}_z \quad \text{mit} \quad \boldsymbol{H} = \nabla \times \boldsymbol{A} \tag{5.48}$$

bestimmt werden. Der transversale Anteil $A_t(\varrho,\varphi)$ erfüllt die zweidimensionale HELMHOLTZ-Gleichung (5.20)

$$\nabla^2 A_t + K^2 A_t = 0 \quad \text{mit} \quad K = \sqrt{k^2 - k_z^2}\,, \tag{5.49}$$

so dass eine magnetisch transversale Eigenwelle entsprechend der allgemeinen Lösung (A.18) mit $\beta = K$ und $p = m = 0, 1, 2, \ldots$ durch den Ansatz

$$A_t(\varrho,\varphi) = \big[C\,J_m(K\varrho) + D\,N_m(K\varrho)\big]\cos m\varphi \tag{5.50}$$

beschrieben werden kann.[7] Mit (5.48) und $\nabla \times \boldsymbol{H} = \mathrm{j}\omega\varepsilon_0 \boldsymbol{E}$ erhält man

$$H_\varrho = \frac{1}{\varrho}\frac{\partial A_t}{\partial \varphi}\,\mathrm{e}^{-\mathrm{j}k_z z} \quad , \quad H_\varphi = -\frac{\partial A_t}{\partial \varrho}\,\mathrm{e}^{-\mathrm{j}k_z z} \quad , \quad H_z = 0$$

$$\mathrm{j}\omega\varepsilon_0 E_\varrho = -\frac{\partial H_\varphi}{\partial z} = \mathrm{j}k_z H_\varphi \quad , \quad \mathrm{j}\omega\varepsilon_0 E_\varphi = \frac{\partial H_\varrho}{\partial z} = -\mathrm{j}k_z H_\varrho \tag{5.51}$$

$$\mathrm{j}\omega\varepsilon_0 E_z = \big[\nabla \times (\nabla \times \boldsymbol{A})\big]_z = \boldsymbol{e}_z \cdot \nabla(\nabla \cdot \boldsymbol{A}) - \nabla^2 A = K^2 A_t\,\mathrm{e}^{-\mathrm{j}k_z z}\,.$$

Hier wurde $\nabla \cdot \boldsymbol{A} = \partial A/\partial z$ und $\nabla^2 A = -k^2 A$ verwendet.

Die allgemeine Lösung (5.50) ist noch an die Randbedingungen auf den Leiteroberflächen anzupassen. Dort muss naturgemäß das tangentiale elektrische Feld verschwinden, d.h. es muss gelten

---

[7] Ohne Einschränkung der Allgemeinheit wurde hier nur eine kosinusförmige Winkelabhängigkeit angesetzt.

$$E_z(a, \varphi, z) = E_z(b, \varphi, z) = E_\varphi(a, \varphi, z) = E_\varphi(b, \varphi, z) = 0 \, .$$

Für das transversale Potential bedeutet dies

$$\left.\frac{\partial A_t}{\partial \varphi}\right|_{\varrho=a} = \left.\frac{\partial A_t}{\partial \varphi}\right|_{\varrho=b} = 0 \quad \text{und} \quad A_t(a, \varphi, z) = A_t(b, \varphi, z) = 0 \, ,$$

wobei das Verschwinden des Potentials auf den Leiteroberflächen offensichtlich hinreichend ist, da damit die Ableitungen nach φ ebenfalls verschwinden. Es ergibt sich somit das homogene Gleichungssystem

$$\begin{pmatrix} J_m(\xi) & N_m(\xi) \\ J_m(\eta) & N_m(\eta) \end{pmatrix} \cdot \begin{pmatrix} C \\ D \end{pmatrix} = \begin{pmatrix} 0 \\ 0 \end{pmatrix} \quad , \quad \xi = Ka \quad , \quad \eta = Kb \, ,$$

das nur dann nichttriviale Lösungen hat, wenn die Koeffizientendeterminante verschwindet, d.h.

$$f_m(K) = J_m(\xi) \, N_m(\eta) - J_m(\eta) \, N_m(\xi) = 0 \, . \tag{5.52}$$

Die Nullstellen der Funktion $f_m(K)$, Abb. 5.22, liefern dann die Ausbreitungskonstanten $k_z = \sqrt{k^2 - K^2}$.

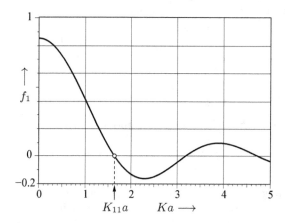

Abb. 5.22. Verlauf der Funktion f_m in (5.52) für $m = 1$ und $b/a = 3$

Da für jeden Wert von m, der die azimutale Feldverteilung bestimmt, unendlich viele Lösungen von (5.52) existieren, werden die zugehörigen Wellen doppelt indiziert und heißen E_{nm}-Wellen. Ihre transversale Potentialverteilung lautet also nach Zusammenfassen der Konstanten in der Amplitude F_{nm}

$$A_{t,nm}(\varrho, \varphi) = F_{nm} S_m(K_{nm}\varrho) \cos m\varphi$$

mit $S_m(K_{nm}\varrho) = J_m(K_{nm}\varrho) \, N_m(K_{nm}a) - J_m(K_{nm}a) \, N_m(K_{nm}\varrho) \, .$

Die magnetischen Feldlinien in einer Querschnittsebene des Koaxialkabels sind durch die Äquipotentiallinien $A_t(\varrho, \varphi)$ =const. gegeben.[8] Das Feldbild

---

[8] Den Beweis dafür überlassen wir dem Leser zur Übung. Wie man dabei prinzipiell vorgeht, kann in Aufg. W9 nachgelesen werden.

der E_{11}-Welle ist in Abb. 5.21b dargestellt. Der zur Berechnung erforderliche Eigenwert K_{11} kann der Abb. 5.22 entnommen werden: $K_{11}a = 1.636$.

b) In (5.51) erkennt man, dass für $K = 0$, d.h. $k_z = k$, auch die z-Komponente des elektrischen Feldes verschwindet, so dass ein TEM-Feld entsteht. Die HELMHOLTZ-Gleichung (5.49) entartet in diesem Fall zur zweidimensionalen LAPLACE-Gleichung

$$\nabla^2 A_t(\varrho, \varphi) = 0 \quad \text{für} \quad k_z = k \, ,$$

mit dem allgemeinen Lösungsansatz (A.4). Die Randbedingungen

$$E_\varphi(a, \varphi) = E_\varphi(b, \varphi) = 0 \quad \rightarrow \quad \left.\frac{\partial A_t}{\partial \varphi}\right|_{\varrho=a} = \left.\frac{\partial A_t}{\partial \varphi}\right|_{\varrho=b} = 0$$

lassen sich nur mit $A_p = B_p = D_0 = 0$ befriedigen, so dass für $k_z = k$ der reduzierte Ansatz

$$A_t(\varrho) = B_0 \ln \frac{\varrho}{\varrho_0}$$

verbleibt. Mit der Forderung, dass in der Ebene $z = 0$ die Spannung $\hat{U}$ zwischen Innen- und Außenleiter anliegt, lässt sich B_0 bestimmen

$$U(z = 0) = \hat{U} = \int_a^b E_\varrho \, \mathrm{d}\varrho = -\frac{k_z}{\omega \varepsilon_0} \left[A_t(b) - A_t(a)\right] = -\frac{k_z}{\omega \varepsilon_0} B_0 \ln \frac{b}{a}$$

$$\rightarrow \quad B_0 = -\frac{\hat{U}}{Z} \frac{1}{\ln b/a} \quad \text{mit} \quad Z = \sqrt{\frac{\mu_0}{\varepsilon_0}} \approx 120 \, \pi \, \Omega \, .$$

und die Felder der TEM-Welle ergeben sich mit (5.51) und $k_z = k$ zu

$$E_\varrho = Z H_\varphi = \frac{\hat{U}}{\varrho} \frac{1}{\ln b/a} \, \mathrm{e}^{-\mathrm{j}kz} \, . \tag{5.53}$$

c) Durch Anlegen der Spannung $\hat{U}$ wird sich auf den Leiteroberflächen eine Flächenladung $q_F = q_F(z)$ und ein Flächenstrom $J_F = J_F(z) \, e_z$ einstellen. Beide breiten sich, ebenso wie die Felder, mit der Ausbreitungskonstanten $k_z = k$ entlang der Leitung aus. Auf dem äußeren Leiter gilt für den Ladungsbelag nach (1.11)

$$q_F(z) = \varepsilon_0 E_\varrho(\varrho = b, z)$$

und aus der Kontinuitätsgleichung (2.2) folgt der Strombelag

$$\nabla \cdot \boldsymbol{J}_F = \frac{\mathrm{d}J_F(z)}{\mathrm{d}z} = -\mathrm{j}k J_F(z) = -\mathrm{j}\omega q_F(z) \quad \rightarrow \quad J_F = c \, q_F \, .$$

Mit dem jetzt bekannten Ladungs- und Strombelag sowie den TEM-Feldern (5.53) lassen sich Kapazitäts- und Induktivitätsbelag in der allgemeinen Form

$$C' = \frac{2\pi b q_F(z)}{\int_a^b E_\varrho(\varrho, z) \, \mathrm{d}\varrho} \quad , \quad L' = \frac{\mu_0 \int_a^b H_\varphi(\varrho, z) \, \mathrm{d}\varrho}{2\pi b J_F(z)}$$

angeben, und die Multiplikation ergibt

$$C' \cdot L' = \frac{q_F(z)}{J_F(z)} \frac{\mu_0}{Z} = \frac{1}{c} \frac{\mu_0}{Z} = \frac{\mu_0}{c} \sqrt{\frac{\varepsilon_0}{\mu_0}} = \frac{1}{c^2} \quad \text{q.e.d.} \,.$$

Abschließend sei noch erwähnt, dass das elektromagnetische Feld in (5.53) für $\varrho = 0$ singulär wird. Es ist daher keine TEM-Welle mehr möglich, wenn der Innenleiter entfernt wird. Die Existenz einer TEM-Welle erfordert immer mindestens zwei parallele Einzelleiter.

W12 Rundhohlleiter mit dielektrischer Beschichtung

Gegeben ist ein Rundhohlleiter vom Radius a. Auf der Innenseite der Bewandung ist eine dielektrische Schicht mit $\varepsilon = \varepsilon_r \varepsilon_0$, $\mu = \mu_0$ und der Dicke d aufgetragen. Wie lautet die Gleichung zur Bestimmung der Ausbreitungskonstanten für rotationssymmetrische H-Wellen?

Lösung: H-Wellen können nach (5.19) durch ein z-gerichtetes Vektorpotential

$$\boldsymbol{A} = A_t(\varrho, \varphi) \, e^{-j k_z z} \, \boldsymbol{e}_z \quad \text{mit} \quad \boldsymbol{E} = \nabla \times \boldsymbol{A} \tag{5.54}$$

beschrieben werden. Das transversale Feld $A_t(\varrho, \varphi)$ ist Lösung der zweidimensionalen HELMHOLTZ-Gleichung (5.20) und es gilt der allgemeine Lösungsansatz (5.50). Da nur rotationssymmetrische Wellen betrachtet werden sollen, kann dort $m = 0$ gesetzt werden

$$A_t(\varrho) = C \, J_0(K\varrho) + D \, N_0(K\varrho) \quad , \quad K = \sqrt{k^2 - k_z^2} \,.$$

Zu beachten ist, dass die Wellenzahl k und damit auch K vom Material abhängig ist. Wir definieren daher in den beiden Bereichen 1 $(0 \leq \varrho < a - d)$ bzw. 2 $(a - d \leq \varrho \leq a)$

$$K_1^2 = k_1^2 - k_z^2 \quad , \quad K_2^2 = \varepsilon_r k_1^2 - k_z^2 \quad , \quad k_1^2 = \omega^2 \varepsilon_0 \mu_0 \,.$$

Im Hinblick auf die Erfüllung von Rand- und Stetigkeitsbedingungen sind weiterhin nur die tangentialen Komponenten von $\boldsymbol{E}$ und $\boldsymbol{H}$ von Interesse. Sie folgen aus (5.54) und der MAXWELL'schen Gleichung $\nabla \times \boldsymbol{E} = -j\omega\mu_0 \boldsymbol{H}$ zu

$$E_\varphi(\varrho, z) = -\frac{\partial A_t}{\partial \varrho} \, e^{-j k_z z} \quad , \quad H_z(\varrho, z) = -\frac{1}{j\omega\mu_0} K^2 A_t \, e^{-j k_z z} \,.$$

Man erhält sie auch durch eine Analogiebetrachtung aus (5.51), wenn man dort das elektrische und magnetische Feld vertauscht und $j\omega\varepsilon_0$ durch $-j\omega\mu_0$ ersetzt.

Wir benötigen nun im Dielektrikum Lösungen, die für $\varrho = a$ das Verschwinden des tangentialen elektrischen Feldes garantieren. Dies funktioniert nur mit einer Linearkombination aus BESSEL- und NEUMANN-Funktionen.

Im Raum $0 \le \varrho \le a - d$ dagegen kann die NEUMANN-Funktion aufgrund ihres singulären Verhaltens auf der Achse $\varrho = 0$ nicht auftreten. Nach Definition der Linearkombinationen

$$
\begin{aligned}
S_0(K_2\varrho) &= N_0(K_2\varrho)\, J_1(K_2a) - J_0(K_2\varrho)\, N_1(K_2a) \\
S_1(K_2\varrho) &= N_1(K_2\varrho)\, J_1(K_2a) - J_1(K_2\varrho)\, N_1(K_2a)
\end{aligned}
\tag{5.55}
$$

$$
\text{mit} \quad S_1(\xi) = -\frac{\mathrm{d}S_0(\xi)}{\mathrm{d}\xi}
$$

lautet dann der Potentialansatz für H-Wellen

$$
A_t(\varrho) =
\begin{cases}
A\, S_0(K_2\varrho) & \text{für } a - d \le \varrho \le a \\
B\, J_0(K_1\varrho) & \text{für } 0 \le \varrho \le a - d
\end{cases}
$$

und die Ableitung nach ϱ

$$
\frac{\mathrm{d}A_t(\varrho)}{\mathrm{d}\varrho} = -
\begin{cases}
A\, K_2\, S_1(K_2\varrho) & \text{für } a - d \le \varrho \le a \\
B\, K_1\, J_1(K_1\varrho) & \text{für } 0 \le \varrho \le a - d \, .
\end{cases}
$$

Die Funktion S_0 in (5.55) wurde gerade so gewählt, dass ihre Ableitung $-S_1$ und damit E_φ auf der Fläche $\varrho = a$ verschwindet. Außerdem wurde in beiden Teilräumen davon ausgegangen, dass die Felder sich mit gleicher Phasengeschwindigkeit also gleicher Wellenzahl k_z ausbreiten, da ansonsten die nun folgende Erfüllung der Stetigkeitsbedingungen für *alle* Werte von z nicht möglich wäre. Die Stetigkeit der Tangentialkomponenten von $\boldsymbol{E}$ und $\boldsymbol{H}$

$$
\begin{aligned}
E_\varphi(\varrho = a - d - 0, z) &= E_\varphi(\varrho = a - d + 0, z) \\
H_z(\varrho = a - d - 0, z) &= H_z(\varrho = a - d + 0, z)
\end{aligned}
$$

liefert das homogene Gleichungssystem

$$
\begin{pmatrix} \eta\, S_1(\eta) & -\xi\, J_1(\xi) \\ \eta^2\, S_0(\eta) & -\xi^2\, J_0(\xi) \end{pmatrix} \cdot \begin{pmatrix} A \\ B \end{pmatrix} = \begin{pmatrix} 0 \\ 0 \end{pmatrix} \quad , \quad
\begin{aligned}
\xi &= K_1(a - d) \\
\eta &= K_2(a - d) \, ,
\end{aligned}
$$

welches natürlich nur bei verschwindender Koeffizientendeterminante von null verschiedene Lösungen aufweist. Dies führt auf die transzendente Bestimmungsgleichung

$$
\xi\, S_1(\eta)\, J_0(\xi) - \eta\, S_0(\eta)\, J_1(\xi) = 0 \, ,
$$

aus der die Ausbreitungskonstanten k_z ähnlich wie in Aufg. W11 numerisch ermittelt werden müssen.

W13 Anregung eines Rundhohlleiters

Gegeben ist ein Rundhohlleiter mit dem Radius a. In der Ebene $z = 0$ befindet sich eine ideal leitende Kreisscheibe mit dem Radius b. Zwischen Kreisscheibe und Hohlleiterwand wird eine hochfrequente Spannung $\hat{U}\cos\omega t$ angelegt.

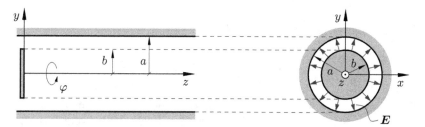

Abb. 5.23. Rundhohlleiter mit isoliert angeordneter, ideal leitender Kreisscheibe in der Ebene $z = 0$

Bestimme das von der Spannungsquelle hervorgerufene Magnetfeld.

Hinweis: Die leitende Kreisscheibe ist sehr dünn und ihr Abstand zur Hohlleiterwand klein. Es darf daher näherungsweise davon ausgegangen werden, dass die elektrische Feldstärke im Schlitzbereich der Ebene $z = 0$ ähnlich wie in einer Koaxialleitung den Verlauf

$$\boldsymbol{E}(b < \varrho < a, z = 0, t) = \boldsymbol{e}_\varrho\, E_0\, \frac{a}{\varrho}\, \cos\omega t \quad , \quad E_0 = \frac{\hat{U}}{a\ln a/b}$$

hat, so dass das Linienintegral der elektrischen Feldstärke die angelegte Spannung ergibt.

Lösung: Es liegt eine rotationssymmetrische Anregung vor, so dass der Phasor des resultierenden Magnetfeldes lediglich eine φ-Komponente aufweist und nur von den Koordinaten ϱ und z abhängt

$$\boldsymbol{H} = \boldsymbol{e}_\varphi\, H_\varphi(\varrho, z)\,.$$

Folglich werden nur zylindersymmetrische E-Wellen, also E_{n0}-Wellen angeregt und das Magnetfeld lässt sich aus der Rotation eines Vektorpotentials $\boldsymbol{A} = \boldsymbol{e}_z A_z$, das die HELMHOLTZ-Gleichung (A.19) erfüllt, berechnen. Im allgemeinen Lösungsansatz (A.20) wählen wir die Variante mit gewöhnlichen BESSEL-Funktionen und ersetzen die trigonometrischen Funktionen durch eine Exponentialfunktion, die eine in positive z-Richtung fortschreitende Welle mit der Wellenzahl k_{zn} beschreibt. Da das Vektorpotential auf der Hohlleiterachse nicht unendlich werden darf, lassen wir außerdem die NEUMANN-Funktion weg und können mit $\beta = k = \omega\sqrt{\varepsilon_0\mu_0}$ und $p = k_{zn}$ den reduzierten Ansatz

$$A_z(\varrho, z) = \sum_{n=1}^{\infty} A_n\, J_0(s_n\varrho)\, \mathrm{e}^{-\mathrm{j}k_{zn}z} \quad , \quad s_n^2 = k^2 - k_{zn}^2$$

aufstellen. Damit die elektrische Feldstärke an der Hohlleiterwand keine Tangentialkomponente aufweist, setzen wir $s_n = j_{0n}/a$, wobei j_{0n} die Nullstellen der BESSEL-Funktion J_0 sind. Daraus ergibt sich das transversale elektromagnetische Feld als

$$H_\varphi = -\frac{\partial A_z}{\partial \varrho} = \sum_{n=1}^{\infty} A_n \frac{j_{0n}}{a} J_1(j_{0n}\varrho/a)\,\mathrm{e}^{-\mathrm{j}k_{zn}z}$$

$$E_\varrho = -\frac{1}{\mathrm{j}\omega\varepsilon_0}\frac{\partial H_\varphi}{\partial z} = Z\sum_{n=1}^{\infty} A_n \frac{j_{0n}}{a}\frac{k_{zn}}{k} J_1(j_{0n}\varrho/a)\,\mathrm{e}^{-\mathrm{j}k_{zn}z}$$

mit $Z = \sqrt{\mu_0/\varepsilon_0}$. Zur Bestimmung der noch unbekannten Konstanten A_n wird gefordert, dass E_ϱ auf der ideal leitenden Kreisscheibe verschwindet und im Schlitzbereich den in der Aufgabenstellung angegebenen Verlauf hat, also

$$Z\sum_{n=1}^{\infty} A_n \frac{j_{0n}}{a}\frac{k_{zn}}{k} J_1(j_{0n}\varrho/a) = E_0 \begin{cases} 0 & \text{für } 0 < \varrho < b \\ a/\varrho & \text{für } b < \varrho < a\,. \end{cases}$$

Nach erfolgter FOURIER-BESSEL-Entwicklung mit Hilfe von (A.25) und (A.29) ergeben sich die Konstanten zu

$$A_n = \frac{E_0}{Z}\frac{a^2}{j_{0n}}\frac{k}{k_{zn}}\frac{\displaystyle\int_b^a J_1(j_{0n}\varrho/a)\,\mathrm{d}\varrho}{\displaystyle\int_0^a J_1^2(j_{0n}\varrho/a)\,\varrho\,\mathrm{d}\varrho} = \frac{E_0}{Z}\frac{k}{k_{zn}}\frac{2a}{j_{0n}^2}\frac{J_0(j_{0n}b/a)}{J_1^2(j_{0n})}\,.$$

Somit lautet schließlich das resultierende Magnetfeld im Rundhohlleiter

$$H_\varphi = \frac{2E_0}{Z}\sum_{n=1}^{\infty}\frac{k}{k_{zn}}\frac{1}{j_{0n}J_1^2(j_{0n})} J_0(j_{0n}b/a)\,J_1(j_{0n}\varrho/a)\,\mathrm{e}^{-\mathrm{j}k_{zn}z}\,.$$

Abb. 5.24. Elektrische Feldlinien zum Zeitpunkt $t = 0$.

(a) $\lambda_0/a = 3$ (Frequenz unterhalb cutoff)

(b) $\lambda_0/a = 1.5$ (Monomode-Betrieb mit E_{10}-Welle)

(c) $\lambda_0/a = 1$ (E_{10}- und E_{20}-Welle ausbreitungsfähig)

Abb. 5.24 zeigt die elektrischen Feldlinien. Sie lassen sich zu einem beliebigen Zeitpunkt t aus der Gleichung

$$\mathrm{Re}\left\{\mathrm{j}\varrho\, H_\varphi(\varrho,z)\,\mathrm{e}^{\mathrm{j}\omega t}\right\} = \mathrm{const.}$$

berechnen.[9]

W14* Rechteckresonator mit Anregung

Der Hohlleiter in Aufg. W10 wird nun in der Ebene $z = 2h$ mit einer perfekt leitenden Platte kurzgeschlossen und zusätzlich mit Teflon gefüllt, so dass ein verlustbehafteter Resonator mit anregendem Stromfaden $i(t) = \hat{I}\cos\omega t$ entsteht, Abb. 5.25.

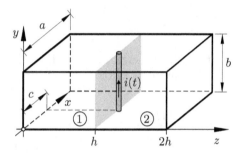

Abb. 5.25. Stromfaden in einem mit verlustbehaftetem Dielektrikum gefüllten Rechteckresonator

Teflon hat eine komplexe Dielektrizitätskonstante

$$\varepsilon_k = \varepsilon_r\varepsilon_0\,(1 - \mathrm{j}\tan\delta) \quad\text{mit}\quad \varepsilon_r = 2.3 \quad\text{und}\quad \tan\delta = 2\cdot 10^{-4}\,.$$

a) Berechne die erzwungenen elektromagnetischen Schwingungen im Resonator unter Verwendung des in Aufg. W10 ermittelten Feldes.

b) Führe eine Näherungsrechnung für den Fall durch, dass die Frequenz des anregenden Stromes nur wenig von der ersten Resonanzfrequenz des Resonators abweicht.

Lösung:

a) Wir verwenden das in Aufg. W10 berechnete Feld (5.47) als primäres Feld $E_{y1}^{(p)}$ im Raum 1 $(0 \le z < h)$ bzw. $E_{y2}^{(p)}$ im Raum 2 $(h \le z < 2h)$

$$E_{y1}^{(p)}(x,z) = -2\mathrm{j}\,\frac{\hat{I}Z}{a}\sum_{n=1}^{\infty}\frac{k}{k_{zn}}\,\sin p_n c\,\sin p_n x\,\mathrm{e}^{-\mathrm{j}k_{zn}h}\sin k_{zn}z$$

$$E_{y2}^{(p)}(x,z) = -2\mathrm{j}\,\frac{\hat{I}Z}{a}\sum_{n=1}^{\infty}\frac{k}{k_{zn}}\,\sin p_n c\,\sin p_n x\,\sin k_{zn}h\,\mathrm{e}^{-\mathrm{j}k_{zn}z}$$

---

[9] Dies kann man analog zu den magnetischen Feldlinien in Aufgabe W10 ausgehend von der Gleichung $\mathrm{d}\boldsymbol{s} \times \boldsymbol{E} = 0$ herleiten.

mit den Ausbreitungskonstanten

$$k_{zn} = \sqrt{k^2 - p_n^2} \quad , \quad k = \omega\sqrt{\varepsilon_k \mu_0} \quad , \quad p_n = \frac{n\pi}{a} \ . \tag{5.56}$$

Da der Hohlleiter nun in der Ebene $z = 2h$ geschlossen wurde, kommt es dort zu Reflexionen. Dies berücksichtigen wir durch ein sekundäres Feld $E_y^{(s)}$, welches in der Ebene $z = 0$ verschwinden muss

$$E_y^{(s)}(x, z) = -2j \frac{\hat{I} Z}{a} \sum_{n=1}^{\infty} D_n \frac{k}{k_{zn}} \sin p_n c \, \sin p_n x \, \sin k_{zn} z \ .$$

Die Konstanten D_n werden dann so bestimmt, dass das resultierende elektrische Feld auch in der Ebene $z = 2h$ verschwindet

$$E_{y2}(x, 2h) = E_{y2}^{(p)}(x, 2h) + E_y^{(s)}(x, 2h) = 0$$

$$D_n \sin 2k_{zn}h + \sin k_{zn}h \, e^{-j2k_{zn}h} = 0 \quad \rightarrow \quad D_n = -\frac{e^{-j2k_{zn}h}}{2 \cos k_{zn}h} \ .$$

Hierbei wurde $\sin 2x = 2 \sin x \cos x$ verwendet. Damit ergibt sich im Bereich 1, auf den wir uns aus Symmetriegründen beschränken können, das elektromagnetische Feld

$$E_{y1}(x, z) = -j \frac{\hat{I} Z}{a} \sum_{n=1}^{\infty} \frac{k}{k_{zn}} \sin p_n c \, \sin p_n x \, \frac{\sin k_{zn}z}{\cos k_{zn}h}$$

$$H_{x1}(x, z) = \frac{1}{j\omega\mu_0} \frac{\partial E_{y1}}{\partial z} = -\frac{\hat{I}}{a} \sum_{n=1}^{\infty} \sin p_n c \, \sin p_n x \, \frac{\cos k_{zn}z}{\cos k_{zn}h} \ . \tag{5.57}$$

b) Das elektromagnetische Feld der Grundschwingung in einem Rechteckresonator ohne Anregung und mit den Abmessungen wie in Abb. 5.25 lautet[10]

$$E_y(x, z, t) = \mathrm{Re}\left\{ A \sin \frac{\pi x}{a} \sin \frac{\pi z}{2h} \, e^{j\omega_r t} \right\}$$

$$H_x(x, z, t) = \mathrm{Re}\left\{ \frac{A}{j\omega\mu_0} \frac{\pi}{2h} \sin \frac{\pi x}{a} \cos \frac{\pi z}{2h} \, e^{j\omega_r t} \right\} \tag{5.58}$$

mit der wegen des verlustbehafteten Dielektrikums komplexen Resonanzfrequenz ω_r, die sich aus der Beziehung

$$k_r^2 = \omega_r^2 \varepsilon_k \mu_0 = \left(\frac{\pi}{a}\right)^2 + \left(\frac{\pi}{2h}\right)^2 \tag{5.59}$$

ergibt. Liegt also die Frequenz des Stromfadens nahe der Resonanzfrequenz, so wird im Wesentlichen nur die Grundschwingung angeregt. Um die Amplitude A zu bestimmen, bilden wir zunächst die Rotation der zweiten MAXWELL'schen Gleichung

$$\nabla \times (\nabla \times \boldsymbol{E}) = -j\omega\mu_0 \nabla \times \boldsymbol{H} = -j\omega\mu_0(\boldsymbol{J} + j\omega\varepsilon_k \boldsymbol{E}) \ .$$

---

[10] siehe [Henke], Zeitlich beliebig veränderliche Felder II

Die eingeprägte Stromdichte J ist nur an der Stelle $x = c$ und $z = h$ vorhanden und mit $\nabla \times (\nabla \times E) = \nabla(\nabla \cdot E) - \nabla^2 E$ erhält man die inhomogene Wellengleichung

$$\nabla^2 E_y + k^2 E_y = j\omega\mu_0 \hat{I}\, \delta(x - c)\, \delta(z - h) \quad , \quad k^2 = \omega^2 \varepsilon_k \mu_0$$

und nach Einsetzen von E_y

$$(k^2 - k_r^2) A \sin\frac{\pi x}{a} \sin\frac{\pi z}{2h} \approx j\omega\mu_0 \hat{I}\, \delta(x - c)\, \delta(z - h) \ . \tag{5.60}$$

Diese Gleichung kann natürlich niemals exakt erfüllt sein, denn wir haben ja näherungsweise (5.58) als elektrisches Feld verwendet. Dieses erfüllt aber die homogene und nicht die inhomogene Wellengleichung. Speziell in der unmittelbaren Umgebung des Linienstromes sind daher Abweichungen zu erwarten. Um nun die Konstante A zu eliminieren, gehen wir so wie bei der Orthogonalentwicklung vor und multiplizieren (5.60) mit $\sin(\pi x/a)\sin(\pi z/2h)$ und integrieren über das Resonatorvolumen. Mit der Ausblendeigenschaft der DIRAC'schen Deltafunktion ergibt sich dann für die Amplitude

$$A \approx j\omega\mu_0 \frac{2\hat{I}}{ah} \frac{1}{k^2 - k_r^2} \sin\frac{\pi c}{a}$$

und für das Magnetfeld die Näherung

$$H_x(x, z) \approx \frac{\hat{I}}{a} \frac{\pi}{(kh)^2} \frac{\omega^2}{\omega^2 - \omega_r^2} \sin\frac{\pi c}{a} \sin\frac{\pi x}{a} \cos\frac{\pi z}{2h} \ . \tag{5.61}$$

Es zeigt sich nach Abb. 5.26 eine gute Übereinstimmung mit dem exakten Resultat (5.57), wenn man nicht zu nahe an die Anregung heran geht und die Frequenz dicht bei der Resonanzfrequenz liegt.

Die Approximation kann man auch aus (5.57) direkt ableiten. Offenbar wird H_{x1} für $k_{zn}h = (2p - 1)\pi/2$ mit $p = 1, 2, 3, \ldots$ unendlich. Dies bestimmt die Resonanzfrequenzen des Resonators. Bei kleiner Dämpfung wird in der Umgebung der ersten Resonanzfrequenz ω_r im Wesentlichen nur das Glied $n = 1$ in der Lösungssumme beitragen, d.h.

$$H_{x1}(x, z) \approx -\frac{\hat{I}}{a} \frac{1}{\cos k_{z1} h} \sin\frac{\pi c}{a} \sin\frac{\pi x}{a} \cos\frac{\pi z}{2h} \ . \tag{5.62}$$

Hier wurde, außer in der sonst unendlich werdenden Kosinusfunktion im Nenner, $k_{z1} \approx \pi/2$ eingesetzt. Aus (5.56) und (5.59) folgt außerdem für $\omega \to \omega_r$, d.h. $k \to k_r$

$$k_{z1}^2 = k^2 - \left(\frac{\pi}{a}\right)^2 = k^2 - k_r^2 + \left(\frac{\pi}{2h}\right)^2$$

$$k_{z1} h = \sqrt{\left(\frac{\pi}{2}\right)^2 + (k^2 - k_r^2)h^2} \approx \frac{\pi}{2} + \frac{1}{\pi}\, h^2(k^2 - k_r^2)$$

und damit

$$\cos k_{z1} h \approx -\frac{h^2}{\pi}(k^2 - k_r^2) \quad \text{für} \quad \omega \to \omega_r \ .$$

Setzt man dies in (5.62) ein, erhält man wieder die Näherung (5.61).

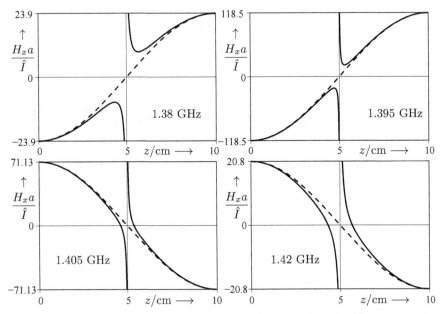

Abb. 5.26. Magnetische Feldstärke zum Zeitpunkt $t = 0$ in der Ebene $x = c$ für $a = 10$ cm und $c = h = 5$ cm. Die gestrichelten Kurven zeigen den angenäherten Verlauf (5.61). Die Resonanzfrequenz beträgt ca. 1.4 GHz

Abschließend soll noch einmal darauf hingewiesen werden, dass sowohl die Wellenzahl k als auch die Resonanzkreisfrequenz ω_r komplex sind. Wegen $\tan\delta \ll 1$ gelten die Näherungen

$$\sqrt{1 - j\tan\delta} \approx 1 - j\frac{1}{2}\tan\delta \quad , \quad \frac{1}{\sqrt{1 - j\tan\delta}} \approx 1 + j\frac{1}{2}\tan\delta$$

und damit

$$k = \omega\sqrt{\varepsilon_k\mu_0} \approx \frac{\omega}{c_0}\sqrt{\varepsilon_r}\left(1 - j\frac{1}{2}\tan\delta\right)$$

$$f_r \approx \frac{c_0}{2\sqrt{\varepsilon_r}}\sqrt{\frac{1}{4h^2} + \frac{1}{a^2}}\left(1 + j\frac{1}{2}\tan\delta\right) \ .$$

Für das in Abb. 5.26 gewählte Beispiel $a = 10$ cm und $h = 5$ cm liegt der Realteil der komplexen Frequenz bei 1.39876 GHz.

W15* Dielektrischer Resonator

Innerhalb einer verlustfreien Parallelplattenleitung mit dem Plattenabstand d sei der Bereich $|z| \leq a$ mit Dielektrikum $\varepsilon_r \neq 1$ gefüllt, Abb. 5.27. Die Anordnung stellt einen dielektrischen Resonator für parallel polarisierte elektromagnetische Felder (x-unabhängige TM-Felder) dar. Gesucht ist die Gleichung zur Bestimmung der Resonanzfrequenzen.

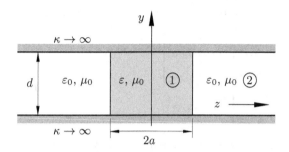

Abb. 5.27. Parallelplattenleitung mit dielektrischem Einsatz $\varepsilon = \varepsilon_r \varepsilon_0$

Lösungshinweis: Man stelle sich das Feld im Dielektrikum aus vor-und rücklaufenden Wellen vor, die sich zu einer stehenden Welle überlagern. Damit die Energie in diesem Bereich auch „gefangen" bleibt, muss die Frequenz unterhalb der cut-off Frequenz der homogenen Parallelplattenleitung liegen, so dass außerhalb des Dielektrikums exponentiell abklingende Felder entstehen.

Lösung: Der Phasor der magnetischen Feldstärke einer parallel polarisierten Welle weist nur eine x-Komponente $H_x(y, z)$ auf und wir können einen zu (5.36) analogen Wellenansatz aufstellen. Da wir aber diesmal an resonanten und nicht an ausbreitungsfähigen Feldern interessiert sind, machen wir einen Stehwellenansatz in Raum 1 und einen nach außen hin abklingenden Feldansatz im Raum 2

$$H_{x1}(y, z) = A \cos p_n y \left\{ \begin{array}{c} \cos k_{z1} z / \cos k_{z1} a \\ \sin k_{z1} z / \sin k_{z1} a \end{array} \right\}$$

$$H_{x2}(y, z) = B \cos p_n y \left\{ \begin{array}{c} 1 \\ \mathrm{sign}(z) \end{array} \right\} \mathrm{e}^{-\mathrm{j}k_{z2}(|z|-a)}$$

$$(5.63)$$

mit den Wellenzahlen

$$k_{z1} = \sqrt{\varepsilon_r k_2^2 - p_n^2} \quad , \quad k_{z2} = \sqrt{k_2^2 - p_n^2} \quad , \quad k_2 = \omega\sqrt{\varepsilon_0\mu_0}$$

$$p_n = \frac{n\pi}{d} \quad , \quad \mathrm{Re}\{k_{z2}\} = 0 \quad , \quad \mathrm{Im}\{k_{z2}\} < 0 \, .$$

$$(5.64)$$

Die Ansätze garantieren das notwendige Verschwinden des tangentialen elektrischen Feldes $E_z \sim \partial H_x/\partial y$ auf den leitenden Wänden $y = 0$ und $y = d$. Außerdem wurden bereits die beiden möglichen Symmetrien bezüglich der Ebene $z = 0$ mit eingearbeitet. So beschreibt der obere Term in den geschweiften Klammern eine gerade und der untere Term eine ungerade Verteilung des magnetischen Feldes. Die Normierung auf $\cos k_{z1}a$ bzw. $\sin k_{z1}a$ ist zwar an dieser Stelle nicht notwendig, erleichtert aber die spätere Erfüllung der Stetig-keitsbedingungen. Die noch benötigte y-Komponente des elektrischen Feldes errechnet sich unter Verwendung von

$$\nabla \times \boldsymbol{H} = \mathrm{j}\omega\varepsilon\boldsymbol{E} \quad \rightarrow \quad E_y = \frac{1}{\mathrm{j}\omega\varepsilon}\frac{\partial H_x}{\partial z}$$

zu

$$E_{y1} = \frac{k_{z1}}{\mathrm{j}\omega\varepsilon_0\varepsilon_r} A \cos p_n y \left\{ \begin{array}{c} -\sin k_{z1}z/\cos k_{z1}a \\ \cos k_{z1}z/\sin k_{z1}a \end{array} \right\}$$

$$E_{y2} = -\frac{\mathrm{j}k_{z2}}{\mathrm{j}\omega\varepsilon_0} B \cos p_n y \left\{ \begin{array}{c} \mathrm{sign}(z) \\ 1 \end{array} \right\} \mathrm{e}^{-\mathrm{j}k_{z2}(|z|-a)} .$$

$$(5.65)$$

An der Trennfläche $z = a$ müssen die Tangentialkomponenten von $\boldsymbol{H}$ und $\boldsymbol{E}$ stetig sein, d.h. es muss gelten

$$H_{x1}(y,a) = H_{x2}(y,a) \quad , \quad E_{y1}(y,a) = E_{y2}(y,a) .$$

Aufgrund der vorgenommenen Normierung wird das Magnetfeld (5.63) durch die Wahl $A = B$ stetig, so dass das elektrische Feld (5.65) bei Erfüllung der transzendenten Eigenwertgleichung

$$\frac{k_{z1}}{\varepsilon_r} \left\{ \begin{array}{c} -\tan k_{z1}a \\ \cot k_{z1}a \end{array} \right\} = -\mathrm{j}k_{z2} \qquad (5.66)$$

stetig wird. Da k_{z2} negativ imaginär sein muss, um ein „Herauslecken" der Wellen aus dem Resonator zu vermeiden, lässt sich (5.66) nur mit reellen Werten von k_{z1} erfüllen. Führt man noch den frequenzproportionalen Parameter

$$\lambda = \frac{k_2 d}{n\pi} \quad \mathrm{mit} \quad \frac{1}{\sqrt{\varepsilon_r}} < \lambda < 1$$

ein, für dessen angegebenen Wertebereich die Ausbreitungskonstante k_{z1} reell bleibt, dann nimmt die Eigenwertgleichung (5.66) zusammen mit (5.64) schließlich die Gestalt

$$\sqrt{1-\lambda^2} = \frac{\sqrt{\varepsilon_r\lambda^2-1}}{\varepsilon_r} \left\{ \begin{array}{c} \tan\left(p_n a\sqrt{\varepsilon_r\lambda^2-1}\right) \\ -\cot\left(p_n a\sqrt{\varepsilon_r\lambda^2-1}\right) \end{array} \right\} \qquad (5.67)$$

an. Bezeichnet man jetzt die linke Seite von (5.67) mit $f_1(\lambda)$ und die rechte mit $f_2(\lambda)$, so liegt eine grafische Lösung nahe. Die gesuchten Resonanz-frequenzen findet man als Schnittpunkte der Kurven $f_2(\lambda)$ mit dem Kreis $f_1^2 + \lambda^2 = 1$. Abb. 5.28 zeigt an einem speziellen Beispiel die Ausbildung von vier Schwingungsmoden. Wie man sieht, genügt es die Kurven f_2 mit nur wenigen Punkten zu skizzieren, um gute Schätzwerte für die normierte Frequenz zu erhalten. Allerdings fällt besonders beim ersten Schnittpunkt auf,

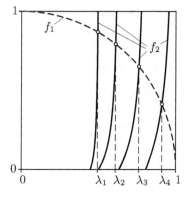

Abb. 5.28. Grafische Lösung der Eigenwertgleichung (5.67) für $\varepsilon_r = 5$, $a/d = 1$ und $n = 1$. λ_1, λ_3 korrespondieren mit symmetrischem H_x und λ_2, λ_4 mit symmetrischem E_y bezüglich der Ebene $z = 0$.

dass man sich schon bei einer geringfügigen Abweichung vom Wert λ_1 relativ weit vom Schnittpunkt entfernt. Die Ablesegenauigkeit reicht daher nicht aus, um auch die Felder korrekt zu berechnen. Die abgelesenen Werte müssen also noch verfeinert werden, was z.B. mit dem NEWTON-Verfahren geschehen kann. In Abb. 5.29 wurden zur Veranschaulichung die zu den vier Eigenwerten gehörenden Feldprofile dargestellt.

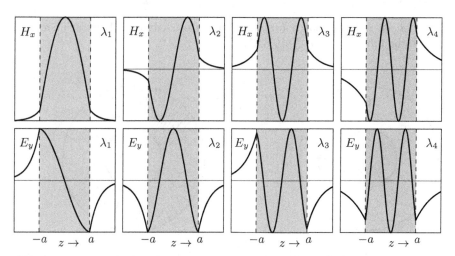

Abb. 5.29. Feldverläufe der vier Eigenschwingungen in der Ebene $y = 0$ für $\varepsilon_r = 5$, $a/d = 1$ und $n = 1$

Die Verschiebungstromlinien in Abb.5.30 ergeben sich aus der Gleichung

$$\mathrm{Re}\left\{ H_x(y, z)\, \mathrm{e}^{\mathrm{j}\omega t} \right\} = \mathrm{const.} ,$$

was sich völlig analog zu Aufg. W9 beweisen lässt, in der wir die magnetischen Feldlinien senkrecht polarisierter Felder aus dem elektrischen Feld E_x ermittelt hatten.

Abb. 5.30. Verschiebungstromlinien der vier Eigenschwingungen für $\varepsilon_r = 5$, $a/d = 1$ und $n = 1$

Die Eigenwertgleichung (5.67) hat auch komplexe Lösungen. Dabei ist der Realteil der komplexen Frequenz größer als die cut-off-Frequenz der Parallelplattenleitung ohne Dielektrikum und es entsteht eine gedämpfte Schwingung geringer Güte.[11].

W16 Kugelschalenresonator

Gegeben ist ein Resonator bestehend aus zwei leitenden Kugelschalen mit den Radien a und $b > a$, Abb. 5.31.

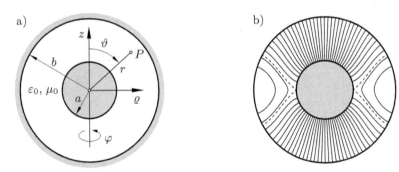

Abb. 5.31. (a) Kugelschalenresonator. **(b)** Elektrische Feldlinien einer Eigenschwingung mit azimutalem Magnetfeld und der niedrigsten Resonanzfrequenz

Gesucht ist die charakteristische Gleichung zur Bestimmung der niedrigsten Resonanzfrequenz elektromagnetischer Schwingungen mit azimutalem Magnetfeld $\boldsymbol{H} = \boldsymbol{e}_\varphi\, H_\varphi(r, \vartheta)$.

---

[11] Animationen der gedämpften und der ungedämpften Oszillationen findet man auf der Internetseite [www-tet].

Lösung: Der Phasor der magnetischen Feldstärke $\boldsymbol{H}$ erfüllt die vektorielle HELMHOLTZ-Gleichung (A.23) mit $\alpha^2 = -k^2 = -\omega^2 \varepsilon_0 \mu_0$. In dem allgemeinen Lösungsansatz (A.24) wählen wir die Variante mit den gewöhnlichen BESSEL-Funktionen und setzen $p = 1$, da nur die Grundschwingung gesucht ist. Mit Hilfe der expliziten Darstellungen der BESSEL-Funktionen mit halbzahligen Ordnungszahlen (A.41), (A.42) kann man für das Magnetfeld den Ansatz

$$H_\varphi = \frac{\sin\vartheta}{r}\left\{A\left(\frac{\sin kr}{kr} - \cos kr\right) + B\left(\frac{\cos kr}{kr} + \sin kr\right)\right\}$$

aufstellen und aus $\nabla \times \boldsymbol{H} = \mathrm{j}\omega\varepsilon_0 \boldsymbol{E}$ folgt die ϑ-Komponente der elektrischen Feldstärke

$$\mathrm{j}\omega\varepsilon_0 E_\vartheta = -\frac{\sin\vartheta}{kr^3}\Big\{A\big([(kr)^2 - 1]\sin kr + kr\cos kr\big)$$
$$+ B\big([(kr)^2 - 1]\cos kr - kr\sin kr\big)\Big\}\,.$$

Diese muss auf den ideal leitenden Kugelflächen $r = a$ und $r = b$ verschwinden. Mit den Abkürzungen

$$u = ka \quad,\quad v = kb$$

resultiert daraus das homogene Gleichungssystem

$$\begin{pmatrix} [(u^2-1)\sin u + u\cos u] & [(u^2-1)\cos u - u\sin u] \\ [(v^2-1)\sin v + v\cos v] & [(v^2-1)\cos v - v\sin v] \end{pmatrix}\begin{pmatrix} A \\ B \end{pmatrix} = \begin{pmatrix} 0 \\ 0 \end{pmatrix}\,.$$

Bei den Resonanzfrequenzen verschwindet die Determinante der Koeffizienntenmatrix und wir erhalten die charakteristische Gleichung

$$\big[(u^2-1)\sin u + u\cos u\big]\big[(v^2-1)\cos v - v\sin v\big]$$
$$- \big[(v^2-1)\sin v + v\cos v\big]\big[(u^2-1)\cos u - u\sin u\big] = 0\,.$$

Sie lässt sich mit Hilfe der Additionstheoreme trigonometrischer Funktionen auf die Form

$$\frac{\tan(v-u)}{v-u} = \frac{1+uv}{uv + (u^2-1)(v^2-1)} \tag{5.68}$$

bringen, aus der man numerisch $u = ka$ und damit die gesuchten Resonanzfrequenzen bestimmen kann, siehe Abb. 5.32a für die niedrigste Frequenz. Für $k(b-a) \ll 1$ kann man in (5.68) $\tan(v-u) \approx v-u$ setzen und erhält als Näherungslösung

$$(u^2-1)(v^2-1) = 1 \quad\rightarrow\quad ka \approx \sqrt{1+\frac{a^2}{b^2}}\,.$$

Diese Näherung soll jetzt verwendet werden, um die niedrigste Resonanzfrequenz des Resonators, der durch die Erdoberfläche und die Ionosphäre begrenzt wird, abzuschätzen. Bei einem mittleren Erdradius von $a = 6371$ km und einem Abstand $h = b - a \approx 80$ km der Ionosphäre von der Erdoberfläche folgt daraus $f \approx 10.5$ Hz. Es handelt sich hierbei um eine sogenannte

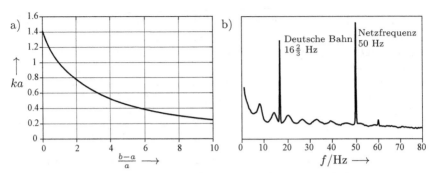

Abb. 5.32. (a) Normierte Frequenz $ka = 2\pi fa/c$ der Grundschwingung.
(b) Magnetfeld-Spektrum gemessen bei Silberborn in Solling nach [Schlegel]

SCHUMANN-Resonanz. SCHUMANN-Resonanzen entstehen z.B. durch Blitzentladungen, die breitbandige elektrische Felder mit vorwiegend radialer Komponente erzeugen. Bei den zu den Resonanzfrequenzen gehörenden Eigenschwingungen dominiert entsprechend dem Feldbild in Abb. 5.31b die radiale Feldkomponente. Abb. 5.32b zeigt ein charakteristisches Magnetfeld-Spektrum, das bei Silberborn in Solling aufgenommen wurde. Neben den scharfen Resonanzspitzen bei $16\frac{2}{3}$ Hz, wofür die Deutsche Bahn verantwortlich ist, und bei der allgegenwärtigen 50 Hz-Netzfrequenz sind weitere regelmäßig auftretende Maxima zu erkennen, welche von den SCHUMANN-Resonanzen verursacht werden. Der niedrigste Wert liegt bei etwa 8 Hz und unterscheidet sich damit nicht sehr von dem oberen Schätzwert von 10.5 Hz. Die Abweichung lässt sich mit dem sehr groben Resonatormodell erklären, denn die analytische Rechnung basierte auf der Annahme einer idealen Leitfähigkeit von Erdoberfläche und Ionosphäre, was natürlich in der Realität nicht zutrifft. Der Resonator hat in Wirklichkeit eine sehr geringe Güte und die Resonanzfrequenzen verschieben sich zu kleineren Werten hin.

W17* Cerenkov-Strahlung

Die CERENKOV-Strahlung verhält sich analog zum akustischen Überschallknall von Düsenjets, die sich mit Überschallgeschwindigkeit bewegen. Die nacheinander entlang der Flugrichtung emittierten kugelförmigen Schallwellen bilden als Einhüllende den sogenannten MACH'schen Kegel. Der Öffnungswinkel des Kegels ist umso kleiner, je schneller sich das Objekt mit supersonischen Geschwindigkeiten durch die Luft bewegt. Ein vergleichbares Phänomen tritt ein, wenn ein geladenes Teilchen ein Medium mit einer Geschwindigkeit durchläuft, die höher als die Lichtgeschwindigkeit in diesem Medium ist. Dann emittiert es (analog zum obigen Beispiel der Kugelschallwellen) die CERENKOV-Strahlung. Auch hier bildet sich als Einhüllende der MACH'sche Kegel aus, Abb. 5.33a.

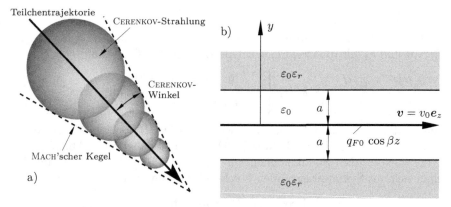

Abb. 5.33. (a) Emission von Cerenkov-Strahlung bei der Bewegung eines geladenen Teilchens mit Überlichtgeschwindigkeit $v_0 > c_{\text{Medium}}$. (b) Zweidimensionale Modellanordnung zur Erzeugung von Cerenkov-Strahlung

Abbildung 5.33b zeigt eine vereinfachte zweidimensionale Anordnung, in der Cerenkov-Strahlung auftritt:

Im ansonsten homogenen Gesamtraum mit der Dielektrizitätskonstanten $\varepsilon_0\varepsilon_r$ herrsche im Bereich $|y| \leq a$ ein Vakuum. In der Ebene $y = 0$ befinde sich eine örtlich kosinusförmig verteilte Flächenladung $q_F(z, t = 0) = q_{F0}\cos\beta z$, die mit der konstanten Geschwindigkeit v_0 entlang der z-Achse bewegt wird.

a) Berechne die magnetische Feldstärke im gesamten Raum.

b) Unter welcher Bedingung wird von der Ladung Energie abgestrahlt? Bestimme in diesem Fall den Winkel der abgestrahlten Wellenfront zur z-Achse.

c) Betrachte nun eine unendlich lange Linienladung q_L parallel zur x-Achse, die sich in z-Richtung mit der konstanten Geschwindigkeit v_0 bewegt und bestimme das Feld mit Hilfe einer zeitlichen Fourier-Transformation. Zur Vereinfachung soll diesmal von einem homogenen Gesamtraum der Dielektrizitätskonstanten $\varepsilon_0\varepsilon_r$, d.h. $a = 0$, ausgegangen werden.

Lösung:

a) Die bewegte Flächenladung lässt sich zunächst in der komplexen Form

$$q_F(z, t) = \text{Re}\left\{ q_{F0}\, e^{-j\beta(z - v_0 t)} \right\} = \text{Re}\left\{ q_{F0}\, e^{j(\omega t - \beta z)} \right\}$$

schreiben, aus der wir den Phasor

$$q_F(z) = q_{F0}\, e^{-j\beta z} \quad \text{mit} \quad \beta = \frac{\omega}{v_0} \tag{5.69}$$

ablesen können. Das von der Flächenladung erzeugte elektromagnetische Feld hat dann dieselbe Zeitabhängigkeit und aufgrund der Homogenität der Anordnung in z-Richtung auch dieselbe z-Abhängigkeit. Von nun an sind daher alle Feldgrößen als komplexe Zeiger aufzufassen. Die bewegte Flächenladung ist mit einer Flächenstromdichte

$$\boldsymbol{J}_F(z) = v_0 q_F(z)\,\boldsymbol{e}_z$$

verbunden. Die Ladung ruft x-unabhängige TM-Felder mit $\boldsymbol{H} = H_x(y,z)\,\boldsymbol{e}_x$ hervor und es gilt die zweidimensionale HELMHOLTZ-Gleichung

$$\frac{\partial^2 H_x}{\partial y^2} + \frac{\partial^2 H_x}{\partial z^2} = -k^2 H_x \begin{cases} 1 & \text{für } |y| < a,\ y \neq 0 \\[2mm] \varepsilon_r & \text{für } |y| > a \end{cases} \quad \text{mit} \quad k = \frac{\omega}{c}\,.$$

Sie wird wie üblich mit dem BERNOULLI-Ansatz $H_x = Y(y) \cdot Z(z)$ gelöst. Die feldanregende Flächenladung (5.69) erzwingt dabei die z-Abhängigkeit $Z(z) = \exp(-\mathrm{j}\beta z)$. Somit können wir im oberen Halbraum $y \geq 0$, auf den man sich aus Symmetriegründen beschränken kann, den Lösungsansatz

$$H_x(y,z) = \mathrm{e}^{-\mathrm{j}\beta z} \begin{cases} A\cos p_1 y + B\sin p_1 y & \text{für } 0 < y \leq a \\[2mm] C\,\mathrm{e}^{-\mathrm{j}p_2(y-a)} & \text{für } y \geq a \end{cases}$$

mit

$$p_1 = \sqrt{k^2 - \beta^2} = \frac{\omega}{c}\sqrt{1 - c^2/v_0^2} = \mathrm{j}\,\frac{\omega}{c}\sqrt{c^2/v_0^2 - 1}$$

$$p_2 = \sqrt{\varepsilon_r k^2 - \beta^2} = \frac{\omega}{c} \begin{cases} \sqrt{\varepsilon_r - c^2/v_0^2} & \text{für } v_0 > c/\sqrt{\varepsilon_r} \\[2mm] -\mathrm{j}\sqrt{c^2/v_0^2 - \varepsilon_r} & \text{für } v_0 < c/\sqrt{\varepsilon_r} \end{cases} \qquad (5.70)$$

aufstellen. Der Ansatz garantiert, dass das Magnetfeld im Dielektrikum für $v_0 < c/\sqrt{\varepsilon_r}$ mit steigenden Entfernungen y abklingt. Mit Hilfe der Bedingung (3.15) kann man zunächst die Konstante A bestimmen

$$-2\,H_x(y = +0, z) = J_F(z) \quad \rightarrow \quad A = -v_0 q_{F0}/2\,.$$

In der Ebene $y = a$ ist die Stetigkeit der Tangentialkomponenten von $\boldsymbol{E}$ und $\boldsymbol{H}$ zu fordern

$$H_x(y = a - 0) = H_x(y = a + 0)$$

$$E_z(y = a - 0) = E_z(y = a + 0) \quad \rightarrow \quad \left.\frac{\partial H_x}{\partial y}\right|_{y=a-0} = \frac{1}{\varepsilon_r}\left.\frac{\partial H_x}{\partial y}\right|_{y=a+0},$$

woraus sich die Bestimmungsgleichungen

$$A\cos p_1 a + B\sin p_1 a = C$$

$$p_1\left(-A\sin p_1 a + B\cos p_1 a\right) = -\mathrm{j}\,p_2\,\frac{1}{\varepsilon_r}\,C$$

ergeben. Nach Auflösen erhält man dann für B und C die Ausdrücke

$$B = -\frac{v_0 q_{F0}}{2}\,\frac{p_1\varepsilon_r\sin p_1 a - \mathrm{j}p_2\cos p_1 a}{p_1\varepsilon_r\cos p_1 a + \mathrm{j}p_2\sin p_1 a}$$

$$C = -\frac{v_0 q_{F0}}{2}\,\frac{p_1\varepsilon_r}{p_1\varepsilon_r\cos p_1 a + \mathrm{j}p_2\sin p_1 a}\,.$$

Damit ist das Magnetfeld vollständig bekannt und wir können, wie in Aufg. W15*, die Verschiebungsstromlinien über die Gleichung

$$\mathrm{Re}\left\{H_x(y,z)\,\mathrm{e}^{\mathrm{j}\omega t}\right\} = \text{const.}$$

berechnen, siehe Abb. 5.34.

$$v_0 = 0.9\,c/\sqrt{\varepsilon_r} \qquad\qquad v_0 = c/\sqrt{\varepsilon_r}$$

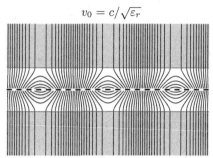

$$v_0 = 1.1\,c/\sqrt{\varepsilon_r}$$

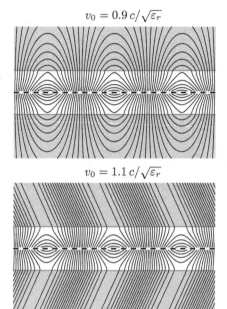

Abb. 5.34. Verschiebungsstromlinien bei verschiedenen Geschwindigkeiten der Flächenladung und für $\varepsilon_r = 10$, $\beta a = 1$

b) In Abb. 5.34 erkennt man, wie sich für $v_0 > c/\sqrt{\varepsilon_r}$ eine ebene Welle im Dielektrikum unter einem gewissen Winkel ϑ zur Teilchentrajektorie ausbreitet. Dann nämlich wird p_2 in (5.70) reell, so dass ein Energietransport auch in y-Richtung stattfindet. Bezeichnet man mit $\boldsymbol{n}$ den Normalenvektor auf einer Wellenfront, dann gilt für den Winkel ϑ zwischen der Wellennormalen und der z-Achse

$$\cos\vartheta = \boldsymbol{n}\cdot\boldsymbol{e}_z = \frac{p_2\boldsymbol{e}_y + \beta\boldsymbol{e}_z}{\sqrt{p_2^2 + \beta^2}}\cdot\boldsymbol{e}_z = \frac{c/\sqrt{\varepsilon_r}}{v_0}\ . \tag{5.71}$$

Der in Abb. 5.33a eingezeichnete CERENKOV-Winkel wäre dann $\pi/2 - \vartheta$.

c) Wir betrachten nun anstelle der Flächenladung eine bewegte Linienladung q_L im homogenen Gesamtraum mit der relativen Dielektrizitätskonstanten ε_r. In diesem Fall wird sicherlich keine monochromatische Welle abgestrahlt, weshalb sich eine FOURIER-Transformation anbietet. Wir gehen aus von der Wellengleichung (5.3)

$$\frac{\partial^2 H_x}{\partial y^2} + \frac{\partial^2 H_x}{\partial z^2} = \varepsilon_0\varepsilon_r\mu_0\,\frac{\partial^2 H_x}{\partial t^2}\ .$$

Durch Anwendung der FOURIER-Transformation

$$\widetilde{H}_x(y,z,\omega) = \int\limits_{-\infty}^{+\infty} H_x(y,z,t)\,\mathrm{e}^{-\mathrm{j}\omega t}\,\mathrm{d}t \tag{5.72a}$$

$$H_x(x,z,t) = \frac{1}{2\pi} \int\limits_{-\infty}^{+\infty} \widetilde{H}_x(y,z,\omega)\,\mathrm{e}^{+\mathrm{j}\omega t}\,\mathrm{d}\omega \tag{5.72b}$$

geht die Wellengleichung über in die HELMHOLTZ-Gleichung

$$\frac{\partial^2 \widetilde{H}_x}{\partial y^2} + \frac{\partial^2 \widetilde{H}_x}{\partial z^2} = -\omega^2 \varepsilon_0 \varepsilon_r \mu_0 \widetilde{H}_x \;,$$

für die wir, analog zum Aufgabenteil a), den Ansatz

$$\widetilde{H}_x(y,z,\omega) = A\,\mathrm{e}^{-\mathrm{j}(py+\beta z)} \quad \text{mit} \quad p^2 + \beta^2 = \varepsilon_r\,\frac{\omega^2}{c^2}$$

machen können. Der Linienladung kann mit Hilfe der DIRAC'schen Delta-funktion die Flächenladungsdichte

$$q_F(z,t) = q_L \delta(z - v_0 t)$$

zugeordnet werden und wegen

$$\delta(z - v_0 t) \;\circ\!\!-\!\!\bullet\; \frac{1}{v_0}\,\mathrm{e}^{-\mathrm{j}\beta z} \quad \text{mit} \quad \beta = \frac{\omega}{v_0}$$

stellt sich im Frequenzbereich die Flächenstromdichte

$$\widetilde{J}_F(z,\omega) = q_L\,\mathrm{e}^{-\mathrm{j}\beta z}$$

ein. Auch für die transformierten Feldgrößen gilt natürlich (3.15)

$$-2\,\widetilde{H}_x(y = +0, z, \omega) = \widetilde{J}_F(z,\omega) \quad \rightarrow \quad A = -q_L/2$$

und das zeitabhängige Magnetfeld lautet nach (5.72b)

$$H_x(y,z,t) = -\frac{q_L}{4\pi} \int\limits_{-\infty}^{+\infty} \mathrm{e}^{\mathrm{j}\omega t - \mathrm{j}py - \mathrm{j}\omega z/v_0}\,\mathrm{d}\omega \tag{5.73}$$

mit

$$p = \frac{1}{c} \begin{cases} \omega\,\sqrt{\varepsilon_r - c^2/v_0^2} & \text{für } v_0 > c/\sqrt{\varepsilon_r} \\[2mm] -\mathrm{j}\,|\omega|\,\sqrt{c^2/v_0^2 - \varepsilon_r} & \text{für } v_0 < c/\sqrt{\varepsilon_r}\;. \end{cases}$$

Man beachte insbesondere die Betragszeichen bei der Kreisfrequenz ω, die notwendig werden, damit auch bei negativen Frequenzen für $v_0 < c/\sqrt{\varepsilon_r}$ ein in positive y-Richtung abklingendes Feld entsteht.

Wir beginnen mit der Lösung des Integrals (5.73) für $v_0 > c/\sqrt{\varepsilon_r}$. Da sich in diesem Fall die Frequenz ω im Argument der Exponentialfunktion ausklammern lässt, folgt mit der Integraldarstellung der DIRAC'schen Delta-funktion

$$\int\limits_{-\infty}^{+\infty} \mathrm{e}^{\mathrm{j}\omega(t-z/v_0-\sqrt{\varepsilon_r-c^2/v_0^2}\,y/c)}\mathrm{d}\omega = 2\pi\delta\left(t - z/v_0 - \sqrt{\varepsilon_r - c^2/v_0^2}\,y/c\right)\,.$$

Für das Feld ergibt sich dann mit (5.71), dem Ortsvektor $r = y\,e_y + z\,e_z$ sowie der Wellennormalen $n = \sin\vartheta\,e_y + \cos\vartheta\,e_z$ die Darstellung

$$H_x(y,z,t) = -\frac{q_L}{2}\,\delta\left(t - \frac{n\cdot r}{c/\sqrt{\varepsilon_r}}\right) \quad \text{für} \quad v_0 > c/\sqrt{\varepsilon_r}\,. \tag{5.74}$$

(5.74) ist die mathematische Formulierung eines DIRAC-förmigen, ebenen Wellenpulses, der sich unter dem in (5.71) festgelegten Winkel ϑ ausbreitet.

Im Falle $v_0 < c/\sqrt{\varepsilon_r}$ muss das Integral (5.73) wegen der Betragszeichen aufgespalten werden

$$\int\limits_{-\infty}^{+\infty} \mathrm{e}^{\mathrm{j}\omega(t-z/v_0)-|\omega|\sqrt{c^2/v_0^2-\varepsilon_r}\,y/c}\,\mathrm{d}\omega = \int\limits_{-\infty}^{+\infty} \mathrm{e}^{\mathrm{j}\omega\tau-|\omega|\eta}\,\mathrm{d}\omega =$$

$$= \int\limits_{-\infty}^{0} \mathrm{e}^{\mathrm{j}\omega\tau+\omega\eta}\,\mathrm{d}\omega + \int\limits_{0}^{+\infty} \mathrm{e}^{\mathrm{j}\omega\tau-\omega\eta}\,\mathrm{d}\omega = \frac{1}{\eta+\mathrm{j}\tau} + \frac{1}{\eta-\mathrm{j}\tau} = \frac{2\eta}{\eta^2+\tau^2}$$

und mit $\tau = \omega(t - z/v_0)$ und $\eta = \sqrt{c^2/v_0^2 - \varepsilon_r}\,y/c$ lässt sich das magnetische Feld in der Form

$$H_x(y,z,t) = -\frac{\gamma q_L v_0}{2\pi}\,\frac{y}{y^2 + \gamma^2(z - v_0 t)^2} \quad \text{für} \quad v_0 < c/\sqrt{\varepsilon_r}$$

schreiben, wobei zur Abkürzung der Faktor

$$\gamma = \frac{1}{\sqrt{1 - \varepsilon_r v_0^2/c^2}}$$

eingeführt wurde.

W18 Komplexer Energiesatz

Man zeige mit Hilfe des komplexen Energiesatzes, dass in einem verlustfreien Hohlraum mit perfekt leitender Bewandung die zeitlichen Mittelwerte der elektrischen bzw. magnetischen Energien einer elektromagnetischen Schwingung gleich sind.

Lösung: Im komplexen Energiesatz (5.11)

$$\oint\limits_F \frac{1}{2}\,(E \times H^*)\cdot \mathrm{d}F + \overline{P_V} = 2\mathrm{j}\omega\left(\overline{W_e} - \overline{W_m}\right) \tag{5.75}$$

verschwindet zunächst für den zu betrachtenden verlustfreien Hohlraum der Term $\overline{P_V}$. Das Oberflächenintegral über den komplexen POYNTING'schen Vektor lässt sich mit $\mathrm{d}F = n\,\mathrm{d}F$ und zyklischem Vertauschen im Spatprodukt umformen zu

$$\oint_F \frac{1}{2} \left(\boldsymbol{E} \times \boldsymbol{H}^* \right) \cdot \mathrm{d}\boldsymbol{F} = \frac{1}{2} \oint_F \boldsymbol{H}^* \cdot \left(\boldsymbol{n} \times \boldsymbol{E} \right) \, \mathrm{d}F \, .$$

Da aber die Tangentialkomponente der elektrischen Feldstärke und damit das Kreuzprodukt $\boldsymbol{n} \times \boldsymbol{E}$ auf der gesamten ideal leitenden Oberfläche des Resonators verschwindet, folgt aus (5.75) sofort $\overline{W_m} = \overline{W_e}$, q.e.d..

W19 Innerer Wechselstromwiderstand eines Leiters

Beweise, dass der innere Wechselstromwiderstand eines massiven Leiters aus dem komplexen POYNTING'schen Vektor in der Form

$$Z_i = R + \mathrm{j}\,\omega\,L_i = -\frac{1}{I_{\text{eff}}^2} \oint_F \boldsymbol{S}_k \cdot \mathrm{d}\boldsymbol{F}$$

durch Integration über die Leiteroberfläche F berechnet werden kann.

Lösung: In einem guten Leiter können bei technischen Frequenzen die Verschiebungsströme gegenüber den Leitungsströmen vernachlässigt werden

$$\mathrm{j}\omega\boldsymbol{D} \ll \boldsymbol{J} \quad \rightarrow \quad \omega\overline{w_e} \ll \overline{p_V} \, .$$

Dann wird aus dem komplexen Energiesatz (5.11)

$$\oint_F \boldsymbol{S}_k \cdot \mathrm{d}\boldsymbol{F} + \overline{P_V} = -2\mathrm{j}\omega\,\overline{W_m} \, . \tag{5.76}$$

Fließt durch einen Massivleiter ein Wechselstrom mit dem Effektivwert I_{eff}, dann lässt sich der Widerstand bzw. die innere Induktivität analog zu den für Gleichstrom geltenden Definitionen (2.10) und (3.18) aus dem zeitlichen Mittelwert der Verlustleistung bzw. der magnetischen Energie berechnen

$$R = \frac{\overline{P_V}}{I_{\text{eff}}^2} \quad , \quad L_i = \frac{2\,\overline{W_m}}{I_{\text{eff}}^2} \, . \tag{5.77}$$

Nach Einsetzen in (5.76) ergibt sich dann der in der Aufgabenstellung gegebene innere Wechselstromwiderstand Z_i.

Ergänzungsaufgaben

Aufgabe W20: Eine Gleichspannungsquelle speist über ein sehr langes Koaxialkabel (Abmessungen siehe Bild) den Widerstand R. Bestimme den POYNTING'schen Vektor in einer zur Kabelachse senkrechten Ebene sowie den Energiefluss durch diese Ebene bei Annahme eines idealen Innen- und Außenleiters. Randeffekte am Kabelende sind dabei zu vernachlässigen.

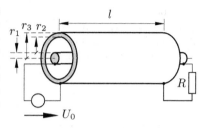

Lösung: $\quad \boldsymbol{S} = \boldsymbol{e}_z \dfrac{U_0^2}{R} \dfrac{1}{\ln(r_2/r_1)} \dfrac{1}{2\pi \varrho^2} \quad , \quad$ Energiefluss $= \displaystyle\int_F \boldsymbol{S} \cdot \mathrm{d}\boldsymbol{F} = \dfrac{U_0^2}{R}$

Aufgabe W21: Eine senkrecht polarisierte ebene Welle mit dem Einfallswinkel α

$$\boldsymbol{E}(\boldsymbol{r}, t) = E_0 \cos(\omega t - \boldsymbol{k} \cdot \boldsymbol{r}) \, \boldsymbol{e}_x$$
$$k = \omega \sqrt{\varepsilon_0 \mu_0}$$

wird an einem ideal leitenden Halbraum reflektiert.

Zu bestimmen ist der zeitliche Mittelwert der Energieflussdichte.

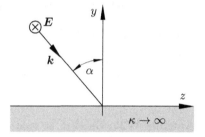

Lösung: $\quad \overline{\boldsymbol{S}} = \mathrm{Re}\,\{\boldsymbol{S}_k\} = \boldsymbol{e}_z \dfrac{2E_0^2}{Z} \sin^2(ky\cos\alpha)\sin\alpha \quad , \quad Z = \sqrt{\dfrac{\mu_0}{\varepsilon_0}}$

Aufgabe W22: Eine harmonische, ebene Welle trifft gemäß Abbildung auf eine dielektrische Schicht der Dicke a auf, welche auf der rechten Seite (Ebene $z = 0$) mit einer perfekt leitenden Folie belegt ist. Das Magnetfeld der einfallenden Welle sei

$$\boldsymbol{H}(z, t) = H_0 \cos(\omega t - kz) \, \boldsymbol{e}_y$$
$$k = \omega \sqrt{\varepsilon_0 \mu_0} \ .$$

Berechne die Amplitude des magnetischen Feldes auf der leitenden Folie.

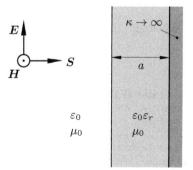

Lösung: $\quad |H(z = 0)| = \dfrac{2H_0\sqrt{\varepsilon_r}}{\sqrt{\varepsilon_r \cos^2(ka\sqrt{\varepsilon_r}) + \sin^2(ka\sqrt{\varepsilon_r})}}$

Aufgabe W23: Gegeben ist ein z-gerichteter HERTZ'scher Dipol der Länge Δs und mit dem Strom $\hat{I}\cos\omega t$, der sich in der Ebene $z = 0$ im Abstand a vor der perfekt leitend ausgeführten Ebene $y = 0$ befindet.

Berechne mit Hilfe der Spiegelungsmethode den zeitlichen Mittelwert der Energieflussdichte im Fernfeld in der Ebene $z = 0$.

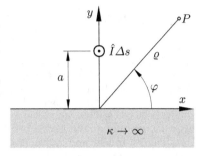

Lösung: $\overline{S} = \mathrm{Re}\left\{S_k\right\} = \dfrac{1}{2}\sqrt{\dfrac{\mu_0}{\varepsilon_0}}\left(\dfrac{\hat{I}k\Delta s}{2\pi\varrho}\right)^2 \sin^2(ka\sin\varphi)\,e_\varrho$, $k = \omega\sqrt{\varepsilon_0\mu_0}$

Aufgabe W24: Eine Parallelplattenleitung ist für $z > 0$ mit Dielektrikum gefüllt. Von $z = -\infty$ her falle eine TEM-Welle ein. Für welches ε_r wird die Hälfte der Leistung der einfallenden Welle ins Dielektrikum transmittiert?

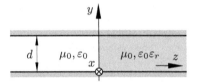

Lösung: $\varepsilon_r = 17 + 12\sqrt{2} = 33.97$

Aufgabe W25: Gegeben ist eine ideale Parallelplattenleitung mit dem Plattenabstand d. Bestimme die Resonanzfrequenzen senkrecht polarisierter Felder, wenn in den Ebenen $z = -l/2$ und $z = l/2$ der Parallelplattenleitung zusätzlich ideal leitende Platten eingeführt werden, so dass ein Resonator entsteht.

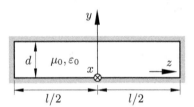

Lösung: $f_{nm} = \dfrac{c}{2}\sqrt{\left(\dfrac{n}{d}\right)^2 + \left(\dfrac{m}{l}\right)^2}$, $n, m = 1, 2, 3\ldots$, $c = 3\cdot 10^8$ m/s

Aufgabe W26: Ein ideal leitender Halbraum ist mit einer dielektrischen Schicht der Dicke d belegt. Gesucht ist die räumliche Verteilung des Phasors der magnetischen Feldstärke einer von x unabhängigen E-Welle, die sich mit der Phasengeschwindigkeit $v_{ph} = c/\sqrt{\varepsilon_r}$ in z-Richtung ausbreitet. c ist dabei die Vakuumlichtgeschwindigkeit.

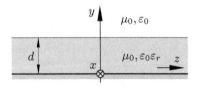

Lösung: $H(y,z) = e_x\, H_0\, e^{-\mathrm{j}\sqrt{\varepsilon_r}\,kz} \begin{cases} 1 & , \ 0 \le y \le d \\[2mm] e^{-k\sqrt{\varepsilon_r - 1}\,(y-d)} & , \ d \le y \end{cases}$, $k = \dfrac{\omega}{c}$

Aufgabe W27: Gegeben ist ein zur Hälfte mit Dielektrikum gefüllter Rechteckhohlleiter der Kantenlängen $2a$ und b.

Es ist die Gleichung zur Bestimmung der Ausbreitungskonstanten k_z für die H_{m0}-Wellen aufzustellen.

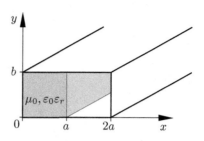

Lösung: $\dfrac{\tan\left(\sqrt{\varepsilon_r k^2 - k_z^2}\,a\right)}{\sqrt{\varepsilon_r k^2 - k_z^2}} = -\dfrac{\tan\left(\sqrt{k^2 - k_z^2}\,a\right)}{\sqrt{k^2 - k_z^2}}$, $k^2 = \omega^2 \varepsilon_0 \mu_0$

Aufgabe W28: Gegeben ist ein unendlich langer Rechteckhohlleiter mit den Kantenlängen a und b. In der Ebene $z = 0$ befinde sich zusätzlich ein Flächenstrom $J_F(x,t) = e_y\, J_{F0}\, \sin(\pi x/a)\, \cos \omega t$.

Berechne die vom Flächenstrom hervorgerufene elektrische Feldstärke im Rechteckhohlleiter.

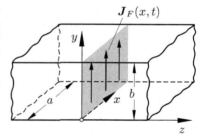

Lösung: $E(x,z) = -e_y\, \dfrac{J_{F0}}{2}\, \dfrac{\omega \mu_0}{k_z}\, \sin\dfrac{\pi x}{a}\, e^{-\mathrm{j}k_z|z|}$, $k_z = \sqrt{\omega^2 \varepsilon_0 \mu_0 - \dfrac{\pi^2}{a^2}}$

Aufgabe W29: Ein Rundhohlleiter mit Radius a und der Länge l sei an seinen Enden mit perfekt leitenden Wänden abgeschlossen und bildet einen Hohlraumresonator.

Berechne die Wandströme auf der Mantelfläche des Resonators für den Fall zylindersymmetrischer TM-Schwingungsmoden. Das elektrische Feld auf der Zylinderachse soll dabei eine maximale Schwingungsamplitude E_0 haben.

Lösung: $J_{Fz} = -\mathrm{j}\, \dfrac{E_0}{Z}\, \dfrac{ka}{j_{0n}}\, J_1(j_{0n})\, \cos\dfrac{m\pi z}{l}$, $k = \omega\sqrt{\varepsilon \mu}$, $Z = \sqrt{\dfrac{\mu}{\varepsilon}}$

A. Mathematischer Anhang

Zahlreichen Aufgaben in diesem Übungsbuch liegen die LAPLACE-Gleichungen (1.10), (3.11) bzw. die HELMHOLTZ-Gleichungen (4.8), (5.4) zugrunde. Die Lösungen dieser partiellen Differentialgleichungen lassen sich in einigen Koordinatensystemen mit Hilfe des Produktansatzes von BERNOULLI herleiten.[1] In diesem Anhang werden allgemeine Lösungsansätze in kartesischen Koordinaten sowie in Zylinder- und Kugelkoordinaten zusammengestellt. Dabei beschränken wir uns auf ebene und auf rotationssymmetrische Lösungen, mit denen jedoch alle entsprechenden Übungsaufgaben behandelt werden können.[2]

Vorab ein paar Hinweise zur Verwendung der Lösungsansätze:

1. Die Ansätze enthalten neben elementaren Funktionen auch spezielle und damit weniger geläufige. Dazu gehören

   $J_n(\xi)$, $N_n(\xi)$ gewöhnliche BESSEL-Funktionen erster bzw. zweiter Art und n-ter Ordnung,

   $I_n(\xi)$, $K_n(\xi)$ modifizierte BESSEL-Funktionen erster bzw. zweiter Art und n-ter Ordnung,

   $P_n(\xi)$, $Q_n(\xi)$ Kugelfunktionen erster bzw. zweiter Art und n-ter Ordnung,

   $P_n^1(\xi)$, $Q_n^1(\xi)$ zugeordnete Kugelfunktionen erster bzw. zweiter Art und n-ter Ordnung.

   Einige wichtige und für die Lösung der Übungsaufgaben nützliche Beziehungen dieser Funktionen findet man im Abschnitt A.3.

2. Da Hyperbelfunktionen aus Linearkombinationen von Exponentialfunktionen bestehen, können die Funktionen $\sinh\xi$, $\cosh\xi$ in den Ansätzen gegebenenfalls durch $e^{\pm\xi}$ ersetzt werden.

3. Aufgrund des symmetrischen Aufbaus des LAPLACE-Operators hinsichtlich x, y und z kann in den ebenen Lösungsansätzen (A.2) und (A.16) auch jede andere Kombination aus zwei verschiedenen kartesischen Koordinaten eingesetzt werden.

---

[1] siehe z.B. [Henke], Elektrostatische Felder IV

[2] Für eine umfassendere Darstellung auch in anderen Koordinatensystemen sei auf das hervoragende Handbuch von P. Moon und D. E. Spencer [Moon] hingewiesen.

4. Die Separation der partiellen Differentialgleichungen erfolgte in der Art, dass in einer vorgegebenen Koordinatenrichtung reelle, orthogonale Funktionen auftreten. Die Separationskonstante p nimmt bei entsprechenden Randbedingungen diskrete, reelle Werte an. Gemäß der Theorie linearer Differentialgleichungen ist damit die Summe über die zu den möglichen Separationskonstanten gehörenden Lösungsfunktionen ebenfalls eine denkbare Lösung.[3]

5. Für die HELMHOLTZ-Gleichung wurden jeweils zwei mathematisch gleichwertige Lösungsvarianten angegeben. Die erste wird hauptsächlich bei Stromverdrängungsproblemen angewendet, während die zweite z.B. bei der Behandlung von Wellenleitern oder Hohlraumresonatoren gewählt wird. Im letzten Fall ist der Faktor α^2 in der HELMHOLTZ-Gleichung negativ reell, wenn keine Verluste auftreten.

A.1 Lösungsansätze der Laplace-Gleichung

A.1.1 Ebenes Skalarfeld in kartesischen Koordinaten

$$\nabla^2 F(x,y) = \frac{\partial^2 F}{\partial x^2} + \frac{\partial^2 F}{\partial y^2} = 0 \qquad (A.1)$$

BERNOULLI-Ansatz: $F(x,y) = \sum_p X_p(x) Y_p(y)$

$$
\begin{aligned}
X_p(x) &= \begin{cases} A_0 + B_0 x \\ A_p \cos px + B_p \sin px \end{cases} && \text{für} && \begin{matrix} p = 0 \\ p \neq 0 \end{matrix} \\
Y_p(y) &= \begin{cases} C_0 + D_0 y \\ C_p \cosh py + D_p \sinh py \end{cases} && \text{für} && \begin{matrix} p = 0 \\ p \neq 0 \end{matrix}
\end{aligned}
\qquad (A.2)
$$

A.1.2 Ebenes Skalarfeld in Polarkoordinaten

$$\nabla^2 F(\varrho,\varphi) = \frac{\partial^2 F}{\partial \varrho^2} + \frac{1}{\varrho}\frac{\partial F}{\partial \varrho} + \frac{1}{\varrho^2}\frac{\partial^2 F}{\partial \varphi^2} = 0 \qquad (A.3)$$

BERNOULLI-Ansatz: $F(\varrho,\varphi) = \sum_p R_p(\varrho)\Phi_p(\varphi)$

$$
\begin{aligned}
R_p(\varrho) &= \begin{cases} A_0 + B_0 \ln(\varrho/\varrho_0) \\ A_p \varrho^p + B_p \varrho^{-p} \end{cases} && \text{für} && \begin{matrix} p = 0 \\ p \neq 0 \end{matrix} \\
\Phi_p(\varphi) &= \begin{cases} C_0 + D_0 \varphi \\ C_p \cos p\varphi + D_p \sin p\varphi \end{cases} && \text{für} && \begin{matrix} p = 0 \\ p \neq 0 \end{matrix}
\end{aligned}
\qquad (A.4)
$$

---

[3] Liegen in der betrachteten Koordinatenrichtung keine speziellen Randbedingungen, die nur diskrete Separationskonstanten zulassen, vor, so ist über den gesamten kontinuierlichen Wertebereich zu integrieren, d.h. $\sum_p \to \int_{-\infty}^{+\infty} \ldots \mathrm{d}p$.

A.1.3 Rotationssymmetrisches Skalarfeld in Zylinderkoordinaten

$$\nabla^2 F(\varrho, z) = \frac{\partial^2 F}{\partial \varrho^2} + \frac{1}{\varrho}\frac{\partial F}{\partial \varrho} + \frac{\partial^2 F}{\partial z^2} = 0 \tag{A.5}$$

BERNOULLI-Ansatz: $F(\varrho, z) = \sum_p R_p(\varrho) Z_p(z)$

Lösung mit orthogonalen Funktionen in axialer Richtung:

$$R_p(\varrho) = \begin{cases} A_0 + B_0 \ln(\varrho/\varrho_0) \\ A_p I_0(p\varrho) + B_p K_0(p\varrho) \end{cases} \text{für} \quad \begin{matrix} p = 0 \\ p \neq 0 \end{matrix}$$

$$Z_p(z) = \begin{cases} C_0 + D_0 z \\ C_p \cos pz + D_p \sin pz \end{cases} \text{für} \quad \begin{matrix} p = 0 \\ p \neq 0 \end{matrix} \tag{A.6}$$

Lösung mit orthogonalen Funktionen in radialer Richtung

$$R_p(\varrho) = \begin{cases} A_0 + B_0 \ln(\varrho/\varrho_0) \\ A_p J_0(p\varrho) + B_p N_0(p\varrho) \end{cases} \text{für} \quad \begin{matrix} p = 0 \\ p \neq 0 \end{matrix}$$

$$Z_p(z) = \begin{cases} C_0 + D_0 z \\ C_p \cosh pz + D_p \sinh pz \end{cases} \text{für} \quad \begin{matrix} p = 0 \\ p \neq 0 \end{matrix} \tag{A.7}$$

A.1.4 Rotationssymmetrisches Vektorfeld in Zylinderkoordinaten

$$\nabla^2 \boldsymbol{F} = 0 \quad , \quad \boldsymbol{F} = F_\varphi(\varrho, z)\, \boldsymbol{e}_\varphi$$

$$\rightarrow \quad \frac{\partial^2 F_\varphi}{\partial \varrho^2} + \frac{1}{\varrho}\frac{\partial F_\varphi}{\partial \varrho} - \frac{1}{\varrho^2} F_\varphi + \frac{\partial^2 F_\varphi}{\partial z^2} = 0 \tag{A.8}$$

BERNOULLI-Ansatz: $F_\varphi(\varrho, z) = \sum_p R_p(\varrho) Z_p(z)$

Lösung mit orthogonalen Funktionen in axialer Richtung:

$$R_p(\varrho) = \begin{cases} A_0\, \varrho + B_0\, \varrho^{-1} \\ A_p I_1(p\varrho) + B_p K_1(p\varrho) \end{cases} \text{für} \quad \begin{matrix} p = 0 \\ p \neq 0 \end{matrix}$$

$$Z_p(z) = \begin{cases} C_0 + D_0 z \\ C_p \cos pz + D_p \sin pz \end{cases} \text{für} \quad \begin{matrix} p = 0 \\ p \neq 0 \end{matrix} \tag{A.9}$$

Lösung mit orthogonalen Funktionen in radialer Richtung:

$$R_p(\varrho) = \begin{cases} A_0\, \varrho + B_0\, \varrho^{-1} \\ A_p J_1(p\varrho) + B_p N_1(p\varrho) \end{cases} \text{für} \quad \begin{matrix} p = 0 \\ p \neq 0 \end{matrix}$$

$$Z_p(z) = \begin{cases} C_0 + D_0 z \\ C_p \cosh pz + D_p \sinh pz \end{cases} \text{für} \quad \begin{matrix} p = 0 \\ p \neq 0 \end{matrix} \tag{A.10}$$

A.1.5 Rotationssymmetrisches Skalarfeld in Kugelkoordinaten

$$\nabla^2 F(r, \vartheta) = \frac{\partial^2 F}{\partial r^2} + \frac{2}{r} \frac{\partial F}{\partial r} + \frac{1}{r^2 \sin \vartheta} \frac{\partial}{\partial \vartheta} \left(\sin \vartheta \frac{\partial F}{\partial \vartheta} \right) = 0 \qquad \text{(A.11)}$$

BERNOULLI-Ansatz: $F(r, \vartheta) = \sum_p R_p(r) \Theta_p(\vartheta)$

$$\begin{aligned} R_p(r) &= A_p\, r^p + B_p\, r^{-p-1} \\ \Theta_p(\vartheta) &= C_p P_p(\cos \vartheta) + D_p Q_p(\cos \vartheta) \end{aligned} \qquad \text{(A.12)}$$

Für Lösungen, die über den gesamten Winkelbereich $0 \leq \vartheta \leq \pi$ definiert und endlich sind, ist $D_p = 0$ und p ganzzahlig.

A.1.6 Rotationssymmetrisches Vektorfeld in Kugelkoordinaten

$$\nabla^2 \boldsymbol{F} = 0 \quad , \quad \boldsymbol{F} = F_\varphi(r, \vartheta)\, \boldsymbol{e}_\varphi$$

$$\rightarrow \quad \frac{\partial^2 F_\varphi}{\partial r^2} + \frac{2}{r} \frac{\partial F_\varphi}{\partial r} + \frac{1}{r^2 \sin \vartheta} \frac{\partial}{\partial \vartheta} \left(\sin \vartheta \frac{\partial F_\varphi}{\partial \vartheta} \right) - \frac{1}{r^2 \sin \vartheta} F_\varphi = 0$$

$$\text{(A.13)}$$

BERNOULLI-Ansatz: $F_\varphi(r, \vartheta) = \sum_p R_p(r) \Theta_p(\vartheta)$

$$\begin{aligned} R_p(r) &= A_p\, r^p + B_p\, r^{-p-1} \\ \Theta_p(\vartheta) &= C_p P_p^1(\cos \vartheta) + D_p Q_p^1(\cos \vartheta) \end{aligned} \qquad \text{(A.14)}$$

Für Lösungen, die über den gesamten Winkelbereich $0 \leq \vartheta \leq \pi$ definiert und endlich sind, ist $D_p = 0$ und p ganzzahlig.

A.2 Lösungsansätze der Helmholtz-Gleichung

A.2.1 Ebenes Skalarfeld in kartesischen Koordinaten

$$\nabla^2 F(x, y) = \frac{\partial^2 F}{\partial x^2} + \frac{\partial^2 F}{\partial y^2} = \alpha^2 F \qquad \text{(A.15)}$$

BERNOULLI-Ansatz: $F(x, y) = \sum_p X_p(x) Y_p(y)$

$$X_p(x) = \begin{cases} A_0 + B_0 x \\ A_p \cos px + B_p \sin px \end{cases} \text{für} \quad \begin{array}{l} p = 0 \\ p \neq 0 \end{array}$$

$$Y_p(y) = C_p \begin{Bmatrix} \cosh qy \\ \text{oder} \\ \cos sy \end{Bmatrix} + D_p \begin{Bmatrix} \sinh qy \\ \text{oder} \\ \sin sy \end{Bmatrix}$$

(A.16)

$$\text{mit} \quad q^2 = p^2 + \alpha^2 \quad , \quad s^2 = \beta^2 - p^2 \quad , \quad \beta^2 = -\alpha^2$$

A.2.2 Ebenes Skalarfeld in Polarkoordinaten

$$\nabla^2 F(\varrho, \varphi) = \frac{\partial^2 F}{\partial \varrho^2} + \frac{1}{\varrho} \frac{\partial F}{\partial \varrho} + \frac{1}{\varrho^2} \frac{\partial^2 F}{\partial \varphi^2} = \alpha^2 F$$

(A.17)

BERNOULLI-Ansatz: $F(\varrho, \varphi) = \sum_p R_p(\varrho) \Phi_p(\varphi)$

$$R_p(\varrho) = A_p \begin{Bmatrix} I_p(\alpha\varrho) \\ \text{oder} \\ J_p(\beta\varrho) \end{Bmatrix} + B_p \begin{Bmatrix} K_p(\alpha\varrho) \\ \text{oder} \\ N_p(\beta\varrho) \end{Bmatrix}$$

(A.18)

$$\Phi_p(\varphi) = \begin{cases} C_0 + D_0\varphi \\ C_p \cos p\varphi + D_p \sin p\varphi \end{cases} \text{für} \quad \begin{array}{l} p = 0 \\ p \neq 0 \end{array}$$

$$\text{mit} \quad \beta^2 = -\alpha^2$$

A.2.3 Rotationssymmetrisches Skalarfeld in Zylinderkoordinaten

$$\nabla^2 F(\varrho, z) = \frac{\partial^2 F}{\partial \varrho^2} + \frac{1}{\varrho} \frac{\partial F}{\partial \varrho} + \frac{\partial^2 F}{\partial z^2} = \alpha^2 F$$

(A.19)

BERNOULLI-Ansatz: $F(\varrho, z) = \sum_p R_p(\varrho) Z_p(z)$

$$R_p(\varrho) = A_p \begin{Bmatrix} I_0(q\varrho) \\ \text{oder} \\ J_0(s\varrho) \end{Bmatrix} + B_p \begin{Bmatrix} K_0(q\varrho) \\ \text{oder} \\ N_0(s\varrho) \end{Bmatrix}$$

(A.20)

$$Z_p(z) = \begin{cases} C_0 + D_0 z \\ C_p \cos pz + D_p \sin pz \end{cases} \text{für} \quad \begin{array}{l} p = 0 \\ p \neq 0 \end{array}$$

$$\text{mit} \quad q^2 = p^2 + \alpha^2 \quad , \quad s^2 = \beta^2 - p^2 \quad , \quad \beta^2 = -\alpha^2$$

A.2.4 Rotationssymmetrisches Vektorfeld in Zylinderkoordinaten

$$\nabla^2 \boldsymbol{F} = \alpha^2 \boldsymbol{F} \quad , \quad \boldsymbol{F} = F_\varphi(\varrho, z) \, \boldsymbol{e}_\varphi$$

$$\rightarrow \quad \frac{\partial^2 F_\varphi}{\partial \varrho^2} + \frac{1}{\varrho} \frac{\partial F_\varphi}{\partial \varrho} - \frac{1}{\varrho^2} F_\varphi + \frac{\partial^2 F_\varphi}{\partial z^2} = \alpha^2 F_\varphi \tag{A.21}$$

BERNOULLI-Ansatz: $F_\varphi(\varrho, z) = \sum_p R_p(\varrho) Z_p(z)$

$$R_p(\varrho) = A_p \left\{ \begin{array}{c} I_1(q\varrho) \\ \text{oder} \\ J_1(s\varrho) \end{array} \right\} + B_p \left\{ \begin{array}{c} K_1(q\varrho) \\ \text{oder} \\ N_1(s\varrho) \end{array} \right\}$$

$$Z_p(z) = \left\{ \begin{array}{l} C_0 + D_0 z \\ C_p \cos pz + D_p \sin pz \end{array} \right. \quad \text{für} \quad \begin{array}{l} p = 0 \\ p \neq 0 \end{array} \tag{A.22}$$

mit $q^2 = p^2 + \alpha^2$, $s^2 = \beta^2 - p^2$, $\beta^2 = -\alpha^2$

A.2.5 Rotationssymmetrisches Vektorfeld in Kugelkoordinaten

$$\nabla^2 \boldsymbol{F} = \alpha^2 \boldsymbol{F} \quad , \quad \boldsymbol{F} = F_\varphi(r, \vartheta) \, \boldsymbol{e}_\varphi$$

$$\rightarrow \quad \frac{\partial^2 F_\varphi}{\partial r^2} + \frac{2}{r} \frac{\partial F_\varphi}{\partial r} + \frac{1}{r^2 \sin \vartheta} \frac{\partial}{\partial \vartheta} \left(\sin \vartheta \frac{\partial F_\varphi}{\partial \vartheta} \right) - \frac{1}{r^2 \sin \vartheta} F_\varphi = \alpha^2 F_\varphi$$
$$\tag{A.23}$$

BERNOULLI-Ansatz: $F_\varphi(r, \vartheta) = \sum_p R_p(r) \Theta_p(\vartheta)$

$$R_p(r) = A_p \left\{ \begin{array}{c} (\alpha r)^{-\frac{1}{2}} I_{p+\frac{1}{2}}(\alpha r) \\ \text{oder} \\ (\beta r)^{-\frac{1}{2}} J_{p+\frac{1}{2}}(\beta r) \end{array} \right\} + B_p \left\{ \begin{array}{c} (\alpha r)^{-\frac{1}{2}} K_{p+\frac{1}{2}}(\alpha r) \\ \text{oder} \\ (\beta r)^{-\frac{1}{2}} N_{p+\frac{1}{2}}(\beta r) \end{array} \right\} \tag{A.24}$$

$$\Theta_p(\vartheta) = C_p P_p^1(\cos \vartheta) + D_p Q_p^1(\cos \vartheta)$$

mit $\beta^2 = -\alpha^2$

Für Lösungen, die über den gesamten Winkelbereich $0 \leq \vartheta \leq \pi$ definiert und endlich sind, ist $D_p = 0$ und p ganzzahlig.

A.3 Einige Beziehungen spezieller Funktionen

Die folgende Auflistung enthält eine spezielle Auswahl von Formeln zu Zylinder- und Kugelfunktionen und soll lediglich die für die Lösung der entsprechenden Übungsaufgaben benötigten Beziehungen zur Verfügung stellen. Eine weitaus ausführlichere und durch Tabellen ergänzte Zusammenstellung findet man z.B. in [Abramowitz].

A.3.1 Zylinderfunktionen

Differentiation und Integration:

$$\frac{\mathrm{d}J_0(\xi)}{\mathrm{d}\xi} = -J_1(\xi) \quad , \quad \frac{\mathrm{d}N_0(\xi)}{\mathrm{d}\xi} = -N_1(\xi) \tag{A.25}$$

$$\frac{\mathrm{d}I_0(\xi)}{\mathrm{d}\xi} = I_1(\xi) \quad , \quad \frac{\mathrm{d}K_0(\xi)}{\mathrm{d}\xi} = -K_1(\xi) \tag{A.26}$$

$$\int \xi\, J_0(\xi)\, \mathrm{d}\xi = \xi\, J_1(\xi) \quad , \quad \int \xi\, N_0(\xi)\, \mathrm{d}\xi = \xi\, N_1(\xi) \tag{A.27}$$

$$\int \xi\, I_0(\xi)\, \mathrm{d}\xi = \xi\, I_1(\xi) \quad , \quad \int \xi\, K_0(\xi)\, \mathrm{d}\xi = -\xi\, K_1(\xi) \tag{A.28}$$

Orthogonalitätsrelationen:

$$\int_0^1 J_0\left(j_{0n}\xi\right) J_0\left(j_{0m}\xi\right) \xi\, \mathrm{d}\xi = \frac{1}{2}\, J_1^2(j_{0n})\, \delta_m^n \quad \text{mit} \quad J_0(j_{0n}) = 0 \tag{A.29}$$

$$\int_0^1 J_0\left(j_{1n}\xi\right) J_0\left(j_{1m}\xi\right) \xi\, \mathrm{d}\xi = \frac{1}{2}\, J_0^2(j_{1n})\, \delta_m^n \quad \text{mit} \quad J_1(j_{1n}) = 0 \tag{A.30}$$

WRONSKI-Determinante:

$$J_1(\xi)N_0(\xi) - J_0(\xi)N_1(\xi) = \frac{2}{\pi\xi} \tag{A.31}$$

$$I_1(\xi)K_0(\xi) + I_0(\xi)K_1(\xi) = \frac{1}{\xi} \tag{A.32}$$

Verlauf bei kleinen Argumenten $\xi \ll 1$:

$$J_0(\xi) \approx 1 - \frac{\xi^2}{4} \quad , \quad J_1(\xi) \approx \frac{\xi}{2} \tag{A.33}$$

$$N_0(\xi) \approx \frac{2}{\pi} \ln\xi \quad , \quad N_1(\xi) \approx -\frac{2}{\pi\xi} \tag{A.34}$$

$$I_0(\xi) \approx 1 + \frac{\xi^2}{4} \quad , \quad I_1(\xi) \approx \frac{\xi}{2} \tag{A.35}$$

$$K_0(\xi) \approx -\ln\xi \quad , \quad K_1(\xi) \approx \frac{1}{\xi} \tag{A.36}$$

Verlauf bei großen Argumenten $\xi \gg 1$:

$$J_0(\xi) \approx -N_1(\xi) ~ \sim ~ \sqrt{\frac{2}{\pi\xi}} ~ \cos(\xi - \pi/4) \tag{A.37}$$

$$N_0(\xi) \approx J_1(\xi) ~ \sim ~ \sqrt{\frac{2}{\pi\xi}} ~ \sin(\xi - \pi/4) \tag{A.38}$$

$$I_0(\xi) \approx I_1(\xi) ~ \sim ~ \frac{1}{\sqrt{2\pi\xi}} \, e^{\xi} \tag{A.39}$$

$$K_0(\xi) \approx K_1(\xi) ~ \sim ~ \sqrt{\frac{\pi}{2\xi}} \, e^{-\xi} \tag{A.40}$$

Halbzahlige Ordnungszahlen:

$$J_{\frac{1}{2}}(\xi) = \sqrt{\frac{2}{\pi\xi}} \, \sin\xi \,, \quad J_{\frac{3}{2}}(\xi) = \sqrt{\frac{2}{\pi\xi}} \left(\frac{1}{\xi} \sin\xi - \cos\xi \right) \tag{A.41}$$

$$N_{\frac{1}{2}}(\xi) = -\sqrt{\frac{2}{\pi\xi}} \, \cos\xi \,, \quad N_{\frac{3}{2}}(\xi) = -\sqrt{\frac{2}{\pi\xi}} \left(\frac{1}{\xi} \cos\xi + \sin\xi \right) \tag{A.42}$$

$$I_{\frac{1}{2}}(\xi) = \sqrt{\frac{2}{\pi\xi}} \, \sinh\xi \,, \quad I_{\frac{3}{2}}(\xi) = \sqrt{\frac{2}{\pi\xi}} \left(\cosh\xi - \frac{1}{\xi} \sinh\xi \right) \tag{A.43}$$

$$K_{\frac{1}{2}}(\xi) = \sqrt{\frac{\pi}{2\xi}} \, e^{-\xi} \,, \quad K_{\frac{3}{2}}(\xi) = \sqrt{\frac{\pi}{2\xi}} \left(1 + \frac{1}{\xi} \right) e^{-\xi} \tag{A.44}$$

A.3.2 Kugelfunktionen

LEGENDRE-Funktionen der Ordnung $n = 0$ und $n = 1$:

$$P_0(\xi) = 1 \quad , \quad P_1(\xi) = \xi \quad , \quad P_0^1(\xi) = 0 \quad , \quad P_1^1 = \sqrt{1 - \xi^2} \tag{A.45}$$

Orthogonalitätsrelationen:

$$\int_{-1}^{+1} P_n(\xi) P_m(\xi) \, \mathrm{d}\xi = \frac{2}{2n+1} \, \delta_m^n \tag{A.46}$$

$$\int_{-1}^{+1} P_n^1(\xi) P_m^1(\xi) \, \mathrm{d}\xi = \frac{2n(n+1)}{2n+1} \, \delta_m^n \tag{A.47}$$

Differentiation:

$$(1 - \xi^2) \frac{\mathrm{d}P_n(\xi)}{\mathrm{d}\xi} = (n+1)\big[\xi \, P_n(\xi) - P_{n+1}(\xi) \big] \tag{A.48}$$

$$(1 - \xi^2) \frac{\mathrm{d}P_n^1(\xi)}{\mathrm{d}\xi} = (n+1)\xi \, P_n^1(\xi) - n \, P_{n+1}^1(\xi) \tag{A.49}$$

Animationen im Internet

Zu einigen Aufgaben dieses Übungsbuches wurden zur Veranschaulichung des Stoffes Animationen erstellt, die der Leser im Internet auf der Seite

http://www-tet.ee.tu-berlin.de/ElektromagnetischeFelder/

einsehen kann. Die folgende Auflistung gibt einen Überblick über die zur Zeit verfügbaren Animationen.

Unendliche Spiegelung an zwei leitenden Kugeln	(E22)
Elektrostatische Linse	(E24, E25*)
Rotierende Leiterschleife	(M2, M13*)
Magnetisches Drehfeld	(M15)
Abschirmung einer Hohlkugel	(Q11)
Diffusion durch eine leitende Platte	(Q14*)
Abschirmung einer leitenden Platte	(Q15)
Levitation einer bewegten Doppelleitung	(Q16*)
Stromverdrängung im Hochstabläufer	(Q18)
Phased Array	(W6)
Parallelplattenleitung mit Dielektrikum	(W9)
Anregung eines Rechteckhohlleiters	(W10)
Anregung eines Rundhohlleiters	(W13)
Anregung eines Rechteckresonators	(W14*)
Dielektrischer Resonator	(W15*)

Weitere Animationen sind in Arbeit.

Literaturverzeichnis

[Abramowitz] Abramowitz, M., Stegun, I. A.: Handbook of Mathematical Functions. Dover Publications, Inc., New York, 1970.

[Bronstein] Bronstein, I. N., Semendjajew, K. A.: Taschenbuch der Mathematik. Verlag Harri Deutsch, 1978.

[Gradshteyn] Gradshteyn, I. S., Ryzhik I. M.: Table of Integrals, Series and Products. Academic Press, New York, 1965.

[Gröbner] Gröbner, W., Hofreiter, N.: Integraltafel. Springer, 1965.

[Henke] Henke, H.: Elektromagnetische Felder, Theorie und Anwendung. Springer, Berlin, 2007.

[McLachlan] McLachlan, N.W.: Bessel Functions for Engineers, Oxford University Press, 1955.

[Moon] Moon, P., Spencer, D. E.: Field theory handbook. Springer, Berlin 1988.

[Philippow] Philippow, E.: Taschenbuch Elektrotechnik, Band 1. VEB Verlag Technik Berlin, 1981.

[Schlegel] Schlegel, K., Füllekrug, M.: Weltweite Ortung von Blitzen, 50 Jahre Schumann-Resonanzen. Physik in unserer Zeit 33(6), S. 256-261 (2002)

[www-tet] Homepage des Fachgebietes Theoretische Elektrotechnik an der TU Berlin: http://www-tet.ee.tu-berlin.de/ (die in einigen Aufgaben angesprochenen animierten Feldbilder findet man unter dem Eintrag „Animationen")

Sachverzeichnis